D1985295

Thieme

Gerhard Wanner

Mikroskopisch-botanisches Praktikum

3. Auflage

800 Einzeldarstellungen

Georg Thieme Verlag
Stuttgart · New York

Prof. Dr. Gerhard Wanner
AG Ultrastrukturforschung
Biozentrum der LMU
Großhadernerstr. 2–4
D–82152 Planegg-Martinsried

Ihre Meinung ist uns wichtig! Bitte schreiben Sie uns unter

www.thieme.de/service/feedback.html

*Bibliografische Information
der Deutschen Nationalbibliothek*

Die Deutsche Nationalbibliothek verzeichnet diese Publikation in der Deutschen Nationalbibliografie; detaillierte bibliografische Daten sind im Internet über http://dnb.d-nb.de abrufbar.

1. Auflage 2004
2. Auflage 2010

© 2004, 2017 Georg Thieme Verlag KG
Rüdigerstraße 14
70469 Stuttgart
Deutschland
Telefon: +49/(0)711/8931-0
Unsere Homepage: www.thieme.de

Printed in Germany

Umschlaggestaltung: Thieme Verlagsgruppe
Zeichnungen: Renate Reichinger-Bock
Satz: L42 AG, Berlin
gesetzt aus Indesign CS3
Druck: aprinta druck, Wemding

ISBN 978-3-13-241671-0 1 2 3 4 5 6

Geschützte Warennamen (Warenzeichen) werden *nicht* besonders kenntlich gemacht. Aus dem Fehlen eines solchen Hinweises kann also nicht geschlossen werden, dass es sich um einen freien Warennamen handelt.
Das Werk, einschließlich aller seiner Teile, ist urheberrechtlich geschützt. Jede Verwertung außerhalb der engen Grenzen des Urheberrechtsgesetzes ist ohne Zustimmung des Verlages unzulässig und strafbar. Das gilt insbesondere für Vervielfältigungen, Übersetzungen, Mikroverfilmungen und die Einspeicherung und Verarbeitung in elektronischen Systemen.

Vorwort

Warum schreibt man ein Praktikumsbuch?

Seit vielen Jahren unterrichte ich in an der LMU-München Studenten im „Mikroskopischen Anfängerpraktikum“. Anfängerkurse mit ihren hohen Studentenzahlen sind sehr betreuungsintensiv und die Studierenden in mehrfacher Weise unter Druck gesetzt:

- Erster wissenschaftlicher Umgang mit dem Lichtmikroskop.
- Erlernen verschiedener Schnitttechniken.
- Anwendung von Färbetechniken.
- Interpretation von Gewebeschnitten.
- Zeichnen von Geweben und Zellen.

Erfahrenes Lehrpersonal steht für die großen Grundkurse leider meist nicht mehr in der benötigten Zahl zur Verfügung. Ein Anfänger, der noch mit Theorie und Praxis kämpft, wird deshalb schnell frustriert, wenn er nicht „das sieht, was er sehen soll“ und dann etwas „zeichnen muss, das er nicht sieht“. Ein Praktikumsbuch hat deshalb für den Anfänger einen besonderen Stellenwert.

Ein Student erwartet aber von einem Buch, das er im Praktikum verwendet, etwas anderes als von einem typischen Lehrbuch. Ich habe die Dinge berücksichtigt, die sich Studierende wünschen:

- Freiraum für Ästhetik an jedem Kapitelanfang; der Studierende soll sich auf das Mikroskopieren freuen.
- Das Buch bleibt offen auf dem Tisch liegen und die Schrift ist so groß, dass das Buch nicht ständig in die Hand genommen werden muss.
- Ein botanischer Steckbrief vermittelt einen dauerhaften Bezug zu den Pflanzen und ihren wissenschaftlichen Namen.
- Jede Präparation, einschließlich Färbung, ist schematisch bei allen Objekten dargestellt.
- Der Text ist straff gehalten; alle für den Anfänger neuen Begriffe sind markiert und im Glossar kurz erläutert.
- Auf jeder Doppelseite wird ein Themenpunkt behandelt; deshalb kein unnötiges Umblättern beim Mikroskopieren.
- Die Anzahl der Abbildungen ist ungewöhnlich hoch, da man histologische und zytologische Informationen am besten mit Bildern vermittelt.
- Die lichtmikroskopischen Aufnahmen stammen alle von Handschnitten, die nur mit den Hilfsmitteln angefertigt wurden, die in der Anleitung angegeben sind.
- Alle lichtmikroskopischen Aufnahmen sind in Farbe. Ein Maßbalken mit Maßangabe ist in jedem Bild angegeben.
- Wesentliche Zusatzinformationen zum Text finden sich in den Legenden.
- Die Legenden sind direkt neben den jeweiligen Abbildungen platziert.
- Zahlreiche schematische Darstellungen erleichtern das Verständnis der zytologischen Strukturen. Sie sind maßstabsgetreu und im richtigen Färbeverhalten wiedergegeben.

Steckbrief

Prof. Dr. Gerhard Wanner; Diplom-Biologe. Geboren in München.

Studium der Biologie an der Ludwig-Maximilians-Universität in München.

Promotion 1977 über „Physiologische und ultrastrukturelle Untersuchungen zum Fettaufbau und -abbau in Pilzen und höheren Pflanzen“.

1992 Habilitation und Etablierung hochauflösender, analytischer Rasterelektronenmikroskopie.

Forschungsschwerpunkt: Rasterelektronenmikroskopische Untersuchungen an Chromosomen (Kondensation, Dekondensation, Lokalisation von DNA, Proteinen und Genen).

Zwei Bücher in einem

Auch bei bestem Bemühen stößt der Studierende in einem mikroskopischen Anfängerpraktikum sehr schnell an Grenzen. Es ist schwer einen guten Handschnitt anzufertigen und ihn optimal zu färben. Feine histologische und zytologische Strukturen zu erkennen und zu interpretieren, ist mit einfachen Kursmikroskopen meist nur mit Erfahrung möglich. Ich habe deshalb in den letzten Jahren elektronenmikroskopische Aufnahmen von allen Kursobjekten angefertigt. Sie sollen das Verständnis für die dreidimensionalen Zusammenhänge erleichtern und die Informationen liefern, die im Lichtmikroskop nur schwer oder – aufgrund des geringen Auflösungsvermögens – gar nicht erhalten werden.

Das Ergebnis: Der Studierende erhält außer einer Praktikumsanleitung eine anschauliche Einführung in die Zytologie der Pflanzen.

Empfohlene Literatur

Ein Praktikumsbuch ersetzt natürlich nicht ein allgemeines Lehrbuch bzw. eine Grundvorlesung der Botanik. Ich habe das „Mikroskopische Praktikum“ so konzipiert, dass es auf die Lehrinhalte des Lehrbuches „Allgemeine und molekulare Botanik“ von E. Weiler und L. Nover (ebenfalls Thieme Verlag) aufbaut. Deshalb konnte der Text straff gehalten werden, um den praktischen bzw. mikroskopischen Aspekten einen höheren Stellenwert zu verschaffen. Zum vertieften Studium der Pflanzenanatomie sei auf andere eingeführte Lehrbücher verwiesen.

Dankeschön

Zahlreichen Mitarbeitern und Kollegen, insbesondere Herrn Prof. Dr. Hans-Ulrich Koop und Herrn Prof. Dr. Hans-Jürgen Tillich, danke ich ganz herzlich für vielfältige Unterstützungen, Anregungen, konstruktive Kritiken und ständigen Ansporn.

Frau Silvia Dobler hat bei unzähligen elektronenmikroskopischen Präparationen stets das Unmögliche möglich gemacht.

Ganz besonderer Dank gebührt Frau Dr. Eva Facher, meiner langjährigen Mitarbeiterin, die mit beispiellosem Engagement mit mir zusammen alle Schnittpräparate angefertigt hat. Angefangen von den „Botanischen Steckbriefen" bis zu endlosen Änderungen und Korrekturen war sie unermüdlich, bei stets bester Laune und mit unnachahmlichem Humor im Dauereinsatz. Ohne die hervorragende Unterstützung von Frau Dr. Facher wäre das Buch nicht in dieser Form möglich gewesen.

Aus der „Computerfeder" von Frau Renate Reichinger-Bock stammen alle Illustrationen; sie hat sie maßstabsgetreu nach Mikrofotografien, Modellen oder Originalschnitten angefertigt. Ich bin ihr für das so hervorragend gelungene Ergebnis ganz besonders verbunden.

Aus dem Kapitel 1 (Das Lichtmikroskop) stammen zahlreiche Abbildungen und längere Textpassagen aus der Broschüre „Mikroskopie von Anfang an" (Carl Zeiss, Oberkochen). Ich danke der Firma Carl Zeiss ganz besonders für die Genehmigung, entsprechende Textteile und die hochwertigen Abbildungen übernehmen zu dürfen, sowie für sehr hilfreiche Verbesserungsvorschläge. Herzlich danke ich meinem jahrelangen Münchner Ansprechpartner für alle Fragen zum Thema Lichtmikroskopie, Herrn Mario Schacht (Fa. Carl Zeiss).

Ich danke Frau Elizabeth Schröder-Reiter für das Portraitfoto, Frau Lilo Klingenberg für die Abbildung der Korkeiche, Herrn Franz Höck für die Fotografie der Wiesenblumen.

Ganz besonders herzlich bedanke ich mich bei Frau Maria Spanfelner für zahlreiche Verbesserungsvorschläge, Diskussionen, unermüdliche Korrekturen, unzählige kleine und große Hilfestellungen und stets liebevollste Betreuung.

Besonders möchte ich mich bei alle den Studenten und Kollegen bedanken, die mir in zahlreichen, herzlichen Briefen, Kommentaren und Emails die Resonanz gegeben haben, die man sich als Autor wünscht.

Ein ganz herzlicher Dank gilt dem Thieme Verlag, der die großzügige Gestaltung des Buches möglich gemacht hat und den Mitarbeitern, insbesondere Frau Marianne Mauch und Rosana Erhart, die mich über die Jahre ganz herzlich und hervorragend betreut haben.

Inhalt

Mikroskopisch-botanisches Praktikum

Aufbau und Funktionen des pflanzlichen Organismus

1

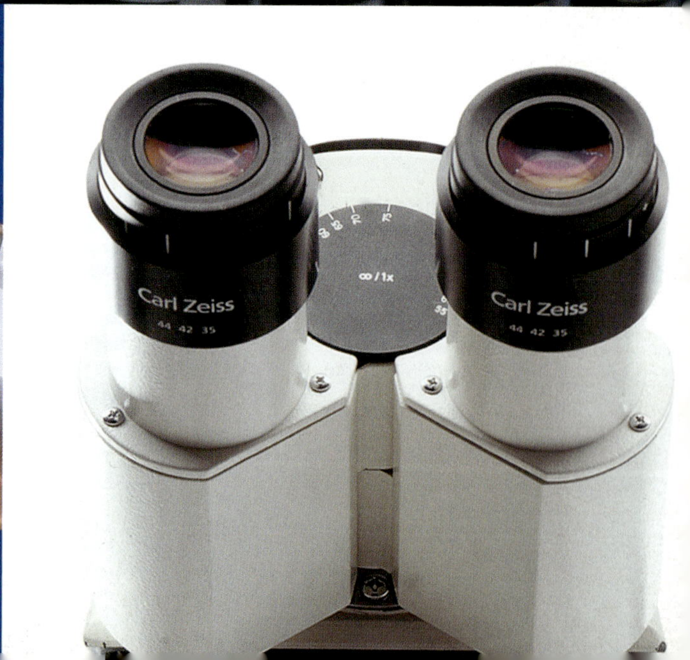

Das Lichtmikroskop

$$d = \frac{\lambda}{2n \sin \alpha}$$

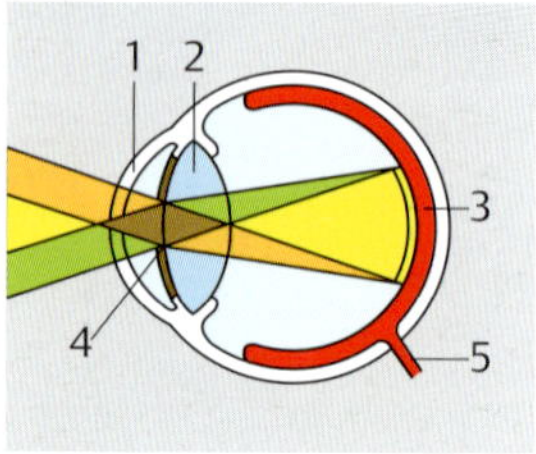

Abb. 1.1
Licht, das durch die Hornhaut (Cornea, 1) dringt, wird durch eine Linse (2) gebündelt und entwirft ein optisches Bild auf der Netzhaut (Retina, 3). Die einfallende Helligkeit wird über den veränderlichen Durchmesser der Iris (4) geregelt. Für eine scharfe Abbildung sorgt die flexible Linse, deren Brennweite durch Muskeln so angepasst wird, dass auf jedes Objekt zwischen 25 cm (= Bezugssehweite) und unendlich fokussiert werden kann. Das Bild selbst wird auf der Netzhaut von Rezeptoren (ca. 130 Millionen Stäbchen zur Erkennung von Graustufen und 7 Millionen Zapfen zur Farberkennung) erfasst, in elektrische Impulse umgewandelt und über den Sehnerv (5) zum Gehirn weitergeleitet.

1.1 Auge – Lupe – Mikroskop

Unser Auge ist selbst ein „optischer Apparat" (**Abb. 1.1**). Allem Fortschritt zum Trotz ist das Auge als Sehorgan – verbunden mit dem gleich dahinterliegenden Gehirn – die leistungsfähigste Bildverarbeitung, die es heute gibt.

Auflösungsvermögen des Auges

Das Auge hat ein **Auflösungsvermögen** von ca. 50–100 µm. Zum Größenvergleich: ein menschliches Haar hat eine Dicke von 50–100 µm. Ein Blatt Schreibpapier ist ca. 100 µm dick. Ein Pantoffeltierchen (*Paramecium bursaria*) ist ca. 100 µm lang. Eines der größten Pollenkörner, der Kürbispollen (*Cucurbita pepo*), hat einen Durchmesser von ca. 200 µm. Die Pollenkörner des Vergissmeinnichts (*Myosotis palustris*) sind mit ca. 4 µm extrem klein (**Abb. 1.2**).

Von der Lupe zum Mikroskop

Limitierend für die Auflösung des Auges ist – abgesehen von den anatomischen Gegebenheiten – der **Sehwinkel**; er beträgt ca. 30° (**Abb. 1.3–7**). Bringt man eine Sammellinse zwischen Auge und Objekt, so wird dieser Winkel vergrößert und wir sehen die Objekte ebenfalls größer: Eine Lupe 5 × macht uns jetzt Details von 10–20 µm sichtbar. Das vergrößerte Bild bleibt dabei aufrecht (**Abb. 1.5**)! Große Linsen lassen sich aber nur bis zu ca. 5-facher Vergrößerung herstellen. Legt man 2 Linsen aufeinander, so addieren sich im Wesentlichen die Vergrößerungen (**Abb. 1.6**). Ein „Wunder" passiert, wenn man 2 Linsen in einen passenden Abstand bringt: Die Vergrößerungen multiplizieren sich, und das Bild steht „auf dem Kopf" (**Abb. 1.7**). Wir haben jetzt ein einfaches, zusammengesetztes Mikroskop mit **Objektiv** und **Okular** vor uns.

Abb. 1.2
Größenvergleich von
A Bakterien auf einer Nadelspitze,
B Kopfhaar,
C Schreibpapier,
D Kürbispollenkorn mit Pollenkörnern des Vergissmeinnichts (Pfeile).

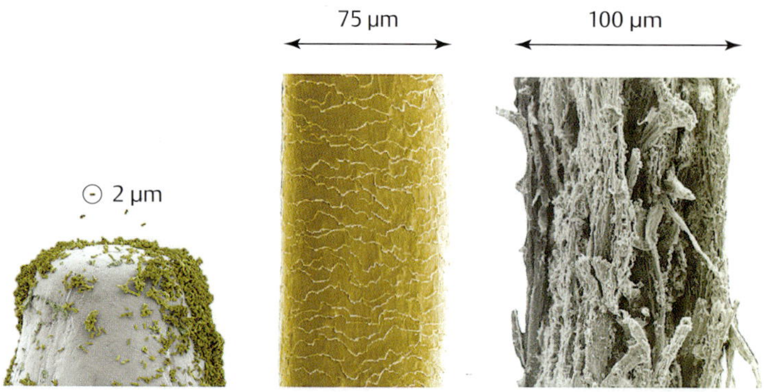

a b c d

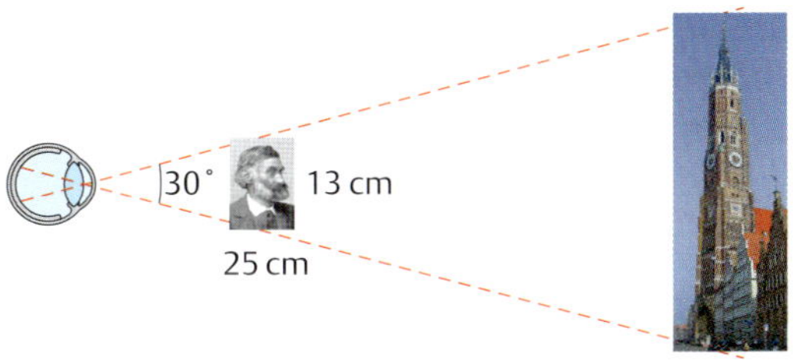

Abb. 1.3
Der Sehwinkel des Auges von 30° zeigt uns ein Foto von Ernst Abbe und die Landshuter Martinskirche in gleicher Größe auf der Netzhaut.

Abb. 1.4
Kleinbilddia 24 × 36 mm.

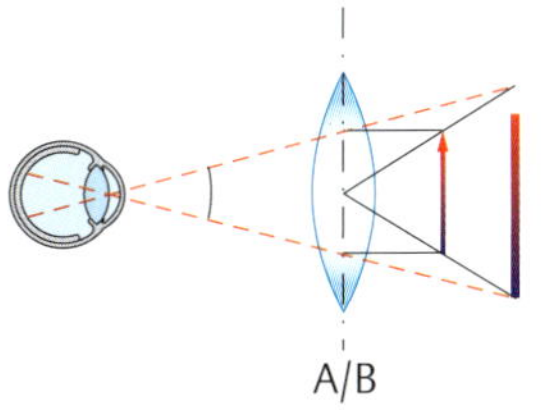

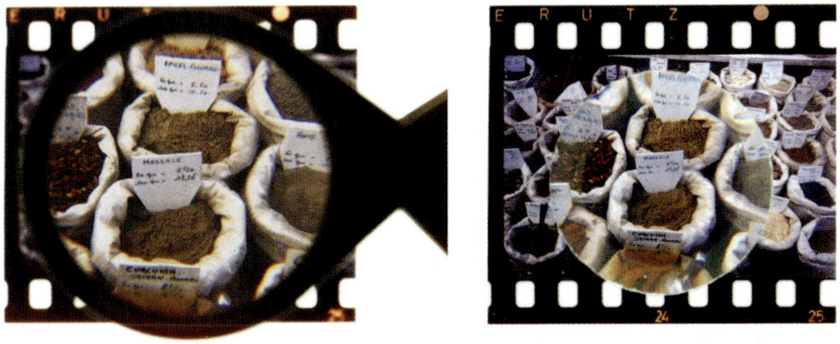

Abb. 1.5
Ein Dia wird nacheinander mit zwei verschiedenen Linsen (A oder B) betrachtet. Die Vergrößerungen sind unterschiedlich, die Bilder stehen aufrecht.

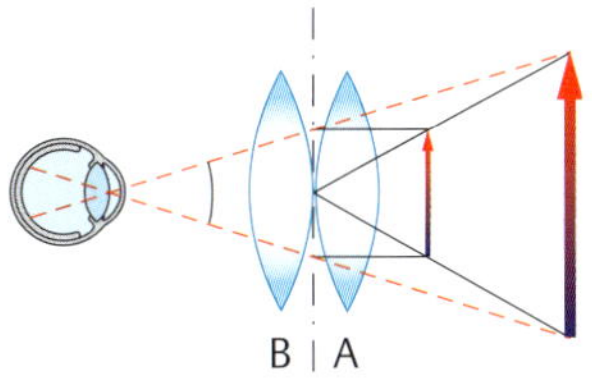

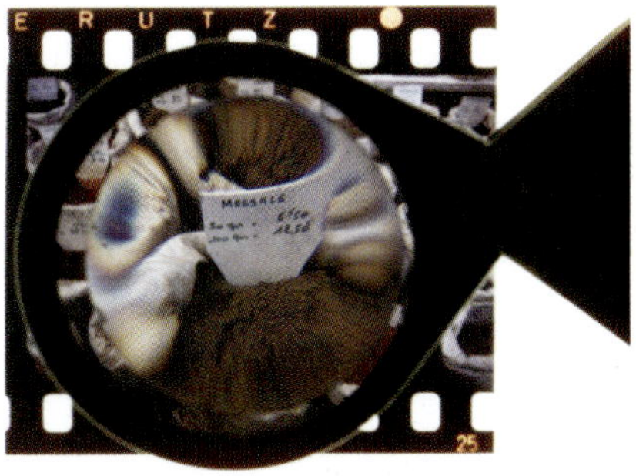

Abb. 1.6
Ein Dia wird mit zwei aufeinanderliegenden Linsen (A + B) betrachtet. Die Vergrößerungen addieren sich, das Bild steht aufrecht.

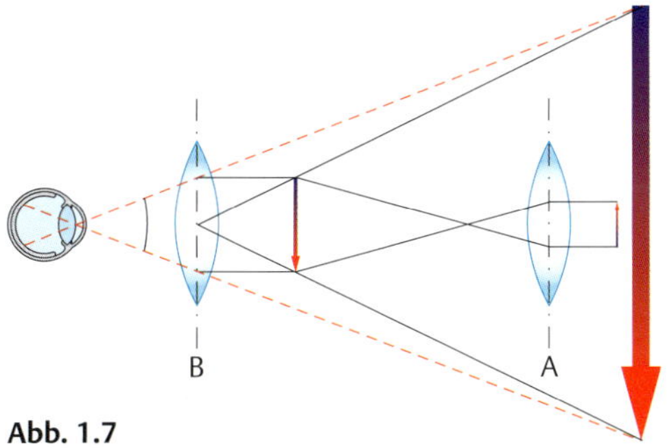

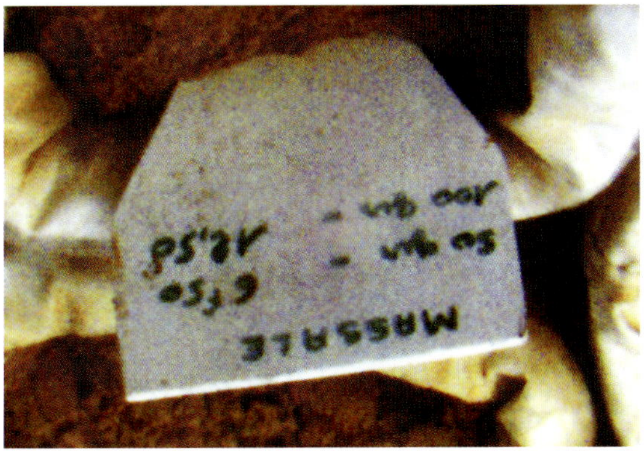

Abb. 1.7
Ein Dia wird mit zwei voneinander entfernten Linsen (A + B) betrachtet. Die Vergrößerungen multiplizieren sich, das Bild steht „auf dem Kopf".

Abb. 1.8
Ernst Abbe (1840–1905) mit seiner Originalformel für das theoretisch mögliche Auflösungsvermögen des Lichtmikroskopes von 1872. Er konstruierte erstmals für Carl Zeiss Lichtmikroskope nach fundierten theoretischen Berechnungen.

1.2 Optik und Auflösung

Mikroskope vergrößern schrittweise

Das klassische Mikroskop vergrößert in zwei Schritten: Das Objektiv entwirft ein vergrößertes Bild des Objekts in der sogenannten Zwischenbildebene, und das Okular (lat. *oculus* = Auge) vergrößert wie eine Lupe das Zwischenbild. Bei modernen Mikroskopen gibt es eine Zwischenstufe: Zur Unterstützung des Objektivs kommt eine Tubuslinse hinzu. Das Objektiv entwirft ein Abbild in eine „unendliche" Entfernung, die Tubuslinse mit ihrer **Brennweite** (hier: f = 164,5 mm) formt aus diesen parallelen Strahlen dann das Zwischenbild.

Das Okular dient wiederum als Betrachtungslupe, um dieses kleine Zwischenbild dem Auge noch stärker vergrößert erscheinen zu lassen.

> Gesamtvergrößerung =
> Maßstabszahl des Objektivs
> × Okularvergrößerung

Die Auflösung bestimmt, was sichtbar wird

Weißes Licht besteht aus elektromagnetischen Wellen, deren Periodenlängen 400 bis 700 nm betragen. Licht von grüner Farbe hat eine Wellenlänge von 550 nm.

Beobachtet man im Mikroskop kleine Objekte, so wird das einfallende Licht von solchen Objekten aus der ursprünglichen Richtung abgelenkt (gebeugt). Diese Ablenkung wird immer stärker, je kleiner die Strukturen werden. Um von kleinen Strukturen scharfe Bilder zu bekommen, muss das Objektiv möglichst viel von diesem gebeugten Licht „einsammeln". Dies geht dann besonders gut, wenn das Objektiv einen großen Raumwinkel erfasst. Der Begriff Apertur („Öffnung") beschreibt diese Eigenschaft. Der fundamentale Zusammenhang zwischen Auflösung, Wellenlänge und Öffnungswinkel wurde in bahnbrechenden Arbeiten von Ernst Abbe erstmals beschrieben (**Abb. 1.8**).

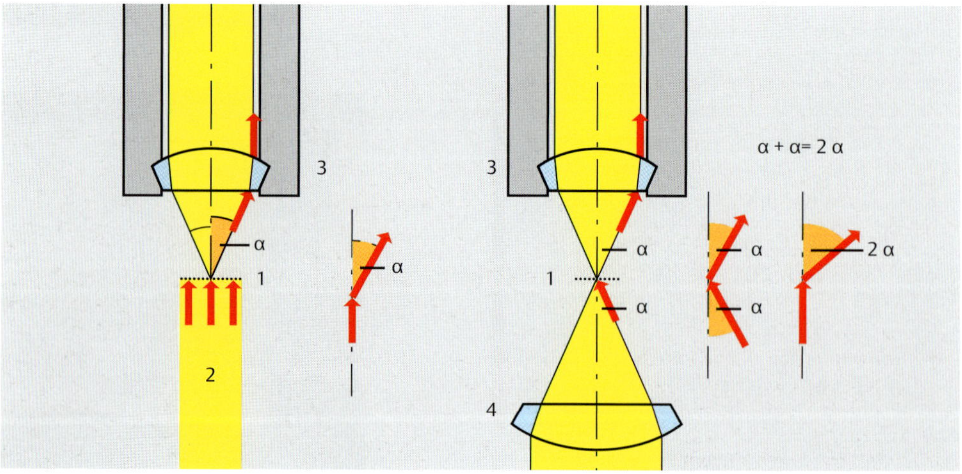

Abb. 1.9
Von kleinen Objekten (1) wird im Mikroskop das einfallende Licht (2) aus der ursprünglichen Richtung abgelenkt (gebeugt). Das Objektiv (3) im Mikroskop muss möglichst viel von diesem gebeugten Licht „einsammeln". Der Begriff Apertur („Öffnung") beschreibt diese Eigenschaft. Der Kondensor (4) erhöht das optische Auflösungsvermögen. Seine numerische Apertur entspricht der des Objektivs. Dadurch wird der Öffnungswinkel verdoppelt (2 α).

Die „**numerische Apertur**" ist ein Maß für den Raumwinkel, den ein Objektiv überblickt (**Abb. 1.9**). Diese Formel gilt, wenn sich Luft (**Brechungsindex** n ≈ 1) zwischen Objektiv und Objekt befindet.

> **Numerische Apertur = n × sin α**
>
> α = halber Öffnungswinkel des Objektivs
>
> n = Brechungsindex des verwendeten Immersionsmittels

Für eine optimale Beleuchtung des Präparats wird ein **Kondensor** eingesetzt, dessen numerische Apertur der des Objektivs entspricht (**Abb. 1.9**). Dadurch wird der wirksame Öffnungswinkel verdoppelt. So können vom Objektiv noch stärker gebeugte Lichtstrahlen eingefangen werden. Diese stärker abgelenkten Strahlen stammen von noch feineren Strukturen.

Eine weitere Möglichkeit den Öffnungswinkel zu vergrößern, ist zwischen der Frontlinse des Objektivs und dem Deckglas **Immersion**sflüssigkeiten einzubringen (**Abb. 1.10**).

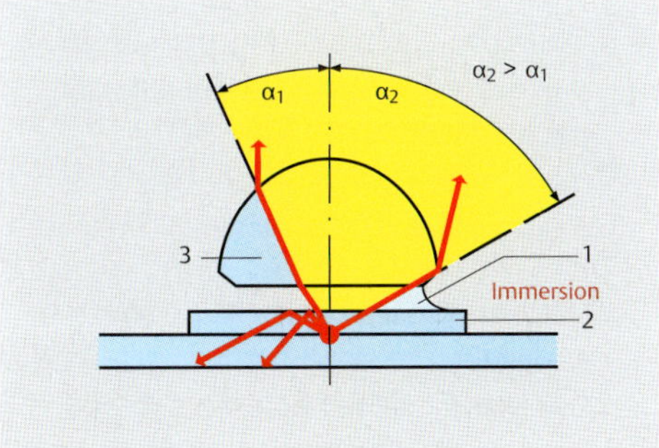

Abb. 1.10
Schematische Darstellung des Strahlenganges mit und ohne Immersionsöl (1) zwischen Deckglas (2) und Objektiv (3). Die nutzbare Apertur des Objektivs ist ohne Immersionsöl durch Reflexionen zwischen Deckglas und Luftschicht verringert, das Auflösungsvermögen dadurch vermindert.

Bewährt hat sich ein bestimmtes Öl mit dem Brechungsindex n = 1,51, das genau an den Brechungsindex von Glas angepasst ist. Auf diese Weise werden alle Lichtreflexe auf dem Weg vom Objekt zum Objektiv beseitigt. Ohne diesen „Trick" ginge bei größeren Winkeln immer Licht im Deckglas oder an der Frontlinse durch Reflexionen verloren. Die nutzbare Apertur des Objektivs würde durch diese Reflexionen verringert und das Auflösungsvermögen dadurch vermindert.

> d_0 = $1{,}22\lambda\,/\,N.A._{Ob} + N.A._{Cond}$
>
> vereinfacht: $d_0 = \lambda/2\ N.A.$
>
> d_0 = kleinster Abstand von zwei Bildpunkten
>
> N.A. = numerische Apertur
>
> λ = Wellenlänge, z. B. 550 nm (grün)

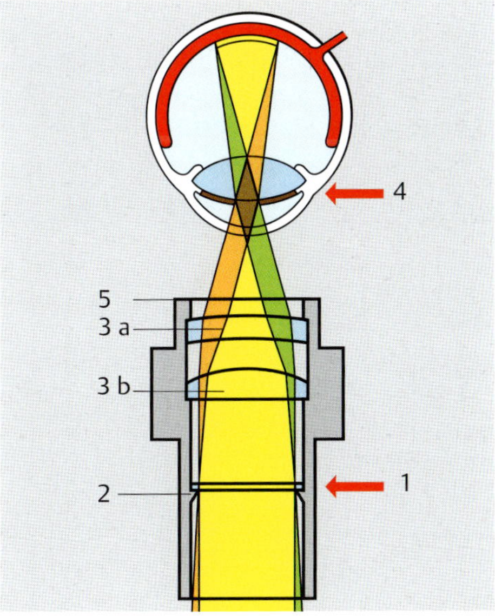

Abb. 1.11
Schematischer Schnitt durch ein Okular:
1 Zwischenbildlage – gleichzeitig Lage einer Strichplatte
2 Begrenzung des nutzbaren Sehfeldes: Hier entsteht der „schwarze Rand" des Mikroskopbildes
3 Okularoptik (3a = Augenlinse; 3b = Feldlinse)
4 Lage der „Okularpupille" = Pupille des Beobachterauges
5 Fokussierring für den Dioptrienausgleich

Okulare sind die Lupen, mit denen das mikroskopische Zwischenbild betrachtet wird (**Abb. 1.11**). Dieses wurde von Objektiv und Tubuslinse erzeugt und hat einen nutzbaren „Sehfeld"-Durchmesser von 18 bis zu 32 mm. Okulare sind keine einfachen Linsen, sondern ebenfalls korrigierte Optiken, die aus mehreren Linsen bestehen.

„Viel hilft viel" – dieser Satz gilt nicht für die Wahl der nützlichen, auch „förderlich" genannten Vergrößerung. Gemeint ist damit, dass man die Gesamtvergrößerung eines Mikroskops nicht dadurch zu steigern versuchen sollte, indem man stark nachvergrößernde Okulare (z. B. 16×) oder andere „optische Nachbrenner" einsetzt, wenn das Objektiv bei kleiner numerischer Apertur nicht genügend Bildpunkte liefert. Umgekehrt gehen Feinheiten verloren, wenn ein Objektiv (z. B. Planapochromat 10×) ganz kleine Details im Zwischenbild bringt, aber ein Okular mit geringer Vergrößerung benutzt wird.

> Die Gesamtvergrößerung eines Mikroskops soll höher als das 500-fache, aber kleiner als das 1000-fache der jeweiligen Objektivapertur sein. Dann ist man im Bereich der förderlichen Vergrößerung.

Auflösungsvermögen: Hinweise für die Praxis

Moderne Mikroskopobjektive ermöglichen es, das theoretische Auflösungsvermögen – gute Präparate vorausgesetzt – in der Praxis zu erreichen.

- **Sind Objektiv und Präparat sauber?**
  Schon ein Fingerabdruck auf der Frontlinse eines Luftobjektivs kann die kontrastreiche Wiedergabe eines Präparates stören, weil Streulicht erzeugt wird. Ähnliches gilt für Immersionsobjektive, die mit verharzten Resten oder Emulsionen (z. B. Öl mit Wasser) verschmutzt sind. In solchen Fällen ist eine gründliche Reinigung mit einem Wattestäbchen und Wundbenzin nötig.
- **Haben die Deckgläser die richtige Dicke?**
  Bei Objektiven hoher Apertur, die ohne Immersionsöl benutzt werden, ist es sehr wichtig, dass die verwendeten Deckgläschen die Normdicke von 0,17 mm einhalten. In diesen Fällen geht das Deckgläschen bereits in die komplizierte Berechnung der Objektive ein. Erfahrungsgemäß sind die folgenden Abweichungen gerade noch vertretbar:
  $\pm$ 0,01 mm bei N.A. > 0,7
  $\pm$ 0,03 mm bei 0,3 < N.A. < 0,7
- **Verwenden Sie das richtige Immersionsöl?**
  Das richtige Öl hat den Brechungsindex (n = 1,51). Starke „Bildstörungen" treten auf, wenn Luftblasen in der Immersionsschicht sind. Diese Fälle gilt es durch blasenfreies Aufbringen zu vermeiden.

Alles geregelt: Der Weg der Lichtstrahlen – von der Leuchte bis zum Auge

Bei der Konstruktion eines Mikroskops wird darauf geachtet, dass die Lichtstrahlen sauber durch das Instrument geführt werden. Nur so ist es möglich, auch mit Leuchten geringer Wattzahl, ein helles Bild zu erzeugen.

Ein wichtiger Grund für die Existenz von Blenden und Filtern am Mikroskop ist, dass nach jedem Objektivwechsel eigentlich die Beleuchtung neu eingestellt werden müsste. Dies hat zwei Ursachen: Einmal verändert sich beim Objektivwechsel die Größe des Präparatausschnittes, der gerade beobachtet wird. Bei einem Objektiv mit niedriger Maßstabszahl, z.B. 4, ist das beobachtete Feld groß (ca. 5 mm im Durchmesser). Schaltet man nun zum Objektiv 40× um, so schrumpft der Durchmesser des eingesehenen Feldes im Präparat um den Faktor zehn (auf nur noch 0,5 mm); die beobachtete Fläche wird damit hundertmal kleiner. Der andere Grund ist, dass sich die numerische Apertur von 0,12 auf 0,65 erhöht. In Öffnungswinkeln ausgedrückt: von 15 ° auf 80 °.

Die Regeln nach Köhler (**Abb. 1.12**) verlangen, dass immer nur das beobachtete Feld im Präparat beleuchtet wird und nicht mehr, weil „überflüssiges" Licht als störendes Streulicht wirken kann. Gleichzeitig sollte aber stets der Lichtkegel der Beleuchtung dem Öffnungskegel des Objektivs angepasst sein, damit die numerische Apertur der Optik genutzt wird. Nur so erreicht das Auflösungsvermögen sein Optimum.

Die Hilfsmittel, mit denen all dies erreicht wird, sind der Kondensor, der auch die **Aperturblende** enthält, und die **Leuchtfeldblende**, die sich normalerweise im Stativfuß befindet. Die Leuchtfeldblende wird mit Hilfe des Kondensors in das Präparat abgebildet. Sie bestimmt, welcher Teil des Präparats beleuchtet wird. Die Aperturblende hingegen wird in die „Pupille" des Objektivs abgebildet und regelt die Ausleuchtung dieser Pupille. Die gesamte Optik ist so berechnet, dass mit der Aperturblende auch die Öffnungswinkel der Lichtkegel richtig eingestellt werden.

Fast die ganze Kunst des Mikroskopierens besteht im richtigen Gebrauch der Leuchtfeld- und Aperturblenden!

Der Kondensor – der den beleuchtenden Lichtstrahl in das Präparat hinein „verdichtet" – spielt eine große Rolle in der Mikroskopie. Er ist so wichtig wie Objektive und Okulare. Mit Hilfe des Kondensors wird das Präparat „ins rechte Licht gerückt".

Abb. 1.12
Prof. August Köhler (1866–1948) veröffentlichte schon 1893 Regeln für die richtige Beleuchtung mikroskopischer Präparate. Er entwickelte eine ausgeklügelte Beleuchtung, die es ermöglichte, das volle Auflösungsvermögen der Abbe'schen Objektive in der Praxis zu nutzen.

Abb. 1.13
Lichtmikroskopische Aufnahmen einer Wasserprobe mit einer fädigen Grünalge und Pilzhyphen im Hellfeld (HF), Dunkelfeld (DF), Phasenkontrast (PH) und Interferenzkontrast (DIC). Im Hellfeld sind die Pilzhyphen fast unsichtbar. Im Dunkelfeld treten auch kleinste, farblose Partikel gut hervor. Die Darstellung der Pilzhyphen ist im Phasenkontrast besonders gut. Der dicke Algenfaden wird am besten im Interferenzkontrast abgebildet.

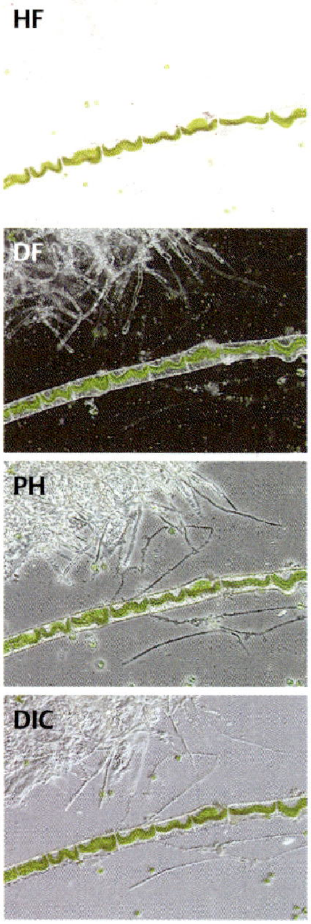

1.3 Kontrastverfahren

Hellfeldmikroskopie (HF)

Die klassische Hellfeldmikroskopie ist für alle Amplitudenobjekte geeignet, d.h. für Objekte, die Licht absorbieren. Das menschliche Auge benötigt bei hellem Hintergrund örtliche Intensitätsschwankungen von 10–20%, um Objekte zu erkennen. In der Praxis hat man häufig „farblose" Präparate, die sich nicht leicht im Hellfeld mikroskopieren lassen; deshalb werden Gewebeschnitte meist gefärbt. Ungefärbte Lebendpräparate wie Bakterien oder Zellkulturen absorbieren kaum Licht und sind daher schlecht oder gar nicht zu erkennen (**Abb. 1.13**). Die nachfolgend dargestellten Kontrastierungsmethoden sind Möglichkeiten, mit denen optische Effekte im Präparat in (für das Auge erkennbare) Intensitätsveränderungen übersetzt werden.

Dunkelfeldmikroskopie (DF)

Feine, helle Strukturen können bei schräger Beleuchtung und vor dunklem Hintergrund besser betrachtet werden: sie „leuchten auf". Im Mikroskop wird ein dunkler Hintergrund durch eine Ringblende im Kondensor geschaffen. Die Kondensoroptik beleuchtet dann das Präparat mit einem Hohlkegel von Lichtstrahlen. Das Licht trifft nicht auf das Objektiv, sondern geht seitlich vorbei. Befinden sich kleine Partikel wie Bakterien in der Objektebene, so wird das Licht gestreut und vom Objektiv nun eingefangen. Das Objekt wird hell leuchtend vor dunklem Hintergrund sichtbar (**Abb. 1.13**).

Phasenkontrast (PH)

Der Phasenkontrast ist für sehr dünne (wenige µm), ungefärbte Objekte ideal. Verschiedene biologische Zellstrukturen haben meist auch unterschiedliche Brechungsindices, die die Lichtphase unterschiedlich verschieben. Unser Auge kann diese Phasenverschiebungen nicht erkennen. Die Anordnung einer Ringblende anstelle der Aperturiris im Kondensor, sowie eines Phasenkontrastobjektives mit „Phasenring", führt zur Umsetzung des Phasen-Gangunterschiedes in eine Amplitudendifferenz. Die Phasenunterschiede werden jetzt als Kontrastunterschiede sichtbar (Prinzip der Addition bzw. Subtraktion von Wellen) (**Abb. 1.13–15**). Bei dicken Präparaten ist diese Methode aufgrund der zu großen und wechselnden Phasenunterschiede ungeeignet.

Differentialinterferenzkontrast (DIC)

Der Differentialinterferenzkontrast baut auf dem physikalischen Prinzip des „Polarisationskontrastes" auf. Es wird ein doppelbrechendes Prisma in den Kondensor eingesetzt, das den polarisierten Lichtstrahl auf dem „Hinweg" in zwei Teilstrahlen aufspaltet. Sie gehen seitlich gegeneinander versetzt durch die Probe. Zeigt das Präparat keine Brechzahlenunterschiede, passiert nichts. Gehen die zwei Teilstrahlen jedoch durch Präparatstrukturen mit unterschiedlichen Brechzahlen, so wird der eine der beiden Teilstrahlen in Präparatstrukturen mit der höheren Brechzahl stärker abgebremst als in den anderen und erhält dadurch einen Gangunterschied. Nachdem die Teilstrahlen über ein zweites Prisma hinter dem

Objektiv (= DIC-Prisma) und dem Analysator zurückgelaufen sind, haben sie wieder – bedingt durch den Analysator – die gleiche Schwingungsrichtung und können deshalb im Zwischenbild miteinander interferieren. Die an der Oberfläche erfahrenen Gangunterschiede setzen sich nun in Grauwerte um, die das Auge erkennen kann: kleinste Stufen werden als „Pseudoreliefs" abgebildet (**Abb. 1.13 – 14**). Im Allgemeinen erzielt man mit Interferenzkontrast eine Auflösungssteigerung.

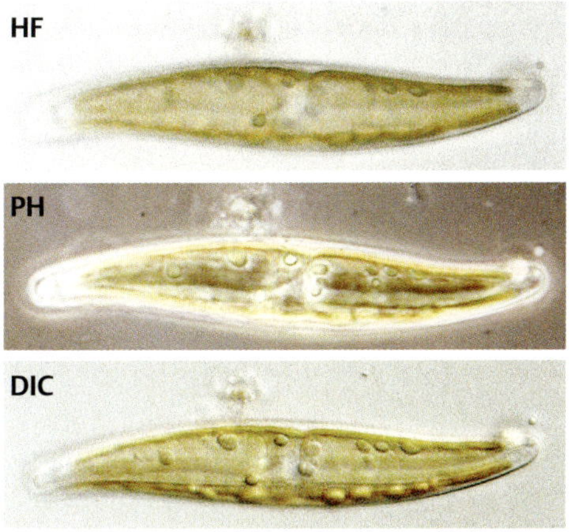

Abb. 1.14
Aufnahmen einer lebenden Kieselalge im Hellfeld (HF), Phasenkontrast (PH) und Interferenzkontrast (DIC). Die Alge ist zu dick für den Phasenkontrast. Die Darstellung ist nur im Interferenzkontrast sehr gut.

Fluoreszenzmikroskopie (FL)

Einige Stoffe können bei „Anregung" mit Licht einer bestimmten Wellenlänge (z. B. UV) charakteristisches (immer längerwelliges!) Fluoreszenzlicht emittieren. Von einer starken zweiten Lichtquelle gelangt das Licht über ein Anregungsfilter durch das Objektiv auf das Präparat. Das entstehende Fluoreszenzlicht wird vom Objektiv gesammelt und – weil es größere Wellenlängen als das Anregungslicht aufweist – vom (dichromatischen) Strahlenteiler durchgelassen. Tubuslinse und Okular erzeugen wie gewohnt das mikroskopische Bild, das jetzt nur noch aus Fluoreszenzlicht besteht (**Abb. 1.16**).

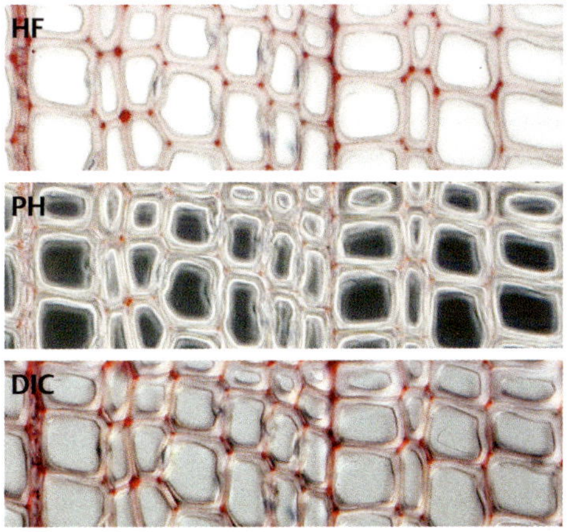

Abb. 1.15
Aufnahmen eines Sprossquerschnittes der Kiefer (*Pinus nigra;* Färbung mit Astrablau + Safranin) im Hellfeld (HF), Phasenkontrast (PH) und Interferenzkontrast (DIC). Der Schnitt ist zu dick für den Phasenkontrast und aufgrund der parakristallinen Zellwand weniger geeignet für den Interferenzkontrast. Die Darstellung ist nur im Hellfeld sehr gut.

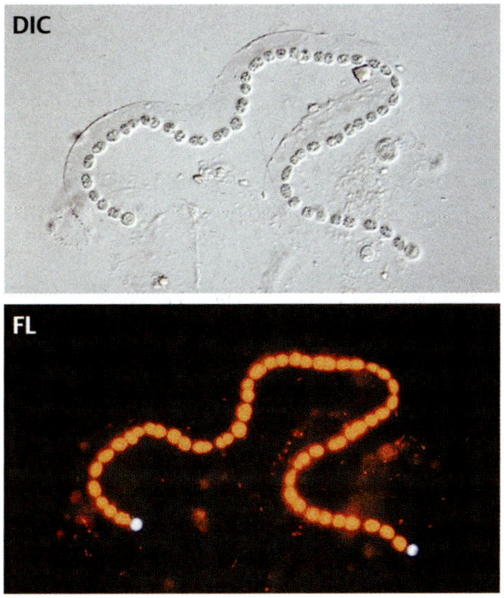

Abb. 1.16
Aufnahmen eines fädigen Cyanobacteriums im Interferenzkontrast (DIC) und in Auflichtfluoreszenz (FL). Die chlorophyllreichen Zellen zeigen eine starke rote Eigenfluoreszenz. Die terminalen Heterocysten fluoreszieren bläulich.

Abb. 1.17

1.4 Einstellung des Lichtmikroskopes

Vorbereitung

- Das Mikroskop ist vollständig zusammengebaut. Der Kondensor steht, falls er einen Kontrastrevolver besitzt, auf Stellung „HF“ für Hellfeld.
- Zum Einstellen brauchen Sie ein Präparat. Sehr geeignet sind dünne, angefärbte Schnitte (Pflanzenstängel).
- Zum Einstellen verwenden Sie das Objektiv 10 ×.

Einstellung des Mikroskopes

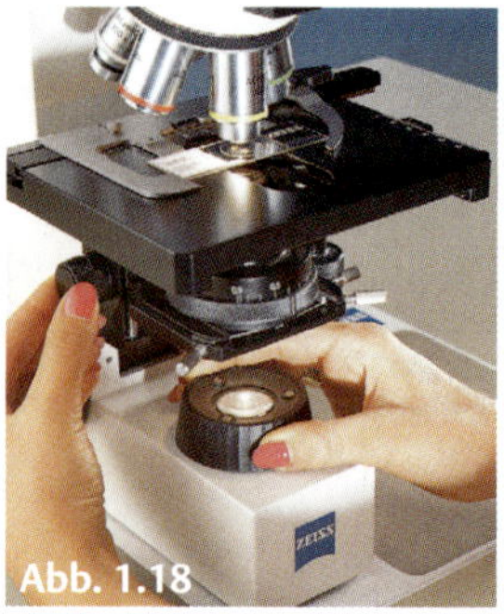
Abb. 1.18

1. Schalten Sie die Lichtquelle ein und prüfen Sie, ob Licht sichtbar wird (**Abb. 1.17**).

2. Öffnen Sie die Leuchtfeldblende bis zum Anschlag: Der Lichtfleck hat nun den größtmöglichen Durchmesser (**Abb. 1.18**).

3. Wenn Sie einen Kondensor mit schwenkbarer Frontlinse verwenden, muss diese bis zum Anschlag in den Strahlengang gebracht werden.

4. Stellen Sie die Höhe des Kondensors so ein, dass seine Frontlinse von unten etwa 1–3 mm vom Präparat entfernt ist. Berühren Sie dabei das Präparat nicht mit der Frontlinse.

5. Wenn es sehr hell aussieht, reduzieren Sie die Helligkeit, bis Sie diese als angenehm empfinden. Dann stellen Sie an der Knickbrücke des Binokulartubus den für Sie richtigen Augenabstand ein (**Abb. 1.17**). Beim entspannten Sehen erkennen Sie nur einen statt zwei Lichtkreise. Brillenträger lassen die Brille auf.

6. Bewegen Sie mit dem Fokussiertrieb den Mikroskoptisch samt Präparat vorsichtig auf und ab, bis Sie Details so scharf wie möglich erkennen (**Abb. 1.19**). Es kann sein, dass die Ausleuchtung noch nicht stimmt.

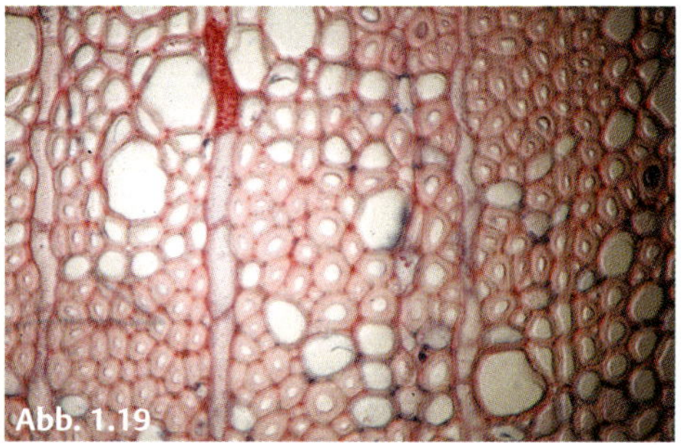
Abb. 1.19

7. Jetzt beginnt das „**Köhlern**“: Sie verkleinern nun die Leuchtfeldblende und bewegen mit dem Kondensortrieb den Kondensor vorsichtig auf und ab, bis Sie ein scharfes Bild der Leuchtfeldblende sehen (**Abb. 1.20**).

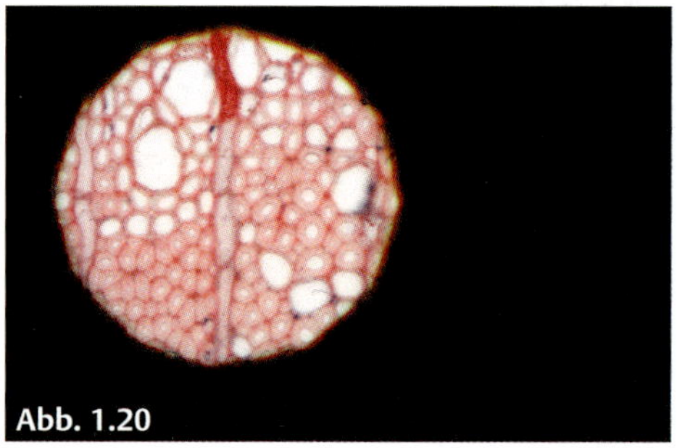
Abb. 1.20

8. Sie sehen nun das Bild der Leuchtfeldblende scharf abgebildet, aber es ist noch nicht zentriert. Mit Hilfe der Zentrierschrauben (**Abb. 1.21**) am Kondensor stellen Sie die Leuchtfeldblende auf Mitte (**Abb. 1.22**). Öffnen Sie nun die Leuchtfeldblende gerade soweit, bis ihr Rand das Sehfeld gerade nach außen verlässt (**Abb. 1.23**).

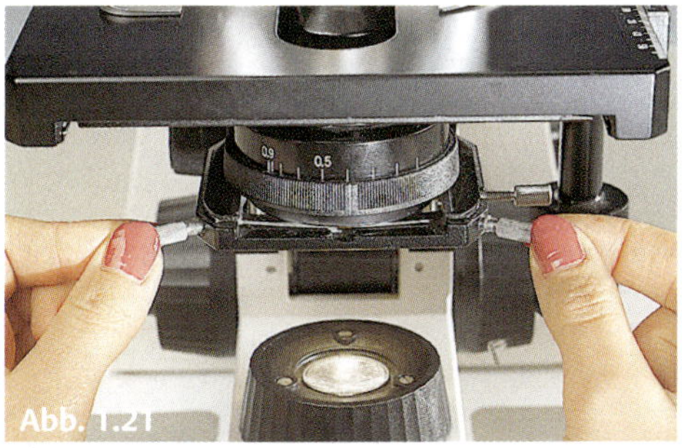
Abb. 1.21

9. Zur Kontrastverbesserung muss die noch voll geöffnete Aperturblende verkleinert werden. Sie darf aber nicht zu stark geschlossen werden, um die Auflösung nicht zu vermindern. Sie sehen die Aperturblende, wenn Sie ein Okular herausziehen und direkt in den Tubus blicken (**Abb. 1.24**). Nun öffnen und schließen Sie die Aperturblende im Kondensor, bis Sie das Bild in der Pupille des Objektivs klar erkennen. Stellen Sie den Durchmesser der Aperturblende so ein, dass sie etwa 4/5 (80%) bis 2/3 (66%) des Pupillendurchmessers ausleuchtet (**Abb. 1.25–26**). Bei dieser Einstellung haben Sie fast die volle Auflösung und den besten Kontrast. Setzen Sie Ihr Okular wieder ein – ihr Mikroskop ist jetzt „geköhlert“.

Abb. 1.24

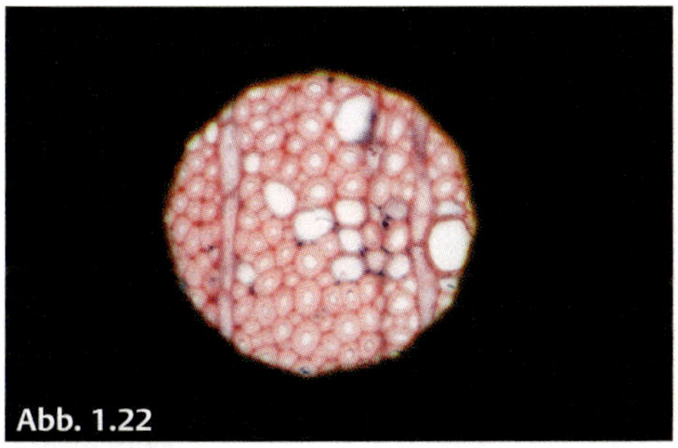
Abb. 1.22

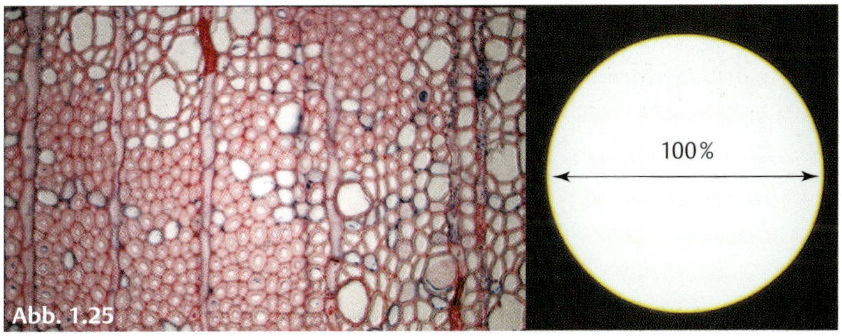

Abb. 1.25

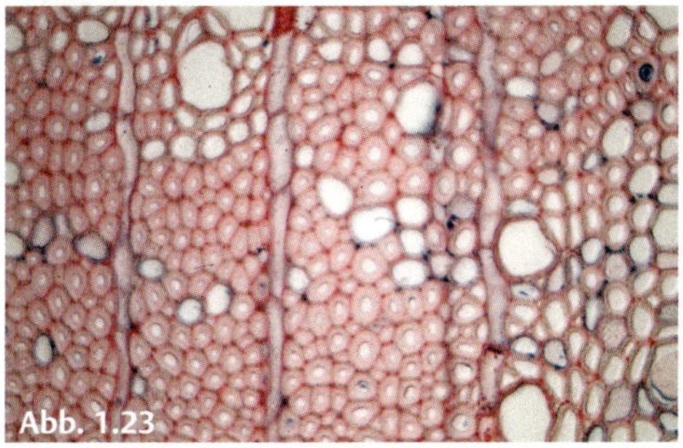
Abb. 1.23

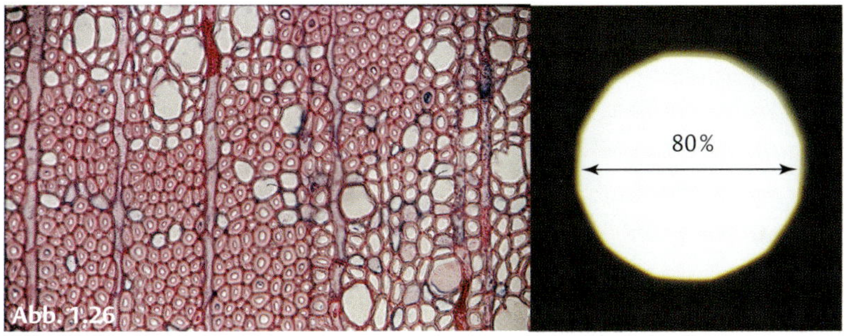

Abb. 1.26

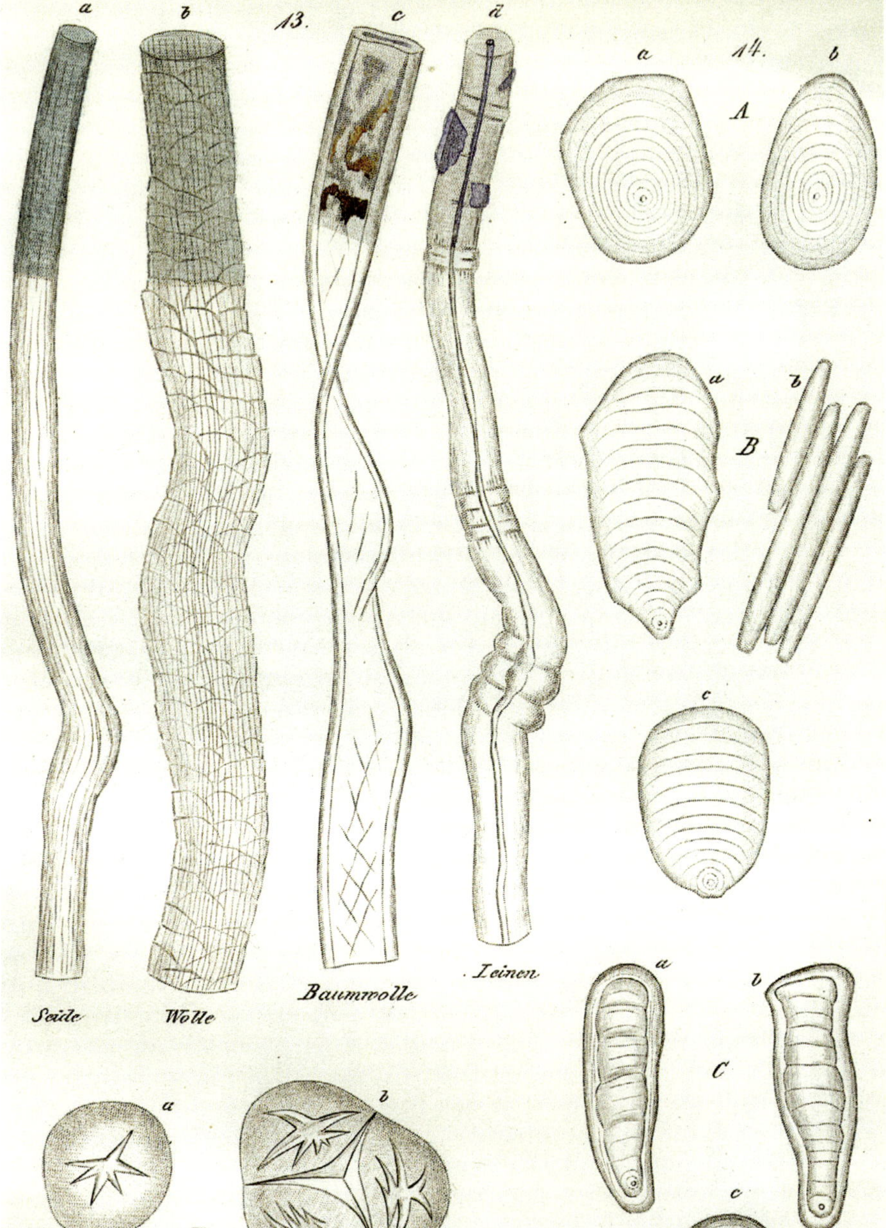

9.

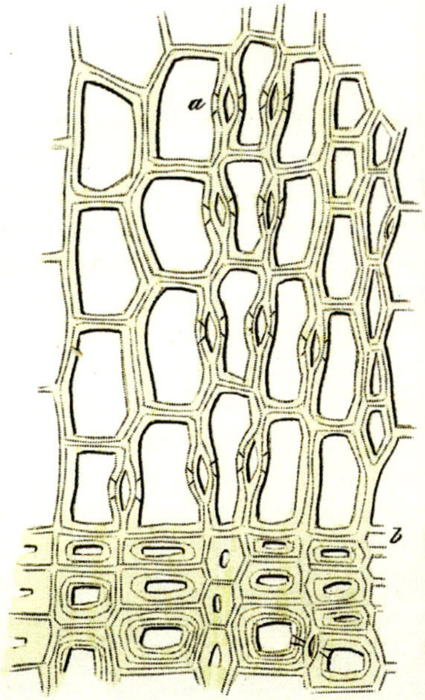

11.

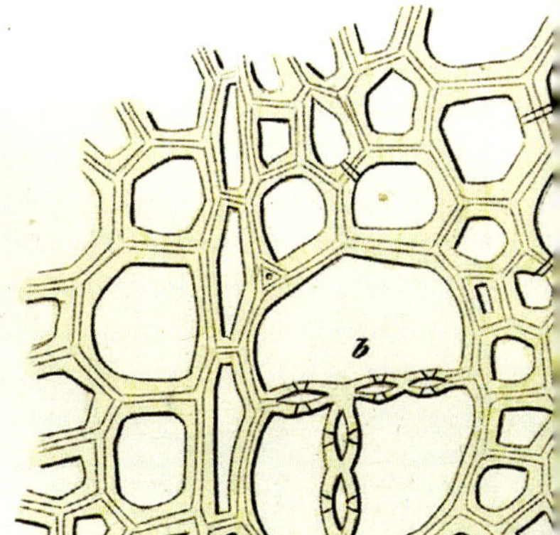

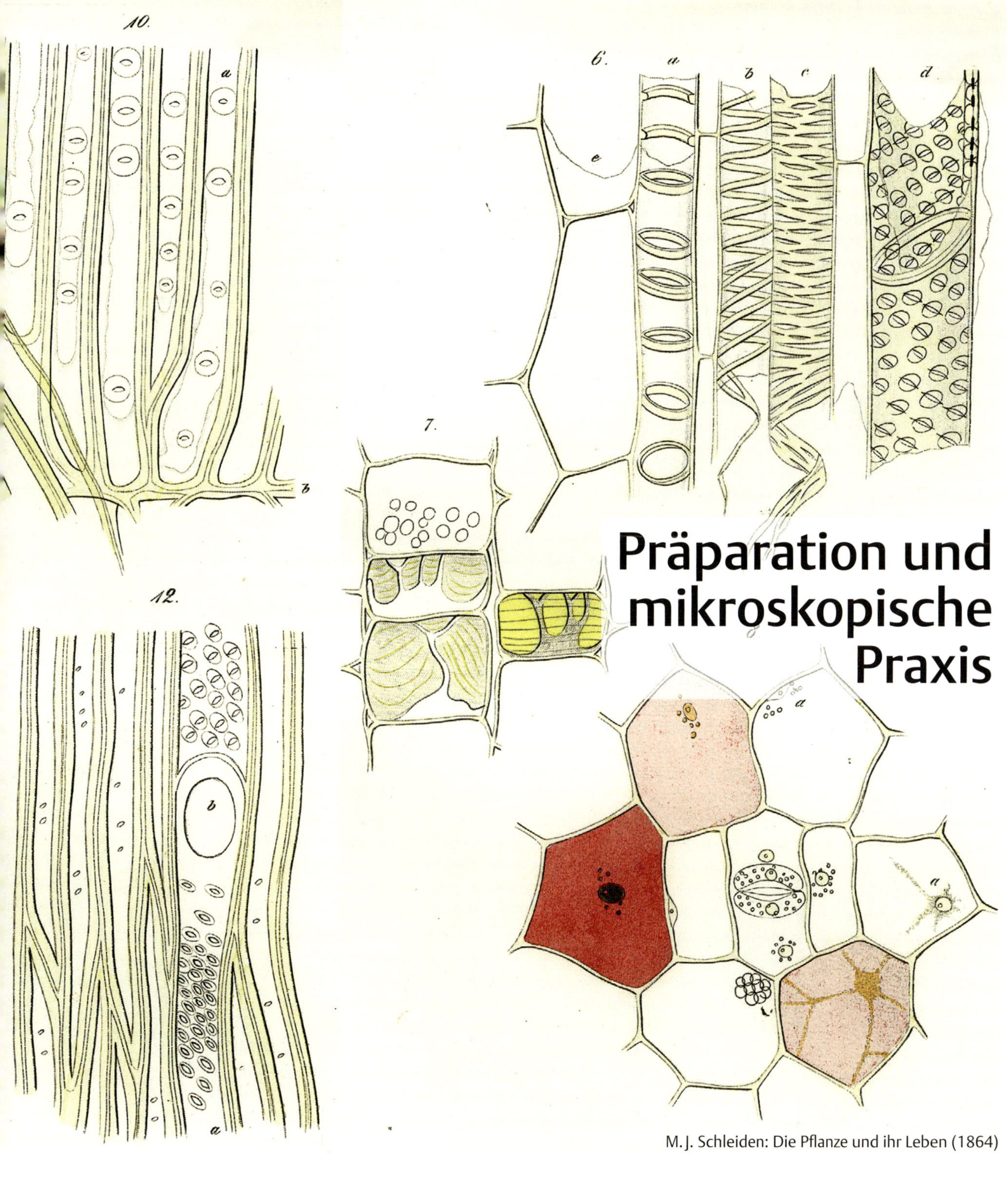

Präparation und mikroskopische Praxis

M. J. Schleiden: Die Pflanze und ihr Leben (1864)

2.1 Reagenzien und Zeichenmaterial

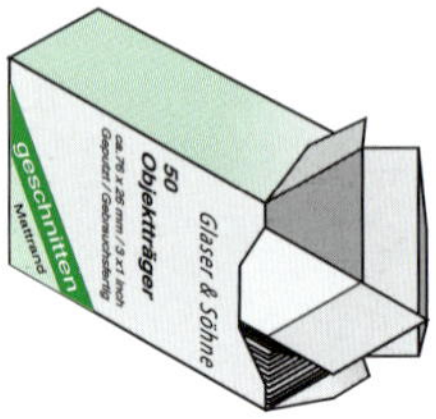

50 Objektträger

76 × 26 mm, Mattrand (zur Beschriftung mit Bleistift); **geputzt** (sind sie leider manchmal trotzdem nicht – dann beim Händler umtauschen).

Taschenmesser

Braucht ein Biologe immer!

Papiertaschentücher

Beim Schneiden der Zwiebel, zum Halten von Brennnessel, Aufwischen usw.

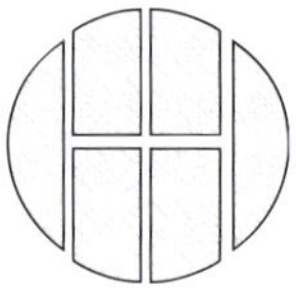

Filterpapier

Mit Schere in ± rechteckige Stücke schneiden. Absaugen mit der glatten Schnittkante.

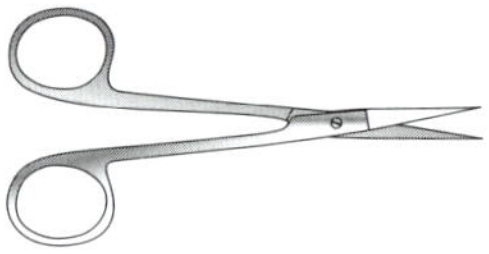

Schere

Zum Abschneiden von Blüten, Blättern, Stängeln, aber auch zum Schneiden von Filterpapier.

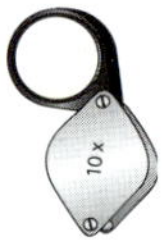

Lupe

Braucht ein Biologe immer!

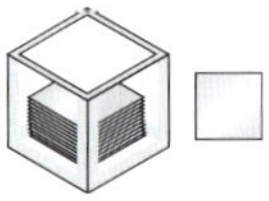

100 Deckgläser

18 × 18 mm

20 Rasierklingen

Hier nicht sparen:
schlechte Klinge
= schlechter Schnitt
= schlechtes Bild
= schlechte Zeichnung
= Frustration
= schade um die Zeit!

Skalpell und sehr feine Pinzette

Für feinere „Zuricht arbeiten": z.B. um Abziehen von Epidermis und zum Abnehmen von Schnitten.

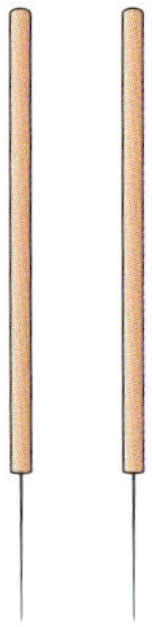

2 Präpariernadeln

Unentbehrlich! Zum Übertragen der Schnitte ins Wasser, zur Orientierung der Schnitte.

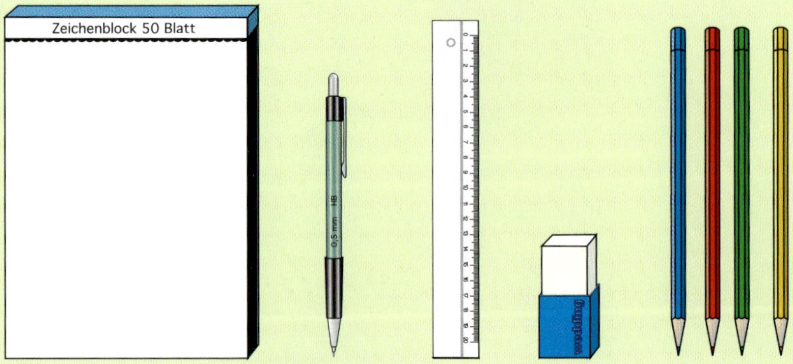

Block (DIN A4, 50 Blatt)

Druckbleistift (0,5 mm, HB)

Lineal

Radiergummi

Buntstifte

Wasser

Iod-Iod-Kalium

Zum Nachweis von Stärke (Blauviolett-Färbung). 6,7 % KJ, 3,3 % J_2 in Wasser.

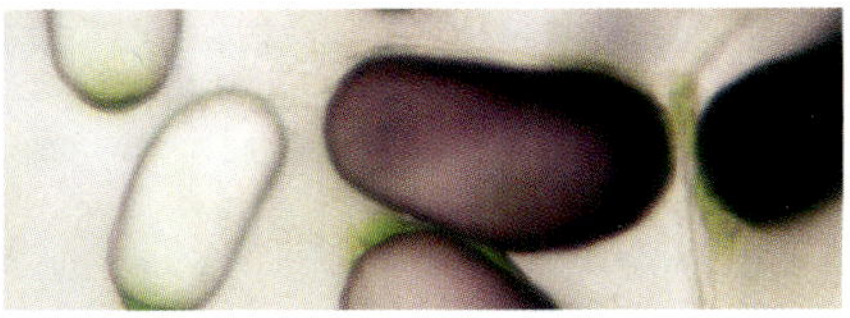

Stärkenachweis siehe S. 79

Astrablau

Zum Nachweis von nicht verholzten Zellwänden (Blaufärbung). 0,1 % Astrablau + 2 % Weinsäure in Wasser.

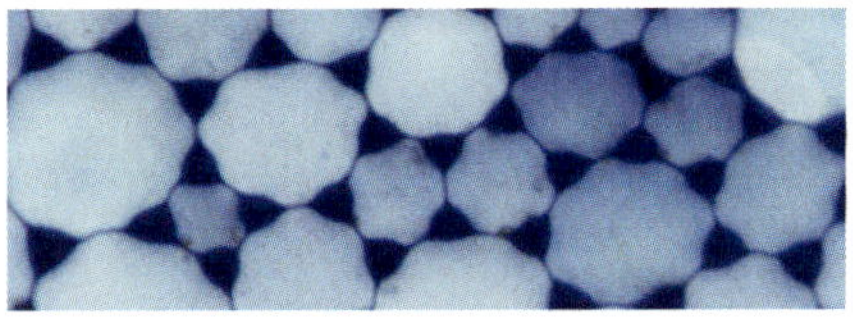

Eckenkollenchym; siehe S. 110

Safranin

Zum Nachweis von verholzten Zellwänden (Rotfärbung). 1 % Safranin in Wasser.

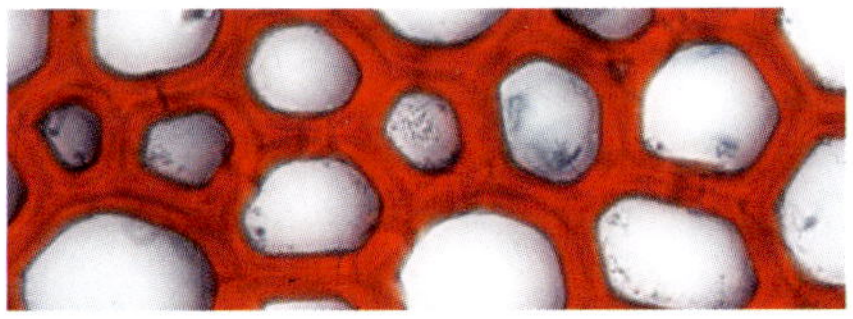

Sklerenchymfasern; siehe S. 116

Ethanol (50 %ig)

Zur Differenzierung der Färbungen mit Astrablau und Safranin; zum Entfernen von Luftblasen.

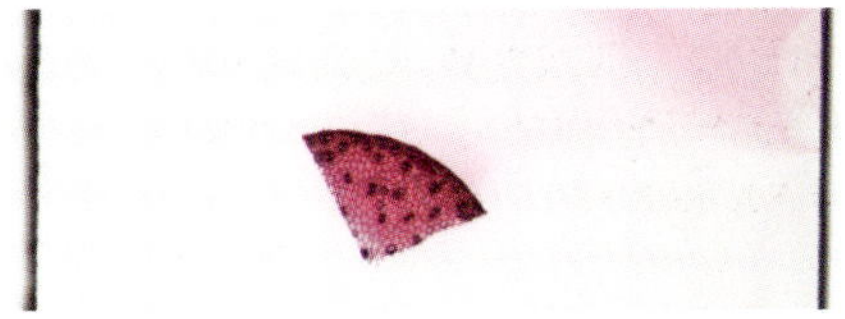

Differenzierung; siehe S. 21

Chlorzinkiod

Zum Nachweis von Cellulose (Blaufärbung). 60 g $ZnCl_2$ + 30 g H_2O + 20 g KJ + 4 g J_2 rühren, sedimentieren, filtrieren.

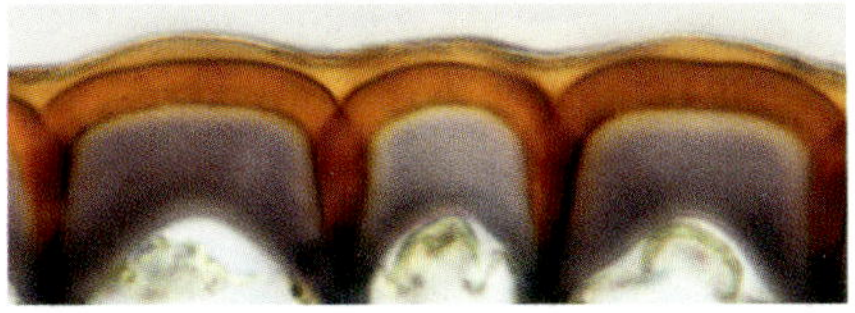

Cutikularschicht; siehe S. 124

Kaliumnitrat

In hypertonischer Lösung für die Plasmolyse. 10 % KNO_3 in Wasser.

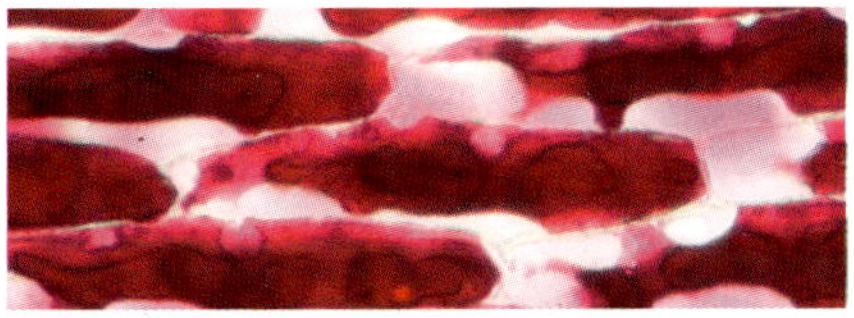

Plasmolyse; siehe S. 54

Sudan-III-Glycerin

Zum Nachweis von Cutin, Suberin, Fetten, ätherischen Ölen und Wachsen. 0,1 % Sudan-III in Ethanol/Glycerin (1 : 1).

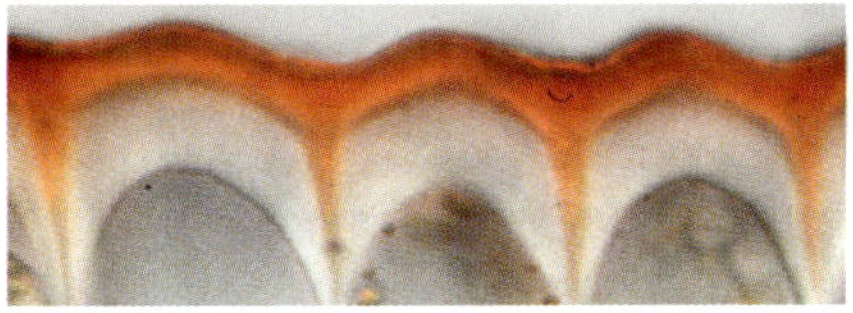

Cuticula; siehe S. 124

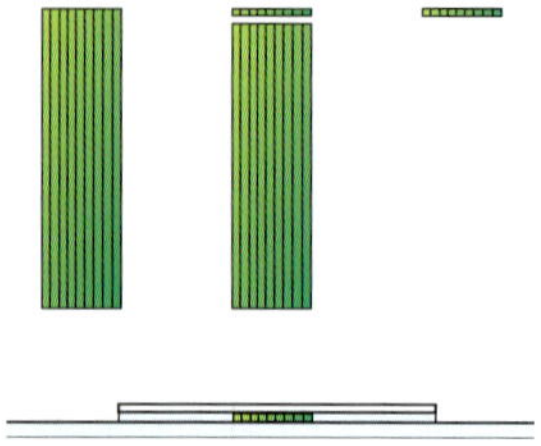

Abb. 2.1
Die (Quer-)Schnitte sollen so dünn wie möglich sein und genau senkrecht zur Längsachse des Organs geführt werden. Den Schnitt vorsichtig in einen Tropfen Wasser überführen; überschüssiges Wasser absaugen, so dass das Deckglas plan auf dem Schnitt liegt.

2.2 Schneiden: Grundlagen und Probleme

Warum ein dünner Schnitt?

Da pflanzliche Zellen nur einen Durchmesser von ca. 50 µm haben, liegen z. B. in einem Schnitt mit 1 mm Dicke 20 Zellen übereinander; erst ein entsprechend dünner Schnitt ermöglicht den ungehinderten Blick in einzelne Zellen.

Warum eine gute Schnittführung?

Leitelemente, wie z. B. Tracheen und Siebröhren, sind nur dann als Röhrchen erkennbar, wenn sie genau senkrecht zur Längsachse geschnitten sind (**Abb. 2.1**) und man senkrecht auf die Röhrchen blickt.

Orientierung der Schnitte

Es ist viel einfacher, den Schnitt richtig auf dem Objektträger zu platzieren, als mit „gedrehtem Mikroskop" zu zeichnen (**Abb. 2.2**).

Der Goldene Schnitt

- Schneiden ist eine handwerkliche Fähigkeit, die erst erlernt sein will. Wer es mit einem einzigen Schnitt schafft, ist ein Künstler oder ein Glückspilz.
- Ein optimaler, dünner Schnitt erfordert:
  - eine scharfe Klinge (eine unbenutzte Stelle einer Rasierklinge ist also immer von Vorteil),
  - ein hartes Objekt (ggf. Gewebe in Alkohol einlegen; Entwässerung führt zur Härtung),
  - eine kleine Schnittfläche (immer nur so viel Fläche schneiden, wie nötig).
- Ein Schnitt über den ganzen Sprossquerschnitt ist für die Übersichtszeichnung u. U. gut geeignet, aber für die Detailzeichnung meist zu dick. Deshalb immer mehrere Schnitte anfertigen und die geeigneten auswählen (**Abb. 2.2**). Auch kleinste „Schnitzelchen" können hervorragend für Detailbeobachtungen geeignet sein (**Abb. 2.3**).
- Richtige Schnittführung (z. B. quer, radial, tangential).
- Richtige Behandlung des Schnittes: Blasenfrei „eindeckeln", „Wasserstand" optimieren, nicht quetschen (**Abb. 2.4**).

Abb. 2.2
Es ist meist notwendig, mehrere Schnitte anzufertigen. Sind neben dicken auch dünne Schnitte unter dem Deckglas, liegen diese nicht „plan". Bei unterschiedlicher Qualität der Schnitte: Die schlechten „Schrägschnitte" (1) verwerfen. Die dünnen (2 + 3) und die dickeren Schnitte (4) separat mit Deckgläschen versehen, dabei gleich richtig orientiert plazieren. So haben sie jeweils optimale optische Bedingungen.

Abb. 2.3
Schnitttechnik.

Nur wenn ein ganzer Querschnitt erforderlich ist, z. B. für eine Übersichtszeichnung, eine „ganze Scheibe" schneiden.

Wenn die Fragestellung sich auf einen Teilbereich bezieht (z. B. Eckenkollenchym, Kork), nur diese Bereiche schneiden.

Mehrjährige Sprosse von Laub- oder Nadelbäumen zuerst mit dem Taschenmesser in „handliche" Stücke zerteilen.

Bei „stabilen" Blättern Rasierklinge auf der Schnittfläche aufsetzen, die Klinge zu sich herziehen und kleine Stücke „abhobeln". Dünne Blätter mit Hilfe von Styropor schneiden (Abb. 11.2).

Abb. 2.4
Häufige Probleme beim Schneiden:

A
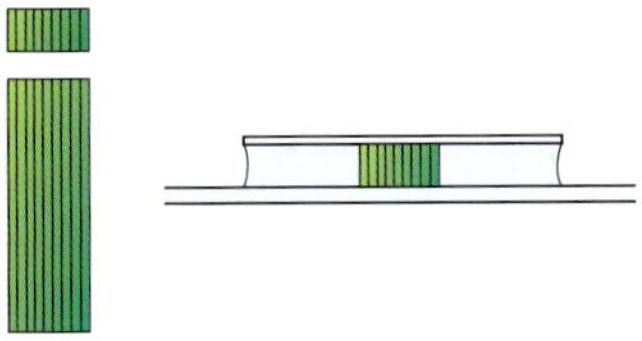

A Der Schnitt ist zu dick.

B
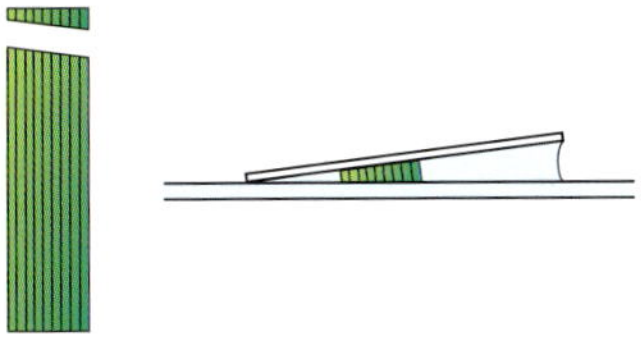

B Der Schnitt ist keilförmig, das Deckglas liegt deshalb schräg auf.

C
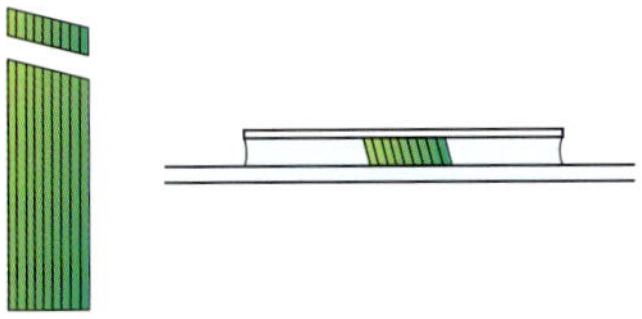

C Das Objekt wurde beim Schneiden schräg gehalten, das Deckglas liegt zwar parallel, aber der Schrägschnitt wirkt „verschwommen".

D
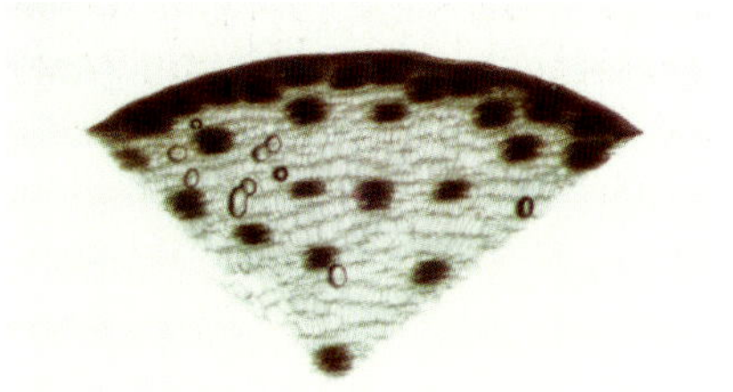

D Schrägschnitt, zusätzlich mit Luftbläschen; der Schnitt ist untauglich.

E
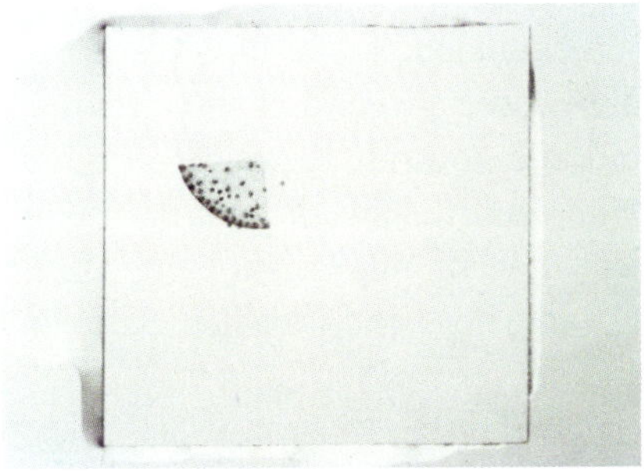

E Zuviel Wasser, Schnitt schlecht orientiert. Wasser mit Filterpapier absaugen. Ggf. Deckglas abheben und Schnitt mit Präpariernadel besser orientieren.

F
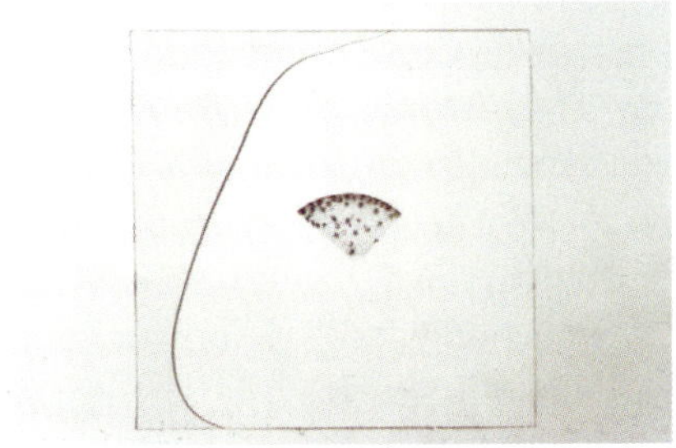

F Schnitt gut orientiert, Luft im Präparat. Wasser mit Pipette zugeben.

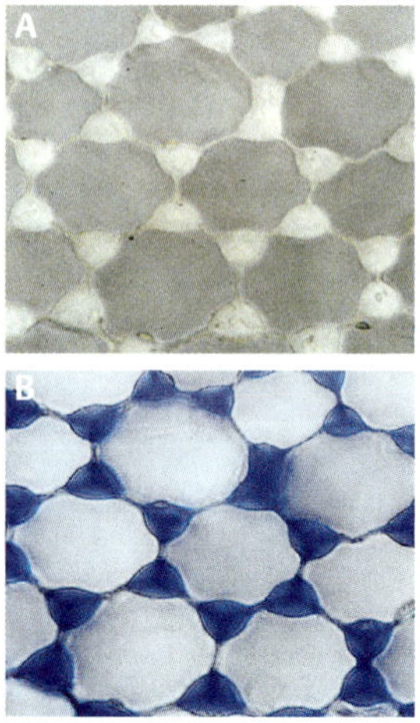

Abb. 2.5
Sprossquerschnitt des Holunders (*Sambucus nigra*).
A Ungefärbt.
B Färbung mit Astrablau.

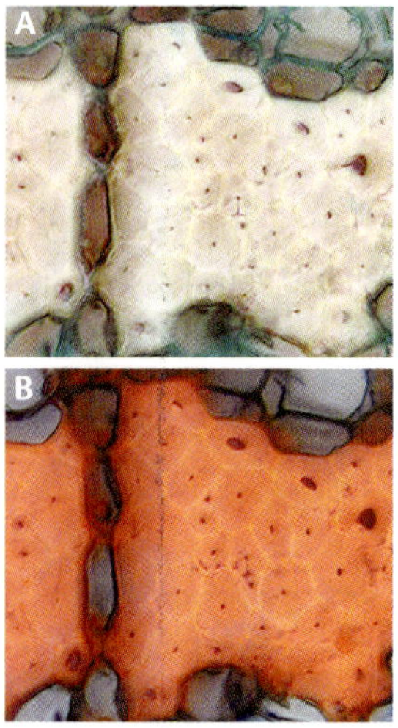

Abb. 2.6
Der Hartbast der Linde (*Tilia cordata*).
A Standardfärbung mit Astrablau + Safranin.
B Besseres Ergebnis durch Erwärmen des Präparates während des Färbens.

2.3 Färben: Grundlagen und Probleme

Warum färbt man?

Zahlreiche Pflanzengewebe- und Zellen sind „farblos“. Erst die Anwendung von Farbstoffen ermöglichte die bahnbrechenden Entdeckungen z.B. der „färbbaren“ Chromosomen (gr. chroma = Farbe) und damit der Mitose und Meiose. Mit Färbungen können Zellstrukturen einerseits „nur“ besser sichtbar gemacht werden (Abb. 2.5), andererseits ermöglichen Färbungen einen Nachweis der chemischen Zusammensetzung einer Zellstruktur (Cutin; Cellulose; Stärke; verholzt – nicht verholzt). Färben setzt Erfahrung und Fingerspitzengefühl voraus, wenn es um reproduzierbare Ergebnisse geht. Zeitangaben sind nur grobe Anhaltspunkte, da das Färbeergebnis von etlichen Faktoren (Konzentration/Alter der Färbelösung, Pflanzenart, Gewebetyp, Schnittdicke, Temperatur etc.) stark abhängen kann. Es gibt Farbstoff-Lösungen, in denen die Gewebeschnitte verbleiben müssen (Chlorzinkjod; Sudan-III-Glycerin), welche, die wieder ausgewaschen werden können um den Kontrast zu steigern (Iod-Iod-Kalium) und welche, die erst nach einer Differenzierung mit Ethanol eine spezifische Färbung ergeben (Astrablau; Safranin).

Wann färbt man?

Ob man ein Gewebe färben soll, hängt von der Fragestellung ab. Zur Beobachtung von lebenden Zellen darf z.B. nicht mit Farbstoffen gefärbt werden, die eine **Differenzierung** mit Ethanol voraussetzen. Zur Untersuchung des Blattaufbaus kann eine Färbung störend sein, da sie die charakteristische Farbe der Plastiden verändert. Für die Unterscheidung, ob es sich um ein äquifaziales oder unifaziales Blatt handelt, ist sie dagegen unerlässlich, da hier bei den Leitbündeln zwischen Xylem und Phloem unterschieden werden muss.

Färben in der Praxis

- Eine gute Färbung setzt einen guten Schnitt voraus.
- Färben erfordert etwas Erfahrung und Fingerspitzengefühl.
- Färbungen fallen häufig unterschiedlich aus.
- Die richtige „Differenzierung“ ist genauso wichtig, wie die Färbung selbst (**Abb. 2.7**).
- Immer darauf achten, dass charakteristische (bekannte) Gewebe auch die charakteristische Färbung haben. „Nachfärben“ ist meist ohne Probleme möglich.
- Färbungen lassen sich nicht einfach „addieren“. Mit Ausnahme der Färbung mit Astrablau + Safranin, jede Färbung an einem eigenen Schnitt durchführen.
- Für Färbungen mit Sudan-III-Glycerin und Chlorzinkiod die Schnitte sofort in die Färbereagenzien legen.
- Gleichartige Zelltypen können sich bei verschiedenen Geweben/Pflanzen unterschiedlich färben: Holzfasern färben sich häufig schneller als Hartbastfasern oder Steinzellen (**Abb. 2.6**).
- Astrablau färbt irreversibel Cellulose blau, damit auch die Baumwolle (= „Cellulosehaare“ der Baumwollsamen) – natürlich auch T-Shirts und Jeans.

Wie färbt man?

Chlorzinkiod

Schnitte direkt in die Lösung einlegen.

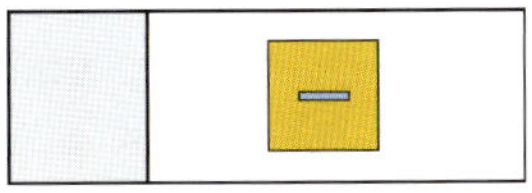

Iod-Iod-Kalium

Das Reagenz mit einem Filterpapierstreifen unter dem Deckglas durchsaugen. Um einen Farbgradienten zu erhalten, nach kurzer Zeit den Farbstoff „zurücksaugen".

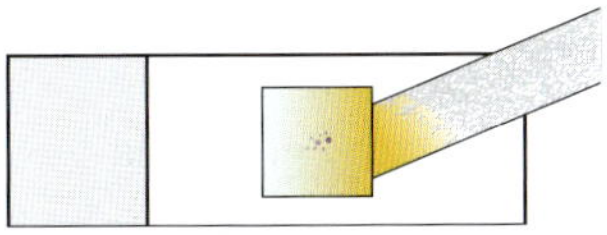

Sudan-III-Glycerin

Schnitte direkt in die Farblösung einlegen.

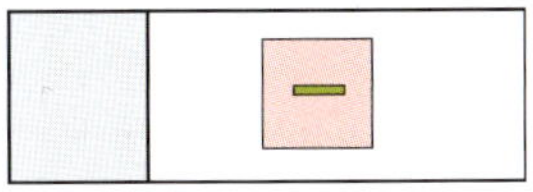

Astrablau und Safranin

Die Färbungen können einzeln oder zusammen durchgeführt werden. Entscheidend für das Ergebnis der Färbung ist die Differenzierung mit Ethanol! Schwach gefärbte Schnitte können nachgefärbt werden.

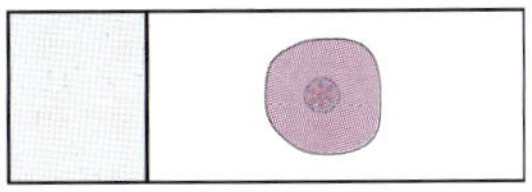

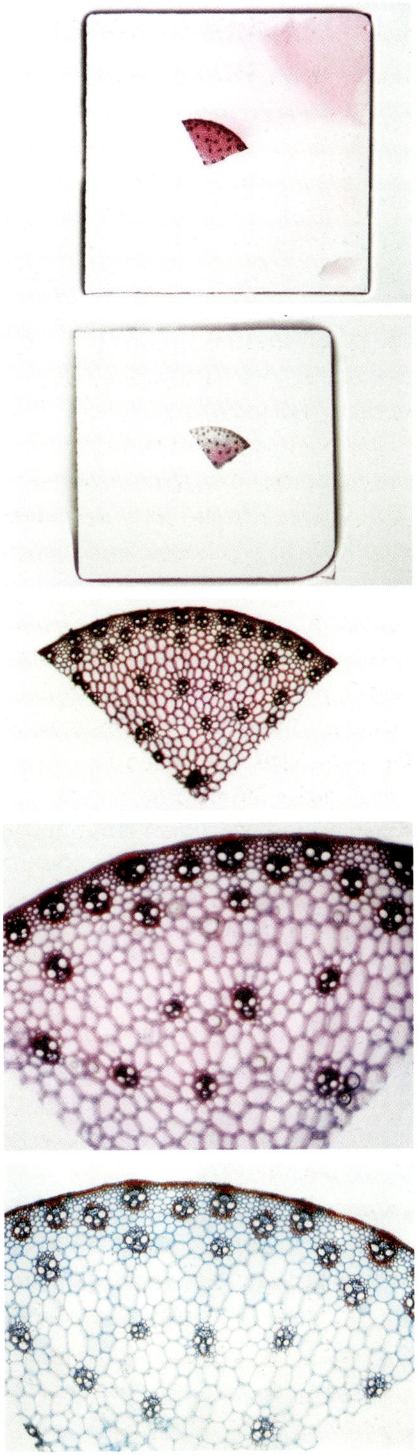

A

B

C

D

E

Abb. 2.7
Häufige Probleme beim Färben (Schnitte gefärbt mit Astrablau + Safranin).

A Die Differenzierung mit Ethanol ist noch nicht ausreichend.

B Der leicht keilförmige Schnitt ist zu kurz gefärbt. Die Färbung ist deshalb ungleichmäßig.

C Der Schnitt ist nicht ausreichend differenziert. Das Rindenparenchym erscheint deshalb rot anstatt blau (Gefahr der Fehlinterpretation!).

D Der Schnitt ist zu dick und nicht ausreichend differenziert.

E Der dünne Schnitt ist optimal gefärbt.

Mikroskop von Leeuwenhoek (um 1700).

2.4 Mikroskopieren: Grundlagen und Probleme

Bevor Sie mit dem Mikroskopieren beginnen, brauchen Sie ein gutes Präparat (siehe dazu Kap. 2.2 Schneiden und 2.3 Färben). Zum Mikroskopieren selbst sind die Grundkenntnisse zum Aufbau und zur Bedienung des Lichtmikroskopes erforderlich (s. Kap. 1.1–1.3).

Bitte immer vorsichtig mikroskopieren: Biologische „Frisch-Präparate" sind sehr empfindlich gegenüber Druck und Austrocknung. Besonders beim Wechsel des Objektivs besteht die Gefahr, dass Sie das Präparat quetschen. **Teleskopobjektive** (typisch: 100× Öl; **Abb. 2.8**) deshalb immer in Parkposition bringen, wenn sie nicht benötigt werden. Auch das Mikroskop selbst hat höchst empfindliche Stellen. Beschädigungen und Verschmutzungen insbesondere der Objektive (Zerkratzen, Verätzung, Ölreste, Fingerabdrücke) verschlechtern die Abbildungsqualität gewaltig!

Die richtige Einstellung der Kondensorblende hat einen großen Einfluss auf Kontrast, Auflösung und Schärfentiefe des lichtmikroskopischen Bildes (**Abb. 2.9**).

Wenn Sie das Mikroskop richtig eingestellt haben, beginnt die eigentliche Arbeit des Biologen: Suchen, suchen, schneiden – wir werden jedoch mit Ästhetik belohnt.

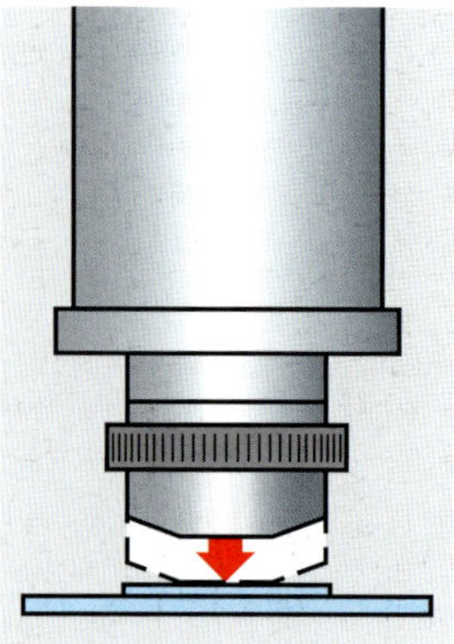

Abb. 2.8
Der kritische Bereich des Objektivs ist die Frontlinse. Bei Objektiven mit höherer Maßstabszahl ist die Frontoptik federnd gelagert; sie kann meist in eine „Parkposition" gebracht werden.

Tipps für die Praxis

- Mikroskop überprüfen. Ist die Optik sauber? Beleuchtung, Kondensor, Objektiv und Okular.
- Mehrere Schnitte anfertigen, ggf. färben; Schnitte in die Mitte des Objektträgers platzieren (**Abb. 2.2**).
- Mit der Lupenvergrößerung die besten Schnitte auswählen; bei unterschiedlicher Dicke unter verschiedene Deckgläser geben. Orientierung der Schnitte beachten.
- Beim Objektivwechsel Präparat absenken.
- Nicht benötigte Immersionsobjektive in „Parkposition" arretieren.
- Mikroskop optimal einstellen: Richtige Kondensorhöhe, richtige Ausleuchtung, Einstellung der Leuchtfeld- und Kondensorblende („Köhler'sche Beleuchtung"; **Abb. 1.20**).
- Zuordnung der einzelnen Gewebe bei niedriger und mittlerer Vergrößerung.
- Auswahl geeigneter Stelle(n) für die Detailuntersuchung bei mittlerer und hoher Vergrößerung; „Wasserstand" kontrollieren.
- Nicht vergessen: Beleuchtung ausschalten, Objektträger entfernen, Optik kontrollieren (ggf. reinigen), Staubschutzhülle aufsetzen.

Häufige Probleme

Kein Licht

- Ist der Strom eingeschaltet?
- Brennt die Lampe?
- Ist das Objektiv eingerastet?

Bild zu dunkel

- Helligkeitsregler zu niedrig eingestellt.
- Kondensor zu weit abgesenkt.
- Leuchtfeld- oder Kondensorblende zu weit zugezogen.
- Schnitt zu dick (**Abb. 2.10**).

Bild unscharf

- Präparat nicht fokussiert.
- Kondensorblende ganz offen.
- Verschmutzung von Objektiv und/oder Okular (reinigen).
- Verschmutztes Deckglas.
- Verschmutzter Objektträger.
- Wasser zwischen Deckglas und Objektiv.
- 2 Deckgläser auf dem Schnitt.
- Präparat umgekehrt auf dem Mikroskoptisch.
- Teleskopobjektiv in „Parkposition"?

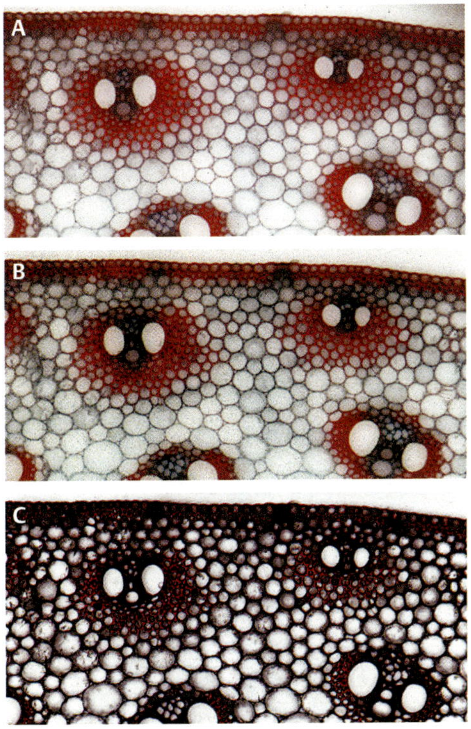

Abb. 2.9
Einfluss von Kontrast, Auflösung und Tiefenschärfe durch die Kondensorblende.
A Kondensorblende ganz offen; Auflösung gut, aber Kontrast zu schwach, Schärfentiefe minimal.
B Kondensorblende ca. 80 % maximaler Öffnung; Auflösung gut, Kontrast gut, Schärfentiefe gut.
C Kondensorblende ca. 30 % maximaler Öffnung; Auflösung schlecht, Kontrast sehr stark, Schärfentiefe sehr groß.

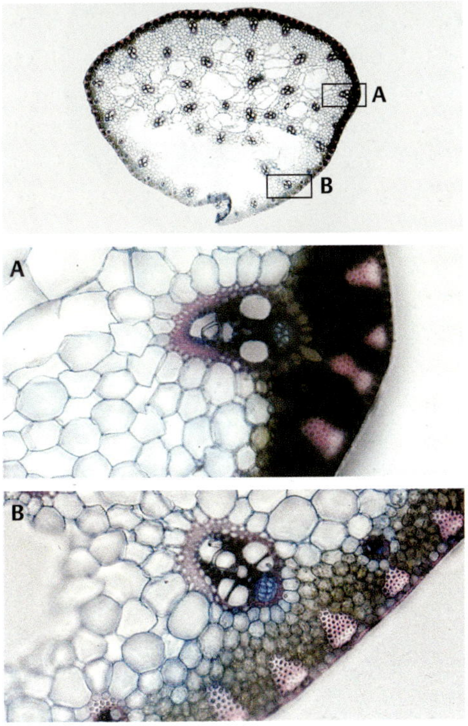

Abb. 2.10
Jedes Präparat hat seine guten und schlechten Seiten. Dieser Schnitt durch den Blattstiel des Cyperngrases ist ungleich dick (leicht „keilförmig").
An den dicken Stellen (**A**) dringt im Assimilationsparenchym kaum noch Licht durch den Schnitt.
An den dünn „auslaufenden" Stellen (**B**) ist er jedoch für Detailuntersuchungen gut geeignet.

2.5 Die Übersichtszeichnung

Ziel

Die Übersichtszeichnung soll in erster Linie die verschiedenen Gewebe eines Pflanzenorganes darstellen. Die Übersichtszeichnung ist – häufig unterschätzt – eine intellektuelle Herausforderung (**Abb. 2.11 – Abb. 2.13**). Eine gute Übersichtszeichnung ist die Basis für eine gute Detailzeichnung. Jetzt ist Vertrauen in die eigene Schnitt- und Färbetechnik gefordert. Bei unbekannten Objekten ist das auch für einen „Profi" nicht immer einfach.

Anforderungen

- Ein guter Schnitt mit guter Färbung.
- Darstellung ganzseitig (DIN A4).
- Gewebe werden als Flächen dargestellt.
- Feststellung der Symmetrieebenen (bei Objekten mit z. B. einer Symmetrieebene genügt die Darstellung einer Hälfte).
- Einhaltung der Proportionen der verschiedenen Gewebe (z.B. Markhöhle 30 %, Rinde 70 % des Radius).
- Berücksichtigung der Anzahl der verschiedenen Gewebe (z. B. 6 große und 6 kleine Leitbündel).
- Zellen werden nur in Ausnahmefällen gezeichnet (z. B. Haare, charakteristische, große Gefäße, Idioblasten).

Beschriftung

- Angabe des Objektes.
- Angabe der Färbung.
- Angabe der Gewebe.
- Angabe des Maßstabes.

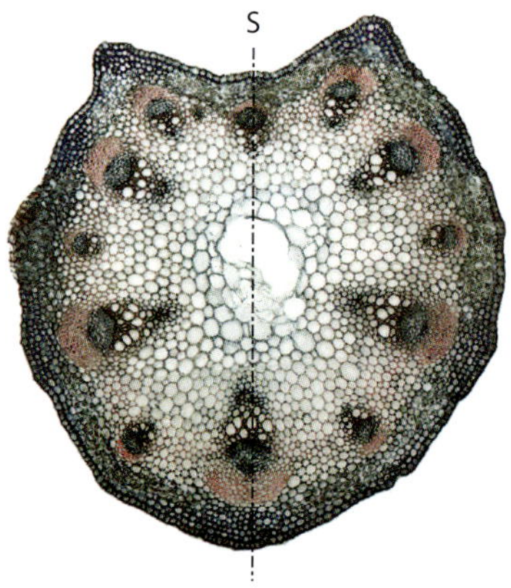

Abb. 2.11
Sprossquerschnitt der Waldrebe (*Clematis tuberosa*). Anfärbung mit Astrablau + Safranin (HF). Der Spross hat eine Symmetrieebene (Linie S).

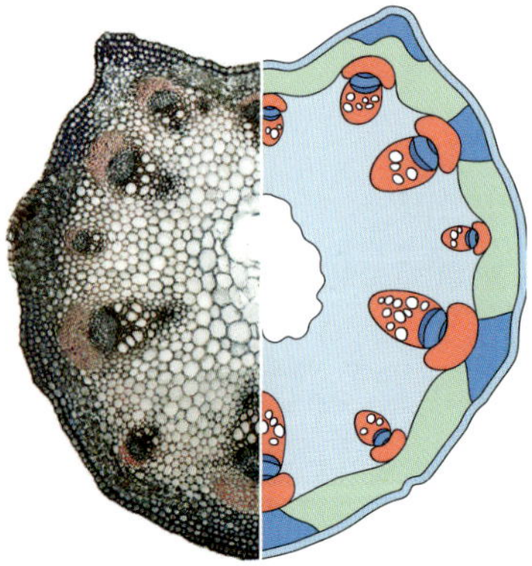

Abb. 2.12
Eine große Schwierigkeit besteht zunächst darin, die verschiedenen Gewebe aufgrund ihrer Färbung, ihrer Form, ihrer Lage, unterstützt durch theoretisches Wissen und Erfahrung und nicht zuletzt durch Unvoreingenommenheit, „geistig zu erfassen".

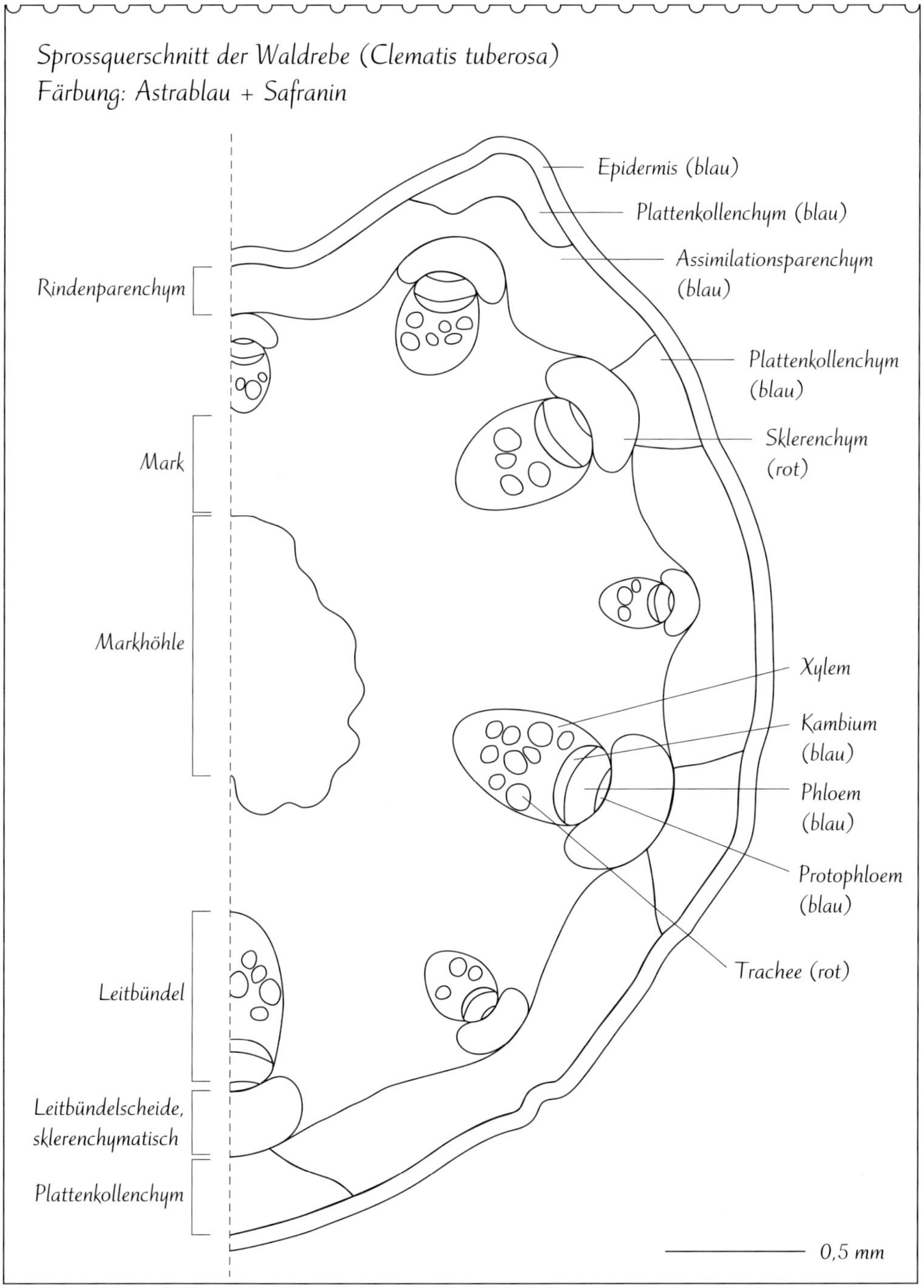

Abb. 2.13
Übersichtszeichnung eines Sprossquerschnittes (rechte Hälfte) der Waldrebe (*Clematis tuberosa*).
Zeichenfläche im Original = DIN A4.

2.6 Die Detailzeichnung

Ziel

Die Detailzeichnung soll Gewebe eines Pflanzenorganes zellulär darstellen. Die Detailzeichnung setzt meist eine entsprechende Übersichtszeichnung des Organes voraus. Für die Detailzeichnung ist es von größter Wichtigkeit, die „Konstruktion" der verschiedenen Gewebe bzw. Zellen zu erfassen.

Grundlage für die Konstruktion ist die Mittellamelle. Diese ist im Lichtmikroskop nicht sichtbar, dient aber als „zeichentechnische Hilfslinie". Wenn alle Zellen mit Mittellamelle (vor-)gezeichnet sind, erfolgt die Überprüfung der Proportionen etc.; Korrekturen können auf dem Niveau der Mittellamelle leicht durchgeführt werden. Erst dann zeichnen Sie die dickwandigen Zellen und die zellulären Details (z. B. Tüpfel).

Abb. 2.14
Leitbündel von *Zea mays*. Anfärbung mit Astrablau + Safranin (HF). Das Leitbündel hat eine Symmetrieebene (= Linie).
Bevor Sie mit der Detailzeichnung beginnen, müssen die verschiedenen Gewebe und Zellen aufgrund ihrer Färbung, ihrer Form, und ihrer Lage, unterstützt durch theoretisches Wissen und Erfahrung charakterisiert werden. In ihrem Kopf bauen Sie zuerst die Zeichnung auf; eine Arbeitsskizze kann dabei sehr hilfreich sein.

Anforderungen

- Ein dünner Schnitt mit guter Färbung.
- Darstellung ganzseitig (DIN A4).
- Gewebe zellulär.
- Feststellung der Symmetrieebenen; bei Geweben mit einer Symmetrieebene (z. B. Leitbündel) genügt die Darstellung einer Hälfte (**Abb. 2.14**).
- Einhaltung der Proportionen der verschiedenen Gewebe und Zellen.
- Alle Zellen werden mit Mittellamelle gezeichnet; bei dünnwandigen Zellen (z.B. Rinden-, Phloem-, Xylemparenchymzellen) genügt diese „einfache" Darstellung. Dickwandige Zellen (Sklerenchymfasern, Tracheen, Tracheiden, Steinzellen etc.) werden mit „doppelter" Zellwand dargestellt: Jede Zellwandhälfte von benachbarten Zellen mit eigener Linie; diese muss der tatsächlichen Wandstärke entsprechen (**Abb. 2.15**).

Beschriftung

- Angabe des Objektes.
- Angabe der Färbung.
- Angabe aller Gewebe und verschiedener Zelltypen.
- Angabe zellulärer Details (z. B. Cuticula, Cuticularschicht, Zellkern, Kristalldrusen etc.).
- Angabe des Maßstabes.

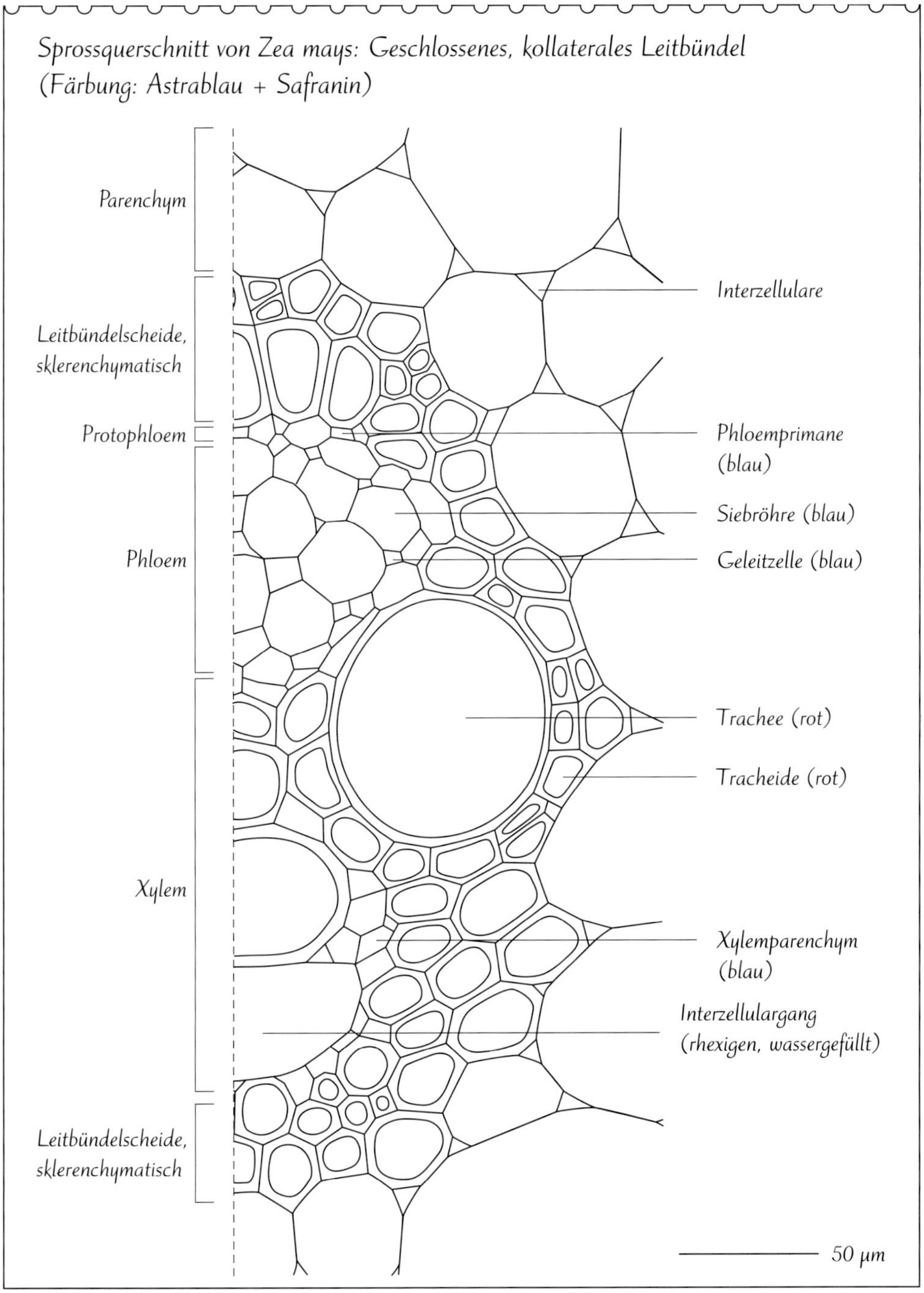

Abb. 2.15
Detailzeichnung eines Leitbündels (rechte Hälfte) des Mais (*Zea mays*). Zeichenfläche im Original = DIN A4.

Blattläuse auf Rosenspross

Elektronenmikroskopie

3.1 Transmissions- und Rasterelektronenmikroskop (TEM/REM)

Aufbau

Beide Mikroskope bestehen aus einer Säule, die unter **Hochvakuum** steht. Die Strahlungsquelle ist eine **Kathode**. Von der auf ca. 2400 °C erhitzten Kathode (= haarnadelförmig gebogener Wolframdraht) werden bei einer Hochspannung von ca. 80 kV (TEM) bzw. 1–30 kV (REM) Elektronen zu einer Anode hin beschleunigt. Sie erhalten dabei ca. 95 % der Lichtgeschwindigkeit und eine Wellenlänge von nur 0,004 nm (TEM).

Der Elektronenstrahl wird bei beiden Mikroskopen mit einer **elektromagnetischen** Linse (= Kondensor) gebündelt und von einer weiteren elektromagnetischen Linse (= Objektiv) auf das Präparat fokussiert (**Abb. 3.1**).

Beim TEM entsteht durch das Objektiv ein erstes vergrößertes Zwischenbild, das durch weitere elektromagnetische Linsen (= **Projektive**) nachvergrößert wird. Das sichtbare Bild entsteht, wenn die Elektronen auf den Leuchtschirm treffen. Die-

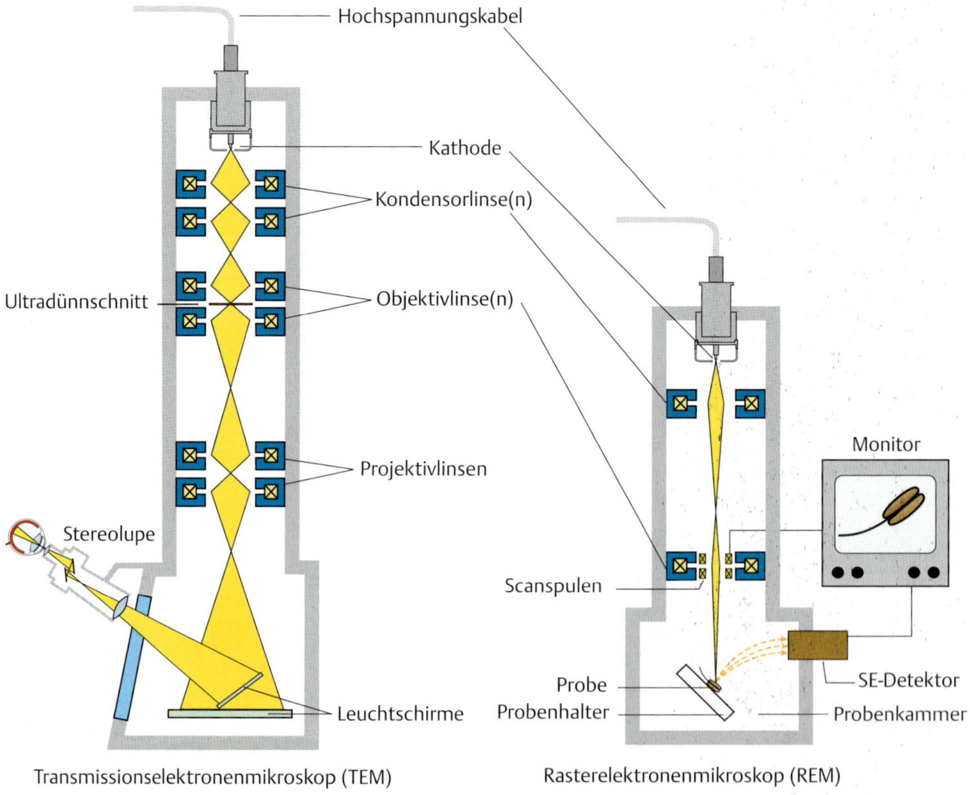

Abb. 3.1
Schematischer Vergleich des Transmissions- und Rasterelektronenmikroskopes. Die Elektronenquelle ist die Kathode. Beim REM genügen 2 elektromagnetische Linsen zur Abbildung: Kondensor und Objektiv. Beim TEM sind diese Linsen meist doppelt als Linsengruppen vorhanden. Die „Endvergrößerung" erfolgt mit einer dritten Linsengruppe, dem Projektiv. Beim TEM wird ein reales Bild auf einem Leuchtschirm erzeugt, beim REM wird die Probe vom Elektronenstrahl abgerastert und das entstehende Sekundärelektronensignal auf einem Monitor dargestellt.

ses Bild wird meist mit einer Stereolupe nachvergrößert.

Die Auflösung beträgt beim TEM ca. 0,2 nm. Die „Scharfstellung" des Präparates erfolgt beim TEM durch das Objektiv (durch Veränderung des Objektiv-Linsenstromes), die Änderung der Vergrößerung durch das Projektiv (durch Veränderung des Projektiv-Linsenstromes).

Beim REM wird der Elektronenstrahl durch die Objektivlinse punktförmig (!) auf das Präparat fokussiert. Dabei entstehen **Sekundärelektronen** (SE), die von einem SE-Detektor durch eine positive Spannung „abgesaugt" werden. Das Signal wird auf einen Monitor übertragen. Ein Bild entsteht dadurch, dass der Elektronenstrahl zeilenweise das Präparat abrastert.

Die „Scharfstellung" des Präparates erfolgt beim REM – wie beim TEM – durch das Objektiv (Veränderung des Objektiv-Linsenstromes). Die Änderung der Vergrößerung erfolgt auf völlig andere Weise als im TEM: Ein Bildausschnitt wird immer formatfüllend auf den Monitor übertragen. Wird nur ein kleiner Bereich abgerastert, so steigt die Vergrößerung (**Abb. 3.2**). Die Auflösung des REM beträgt ca. 1–2 nm.

Präparate für das TEM

Es gibt mittlerweile eine fast unübersehbare Zahl von verschiedenen Elektronenmikroskoptypen und erst recht von verschiedenen Präparationstechniken. Da die Proben im Hochvakuum untersucht werden müssen und Elektronen nur sehr geringe Materieschichten durchdringen können, ist das Präparat beim TEM ein **Ultradünnschnitt** (Dicke 50–100 nm), der auf kleine Trägernetzchen (= grid) aufgebracht wird. Suspensionen von Viren, Phagen oder Zellorganellfraktionen können direkt auf ca. 30 nm dicke Trägerfolien aufgebracht (**Abb. 3.3**) und mit Schwermetallsalzen (z. B. Uranylacetat oder Phosphorwolframsäure) kontrastiert werden. Da die Objekte dabei heller erscheinen als die kontrastierte Umgebung, nennt man dieses Verfahren „**Negativkontrastierung**".

Präparate für das REM

Beim REM werden typischerweise „nur" Oberflächen dargestellt. Die Präparate können deshalb „riesige" Dimensionen haben (z. B. ganze Blüte, ganzes Insekt, Armbanduhr). Der Einblick in Gewebe und Zellen im REM ist mit Hilfe von Bruchtechniken nach Fixierung möglich.

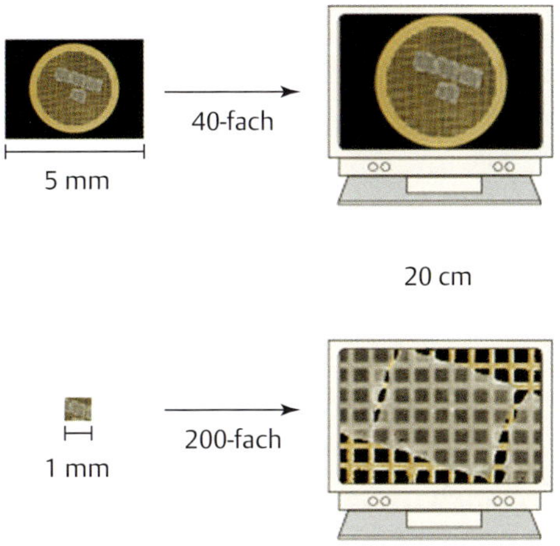

Abb. 3.2
Entstehung eines vergrößerten Bildes im REM: Das Endbild ensteht immer am Monitor mit einem Durchmesser von ca. 20 cm. Dargestellt wird auf dem Monitor jeweils der vom Elektronenstrahl abgerasterte Bereich. Wird der „Scanbereich" kleiner (durch schwächere Erregung der Scanspulen), so steigt die Vergrößerung.

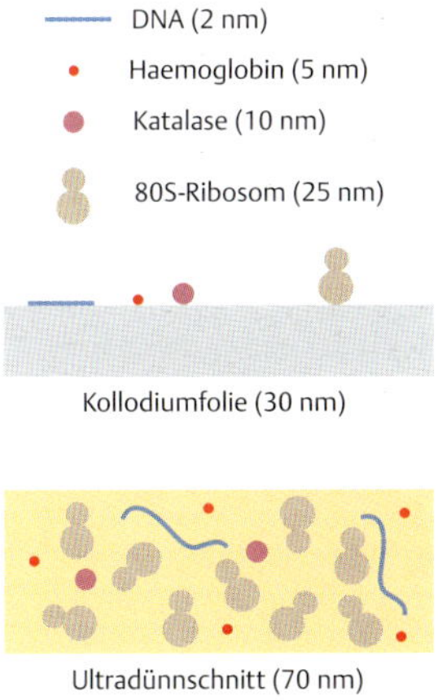

Abb. 3.3
Größenverhältnisse biologischer Strukturen auf einer Kollodium-Trägerfolie und im Ultradünnschnitt.

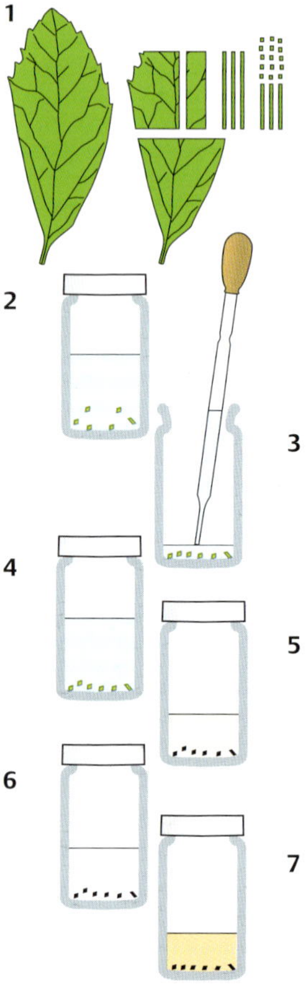

Abb. 3.4
Präparationsschritte für ein TEM-Präparat:
1 Zerkleinern z.B. eines Blattes mit einer Rasierklinge; Kantenlänge ca. 1 mm.
2 Fixierung in Glutardialdehyd.
3 Absaugen des Fixans.
4 4 × Waschen in Puffer.
5 Nachfixierung mit Osmiumtetroxid.
6 2 × Waschen + Entwässerung in Aceton oder Ethanol.
7 Infiltration mit Kunstharz.

3.2 EM-Präparation

Fixierung (REM + TEM)

An alle EM-Präparationen werden hohe Anforderungen gestellt. Kleine Gewebestückchen (1 × 1 mm) werden zuerst mit Glutardialdehyd fixiert, um die zellulären Proteine zu vernetzen (**Abb. 3.4**). Der Stoffwechsel kommt durch die Fixierung der Enzyme sofort zum Erliegen. Anschließend erfolgt eine Nachfixierung mit Osmiumtetroxid (OsO_4). Osmiumtetroxid reagiert mit C=C-Doppelbindungen (soweit sie nicht konjugiert sind) und fixiert deshalb die ungesättigten Fettsäuren der Lipide und damit alle Biomembranen der verschiedenen Zellorganellen. Nach der Fixierung sind die Zellen tot und deshalb nicht mehr **osmotisch** empfindlich. Da Osmiumtetroxid mit Glutardialdehyd Präzipitate bildet, müssen zwischen den beiden Fixierungen Waschschritte eingelegt werden. Um für Untersuchungen im REM einen Einblick in die Zellen zu erhalten, können nach der Fixierung die Gewebe eingefroren und im gefrorenen Zustand gebrochen werden (= **Kryobruch** nach Tanaka).

Entwässerung

Da die Proben im Hochvakuum untersucht werden, müssen sie entwässert werden (**Abb. 3.4**). Die Entwässerung der Proben erfolgt in aufsteigenden Reihen von Ethanol oder Aceton. Bis zur Entwässerung verlaufen die Präparationen für TEM und REM gleich; dann trennen sich die Wege.

Kritische Punkttrocknung (REM)

Die Gewebestückchen werden (in kleinen Gläschen mit Aceton) in einen speziellen Druckapparat gegeben. Aceton wird dort gegen flüssiges Kohlendioxid ausgetauscht. Durch Erhöhung der Temperatur auf ca. 40 °C entsteht am „kritischen Punkt" ein komprimiertes Gas, das über ein Ventil langsam abgelassen wird. Auf diese Weise werden Schrumpfungsartefakte weitgehend vermieden. Die Proben werden auf Präparathaltern aufmontiert und zur Erhöhung der Leitfähigkeit dünn (ca. 5 nm) mit Metall (z.B. Platin) beschichtet (= „besputtert").

Einbettung (TEM)

Die entwässerten Gewebestückchen werden mit aufsteigenden Konzentrationen von Aceton/Kunstharz (Epoxid) infiltriert und anschließend in 100 % Kunstharz eingebettet (**Abb. 3.5**). Die Polymerisation des Epoxides erfolgt meist bei höherer Temperatur (60 °C).

Ultramikrotomie

Nach der Polymerisation des Kunstharzes werden die Proben „getrimmt", d.h. das (noch zu große) Gewebestückchen wird so zugeschnitten, dass die gewünschte Präparatstelle zur Schnittfläche (ca. 0,2–1 mm^2) verkleinert wird (**Abb. 3.5**). Dies geschieht mit Hilfe von Glasmessern. Das Ultradünnschneiden der Proben erfolgt mit einem Ultramikrotom. Die Schnittdicke liegt dabei zwischen 50 und 100 nm, d.h. ein Haar kann längs in 1000 bis 2000 Schnitte zerlegt werden.

Nachkontrastierung der Schnitte

Zur Kontraststeigerung werden die Schnitte mit Schwermetallsalzen (Uranylacetat und Bleicitrat) nachkontrastiert (**Abb. 3.5**).

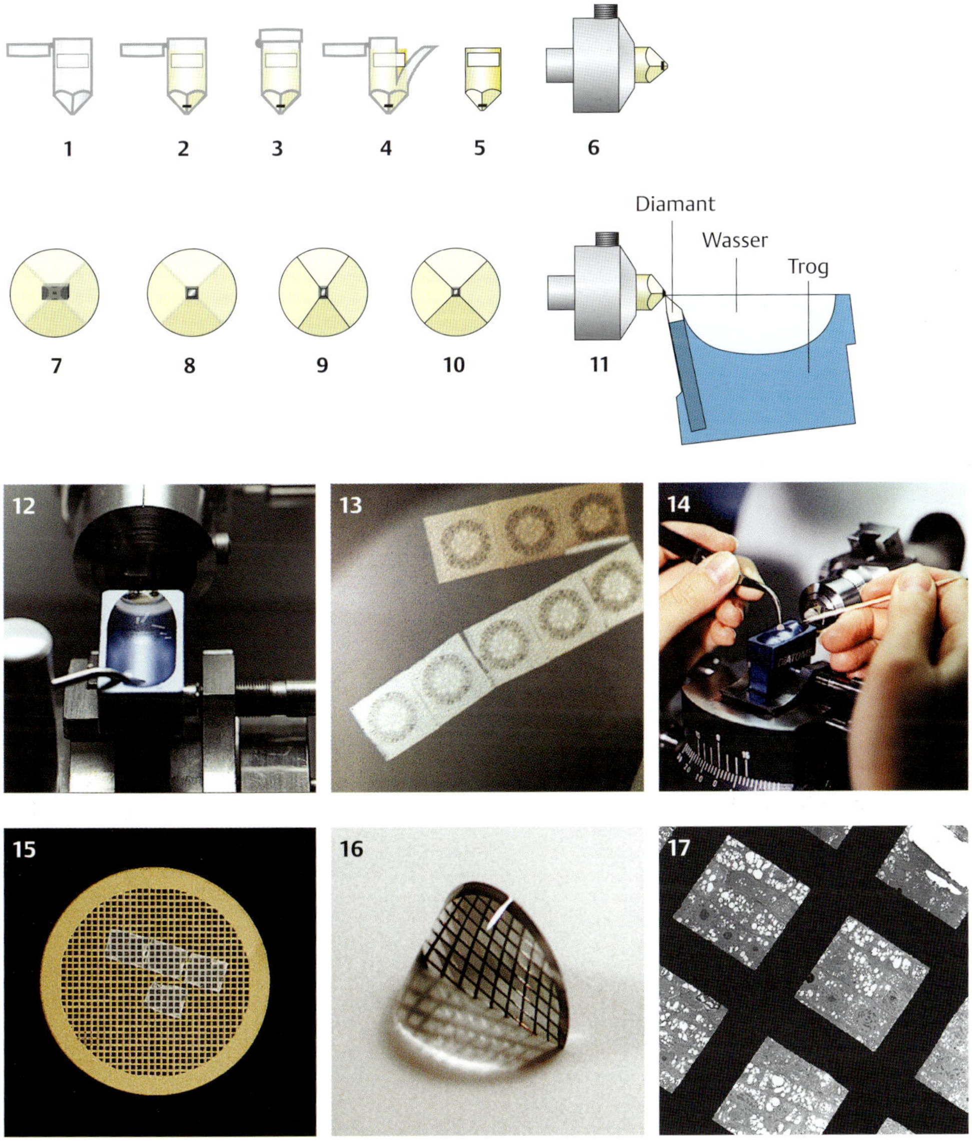

Abb. 3.5
Einbettung und Ultramikrotomie eines TEM-Präparates:
- **1** Bestücken der Einbettkapsel mit einem Etikett.
- **2** Einbringen der Probe in das Kunstharz.
- **3** Polymerisation (60 °C).
- **4** Aufschneiden der Kapsel.
- **5** Auspolymerisierte Probe.
- **6** Probe in Präparathalter.
- **7** Ansicht der Probe von vorne.
- **8** Anschneiden der Probe von vorne.
- **9** Trimmen: linke und rechte Seite.
- **10** Trimmen: obere und untere Seite.
- **11** Ultramikrotomie der Probe mit einem Diamantmesser.
- **12** Blick auf das Diamantmesser mit Trog.
- **13** Ultradünnschnitte auf der Wasseroberfläche.
- **14** „Auffischen“ der Schnitte auf Netzchen mit einer Wimper an einem Zahnstocher.
- **15** Schnitte auf Netzchen (= Kupfergrid).
- **16** Nachkontrastierung der Schnitte mit Uranylacetat und Bleicitrat.
- **17** Untersuchung der Schnitte auf Netzchen im TEM.

3.3 Die Zelle im elektronenmikroskopischen Bild

Für die Transmissionselektronenmikroskopie werden Ultradünnschnitte verwendet, die mit Schwermetallsalzen nachkontrastiert werden (**Abb. 3.6**). Bleicitrat kontrastiert dabei Proteine, Uranylacetat DNA- und RNA-haltige Strukturen. Da die Biomembranen sehr dünn sind (5–10 nm) sind hohe Vergrößerungen nötig um sie darzustellen. Erst bei 50 000-facher Vergrößerung erkennt man ihren typischen, dreischichtigen Aufbau; eine Zwiebelepidermiszelle ist bei dieser Vergrößerung schon ca. fünf Meter lang. Es gibt weltweit immer noch keine Aufnahme einer Pflanzenzelle, auf der alle Zellorganellen und Zellstrukturen in charakteristischer Form zu sehen sind. Daher soll eine maßstabsgetreue, farbige, schematische Darstellung einer Pflanzenzelle zunächst deren Aufbau verdeutlichen (**Abb. 3.7**). Im nachfolgenden Kapitel 3.4 erhalten Sie einen Überblick über die wichtigsten Zellorganellen und Zellstrukturen.

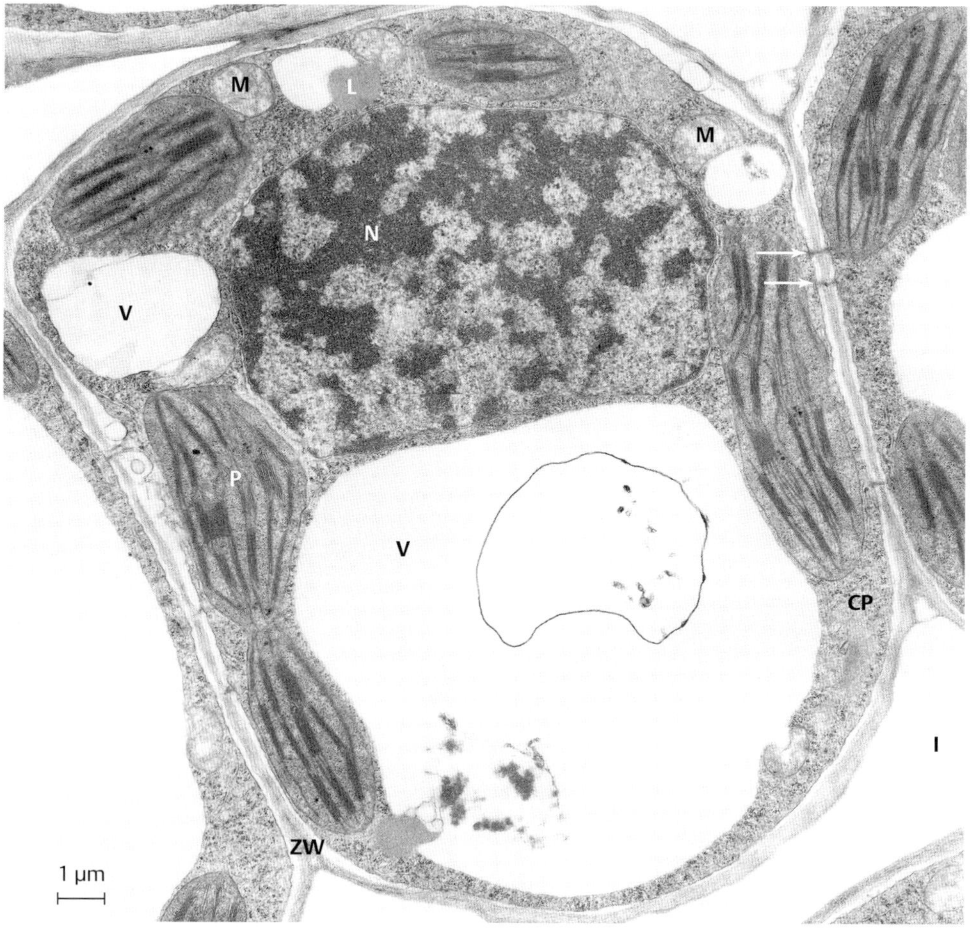

Abb. 3.6
Elektronenmikroskopische Aufnahme einer Mesophyllzelle der Glockenblume (*Campanula persicifolia*).
CP = Cytoplasma
I = Interzellulare
L = Lipidtröpfchen
M = Mitochondrium
N = Zellkern
P = Chloroplast
V = Vakuole
ZW = Zellwand
Pfeile = Plasmodesmen

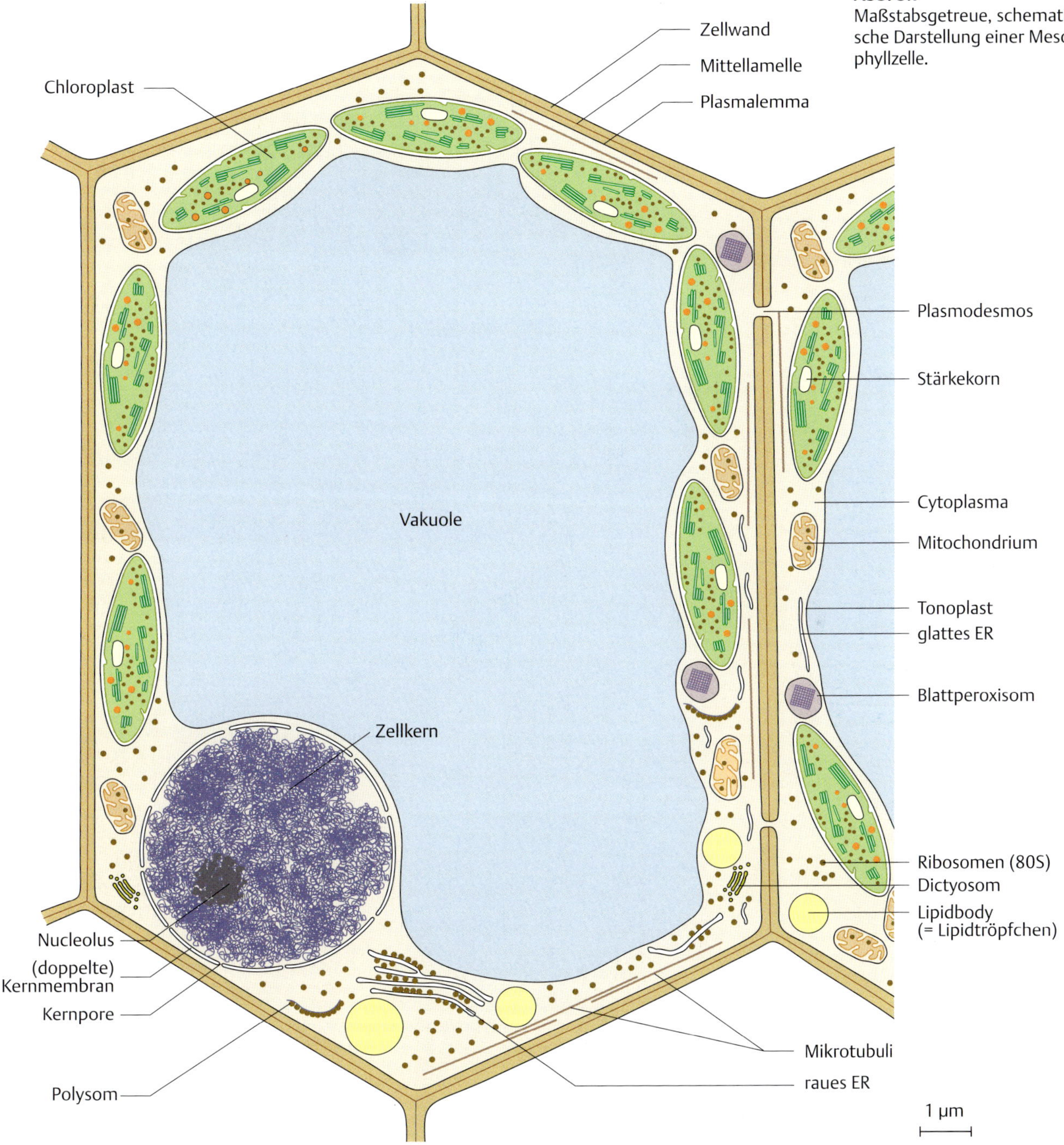

Abb. 3.7
Maßstabsgetreue, schematische Darstellung einer Mesophyllzelle.

3.4 Zellorganellen und Zellstrukturen – Steckbriefe

Biomembran (Schema): Dicke 5–10 nm. Im TEM als Doppellinie „dunkel-helldunkel" sichtbar. Phospholipiddoppelschicht, der beidseitig Proteine aufgelagert sind. Größere Proteine können in die Membran eingelagert sein oder diese durchdringen.

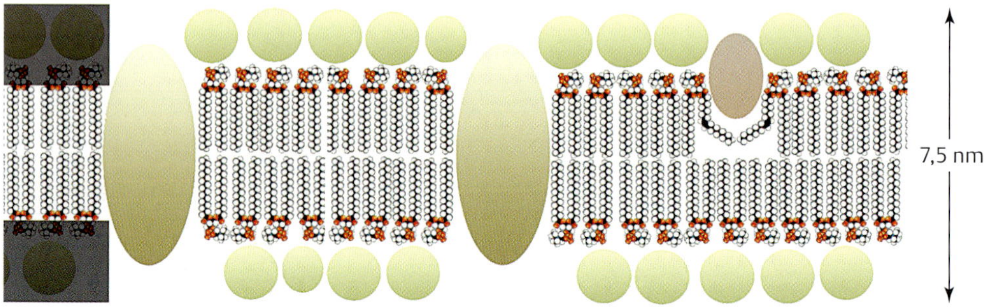

Plasmalemma (TEM): Eine Biomembran. Sie liegt unmittelbar der Zellwand auf (Kreis).
CP = Cytoplasma;
ER = endoplasmatisches Reticulum;
ZW = Zellwand.

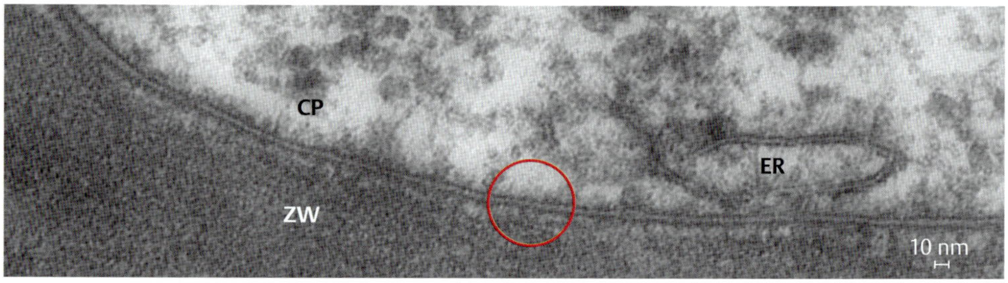

Tonoplast (TEM): Eine Biomembran. Sie begrenzt die Vakuole zum Cytoplasma (Kreis).
CP = Cytoplasma;
ER = endoplasmatisches Reticulum;
V = Vakuole.

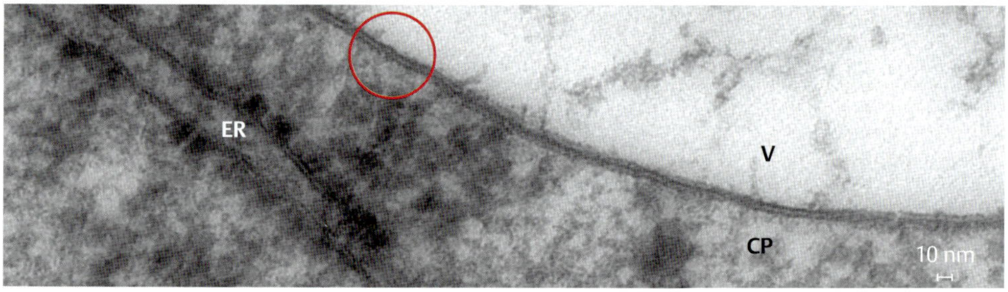

Zellwand aus Cellulosefibrillen (mit entsprechenden Modifikationen). Zellwände benachbarter Zellen sind über die gemeinsame Mittellamelle „verklebt". Der Stoffaustausch zwischen den Zellen erfolgt über schmale cytoplasmatische Verbindungen, die Plasmodesmen (**A**; TEM). Durch partielle Auflösung der Mittellamelle weichen die Zellwände auseinander – es entstehen die luftgefüllten Interzellularen (**B**; TEM).

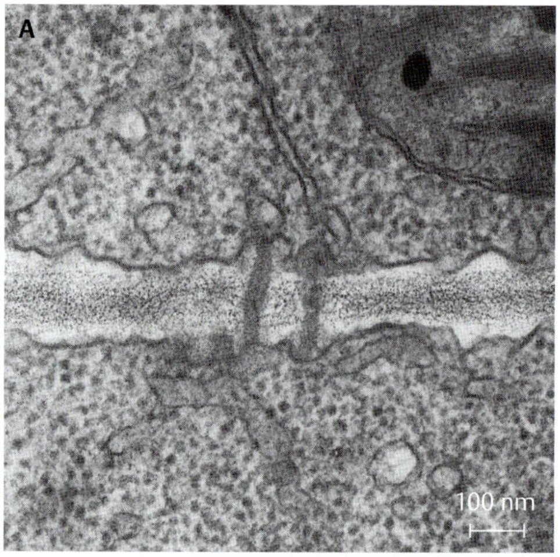

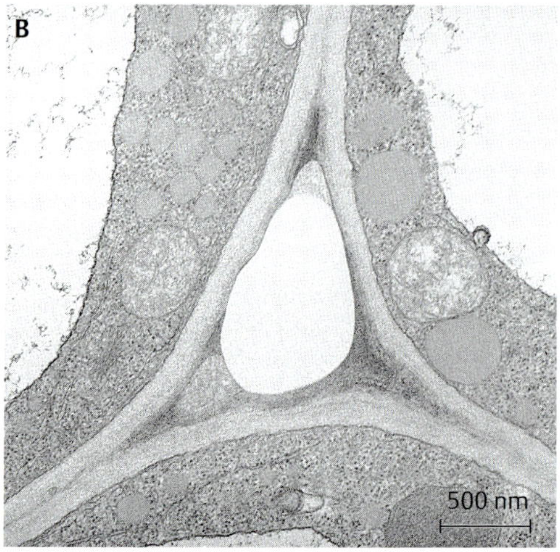

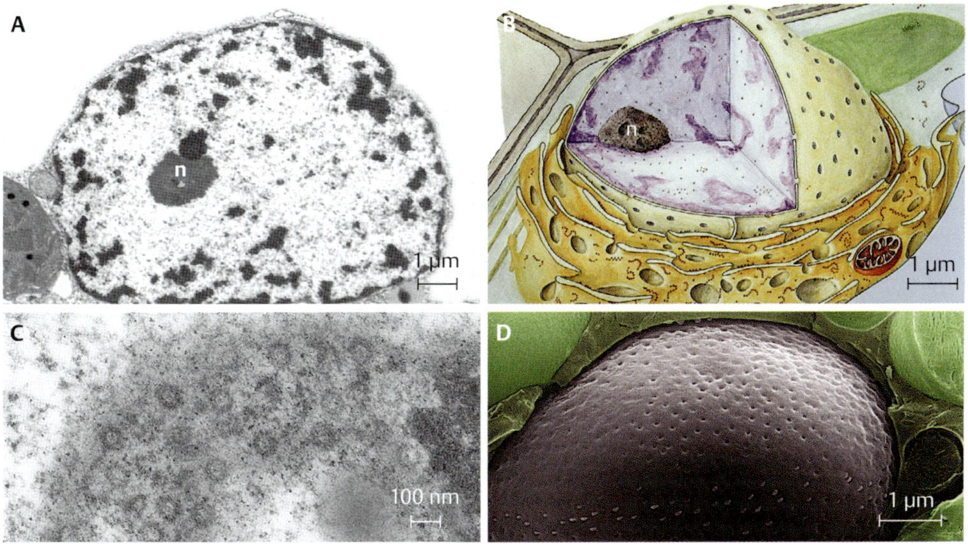

Zellkern (A, B): Begrenzt durch eine doppelte Biomembran (= Kernmembran). In ihm liegt das Erbgut in Form von Chromosomen verpackt. Die Kernmembran hat Öffnungen, die Kernporen (**B–D**), durch die m-RNA in das Cytoplasma diffundieren kann. Strukturelles Bildungszentrum für die ribosomale RNA ist der Nucleolus (n).
A + C = TEM; **B** = Schema; **D** = Kryo-REM, koloriert.

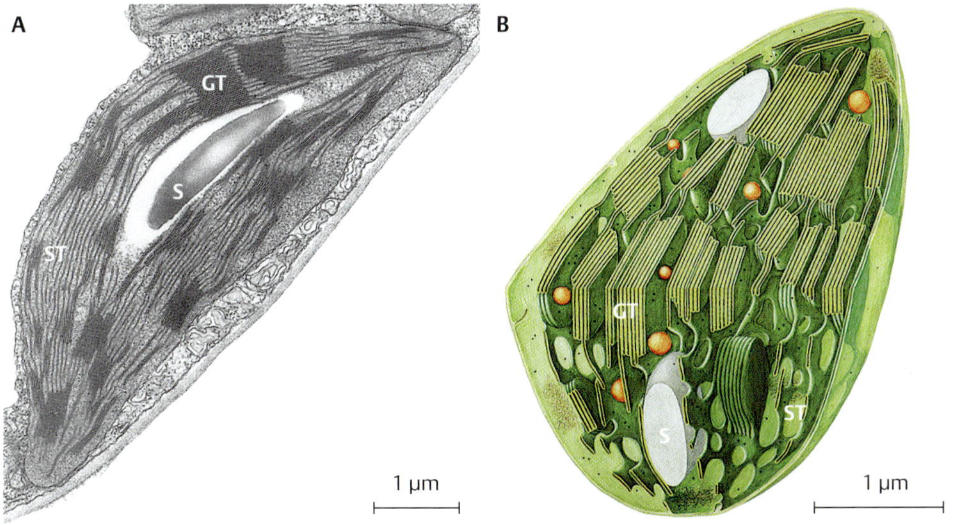

Chloroplast: Begrenzt durch eine doppelte Biomembran. Das innere Membransystem aus Lamellen (ST = Stromathylakoide) und Membranstapeln (GT = Granathylakoide) ist Träger der Photosynthesepigmente. Alle Plastiden haben 70S-Ribosomen und ringförmige DNA. Sichtbares Photosyntheseprodukt ist die Assimilationsstärke (S).
A = TEM; **B** = Schema.

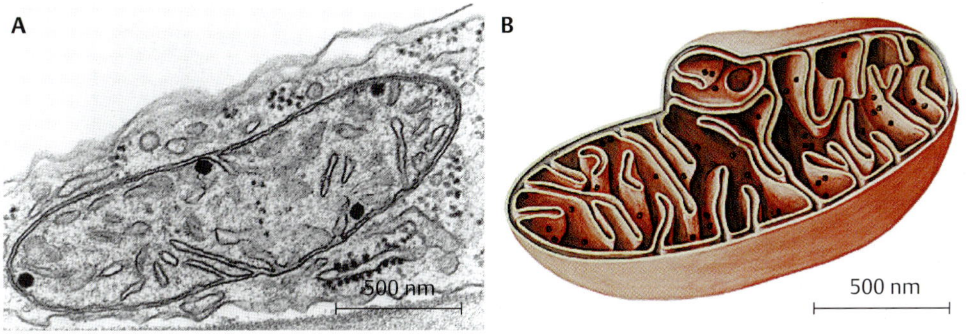

Mitochondrium: Begrenzt durch eine doppelte Biomembran. Innere Membran mit Einstülpungen (Sacculi, Christae); sie ist Ort der Atmungskette. In der Matrix ist der Citronensäurezyklus lokalisiert. Mitochondrien haben 70S-Ribosomen und ringförmige DNA.
A = TEM; **B** = Schema.

Die **80S-Ribosomen** des Cytoplasmas bestehen aus 2 Untereinheiten (60S + 40S). Sie liegen einzeln als „Monosomen" oder zahlreich an m-RNA gebunden als „Polysomen" vor. Die 80S-Ribosomen haben eine Größe von ca. 25 nm. **A** = TEM; **B** = Schema.

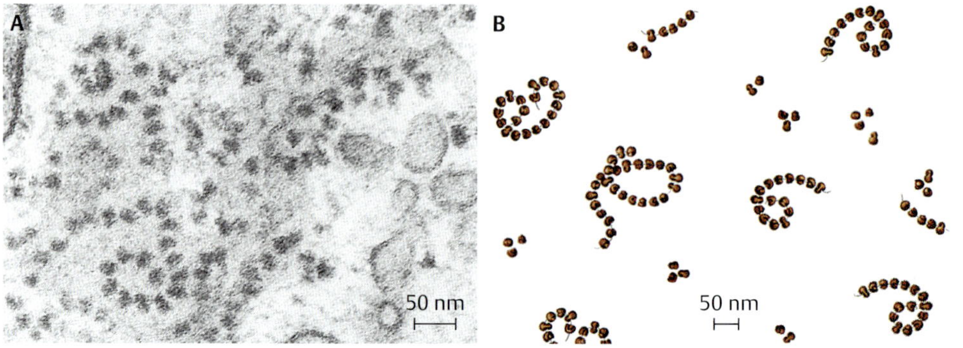

Das **endoplasmatische Retikulum (ER)** wird von einer Biomembran gebildet. Zwei verschiedene Formen:
I. Netzwerk meist flacher Hohlräume (Zisternen) besetzt mit 80S-Ribosomen. Da es „rau" erscheint wird es als „raues ER" (rER) bezeichnet (**D**).
II. Schlauchartiges Netzwerk ohne Ribosomenbesatz (= glattes ER). Glattes ER (sER) ist meist an Vesikelbildung beteiligt (**C, D**).
A = TEM; **B** = REM.
C = TEM; **D** = Schema.

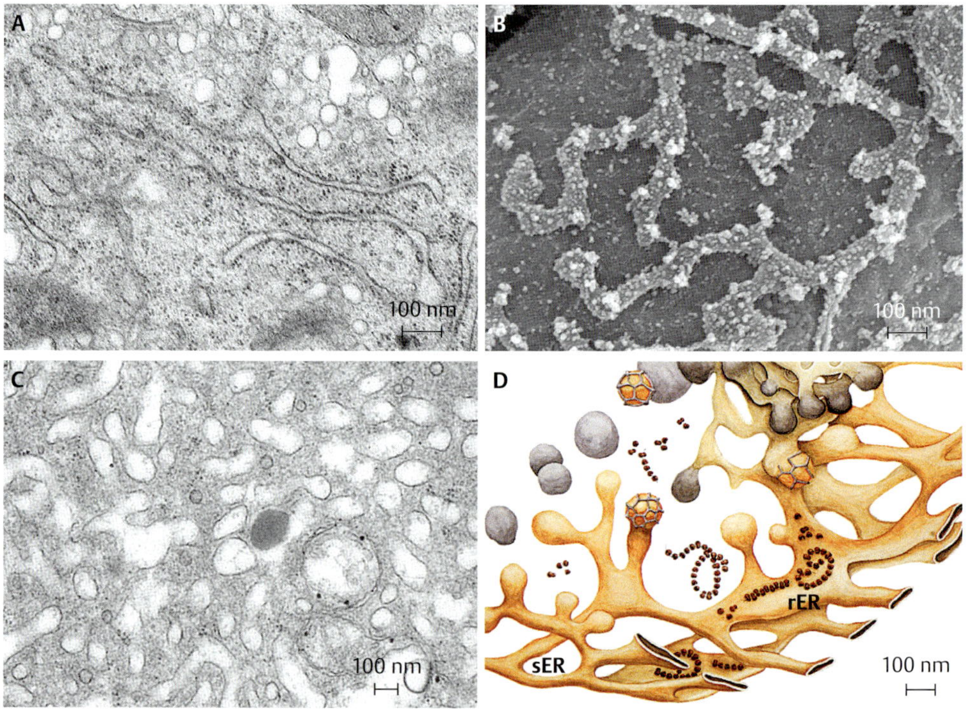

Dictyosom: Stapel von flachen, durch eine Biomembran begrenzten Hohlräumen. Die Gesamtheit der Dictyosomen einer Zelle = Golgi-Apparat. Die Dictyosomen sind u. a. Syntheseort von Zellwandmaterial; sie sind wesentlich am intrazellulären Transportsystem beteiligt.
A = TEM; **B** = Schema.

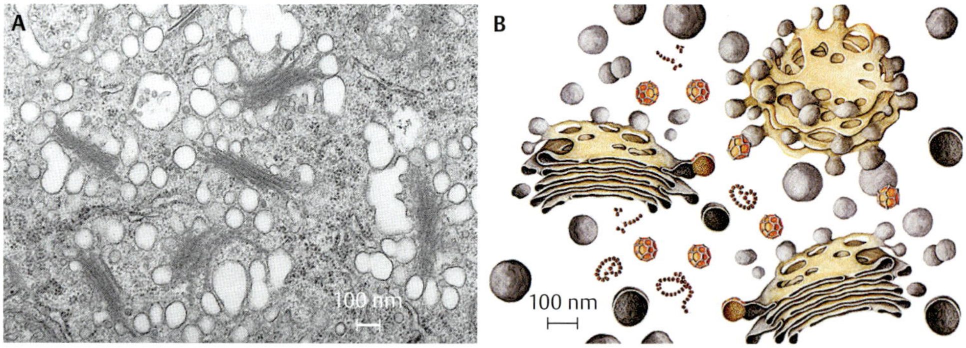

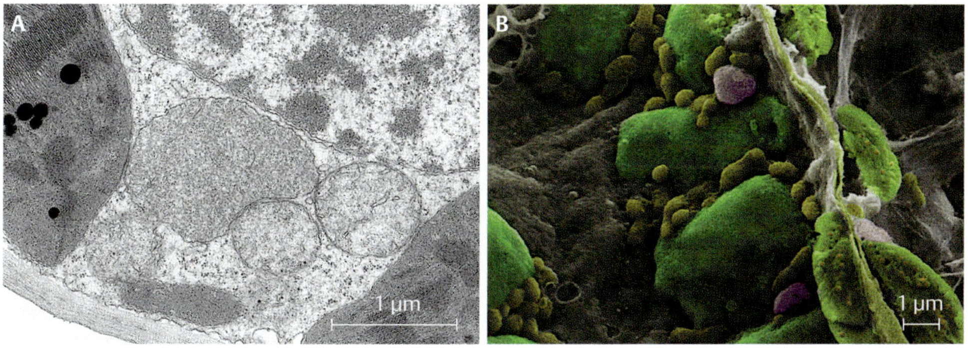

Peroxisom: Begrenzt durch eine Biomembran (0,5–1 µm). „Feingranuläre Matrix“; immer eng mit Chloroplasten vergesellschaftet. Leitenzyme: Katalase und Glycolatoxidase. **A** = TEM; **B** = REM, koloriert; Peroxisom violett, Chloroplast grün, Mitochondrien gelb.

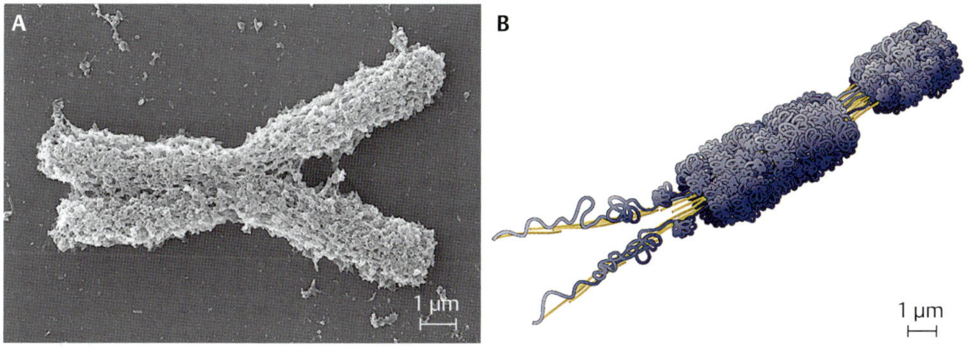

Chromosom: Besteht zu je 1/3 aus DNA, Histon- und nicht-Histon-Proteinen. Organisationsstufe der DNA ist die 30 nm-Fibrille (= Solenoid); diese bildet geknäulte Strukturen (= Chromomere). Chromosomen verkürzen sich linear, vermutlich mit Hilfe von Matrixfibrillen. **A** = REM; **B** = Schema.

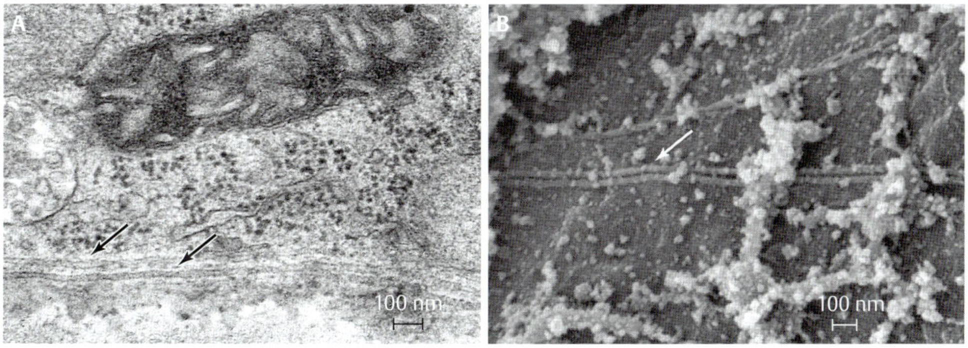

Mikrotubuli: Röhrenförmige Strukturen (Ø 27 nm). Tubulindimere (-αβ-αβ-αβ-) in 13 Protofilamenten angeordnet. Beteiligt u. a. bei der Zellteilung und Orientierung der Cellulosefibrillen. **A** = TEM; **B** = REM.

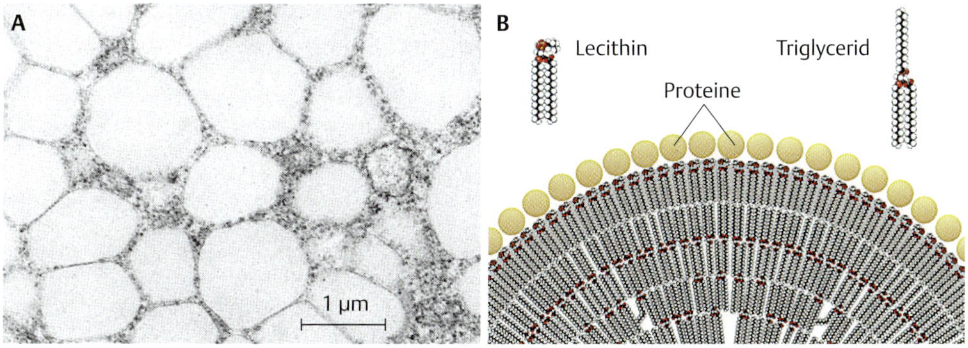

Lipidbody: Begrenzt durch eine „halbe“ Biomembran (= eine Schicht Phospholipide + Protein; grau unterlegt). Inhalt: Speicherlipide (= Triglyceride). In fast allen Zellen in geringerer Zahl vorhanden. Bei fettspeichernden Samen bis ca. 70 % des Zellvolumens. **A** = TEM; **B** = Schema.

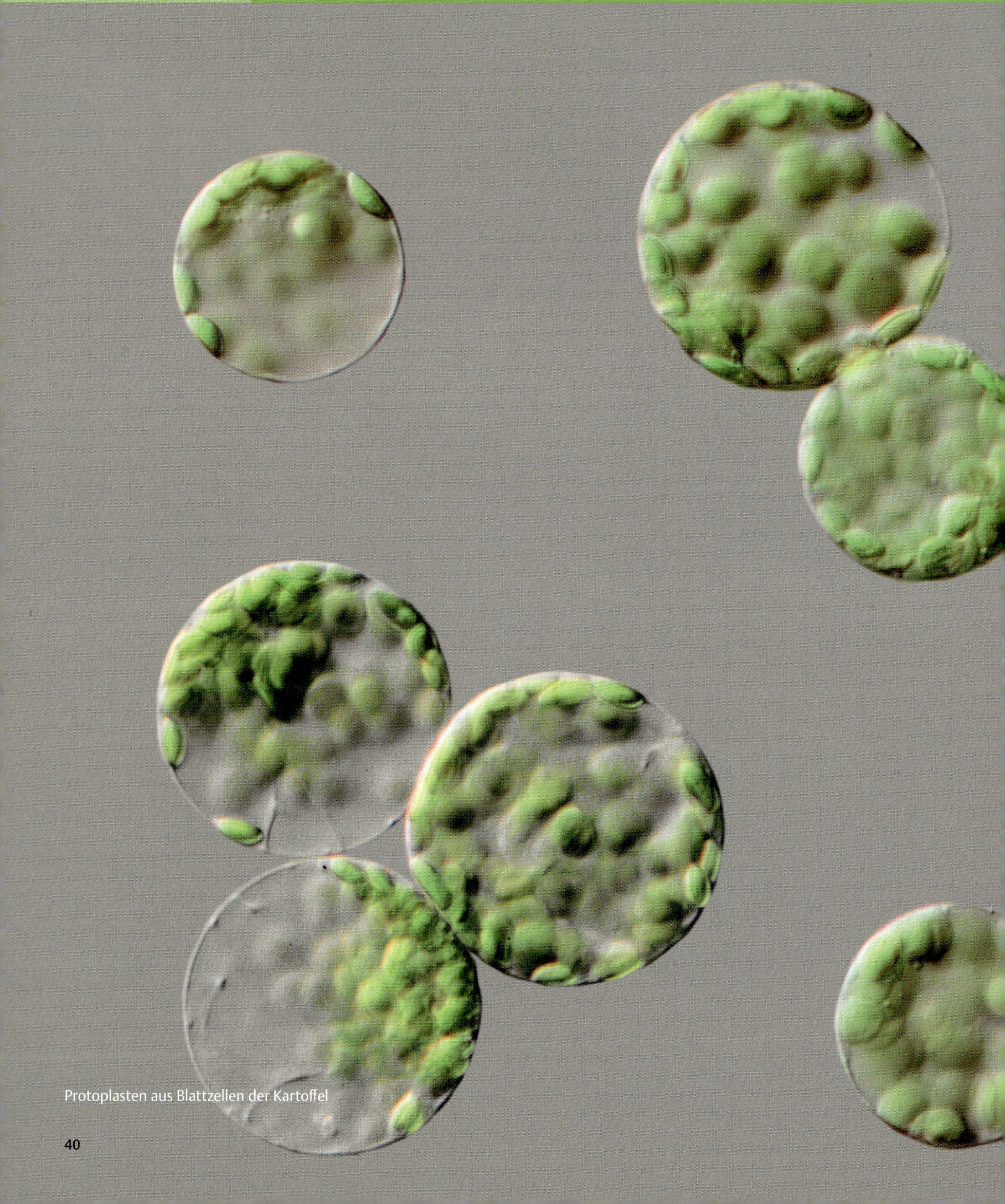

Protoplasten aus Blattzellen der Kartoffel

Die lebende Pflanzenzelle

Die Zelle ist die kleinste noch selbstständig lebensfähige Einheit eines Organismus. Eine typische lebende Pflanzenzelle besteht aus einem Protoplasten und einer Zellwand. Der Protoplast ist nach außen durch eine Biomembran, das Plasmalemma, begrenzt. Der Protoplast gliedert sich in das Cytoplasma mit den Zellorganellen und die (meist große) Zentralvakuole, die vom Cytoplasma durch den Tonoplast abgegrenzt ist. Das Cytoplasma jeder lebenden Zelle hat, von ganz wenigen Ausnahmen abgesehen, einen Zellkern, Plastiden (nicht notwendigerweise Chloroplasten!), Mitochondrien, 80S-Ribosomen und endoplasmatisches Retikulum. Durch zwei einfache Kriterien kann man im Lichtmikroskop erkennen, ob eine Zelle lebt: Nur bei lebenden Zellen kann eine Plasmaströmung beobachtet werden (leider zeigen nicht alle lebenden Zellen eine Plasmaströmung), und nur eine lebende Zelle ist plasmolysierbar (dies lässt sich experimentell überprüfen).

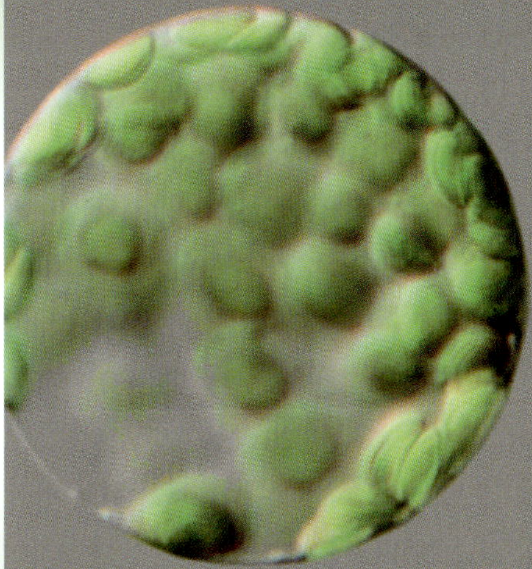

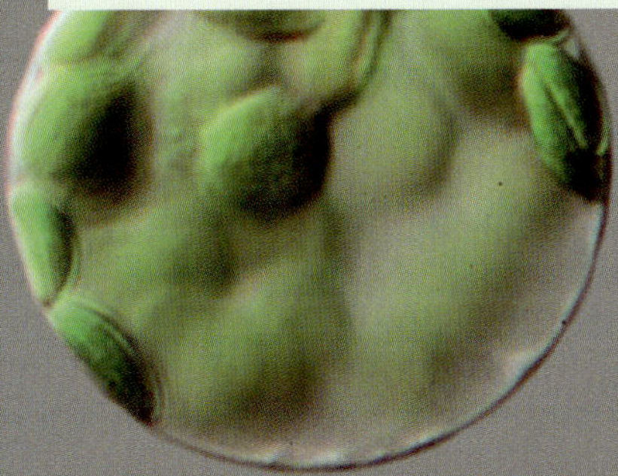

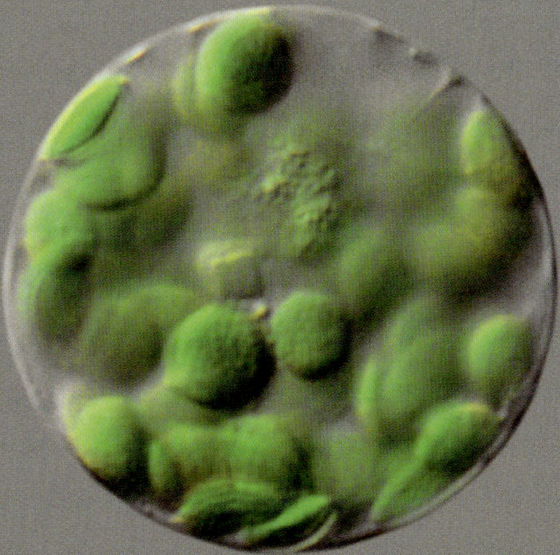

Allium cepa (Küchenzwiebel)

4.1 Epidermiszellen

Kursziel

Anhand eines einfachen Präparates der Küchenzwiebel (*Allium cepa*) sollen die wichtigsten Elemente einer lebenden Pflanzenzelle untersucht werden. Dazu gehören als Kriterien für die Begriffe:

- „Zelle“: das Cytoplasma und der Zellkern.
- „Pflanzen“ zelle: die große Zentralvakuole und die Zellwand.
- „lebend“: die Cytoplasmabewegung.

Präparation

Eine Zwiebel wird in vier Teile zerteilt; die Basis (der sogenannte „Zwiebelkuchen“) und die vertrocknete Spitze werden entfernt und die einzelnen Schalen (= bauchig erweiterter Blattgrund; Speicherblatt) voneinander gelöst. Die matt aussehende Epidermis der konkaven Innenseite (= Blattoberseite) ist nur locker mit dem Mesophyll verbunden und kann leicht abpräpariert werden (**Abb. 4.1**). In die Epidermis wird, durch je zwei quer und längs geführte parallele Einschnitte, mit einer Rasierklinge ein Rechteck geschnitten. Das Rechteck wird mit der Pinzette vorsichtig abgezogen, sofort auf einen Objektträger mit einem Tropfen Wasser übertragen, so dass die Oberseite oben liegt und mit einem Deckglas abgedeckt. Überschüssiges Wasser wird mit einem schmalen Streifen Fließpapier seitlich abgesaugt (**Abb. 4.1**).

Beobachtungen

Das Präparat wird zuerst bei niedriger und mittlerer Vergrößerung (Objektiv

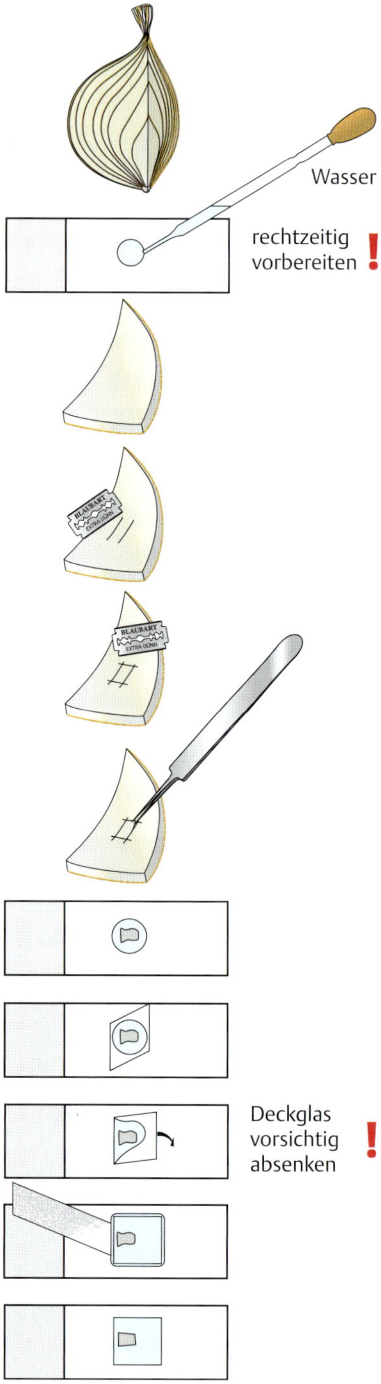

Abb. 4.1

Botanischer Steckbrief

Art
Allium cepa (Küchenzwiebel); Fam. Alliaceae (Zwiebelgewächse).

Name
röm. Pflanzenname; lat. *allium* = Knoblauch; lat. *cepa* = kleine Zwiebel.

Herkunft
Mittelasien, Afghanistan (Steppenpflanze).

Inhaltsstoffe
Zucker, zuckerartige Stoffe Inulin, größere Mengen an Vitamin C. Der tränenauslösende Geruch beruht auf Propanethylsulfoxid, Alkylsulfiden bzw. -polysulfiden, und Allicin.

Stellenwert
Hustenmittel, blutzuckersenkend, entzündungshemmend, äußerliche Anwendung gegen Insektenstiche und zur Narbenbehandlung, antiasthmatische Eigenschaften. Zwiebelschalen eignen sich zum Färben.

10×) untersucht. Die Epidermiszellen sind – typisch für monokotyle Pflanzen – langgestreckt und liegen parallel. Jede Epidermiszelle hat so viele „Ecken", wie sie Nachbarzellen hat: durchschnittlich 5–7 (**Abb. 4.2** und **Abb. 4.10**).

Der **Zellkern** (Nucleus) liegt in der Regel einer Wandfläche an und ist schon bei schwächerer Vergrößerung deutlich zu erkennen. Er hat einen Durchmesser von etwa 15–25 µm. In Aufsicht erscheint er rund, in seitlicher Ansicht linsenförmig (**Abb. 4.2–3**/**Abb. 4.5**/**Abb. 4.8**). Er besitzt eine feinkörnige Struktur und enthält ein bis mehrere **Nucleoli**, die allerdings nicht immer deutlich zu erkennen sind (**Abb. 4.2**).

Das **Cytoplasma** ist auf einen dünnen Wandbelag begrenzt, der die Zelle auskleidet und die **Vakuole** umschließt. Größere Plasmaansammlungen finden sich um den Zellkern (= Kerntasche) und an den spitz zulaufenden Enden der Zellen (**Abb. 4.3**). Außerdem erstrecken sich einzelne Plasmastränge in verschiedener Richtung durch die Vakuole (**Abb. 4.4**). Sie laufen meist in der Kerntasche zusammen.

Das Cytoplasma erscheint hyalin und strukturlos. Es enthält kleine (bei zugezogener Blende kontrastreiche) Einschlüsse verschiedener Größe und Gestalt. Es sind überwiegend Plastiden, Mitochondrien und Lipidtröpfchen (**Abb. 4.8–9**). Sie ermöglichen die Beobachtung der Plasmaströmung, von der sie passiv transportiert werden. Die beachtliche Geschwindigkeit der Plasmaströmung ist besonders gut in den dünnen Cytoplasmasträngen,

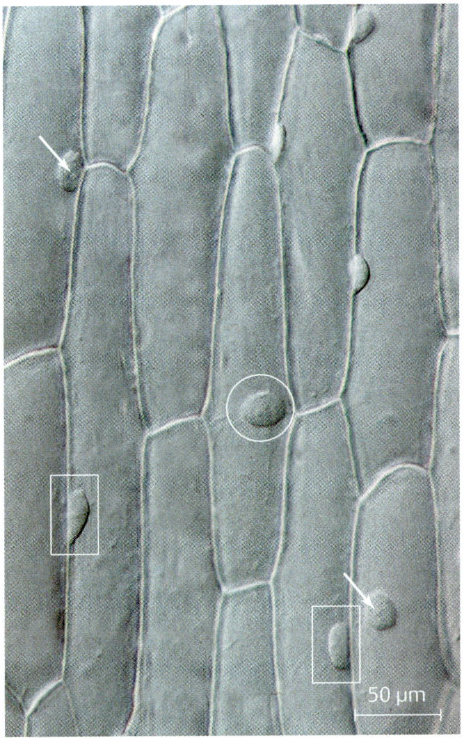

Abb. 4.2
Lichtmikroskopische Aufnahme (DIC) der oberen Epidermis von *Allium cepa*. Zellkerne liegen meist „wandständig" in Seitenansicht (Rechtecke), gelegentlich in Aufsicht (Kreis). Bei Zellkernen in „Aufsicht" können Nucleoli (Pfeile) beobachtet werden.

Bei längerem Mikroskopieren verdunstet Wasser, und das Präparat trocknet aus. Rechtzeitig mit der Pipette Wasser nachgeben.

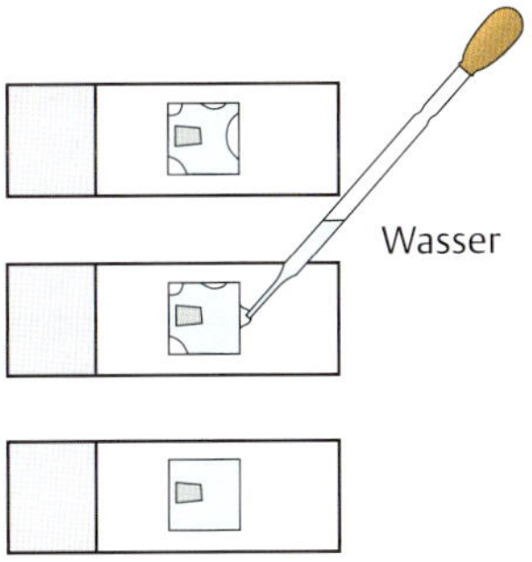

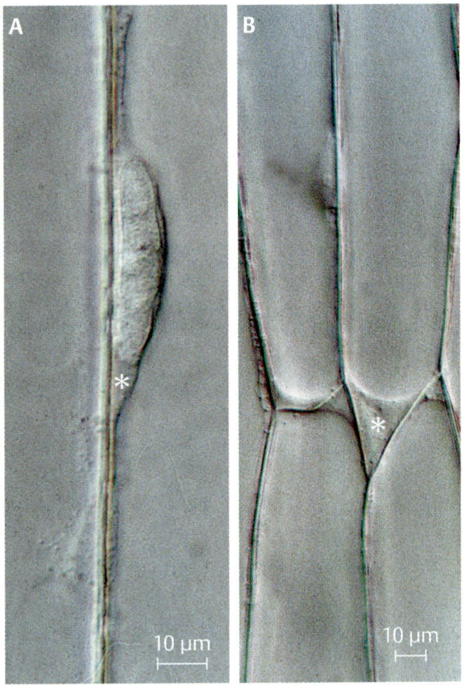

Abb. 4.3
Lichtmikroskopische Aufnahme (DIC) der oberen Epidermis von *Allium cepa*. Das Cytoplasma bildet nur einen dünnen Wandbelag. Im Bereich des Zellkernes (**A**) und in den „Zellecken" (**B**) bilden sich größere Ansammlungen (Sterne).

Zeichnung

Eine Epidermiszelle im Zellverband mit Mittellamelle, Zellwänden, Cytoplasma und Zellkern in Seitenansicht (siehe **Abb. 4.10**).

die durch die Vakuolen ziehen, zu beobachten. Die Zellorganellen weiten die Plasmastränge lokal auf und können mit unterschiedlicher Geschwindigkeit in die gleiche Richtung „wandern". Ihre Distanz kann sich somit vergrößern oder sie fusionieren zu einem gemeinsamen Cytoplasmapaket (**Abb. 4.4**).

Die **Zellwände** zwischen benachbarten Epidermiszellen sind von **Tüpfeln** „durchbrochen" (**Abb. 4.6**). Durch die Tüpfelplatte ziehen dünne Plasmastränge, die **Plasmodesmen**. Sie stellen die Verbindung zwischen benachbarten Zellen her (**Abb. 4.7** und **Abb. 4.9** D).

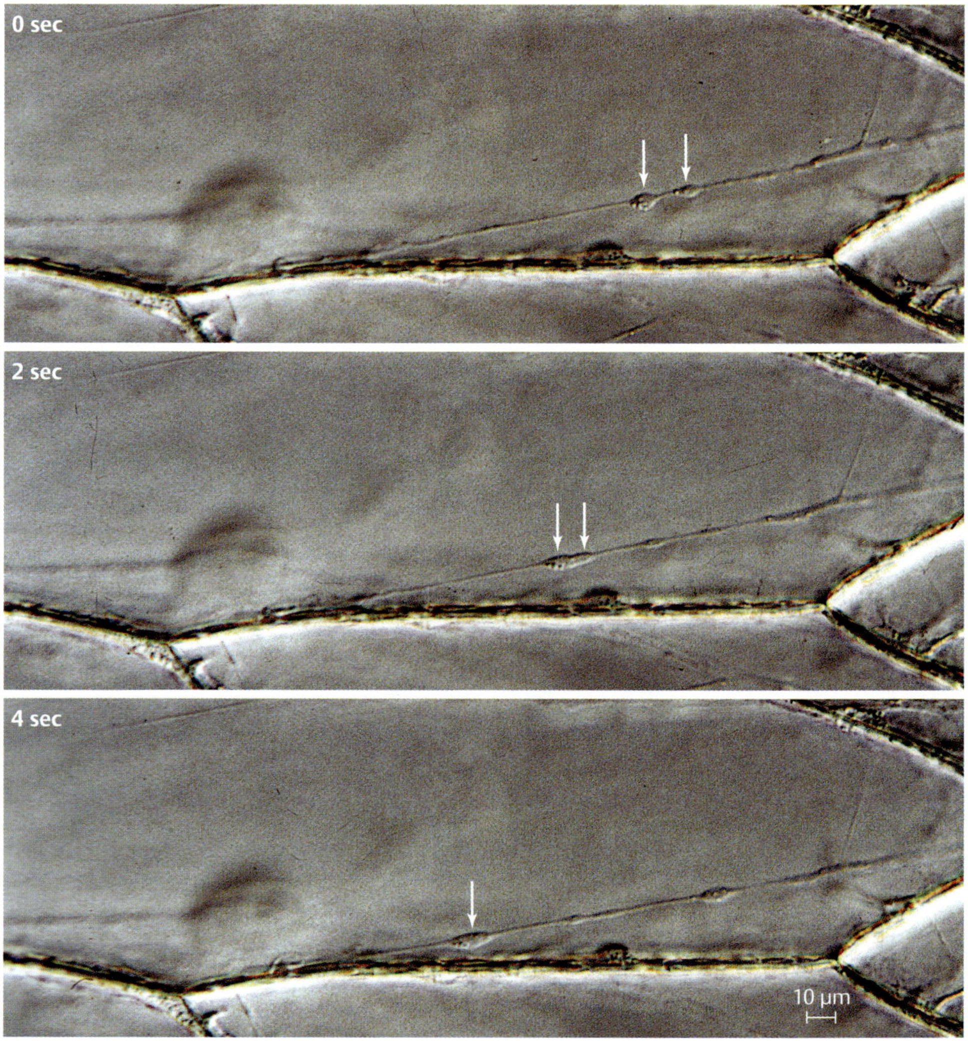

Abb. 4.4
Lichtmikroskopische Aufnahmen (DIC) der Strömung des Cytoplasmas in einer Zelle der oberen Epidermis von *Allium cepa*. Die Bilder wurden im Abstand von je 2 Sekunden aufgenommen; die Fokusebene ist bei allen Bildern unverändert. „Cytoplasmapakete" (Anhäufungen von Zellorganellen) wandern mit unterschiedlicher Geschwindigkeit und fusionieren miteinander (Pfeile).

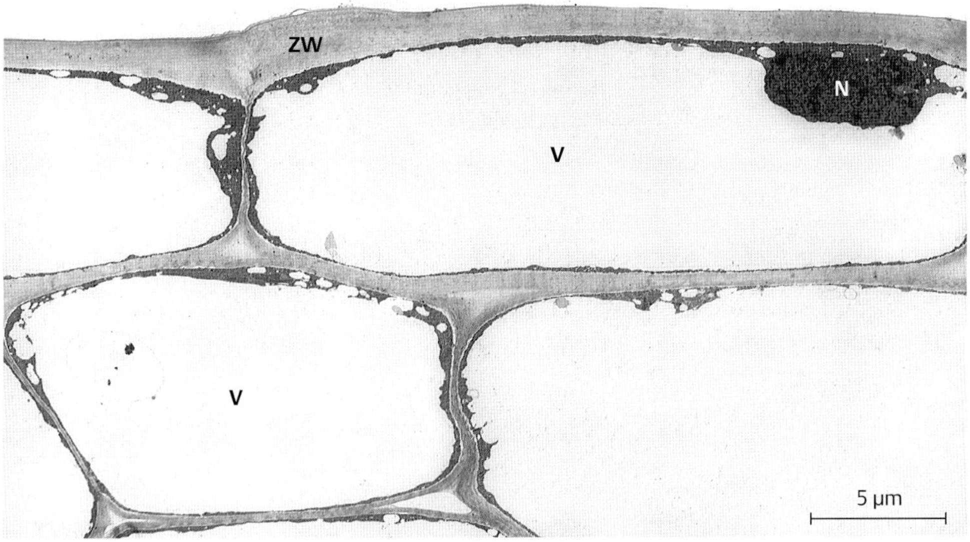

Abb. 4.5
Transmissionselektronenmikroskopische Aufnahme der oberen Epidermis von *Allium cepa*. Den größten Teil des Zelllumens nimmt die Vakuole (V) ein. Der Zellwand (ZW) liegt ein sehr dünner Plasmaschlauch an. Plasmaansammlungen finden sich meist um den Zellkern (N) und in den „Zellecken".

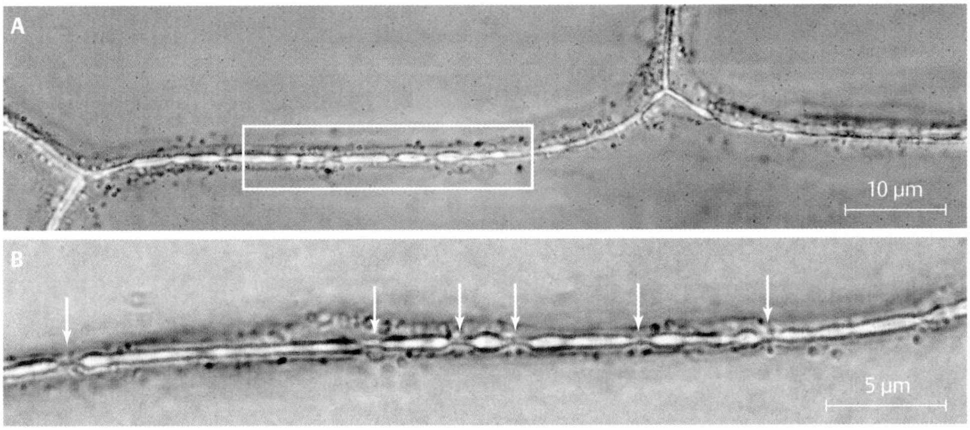

Abb. 4.6
Lichtmikroskopische Aufnahmen der Epidermiszellen von *Allium cepa* (HF) mit zahlreichen Tüpfeln (A; Rahmen). Die Detailvergrößerung (B) zeigt, dass die Zellwand im Bereich der Tüpfel erheblich dünner ist (Pfeile).

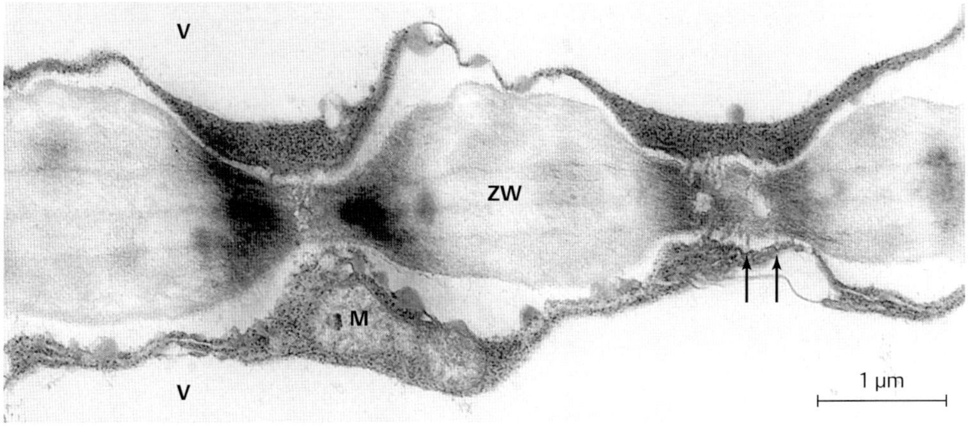

Abb. 4.7
Transmissionselektronenmikroskopische Aufnahme von zwei Tüpfeln der Epidermis von *Allium cepa*. Die Tüpfelplatte ist erheblich dünner als die übrige Zellwand. Extrem dünne Plasmodesmen verbinden die beiden Zellen durch die Tüpfelplatte (Pfeile).
M = Mitochondrium
V = Vakuole
ZW = Zellwand

Abb. 4.8
Rasterelektronenmikroskopische Aufnahmen der oberen Epidermis von *Allium cepa* (Kryobruch). Da der Tonoplast größtenteils herausgebrochen ist, blickt man direkt in das Cytoplasma (**A**). Bei höherer Vergrößerung erkennt man, wie insbesondere um den (aufgebrochenen) Zellkern die verschiedenen Zellorganellen dicht gepackt liegen (**B**).
C = Cuticula;
CP = Cytoplasma;
ER = endoplasmatisches Retikulum;
M = Mitochondrien;
N = Zellkern;
P = Plastiden (Leukoplasten);
TP = Tonoplast;
ZW = Zellwand.

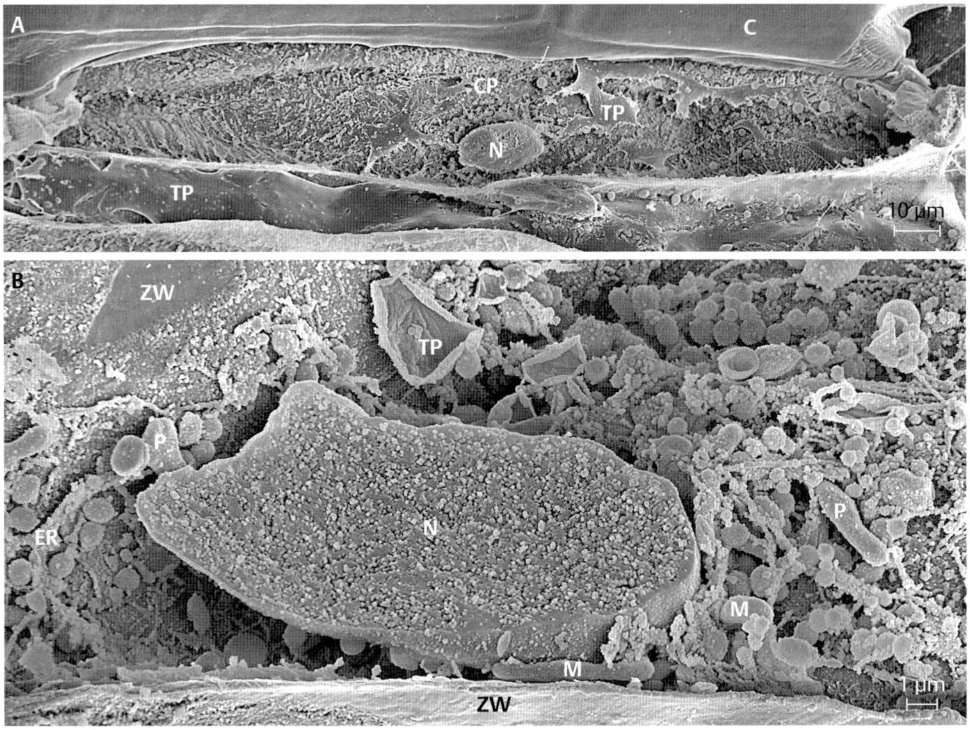

Abb. 4.9
Transmissionselektronenmikroskopische Detailaufnahmen verschiedener Zellorganellen und Zellstrukturen der oberen Epidermis von *Allium cepa*.
A Leukoplasten (P)
B Mitochondrien (M)
C Dictyosom (D)
D Plasmodesmen (Pfeile)
CP = Cytoplasma
PL = Plasmalemma
V = Vakuole
ZW = Zellwand

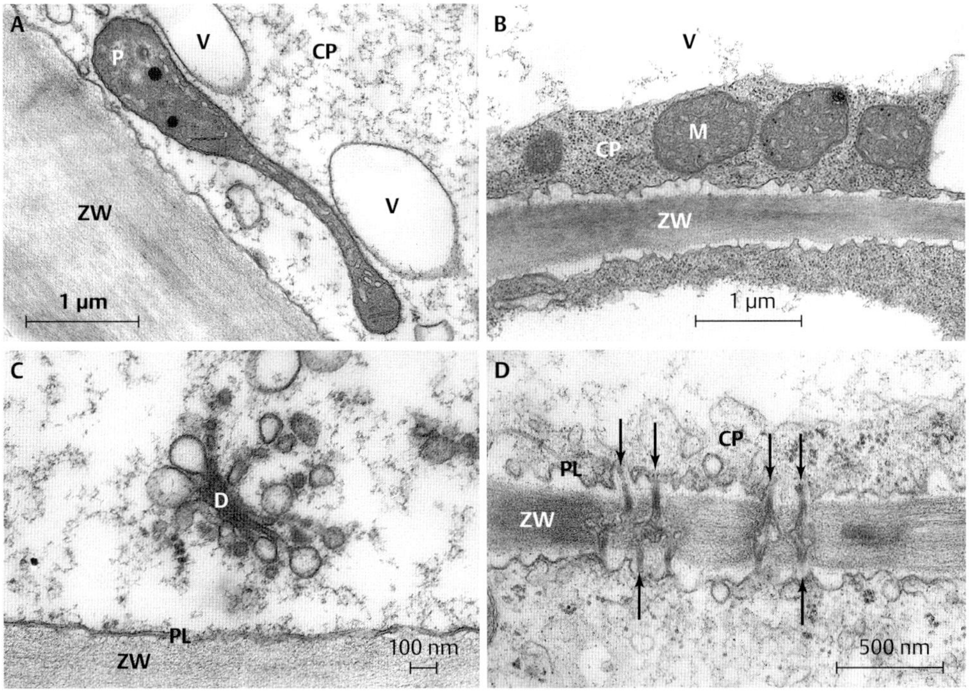

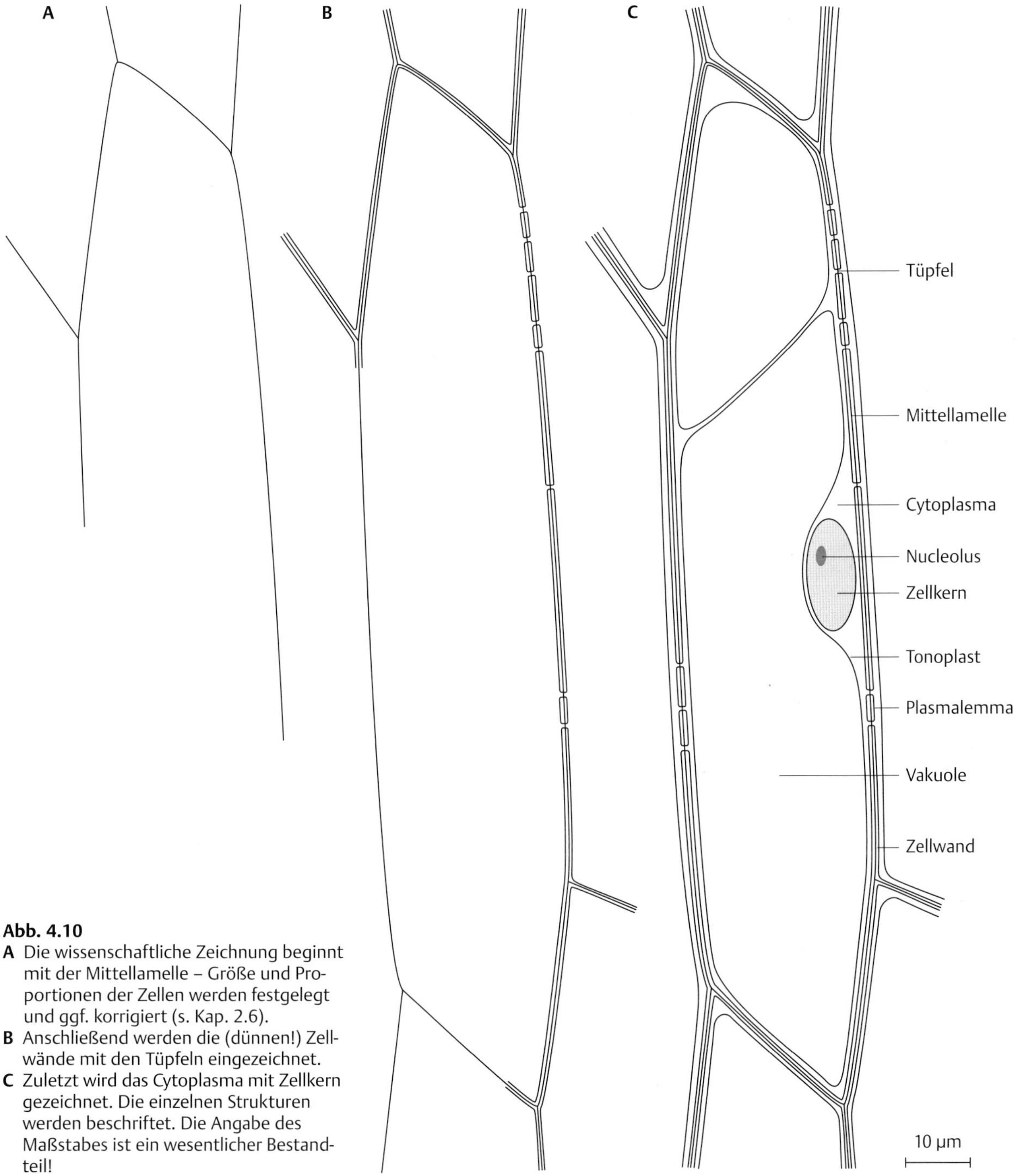

Abb. 4.10

A Die wissenschaftliche Zeichnung beginnt mit der Mittellamelle – Größe und Proportionen der Zellen werden festgelegt und ggf. korrigiert (s. Kap. 2.6).

B Anschließend werden die (dünnen!) Zellwände mit den Tüpfeln eingezeichnet.

C Zuletzt wird das Cytoplasma mit Zellkern gezeichnet. Die einzelnen Strukturen werden beschriftet. Die Angabe des Maßstabes ist ein wesentlicher Bestandteil!

Plagiomnium undulatum (Welliges Sternmoos)

Reagenzien
Iod-Iod-Kalium

Botanischer Steckbrief

Art
Plagiomnium undulatum (Sternmoos); Klasse Bryopsida; Ordnung Bryales; Fam. Mniaceae (Sternmoose).

Name
gr. *plagios* = schräg, schief, quer; gr. *mnios* = Seegras, weicher Flaum; lat. *undulatum* = wellenförmig.

Objektwahl
einschichtiger Blattsaum; leichte Präparation und günstig für Lebendbeobachtung.

Herkunft
Verbreitung in der gemäßigten bis borealen Zone.

Stellenwert
nährstoff- und schattenliebend, *Plagiomnium* spec. ist ein Dauerfeuchtzeiger. Verwendung einiger Arten für pflanzensoziologische Untersuchungen.

4.2 Chloroplasten

Kursziel

Anhand eines einfach anzufertigenden Präparates des Sternmooses (*Plagiomnium undulatum*) sollen die Chloroplasten einer lebenden Pflanzenzelle beobachtet werden.

Präparation

Ein Blättchen von *Plagiomnium undulatum* wird mit der Pinzette vorsichtig abpräpariert und sofort in einen Wassertropfen auf einen vorbereiteten Objektträger gelegt (**Abb. 4.11**). Der einzellschichtige Blattsaum (**Abb. 4.15**) wird bei Schwachlichtbedingungen (= Kurssaalbeleuchtung) und Starklichtbedingungen (= nach längerer Beleuchtung im Mikroskop) mikroskopiert.

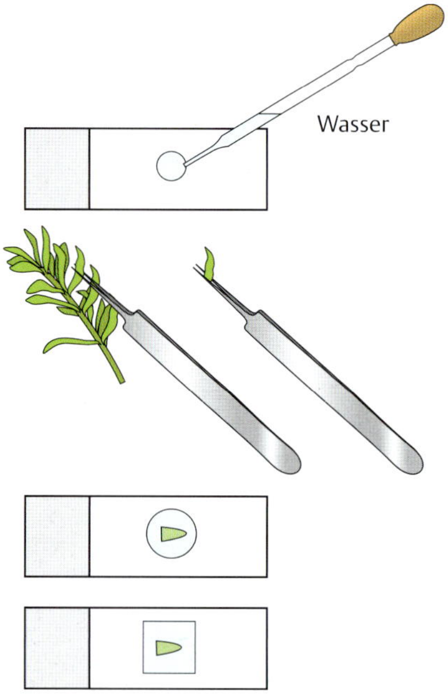

Abb. 4.11

Beobachtungen

Die in den Zellen enthaltenen Chloroplasten stellen sich bei Schwachlichtbedingungen rund bis oval dar, bei Starklichtbedingungen wenden sie der Lichtquelle ihre Schmalseite zu und erscheinen linsenförmig (**Abb. 4.12 – 14** und **Abb. 4.16 – 17**).

Abb. 4.12
Lichtmikroskopische Aufnahme (DIC) der Blattzellen von *Plagiomnium undulatum*. Im Übergang von Schwach- zu Starklicht werden Zellkerne sichtbar (Kreis). Teilungsstadien der Chloroplasten (Pfeile) können gelegentlich beobachtet werden.

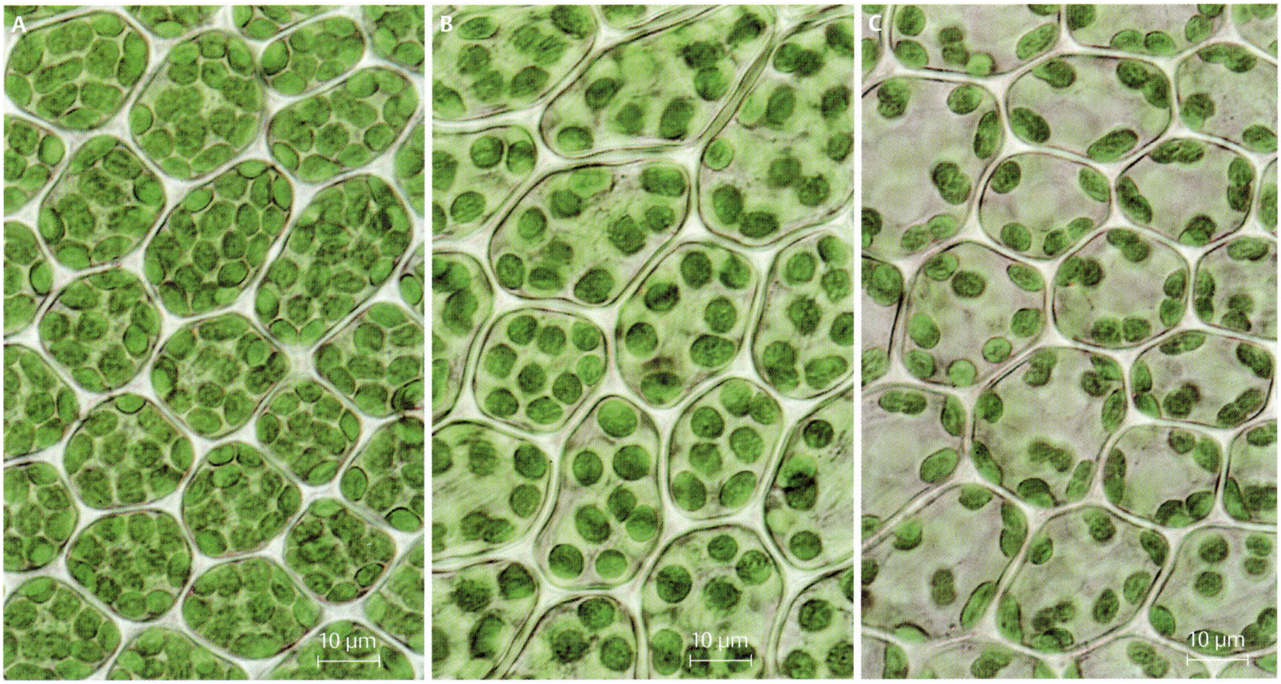

Abb. 4.13
Lichtmikroskopische Aufnahmen (HF) der Blattzellen von *Plagiomnium undulatum*: Chloroplasten in Aufsicht in Schwachlichtstellung (**A**); im Übergang zum Starklicht (**B**) und „wandständig" in Starklichtstellung (**C**).

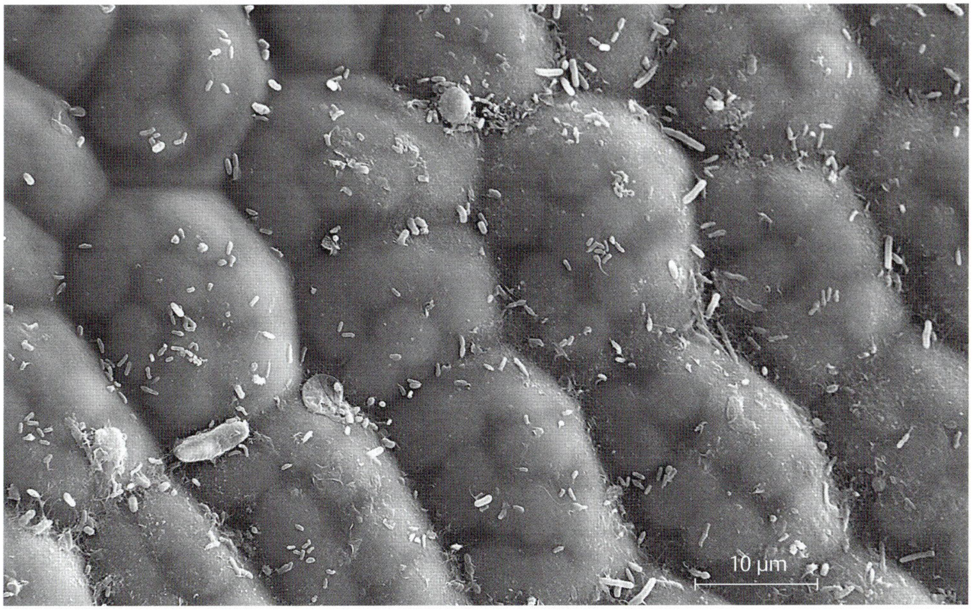

Abb. 4.14
Rasterelektronenmikroskopische Aufnahme der Blattoberfläche von *Plagiomnium undulatum*. Die Chloroplasten „leuchten" aufgrund der Osmiumimprägnierung (hohe Sekundärelektronenausbeute) durch die Zellwand. Zahlreiche Bakterien besiedeln – typisch für Pflanzen aus Feuchtbiotopen – die Blattoberfläche.

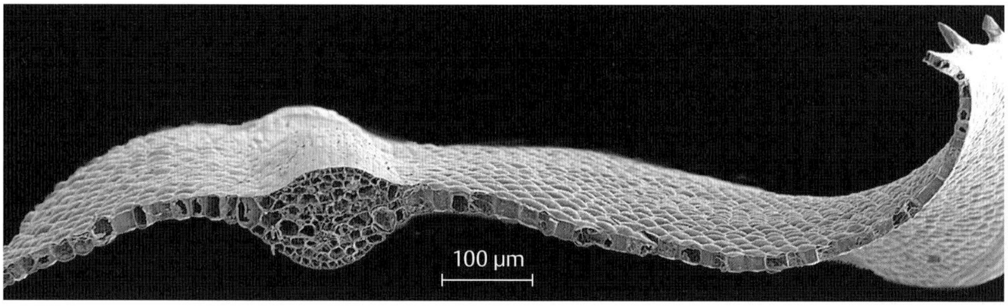

Abb. 4.15
Rasterelektronenmikroskopische Aufnahme eines Kryobruches eines Blättchens von *Plagiomnium undulatum*. Der Blattsaum ist einzellschichtig.

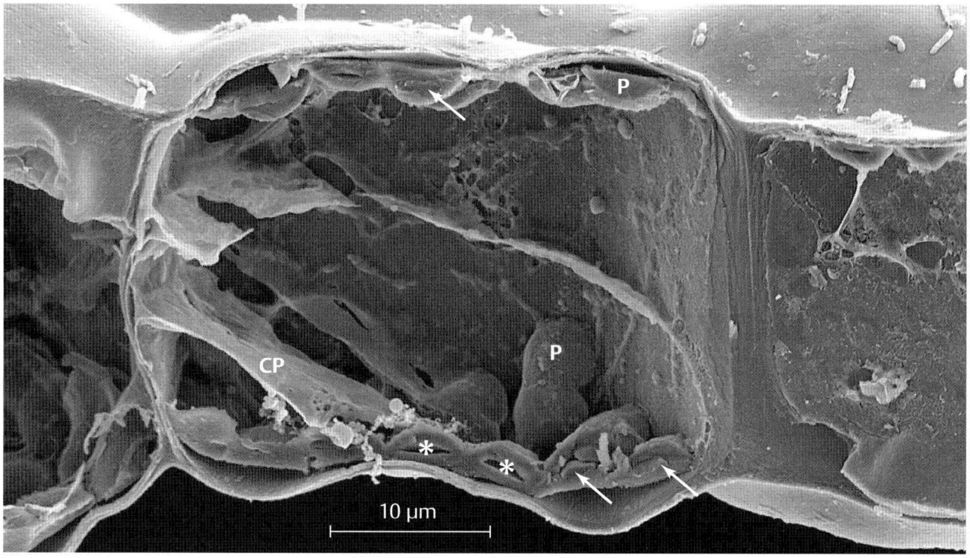

Abb. 4.16
Rasterelektronenmikroskopische Aufnahme eines Kryobruches eines Blättchens von *Plagiomnium undulatum*. Die Chloroplasten (P) in Schwachlichtstellung erkennt man aufgebrochen bzw. im Hintergrund in Aufsicht. Die Assimilationsstärkekörner (Pfeile) brechen leicht aus den Chloroplasten heraus und hinterlassen dabei kleine Hohlräume (Sternchen). Das Cytoplasma (CP) zieht in Strängen auch durch die Vakuole.

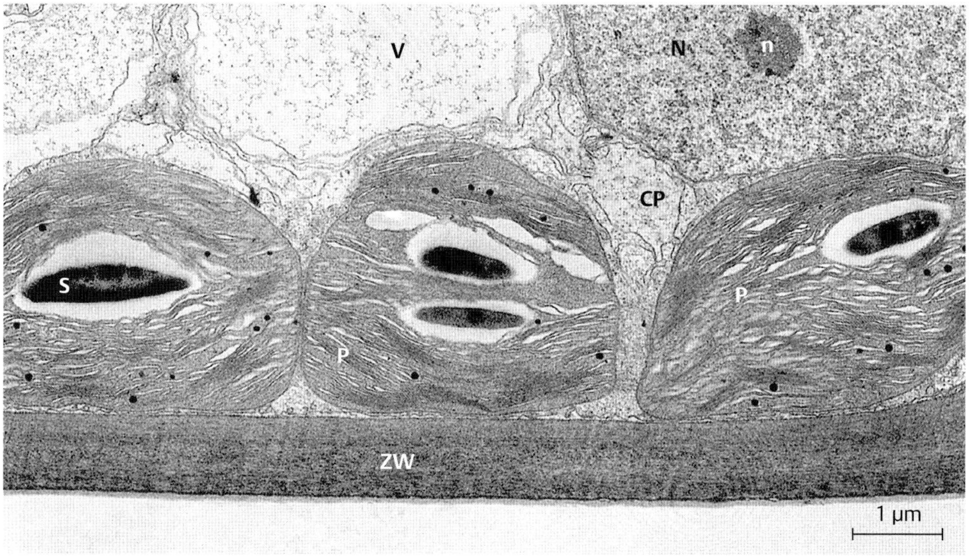

Abb. 4.17
Transmissionselektronenmikroskopische Aufnahme eines Ultradünnschnittes durch ein Blättchen von *Plagiomnium undulatum*. Im Cytoplasma (CP) liegen die Chloroplasten (P) in Schwachlichtstellung. Sie zeigen Thylakoidstapel und Assimilationsstärkekörner (S).
N = Zellkern; n = Nucleolus; V = Vakuole; ZW = Zellwand.

Stärkenachweis

Durch Behandlung mit Iod-Iod-Kalium-Lösung wird die **Assimilationsstärke** nachgewiesen. Die Iod-Iod-Kalium-Lösung wird mit Hilfe eines Filterpapierstreifens unter dem Deckglas durchgesaugt (**Abb. 4.18**).

Die Assimilationsstärke kann aufgrund der Lila- bis Braunfärbung der Stärkekörner nachgewiesen werden (**Abb. 4.19**; siehe dazu auch **Abb. 7.3**). Die Stärkekörner bilden sich im Stroma des Chloroplasten; sie können einen erheblichen Teil des Plastidenvolumens einnehmen (**Abb. 4.17** und **Abb. 4.20**).

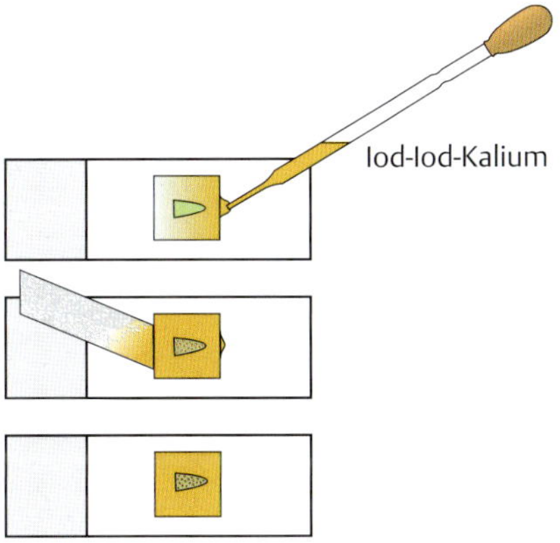

Abb. 4.18

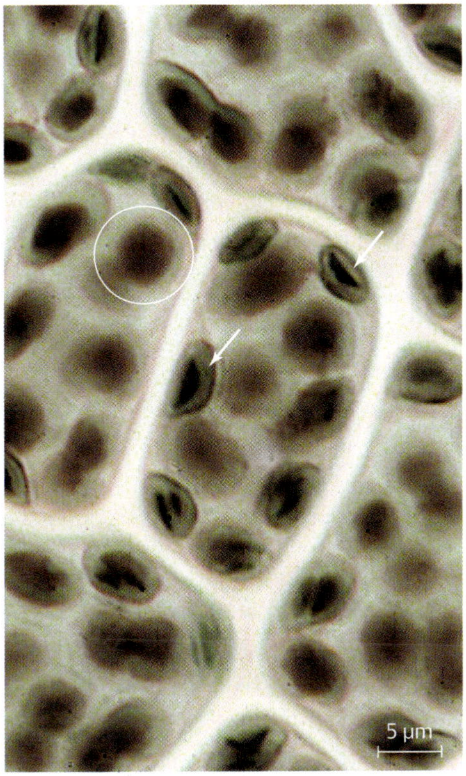

Abb. 4.19
Lichtmikroskopische Aufnahme (HF) der Blattzellen von *Plagiomnium undulatum* nach Färbung mit Iod-Iod-Kalium. Die scheibenförmigen Stärkekörner erscheinen rund in Aufsicht (Kreis) oder bananenförmig in Seitenansicht (Pfeile).

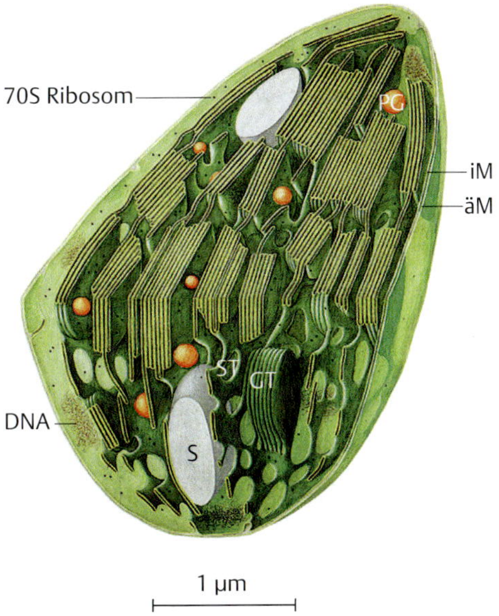

Abb. 4.20
Schematische Darstellung eines Chloroplasten. äM = äußere Plastidenmembran; GT = Granathylakoid; iM = innere Plastidenmembran; PG = Plastoglobulus; S = Stärkekorn; ST = Stromathylakoid.

Zeichnung

Je eine Blattzelle mit Chloroplasten im Zellverband bei Schwach- und bei Starklichtstellung mit vollständiger Beschriftung und Größenangabe.

Elodea canadensis (Kanadische Wasserpest)

Botanischer Steckbrief

Art
Elodea canadensis (Kanadische Wasserpest); Fam. Hydrocharitaceae (Froschbissgewächse).

Name
gr. *helos* = Sumpf; lat. *canadensis* = kanadisch.

Herkunft
Nordamerika, seit ca. 1836 in Europa eingebürgert.

Stellenwert
gutes Viehfutter (18 % Eiweiß, 43 % Stärke, 2,5 % Fett) und wertvoller Dünger. Zur Demonstration der Sauerstoffproduktion, Massenvermehrung (dt. Name!) bis zur Verstopfung von Wasserkanälen.

4.3 Plasmaströmung

Kursziel

Darstellung der Plamaströmung (Zirkulation/Rotation) in den Mesophyllzellen der Kanadischen Wasserpest (*Elodea canadensis*) mit Ermittlung der Strömungsgeschwindigkeit der Chloroplasten in µm/sec.

Präparation

Ein Blatt von *Elodea canadensis* wird in einen Wassertropfen auf einen Objektträger gelegt und zur Beobachtung zunächst bei kleiner Vergrößerung unter das Mikroskop gebracht (**Abb. 4.21**).

Beobachtungen

Mit steigender Erwärmung des Präparates beginnt nach ca. 5 Minuten das Cytoplasma der Zellen zu zirkulieren (**Abb. 4.22**). Der Vorgang ist zunächst nur in den langgestreckten Zellen im Bereich der Mittelrippe des Blättchens zu beobachten. Nach und nach werden auch die benachbarten Zellen „angeregt“.

Die Geschwindigkeit der (passiv) mitbewegten Zellorganellen ist umgekehrt proportional zu ihrer Masse: Die Chloroplasten bewegen sich sehr schnell, die Zellkerne nur sehr langsam. Die höchsten Geschwindigkeiten sind in den Zellen des Mittelrippenbereiches zu beobachten. Das Plasma, das auf einen Wandbelag beschränkt ist, strömt mit Ausnahme der in Ruhe befindlichen Grenzschichten mit annähernd gleichbleibender Geschwindigkeit in gleichbleibender Richtung um die Zelle.

Mechanismus

Auslöser für die Plasmarotation ist in erster Linie Licht (Stillstand der Plasmaströmung bei Abdunklung) und Erwärmung (siehe dazu Begriff des „Q_{10}“ in der Grundliteratur). Auch durch chemische Reize kann bei *Elodea* Plasmaströmung induziert werden, z. B. durch die Aminosäure L-Histidin.

Abb. 4.21

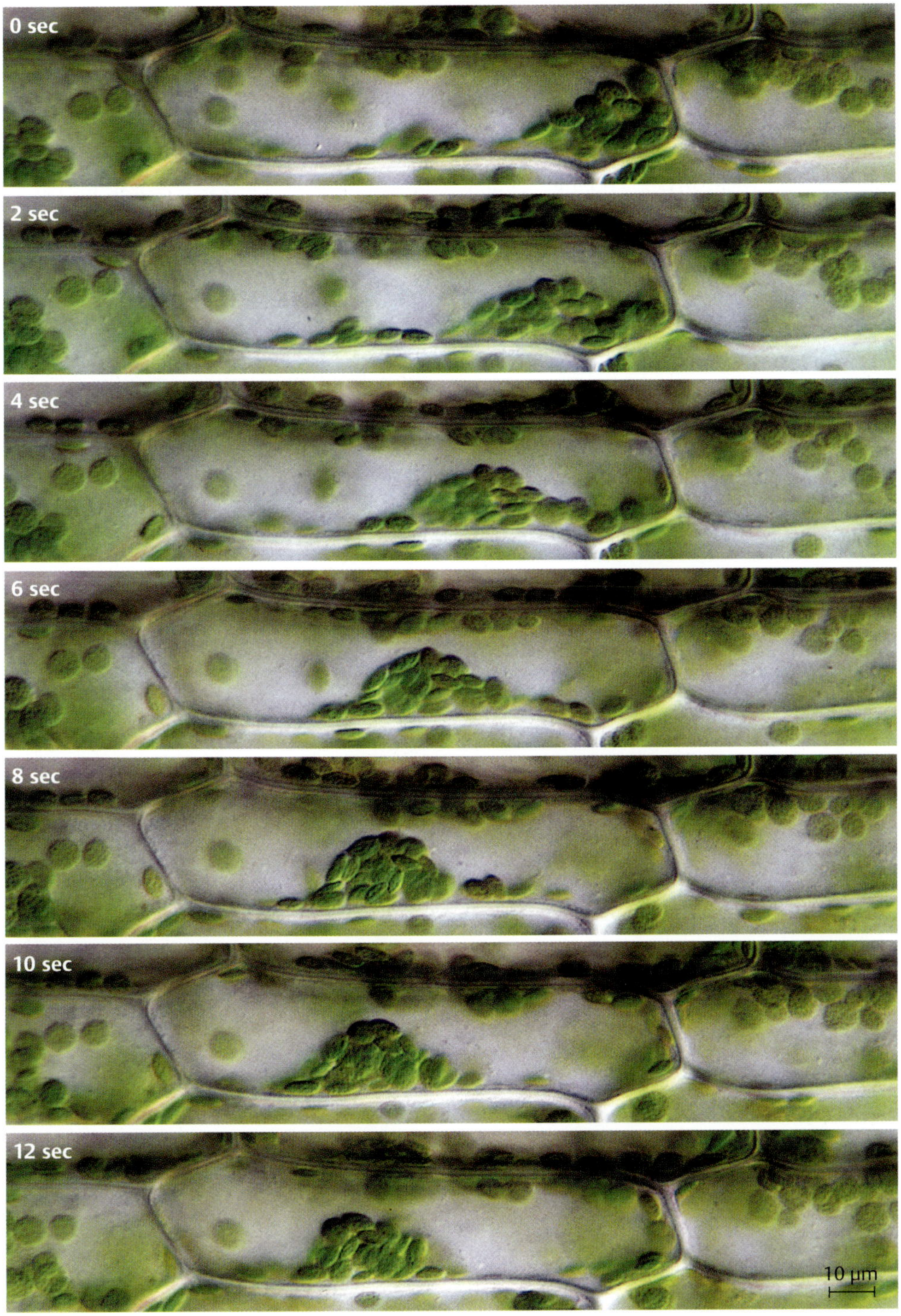

Abb. 4.22
Lichtmikroskopische Aufnahmeserie der Blattzellen von *Elodea canadensis* (DIC; 2 Sekunden Abstand zwischen den Aufnahmen). Die Plasmaströmung ist an der passiven „Wanderung" der Chloroplasten gut zu beobachten.

Aufgabe

Bestimmung der Zellgröße.

Abmessung der in 10 Sekunden zurückgelegten Wegstrecke der Chloroplasten bei voller Zirkulation.

Berechnung der Geschwindigkeit der Plasmaströmung in µm/sec.

Allium cepa (Küchenzwiebel)

4.4 Plasmolyse

Kursziel

Plasmolyse tritt dann ein, wenn ein Pflanzengewebe in ein **hypertonisches** Medium gebracht wird. Nur lebende Pflanzenzellen sind **plasmolysierbar**, da nur sie eine selektiv permeable Membran besitzen. Die Plasmolysierbarkeit soll an der Epidermis einer roten Zwiebel untersucht werden.

Material

Rote Zwiebel von *Allium cepa* („Braunschweiger Rote"); Fam. Alliaceae (Zwiebelgewächse): siehe Steckbrief 4.1.

Reagenzien

Kaliumnitrat
1,0 M Lösung von KNO_3
Calciumnitrat
0,7 M Lösung von $Ca(NO_3)_2 \times 4\ H_2O$

Präparation

Zur Herstellung eines Flächenschnittes schneidet man mit einer Rasierklinge parallel zur Oberfläche in möglichst gleichbleibender Tiefe durch das Gewebe der rotviolett gefärbten Unterseite der Speicherblätter von *Allium cepa* (**Abb. 4.23**). Der Schnitt darf nicht zu dick sein, da anhaftende Reste des Mesophylls die Beobachtungen stören, aber auch nicht zu dünn, da sonst die Epidermiszellen verletzt werden und der **Zellsaft** ausläuft. In diesem Falle erscheint der Schnitt nicht mehr rotviolett, sondern farblos. Das abgelöste Epidermisstück wird mit der Schnittfläche nach unten auf einen Objektträger mit einem Tropfen Wasser übertragen und mit einem Deckglas bedeckt. Zunächst wird in Wasser beobachtet (**Abb. 4.24**).

Dann saugt man das jeweilige **Plasmolytikum** (Kaliumnitrat- oder Calciumnitrat-Lösung) durch das Präparat und lässt die Lösung etwa 5–20 Minuten einwirken. Zur Erzielung der **Deplasmolyse** wiederholt man diese Manipulation mit reinem Leitungswasser, bis das Plasmolytikum restlos entfernt ist.

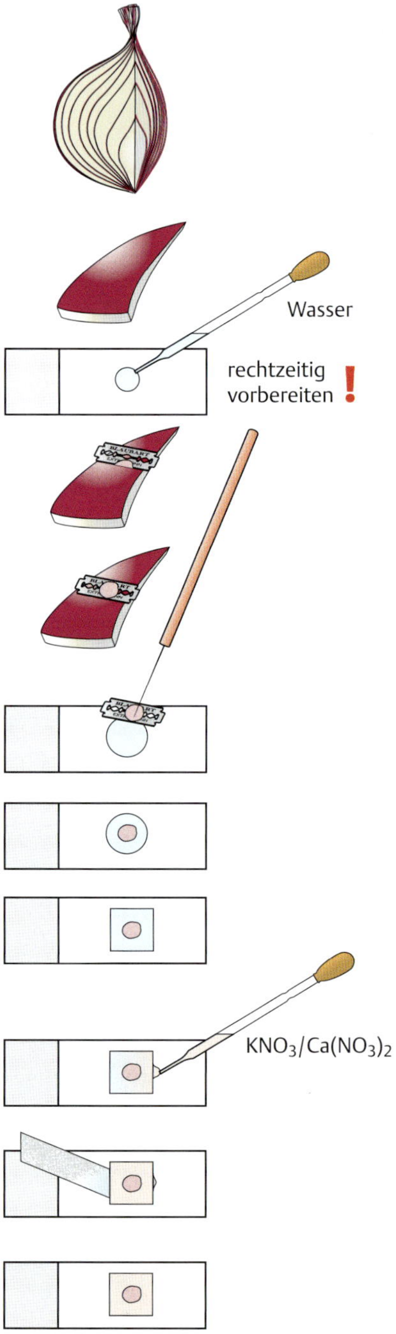

Abb. 4.23

Für die beiden Plasmolytika sind verschiedene Präparate zu verwenden.

Beobachtungen

Das typische Zellmuster der unteren Epidermis von *Allium cepa* entspricht dem der oberen (siehe **Abb. 4.2**). Der Zellsaft ist durch **Anthocyane** violett gefärbt. Der den Zellwänden anliegende dünne Plasmaschlauch ist nur schwer zu erkennen. Er tritt jedoch im plasmolysierten Zustand infolge des starken Kontrastes zur gefärbten Vakuole als heller Saum deutlich hervor (**Abb. 4.25** B–E).

Behandelt man den Schnitt mit einer hypertonischen Lösung, z. B. einer Salz- oder Zuckerlösung, deren Konzentration höher ist als die Konzentration der gelösten Stoffe im Zellsaft, so verkleinert sich infolge des **osmotischen Wasseraustritts** der Protoplast. Der Plasmaschlauch löst sich von der Zellwand ab; er bleibt gewissermaßen „an der Vakuole haften". Diesen Vorgang nennt man Plasmolyse.

Die Verkleinerung des Protoplasten schreitet so lange fort, bis die Konzentration der im Zellsaft gelösten Stoffe gleich der des Plasmolytikums geworden ist. Dieser Konzentrationsanstieg wird bei *Allium cepa* durch die, mit fortschreitender Verkleinerung der Vakuole, zunehmende Intensität der Anthocyanfärbung deutlich (**Abb. 4.25** A–E und **Abb. 4.26**).

Die Ablösung des **Protoplasten** von der Zellwand erfolgt bei Anwendung der beiden Plasmolytika rasch und unregelmäßig, so dass in beiden Fällen zunächst das Bild einer **Konkavplasmolyse** entsteht (**Abb. 4.25** E und **Abb. 4.26**).

Lässt man die Salzlösungen jedoch längere Zeit einwirken (etwa 10–20 Minuten), so bleibt die Konkavplasmolyse nur bei Calciumnitrat erhalten. In der Kaliumnitratlösung rundet sich der Protoplast allmählich ab, so dass schließlich das Bild einer **Konvexplasmolyse** entsteht (**Abb. 4.25** F).

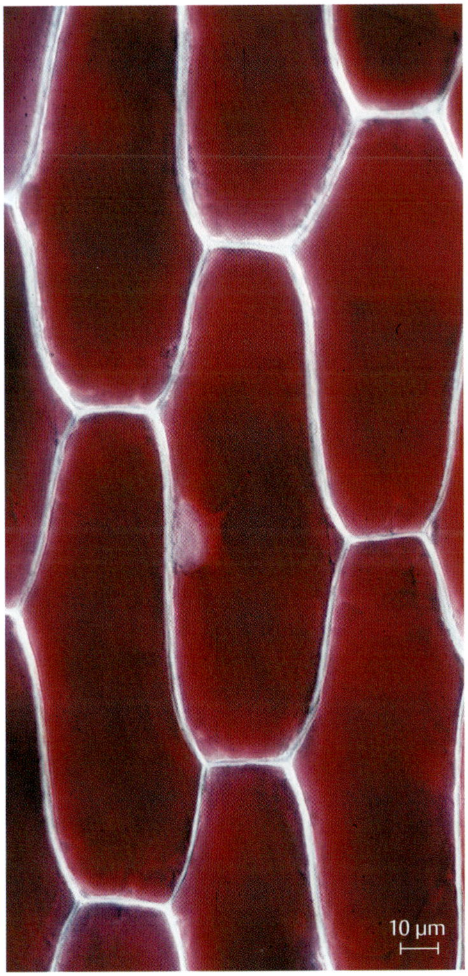

Abb. 4.24
Lichtmikroskopische Aufnahme (HF) der unteren Epidermis von *Allium cepa*. Der Zellkern erscheint aufgrund der stark gefärbten Vakuole als helle Struktur.

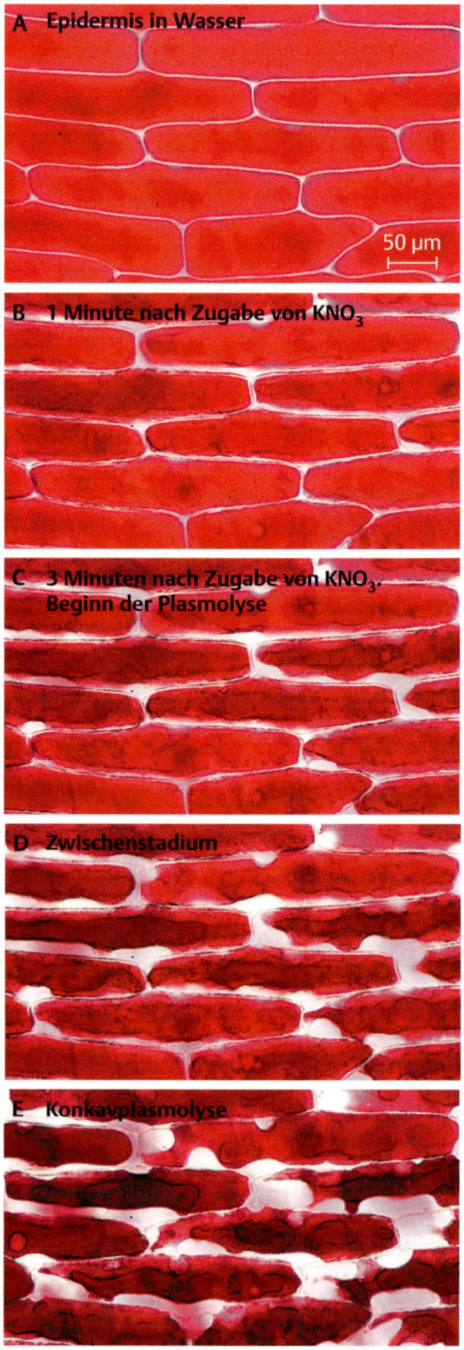

Abb. 4.25
Lichtmikroskopische Aufnahmen (HF) der unteren Epidermis von *Allium cepa* in verschiedenen Stadien der Plasmolyse und Deplasmolyse.

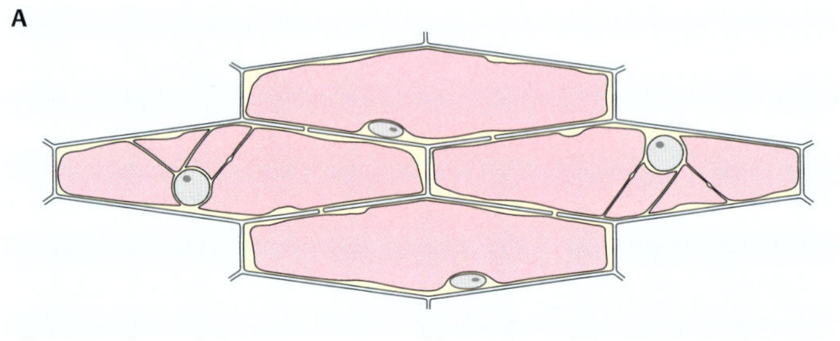

Abb. 4.26
Schematische Darstellung der Plasmolyse von Zellen der unteren Epidermis von *Allium cepa*. Der Zellverband ist in Wasser voll turgeszent (**A**).

Nach Zugabe von KNO_3 ist die Konzentration der Ionen im umgebenden Medium höher als die Konzentration der gelösten Stoffe im Zellsaft. Infolge des osmotischen Wasseraustritts verkleinert sich der Protoplast und löst sich von der Zellwand ab (**B**).

Mit zunehmendem Wasseraustritt schrumpft der Protoplast weiter und zeigt eine Konkavplasmolyse (**C**).
In der kleiner werdenden Vakuole steigt dabei die Konzentration der Anthocyanmoleküle; sie wird dadurch intensiver gefärbt.

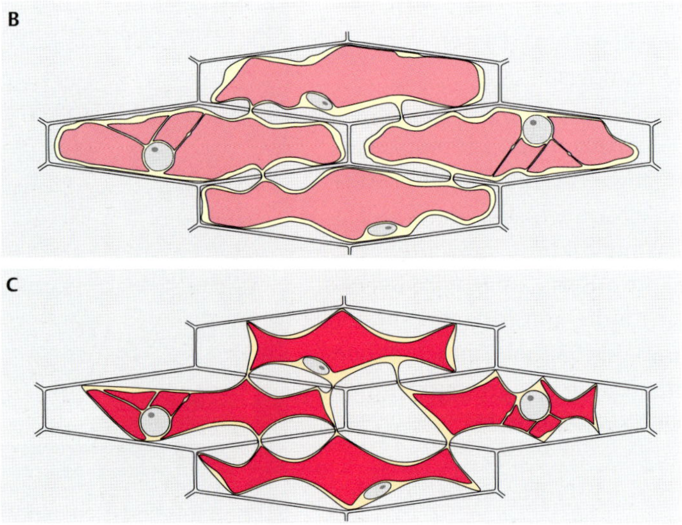

Wenn man die Flächenschnitte längere Zeit mit Kalium- bzw. Calciumnitrat-Lösungen geringerer Konzentration behandelt, bilden sich die genannten Plasmolyseformen bereits während des Plasmolysevorgangs aus.

Die Ursache für das Eintreten der Konkav- bzw. Konvexplasmolyse ist die verschiedenartige Wirkung der beiden **Kationen** auf den Quellungszustand des Plasmas. Die entquellend wirkenden Calcium-Ionen verfestigen das Plasma, die Kalium-Ionen hingegen verstärken den Quellungsgrad, und in dem Bestreben, die kleinstmögliche Oberfläche einzunehmen, rundet sich der Protoplast ab.

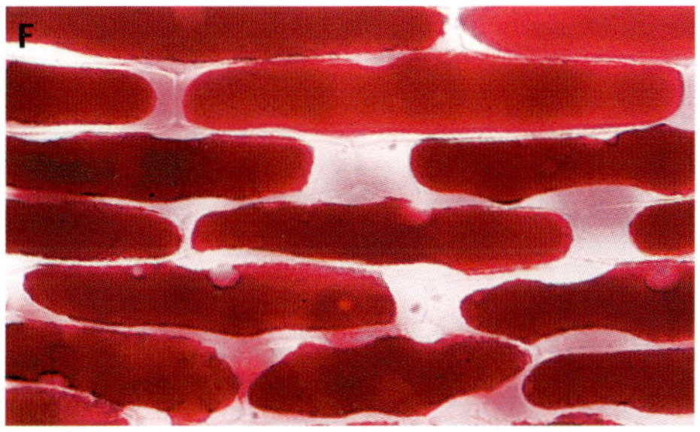

Abb. 4.25 (Fortsetzung)
F Konkav-/Konvexplasmolyse

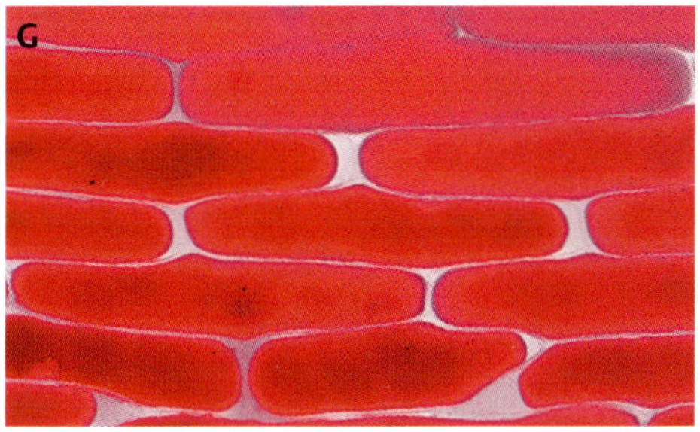

G Deplasmolyse

Deplasmolyse

Ersetzt man die Kaliumnitratlösung wieder durch Wasser (oder ein anderes **hypotonisches** Medium), so tritt **Deplasmolyse** ein. Die Vakuole nimmt Wasser auf und vergrößert sich. Schließlich legt sich der Plasmaschlauch der Zellwand an, und der Ausgangszustand ist wieder erreicht (**Abb. 4.25** G).

Das Schrumpfen des Protoplasten bei der Plasmolyse kann sogar zur Teilung des Protoplasten führen. Durch Zerstörung des zellkernhaltigen Teilprotoplasten mit einer sehr feinen Nadel und anschließender Deplasmolyse gelang es erstmals lebende „zellkernfreie" Zellen zu erzeugen. Sie zeigen z. B. weiterhin Plasmaströmung.

Zellschrumpfung

Plasmolyse ist nur im Gewebeverband zu beobachten. Isolierte Pflanzenzellen schrumpfen in hypertonischer Lösung, da die Zugkräfte auf die Zellwand „einseitig" sind. Das Welken einer Pflanze führt durch Wasserverlust zuerst zur Erhöhung des osmotischen Wertes der Zelle, dann aber nicht zur Plasmolyse, sondern zur Schrumpfung des Gewebeverbandes.

Zeichnung

Eine Zelle im Verband bei höherer Vergrößerung.

Nach Zusatz der beiden Plasmolytika zwei verschiedene Stadien der Plasmolyse.

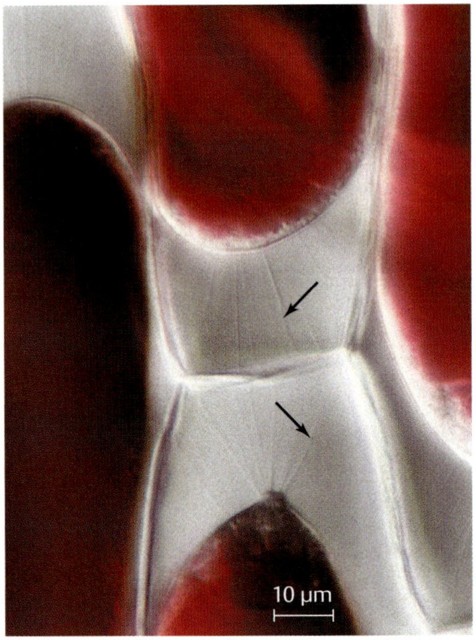

Abb. 4.27
Lichtmikroskopische Aufnahme (DIC) der unteren Epidermis von *Allium cepa* in Konvexplasmolyse nach Behandlung mit KNO_3. Über die Hechtschen Fäden (Pfeile) bleibt die Verbindung zu den Nachbarzellen aufrechterhalten.

Die Hechtschen Fäden

Die Ablösung des Protoplasten von der Zellwand erfolgt durchaus nicht immer „glatt". Vielmehr zeigt das Plasma, besonders im Bereich der **Tüpfel** bzw. **Plasmodesmen**, eine mehr oder weniger starke Wandhaftung. Infolgedessen bleiben bei der Plasmolyse zwischen der Zellwand und dem zurückweichenden Protoplasten dünne Plasmaverbindungen erhalten, die **Hechtschen Fäden** (**Abb. 4.27 – 31**), die bei fortschreitender Plasmolyse nach und nach abreißen.

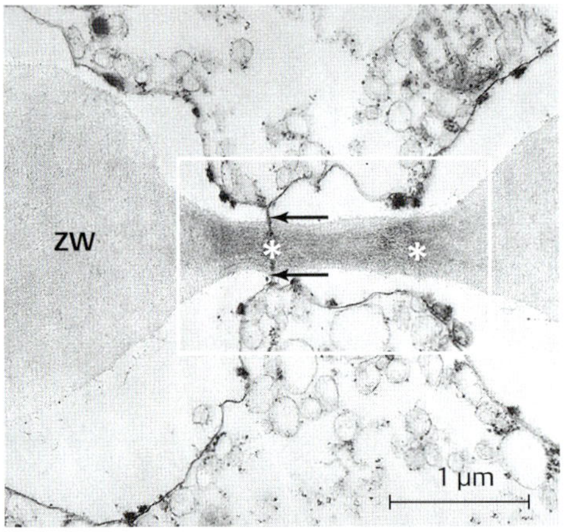

Abb. 4.28
Transmissionselektronenmikroskopische Aufnahme plasmolysierter Epidermiszellen von *Allium cepa.* Die Hechtschen Fäden (Pfeile) gehen als dünne Plasmastränge durch die Plasmodesmen (Sterne) und verbinden die beiden benachbarten Zellen. Rahmen = Tüpfel; ZW = Zellwand.

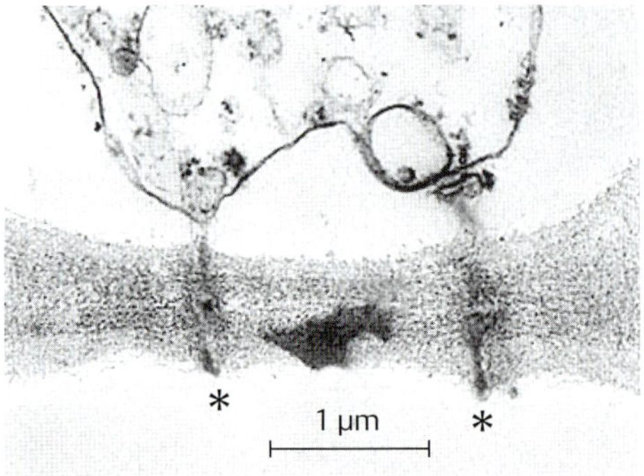

Abb. 4.29
Transmissionselektronenmikroskopische Aufnahme plasmolysierter Epidermiszellen von *Allium cerpa*. Die Hechtschen Fäden einer Zelle sind bereits abgerissen (Sterne).

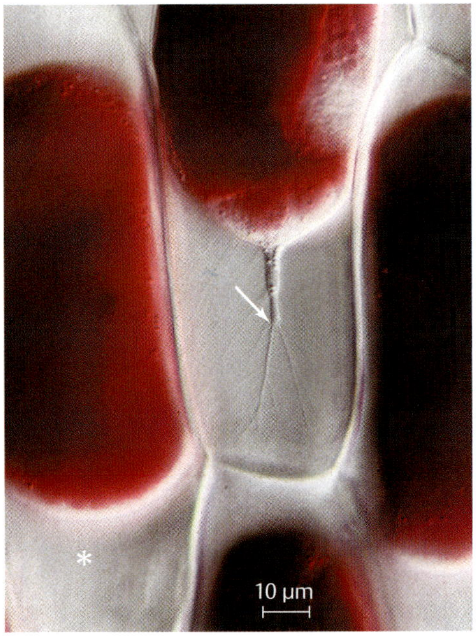

Abb. 4.30
Lichtmikroskopische Aufnahme (DIC) stärker plasmolysierter Epidermiszellen von *Allium cepa*. Eine Zelle hat verzweigte Hechtsche Fäden (Pfeil). Die Hechtschen Fäden der Nachbarzelle sind bereits abgerissen (Stern); der Protoplast rundet sich dadurch ab (Konvexplasmolyse).

Hypertonie und Konservierung

Auch stark plasmolysierte Zellen können nach Auswaschen des Plasmolytikums wieder deplasmolysieren. Wenn aber alle Hechtschen Fäden abreißen, ist ein Stoffaustausch der Zellen untereinander unmöglich. Die Zellen sterben nach einiger Zeit ab. Auch Pilzzellen und Bakterien sind osmotisch empfindlich. In stark hypertonischer Umgebung sterben sie – wie Pflanzen und Tierzellen – ab. Seit Jahrhunderten bemüht man sich, dem mikrobiellen Abbau von Nahrungsmitteln durch die „Entwässerung“ der Pilze und Bakterien entgegenzuwirken. Das Mittel der Wahl ist Trocknung bei entsprechend hohen bzw. tiefen Temperaturen (Dörrobst, Stockfisch). Hohe Salzkonzentrationen sind hervorragend geeignet, um Fisch (Salzhering, Matjesfilet) oder Fleisch (Pökelfleisch) zu konservieren. Hohe Zuckerkonzentrationen verwendet man bei Obst (Konfitüren, kandierte Früchte).

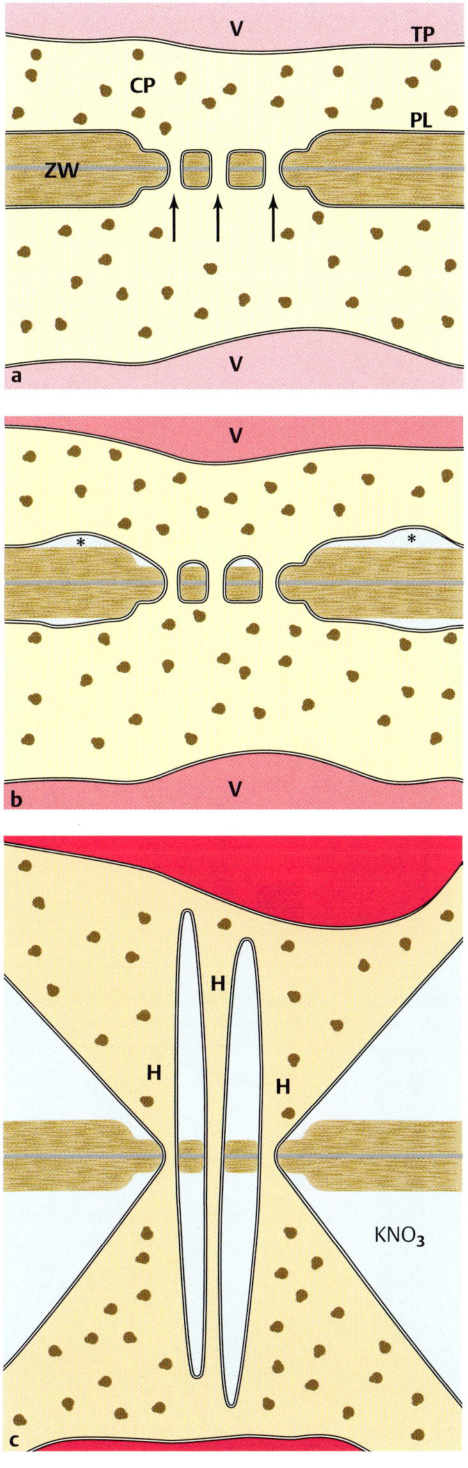

Abb. 4.31
Entstehung der Hechtschen Fäden
Schematische Darstellung der Entstehung der Hechtschen Fäden bei der Plasmolyse der Epidermiszellen von *Allium cepa*. Die im Lichtmikroskop sichtbaren Tüpfel sind von Plasmodesmen (Pfeile) durchbrochen. Sie stellen eine räumliche Verbindung zwischen den benachbarten Zellen dar. Das Plasmolytikum (hier KNO_3) „saugt“ Wasser zuerst aus dem Cytoplasma; dieses erhält dadurch eine höhere Konzentration und saugt nun Wasser aus der Vakuole. Cytoplasma und Vakuole werden stetig konzentrierter und verlieren an Volumen. Da die Kohäsion des Wassers der Vakuole bzw. des Cytoplasmas größer ist als die Adhäsion des Plasmalemmas an der Zellwand, löst sich schließlich der Protoplast von der Zellwand ab (Sterne).
Die Plasmastränge, die durch die Plasmodesmen ziehen, werden in die Länge gezogen und als Hechtsche Fäden (H) sichtbar.
CP = Cytoplasma mit Ribosomen;
H = Hechtscher Faden;
PL = Plasmalemma;
TP = Tonoplast;
ZW = Zellwand.

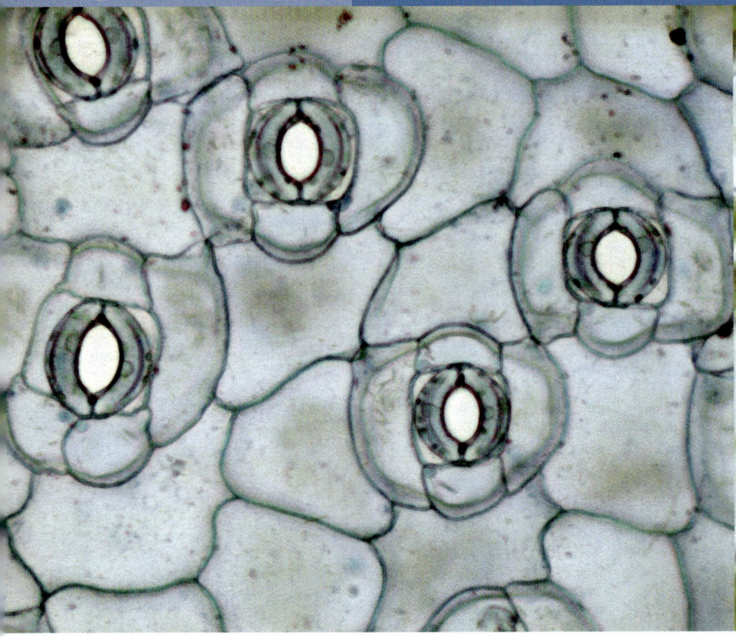

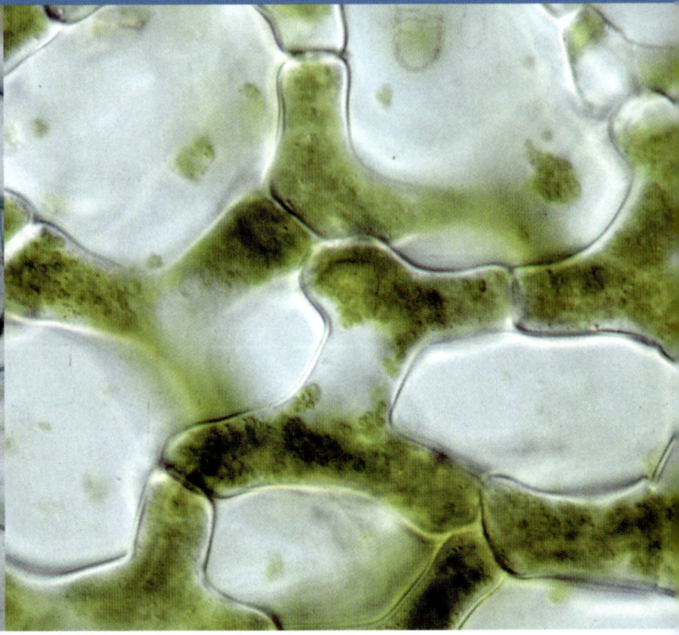

Max Reess: Lehrbuch der Botanik (1896)

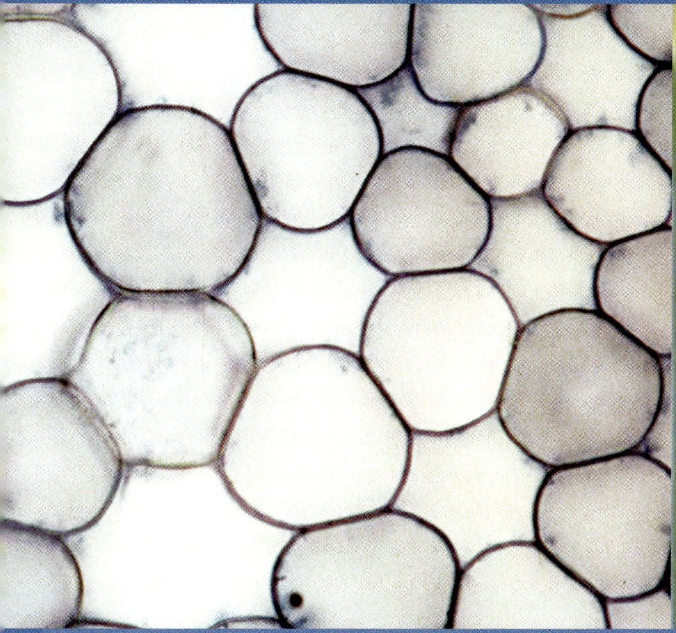

Das Hohlraum-System

Voraussetzung für den Gastransport

Die Blätter haben einen regen Gasaustausch über die Spaltöffnungen mit der Umgebungsluft. Sie benötigen Kohlendioxid für die Photosynthese und erzeugen dabei Sauerstoff und Wasser. Die übrigen Organe (Sprossachse, Wurzel) verbrauchen Sauerstoff und geben Kohlendioxid ab. Um den Gasaustausch zwischen den unterschiedlichen Geweben zu gewährleisten, besitzen alle höheren Pflanzen ein reiches Interzellularsystem, das sich mit der Differenzierung der Zellen bzw. der Gewebe bildet. Es beginnt typischerweise bei den Schließzellen der Blätter und endet in den Wurzelspitzen.

Die Interzellularen entstehen meist schizogen, d. h., die Mittellamelle wird enzymatisch aufgelöst, die Zellen runden sich durch den Turgordruck ab und weichen zuerst in den Ecken auseinander. Dabei entstehen kommunizierende Hohlräume, in die Luft angesaugt wird. Da alle Zellwände in einem Gewebe stets gequollen sind, weist der Gasraum des Interzellularsystems immer eine relative Luftfeuchte von 100% auf, ist also Wasserdampf gesättigt.

linke Seite oben: links: Epidermis von *Commelina communis* (Tagblume), rechts: Schwammparenchym von *Helleborus niger* (Schwarze Nieswurz)
rechte Seite oben: links: Parenchym von *Cyperus alternifolius* (Zyperngras), rechts: Lenticellen von *Forsythia x intermedia* (Forsythie)

Wiesenblumen

Reagenzien

(Astrablau)
(Safranin)
(Ethanol)

Zeichnung

Einige Parenchymzellen mit Interzellularen im Detail.

5.1 Interzellularen

Kursziel

Darstellung der **Interzellularen** verschiedener Pflanzengewebe.

Präparation

Es kann von jeder beliebigen (bevorzugt krautigen) Pflanze ein Stängel- oder Blattstielquerschnitt angefertigt werden. Die Schnitte werden direkt in Wasser mikroskopiert (**Abb. 5.1**). Eine Färbung kann hilfreich sein, ist aber nicht nötig. Bei etwas dickeren Schnitten (**Abb. 5.2**) können störende Luftblasen im Interzellularsystem mit Ethanol „ausgetrieben" werden.

Beobachtungen

Wenn man die Spross- oder Blattstielquerschnitte durchmustert, erkennt man typischerweise im Parenchym (z.B. **Rindenparenchym**, **Markparenchym**) die Interzellularen. Sie erscheinen als kleine Dreiecke, die von den angenähert kreisförmigen Parenchymzellen umgeben sind (**Abb. 5.3**). Die Interzellularen entstehen fast immer **schizogen**: Nach partieller Auflösung der Mittellamellen trennen sich die beiden Zellwandhälften voneinander, und die Parenchymzellen „kugeln" sich aufgrund ihres **Turgors** ab. In das entstehende interzellulare Netzwerk wird über die Stomata Luft angesaugt (**Abb. 5.4–6**).

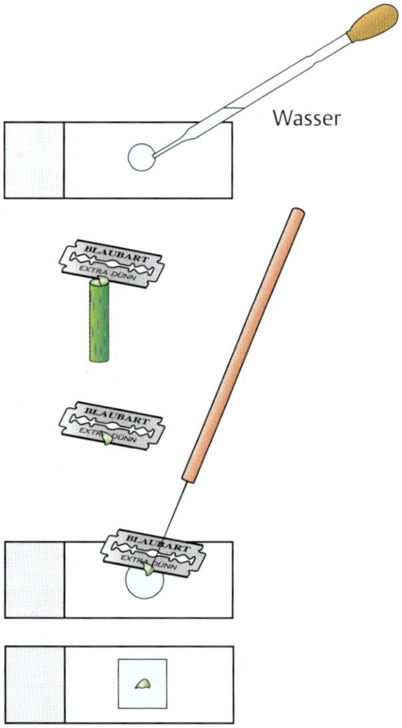

Abb. 5.1

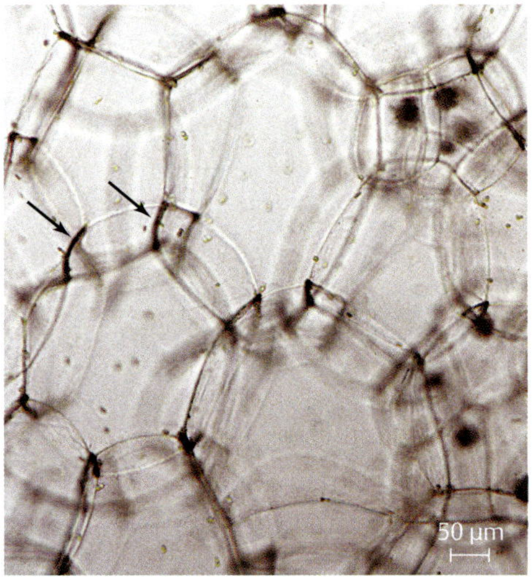

Abb. 5.2
Lichtmikroskopische Aufnahme eines Querschnittes eines Blattstieles von *Begonia rex* (HF). Bei dickeren Schnitten erkennt man das wie „Schaumblasen" aussehende Parenchym. Die luftgefüllten Interzellulargänge (Pfeile) bilden ein Netzwerk; sie erscheinen durch die Totalreflexion des Lichtes dunkel.

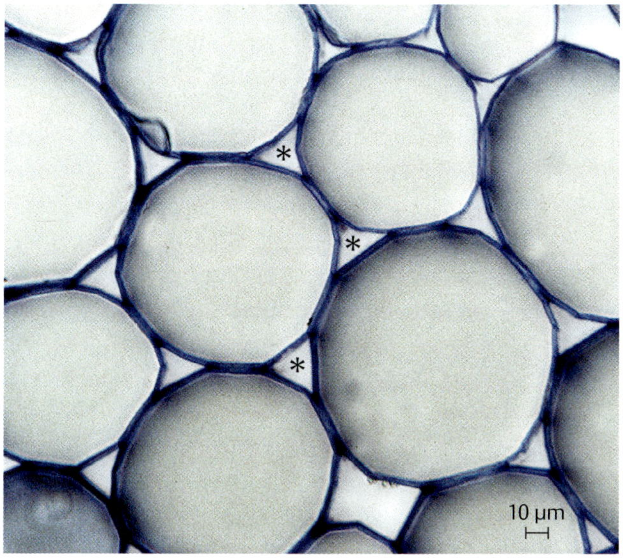

Abb. 5.3
Lichtmikroskopische Aufnahme des Markparenchyms aus dem Spross von *Ranunculus repens* (HF; Färbung mit Astrablau). Die Interzellularen erscheinen als kleine Dreiecke (Sterne).

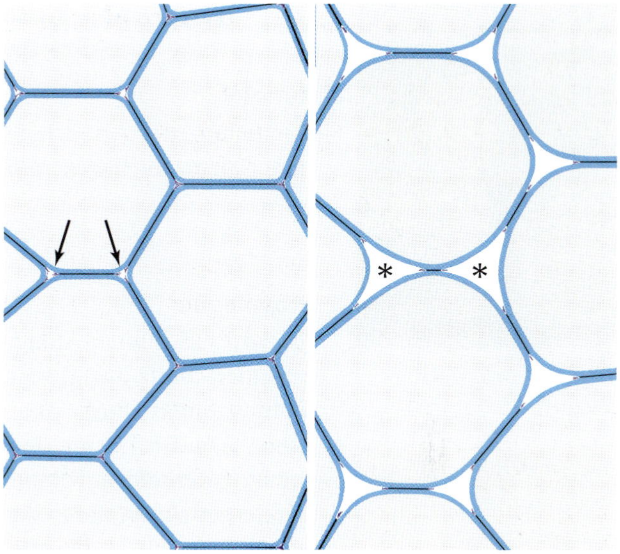

Abb. 5.4
Schematische Darstellung der schizogenen Entstehung der Interzellularen. Nach partieller Auflösung der Mittellamellen (Pfeile) kugeln sich die Zellen ab; mit fortschreitender Zellstreckung werden die Interzellularen (Sterne) größer.

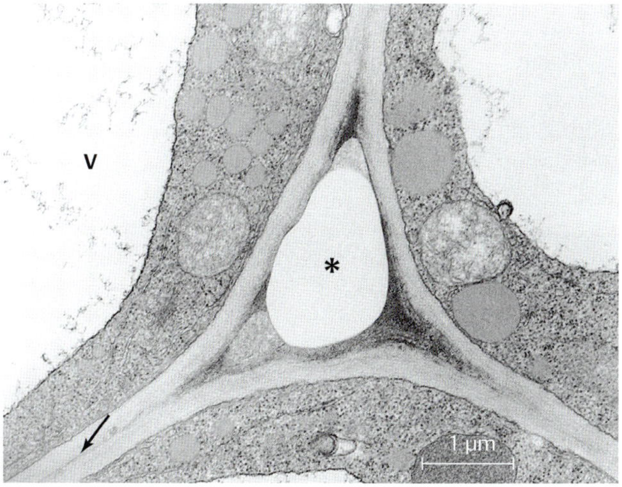

Abb. 5.5
Transmissionselektronenmikroskopische Aufnahme einer Interzellulare (Stern) aus einem Raps-Keimblatt (*Brassica napus*). Die Mittellamelle ist schwach erkennbar (Pfeil).
V = Vakuole.

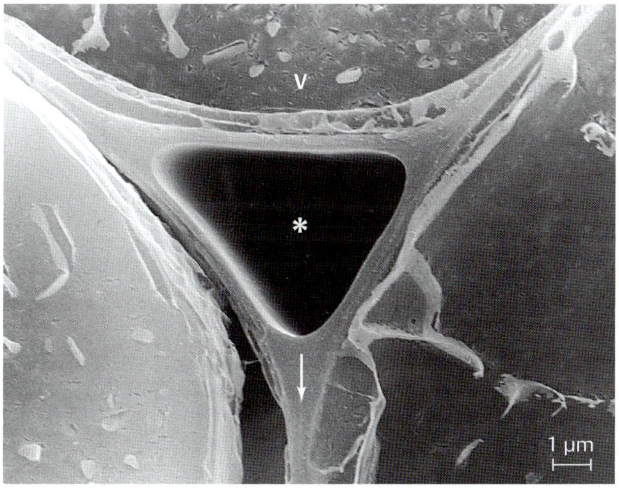

Abb. 5.6
Rasterelektronenmikroskopische Aufnahme einer luftgefüllten Interzellulare (Stern) von *Begonia rex* (Kryo-REM; *frozen-hydrated*).
Die Mittellamelle ist schwach erkennbar (Pfeil).
V = Vakuole.

Nuphar pumila (Kleine Teichrose)

Reagenzien

(Astrablau)
(Safranin)
(Ethanol)

Botanischer Steckbrief

Art
Nuphar pumila (Kleine Teichrose); Fam. Nymphaceae (Seerosengewächse).

Name
arab. *nuwwar* = Blume, Blüte; ins Französische übernommen: *nenuphar.* lat. *pumilus* = Zwerg.

Herkunft
Nordamerika und Eurasien.

Inhaltsstoffe
schwach giftig durch Alkaloide.

Stellenwert
Zierpflanze, die stärkereichen Rhizome und die Samen (mit einem lufthaltigen Arillus) sind essbar, das stärkehaltige Rhizom wurde in Notzeiten zu Mehl verarbeitet.

5.2 Aerenchym

Kursziel

Darstellung des **Aerenchyms** der Kleinen oder Gelben Teichrose (*Nuphar pumila, N. lutea*).

Präparation

Es wird ein dünner Stängel- oder Blattstielquerschnitt angefertigt. Die Schnitte werden direkt in Wasser mikroskopiert (**Abb. 5.7**). Die kleine Teichrose ist geschützt; deshalb auf Pflanzen aus Gärtnereien zurückgreifen. Wenn bei etwas dickeren Schnitten die zahlreichen Luftblasen stören, können diese mit Ethanol „ausgetrieben" werden. Zur Untersuchung der Leitbündel bietet sich eine Färbung mit Astrablau + Safranin an.

Beobachtungen

Um dem Stiel eine gute Biegefestigkeit zu verleihen, ist **subepidermal** ein **Ekkenkollenchym** ausgebildet. Um eine gute „Schwimmfähigkeit" und Durchlüftung des Gewebes zu erreichen, besteht ein Großteil (ca. 70%) des Blattstiel- bzw. Sprossvolumens aus Luftkanälen. Diese sind schon mit dem bloßem Auge gut zu erkennen. Die einzelnen Luftkanäle sind durch einzellige Parenchymlagen voneinander getrennt (**Abb. 5.8**).

Über den Stängelquerschnitt verteilt liegen – für eine dikotyle Pflanze ungewöhnlich – zahlreiche Leitbündel (**Abb. 5.9**). Das **Phloem** ist gut entwickelt, das **Xylem** (für eine Wasserpflanze fast funktionslos) ist stark reduziert: Es finden sich nur wenige tracheidale Zellen und ein Hohlraum (= Gefäßgang).

Im Aerenchym beobachtet man zahlreiche **Idioblasten**: Es handelt sich um sternförmige Zellen, typischerweise in den Ecken der Luftkanäle (**Abb. 5.10**). Ihre spitz zulaufenden Zellausstülpungen ragen in die Luftkanäle; ihre Oberfläche erscheint rau durch Einlagerung von Calciumoxalatkristallen in die Zellwände. Sie entstehen durch lokales Flächenwachstum der Zellwand und sind nicht durch Querwände von den Eckzellen abgegrenzt.

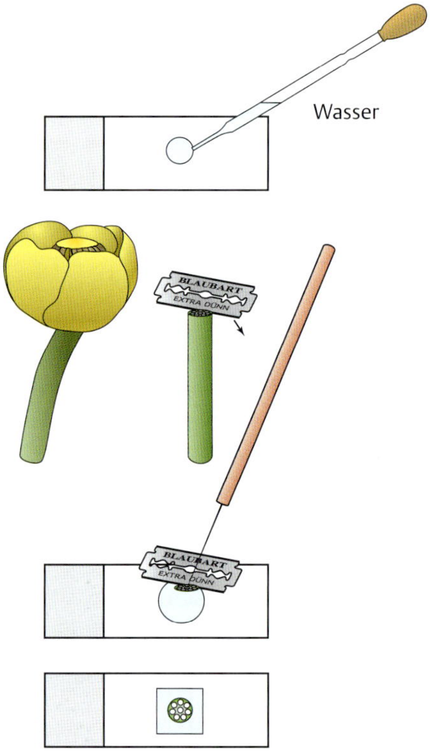

Abb. 5.7

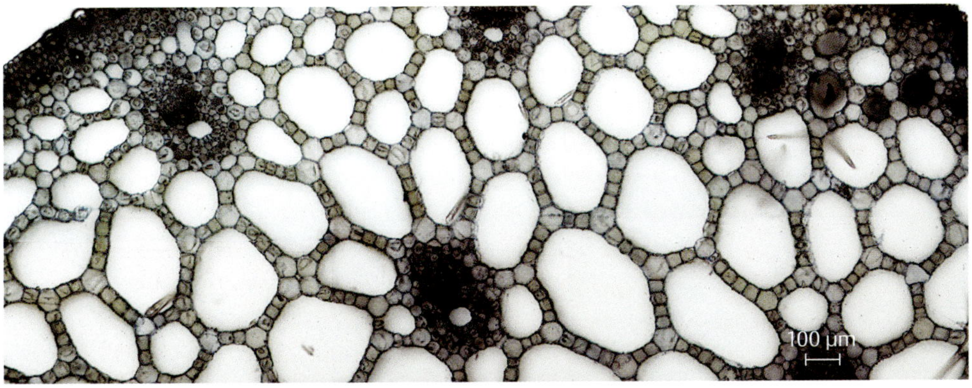

Abb. 5.8
Lichtmikroskopische Aufnahme des Aerenchyms aus dem Blütenstiel von *Nuphar pumila* (HF; Färbung mit Astrablau + Safranin). Die Leitbündel sind über den Querschnitt unregelmäßig verteilt.

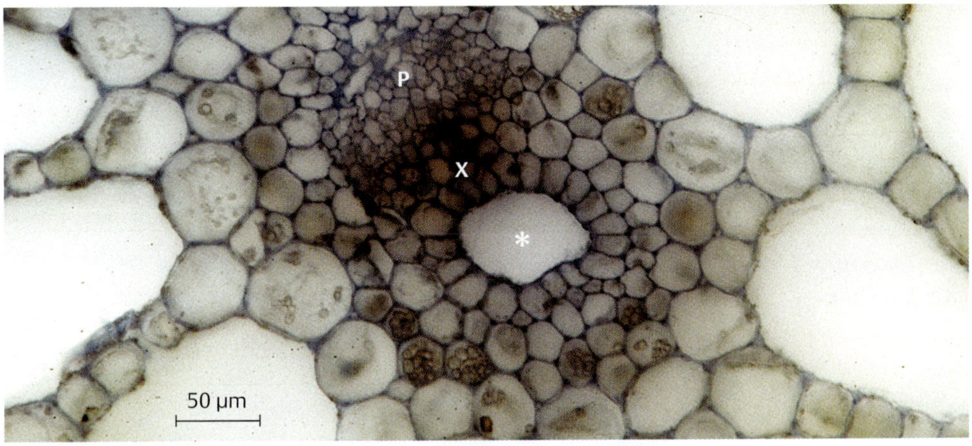

Abb. 5.9
Lichtmikroskopische Aufnahme eines Leitbündels aus dem Aerenchym von *Nuphar pumila* (DIC; Färbung mit Astrablau + Safranin).
P = Phloem;
X = (reduziertes) Xylem mit Gefäßgang (Stern).

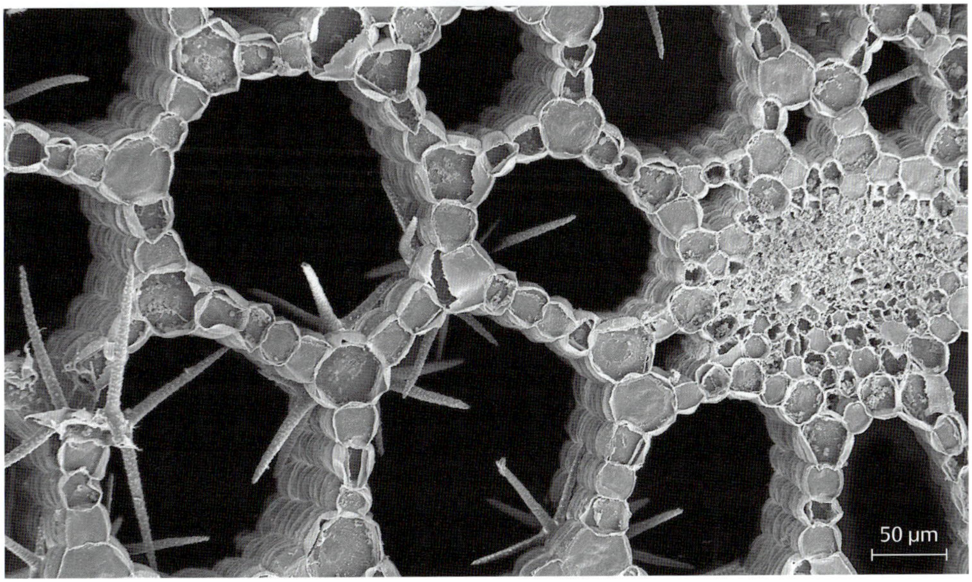

Abb. 5.10
Rasterelektronenmikroskopische Aufnahme eines Stängelquerschnittes von *Nuphar pumila.* In die Luftkanäle ragen die dornenförmigen Fortsätze der sternförmigen Idioblasten, die meist in den „Ecken“ des Parenchymgewebes liegen.

Zeichnung

Blattstiel- oder Sprossquerschnitt in der Übersicht.

oben: *Strelitzia reginae (Stretlitzie)* Blüten mit Hochblättern, unten links: *Spinacia oleracea* (Spinat), unten Mitte: *Cichorium intybus etioliert* (Chicorée), unten rechts: *Lycopersicon esculentum* (Tomate)

Die Plastiden

Photosynthese, Farbenspiel, Speicherung

Die Plastiden sind die Zellorganellen, die nur Pflanzen (nicht Tiere und Pilze!) besitzen. Die Plastiden sind durch eine doppelte Biomembran begrenzt (= Plastidenhüllmembranen) und vermehren sich autonom durch Teilung; sie werden so von Zelle zu Zelle weitervererbt. Alle Plastiden besitzen ringförmige DNA und 70S-Ribosomen. Die Plastiden sind in Farbe, Größe, Form und Funktion sehr unterschiedlich. Auch wenn man bei Plastiden in der Regel zuerst an Chloroplasten denkt, so sind doch die farblosen Plastiden einer Pflanze meist in der Überzahl: In der Sprossachse und im gesamten Wurzelsystem finden wir überwiegend Leukoplasten und Amyloplasten. Die Chloroplasten sind der Ort der Photosynthese; in ihnen wird Stärke „zwischengespeichert“ (Assimilationsstärke). In den Speichergeweben des Sprosses und der Wurzel finden wir überwiegend Amyloplasten mit großen Stärkekörner. Die gelb, orange oder rot gefärbten Chromoplasten dienen zur Anlockung von Tieren, entweder zur Bestäubung von Blüten oder zur Verbreitung von Samen in Früchten.

unten links: *Helianthus annuus* (Sonnenblume) Wurzelspitze eines Keimlings, unten Mitte: *Solanum tuberosum* (Speisekartoffel), unten rechts: *Taraxacum officinale* (Löwenzahn), oben rechts: *Zantedeschia aethiopica* (Zimmerkalla)

Plastiden:
- In allen lebenden Pflanzenzellen
- Doppelte Biomembran
- 70S-Ribosomen
- Ringförmige DNA

6.1 Die verschiedenen Plastidentypen

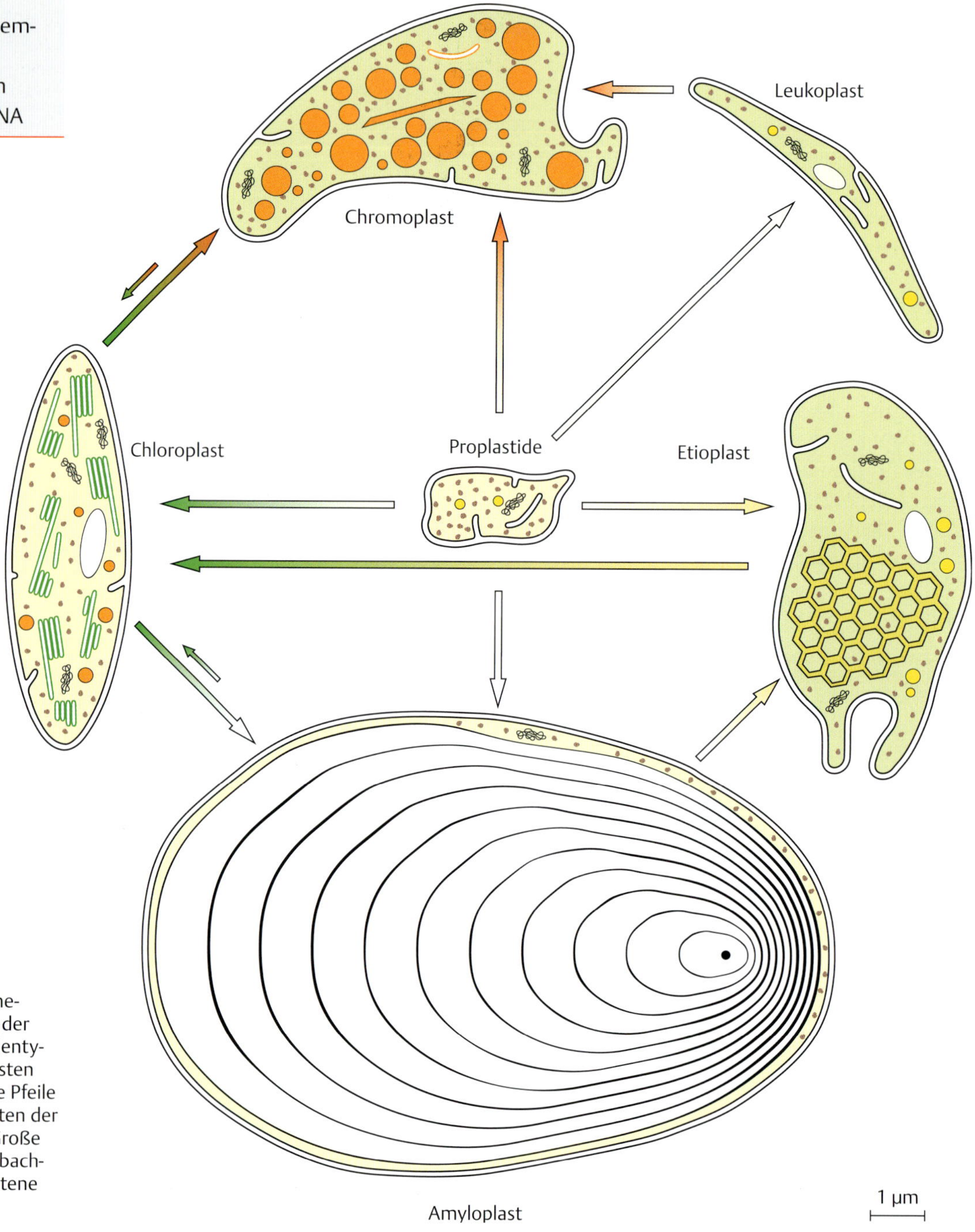

Abb. 6.1 Maßstabsgetreue, schematische Darstellung der verschiedenen Plastidentypen und ihrer wichtigsten Strukturelemente. Die Pfeile geben die Möglichkeiten der Umwandlungen an. Große Pfeile = häufig zu beobachten; kleine Pfeile = seltene Fälle.

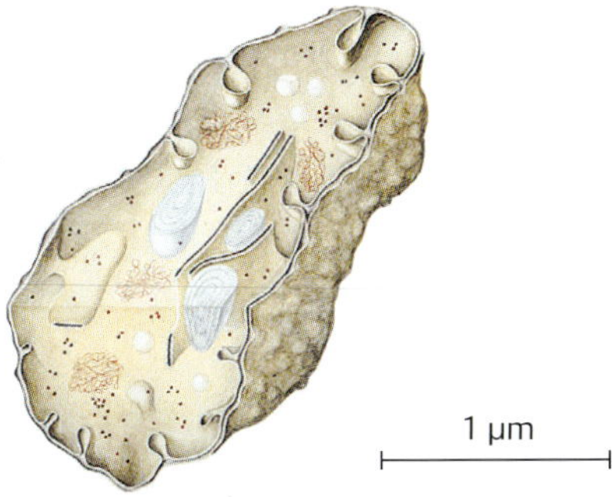

Hordeum vulgare (Braugerste) Keimling

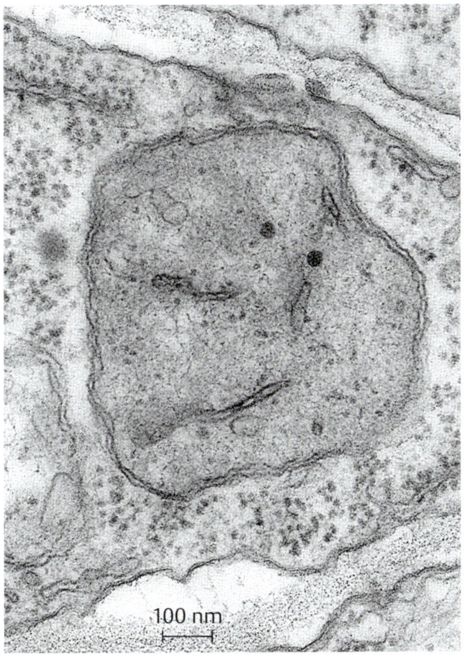

Helianthus annuus (Sonnenblume) Vegetationspunkt

Proplastiden

Vorkommen
In meristematischen Geweben (Spross- und Wurzelvegetationspunkte; Kambien).

Größe
Länge relativ einheitlich ca. 2 µm.

Charakteristik
Häufig kleine Stärkekörner; gelegentlich Plastoglobuli.

Pigmente
Keine.

Lilium candidum (Madonnenlilie)

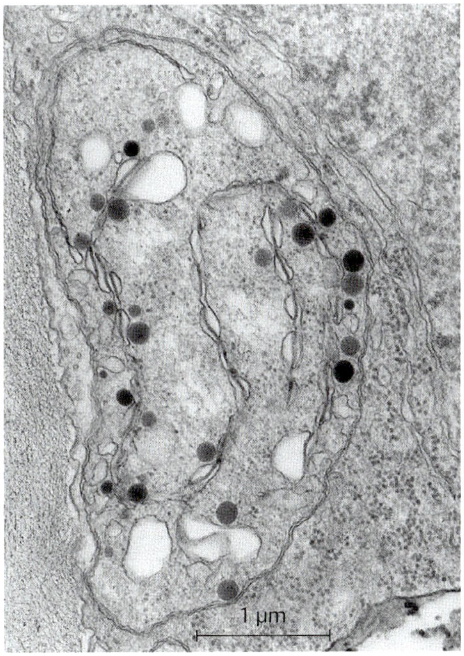

Viola x wittrockiana (Stiefmütterchen) TEM, Blütenknospe

Leukoplasten

Vorkommen
In nicht grünen parenchymatischen Geweben, „weißen" Pflanzenorganen (z. B. in weißen Blüten).

Größe
Länge stark schwankend um 4 µm.

Charakteristik
Oft „kuriose" Formen; häufig Plastoglobuli.

Pigmente
Keine.

Chloroplasten

Vorkommen
In allen grünen Pflanzenteilen (Blätter, grüne Früchte, grüne Knospen, häufig im Rindenparenchym, Xylemparenchym, Phloemparenchym, Schließzellen).

Größe
Länge schwankend (5)–7–(15) µm.

Charakteristik
Grana- und Stromathylakoide, Assimilations-Stärkekörner; Plastoglobuli.

Pigmente
Chlorophylle a, b; Carotinoide.

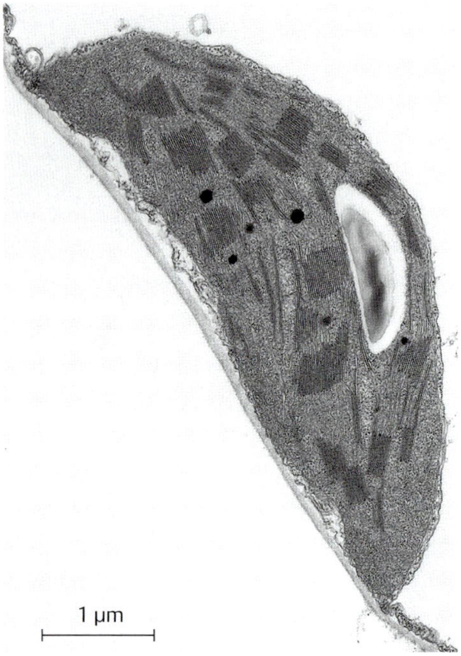

Lycopersicon esculentum (Tomate) TEM, Blatt

Spinacia oleracea (Spinat)

Amyloplasten

Vorkommen
In Speichergeweben (Markparenchym, Spross- und Wurzelknollen, Samen).

Größe
Extrem schwankend zwischen 10 µm und 100 µm.

Charakteristik
Stärkekörner, einzeln oder zusammengesetzt.

Pigmente
Keine.

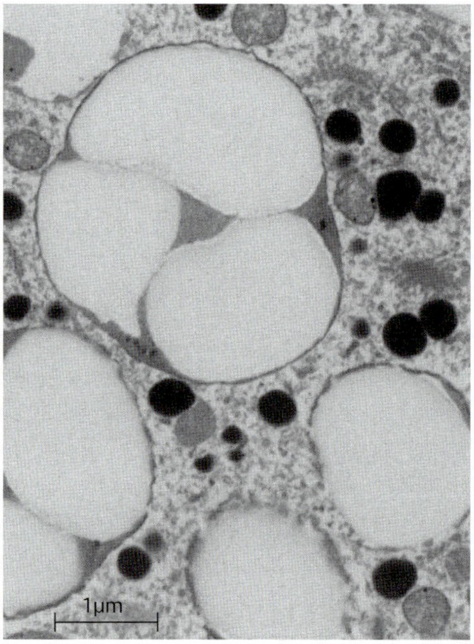

Hordeum vulgare (Gerste) SEM/FIB, Kalyptra der Wurzel.

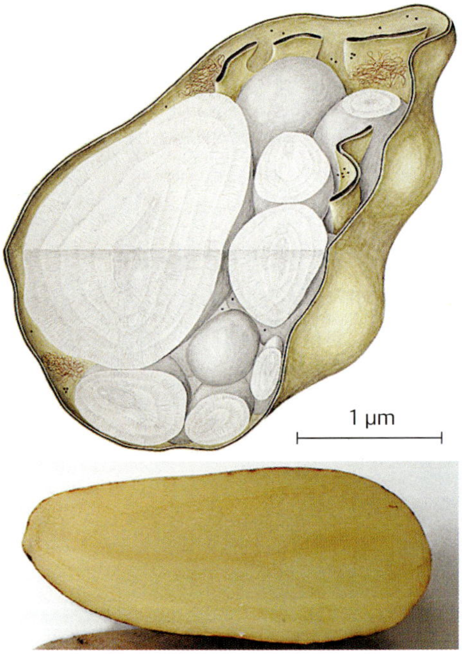

Solanum tuberosum (Speisekartoffel)

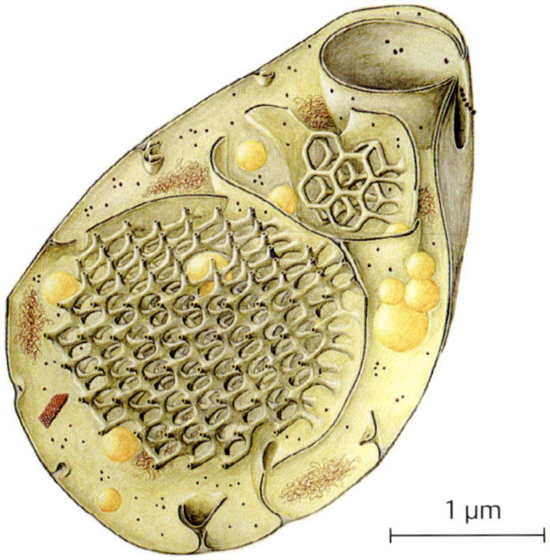

Taraxacum officinale (Löwenzahn) etioliert

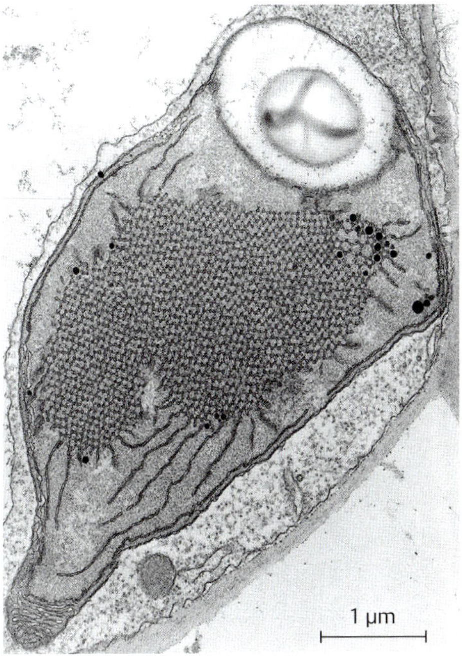

Sorghum bicolor (Mohrenhirse) TEM, Primärblatt etioliert

Etioplasten

Vorkommen
In (potentiell grünen) Pflanzenteilen bei anhaltender Verdunklung (Gras unter Zelt, Chicorée, Friséesalat, „geile“ Kartoffeltriebe im Keller).

Größe
Länge schwankend 5–7 µm.

Charakteristik
Prolamellarkörper; häufig kleinere Stärkekörner; Plastoglobuli.

Pigmente
Carotinoide.

Chamaedorea ernesti-augusti (Fiederpalme) Blüten

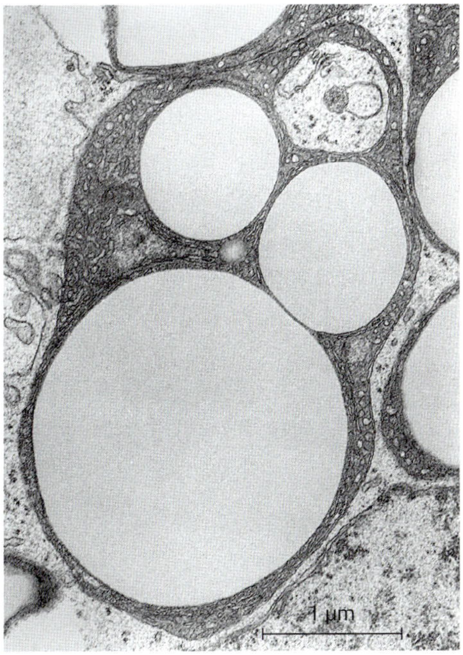

Chamaedorea ernesti-augusti (Fiederpalme) TEM, Blütenblatt

Elaioplasten

Vorkommen
„Rarität“, da mit Mühe nur ein Beispiel gefunden (!): Blüten der Palme *Chamaedorea ernestiaugusti.*

Größe
Länge schwankend 5–7 µm.

Charakteristik
„riesige“ Plastoglobuli (= Fettspeicherplastiden).

Pigmente
Carotinoide (vorliegendes Beispiel).

Chromoplasten

Vorkommen
In Geweben, die der Anlockung von Tieren dienen (Blüten: Bestäubung; Früchte: Samenverbreitung). Aber auch in unterirdischen Organen (Karotte).

Größe und Form
Länge wie Chloroplasten allerdings stärker schwankend (3)–7–(30) µm. Alle Formen möglich: kugelförmig, linsenförmig, spindelförmig, amöbenförmig.

Charakteristik
Vier verschiedene Typen (Reinformen sind selten, häufig Mischformen):

1. Globulöser Typ (mit Abstand der häufigste Typ; ca. 90 % aller untersuchten Chromoplasten); prall gefüllt mit Carotinoid-haltigen Plastoglobuli.
2. Tubulöser Typ: Carotinoid-haltige Tubuli, häufig parallel gepackt, zusätzlich Plastoglobuli.
3. Membranöser Typ: Carotinoid-haltige Membranrollen.
4. Kristallöser Typ: Membranöser Typ, bei dem die Carotinoide in der Membran zu z. T. großen Kristallen auskristallisieren.

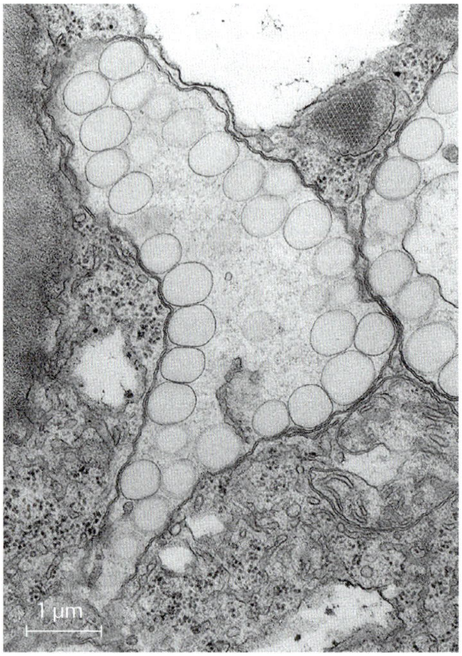

Taraxacum officinale (Löwenzahn) TEM, Zungenblüte

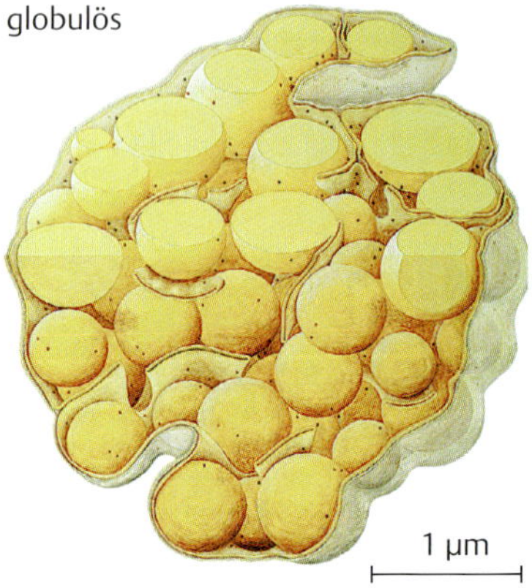

Taraxacum officinale (Löwenzahn)

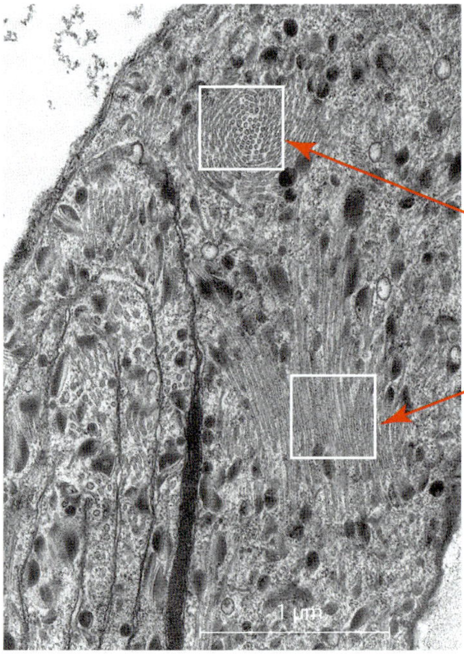

Tropaeolum majus (Kapuzinerkresse) TEM, gelbes Blütenblatt

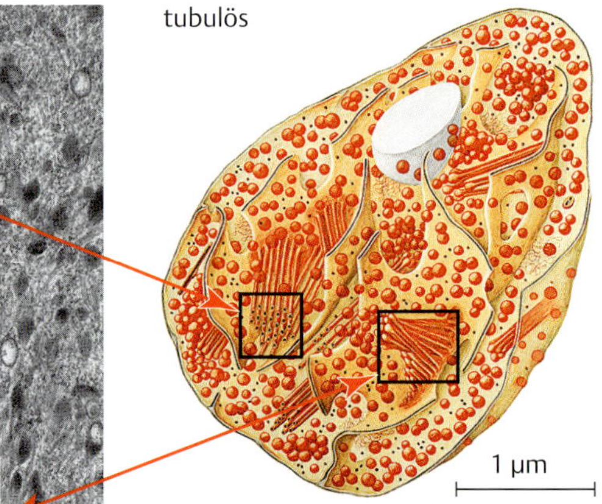

Tropaeolum majus (Kapuzinerkresse)

Narcissus x incomparabilis (Schalennarzisse)

membranös + kristallös

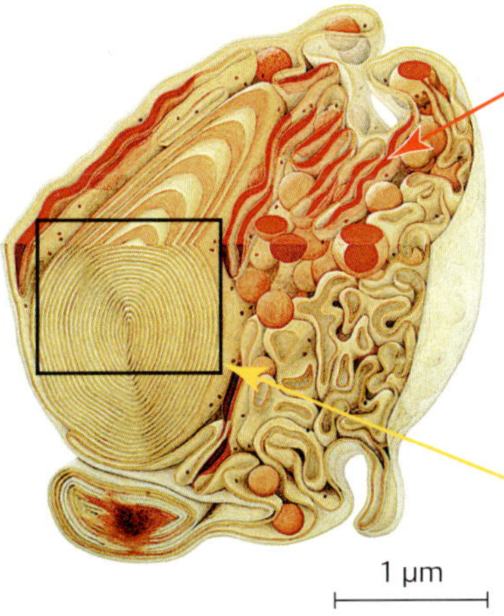

Calceolaria integrifolia (Pantoffelblume)

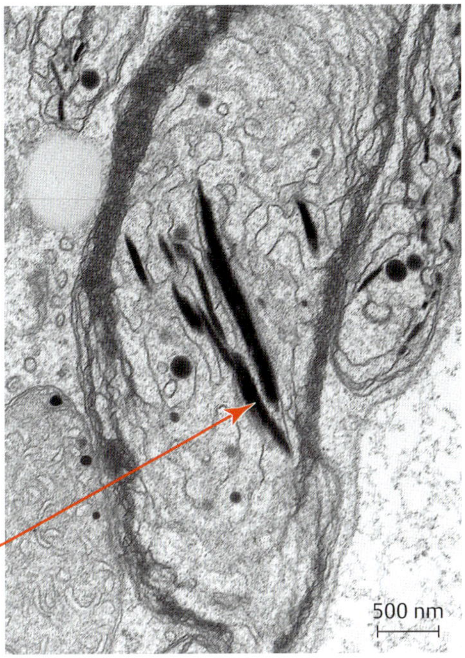

Narcissus x incomparabilis (Schalennarzisse) TEM, rotes „Blütenkrönchen“

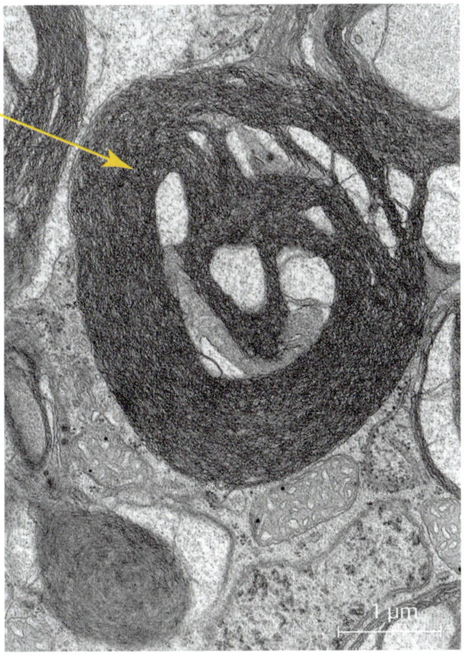

Calceolaria integrifolia (Pantoffelblume) TEM, Blütenblatt

Pigmente

Hoher Gehalt an Carotinoiden in den charakteristischen Strukturen: Globuli, Tubuli, Membranen, Kristallen.

Entstehung

Chromoplasten entstehen häufig aus Chloroplasten. Typisch bei Früchten, die im unreifen Zustand grün und reif gelb-orange-rot sind (Zitrone, Orange, Hagebutte, Paprika, Tomate). Bei Blüten Entstehung oft aus Proplastiden oder Leukoplasten.

Funktion

Anlockung von Insekten zur Bestäubung. Anreiz zum Verzehr von Früchten durch verschiedene Tiergruppen (Vögel, Säuger) und damit Verbreitung der meist unverdaulichen Samen.

Achtung!

Nicht alle Blüten und Früchte, die gelb-orange-rot gefärbt sind, haben Chromoplasten. Die rote Tulpe hat keine Chromoplasten, aber (rote) Anthocyane in der Vakuole. Die gelbe Kapuzinerkresse hat gelbe Chromoplasten, die rote Kapuzinerkresse hat gelbe Chromoplasten und zusätzlich rote Anthocyane.

Anthocyane sind wasserlöslich (Vakuole!). Carotinoide sind fettlöslich. Deshalb färben sich die „Fettaugen“ einer Fleischsuppe, wenn Karotten („Suppengrün“) mitgekocht werden.

Abb. 6.2
Schnitttechniken zur Untersuchung chromoplastenhaltiger Gewebe.
A Schnitt durch die Peripherie der Fruchtwand einer Hagebutte (*Rosa canina*).
B Querschnitt durch die Peripherie einer Karotte (*Daucus carota*).
C Querschnitt durch das Hochblatt der Strelitzie (*Strelitzia reginae*) mit Hilfe von Styropor.

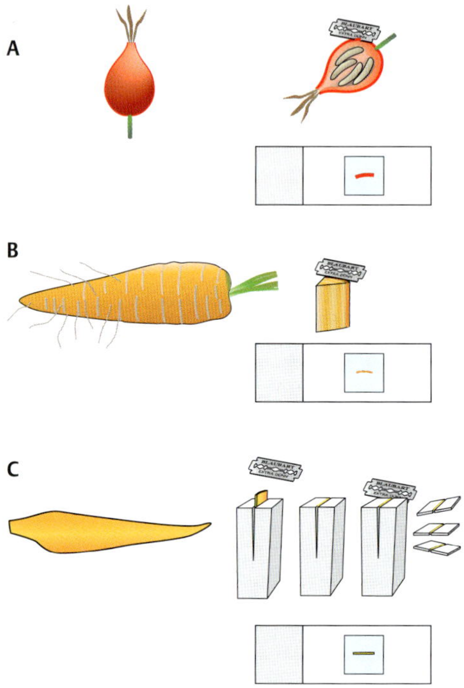

6.2 Chromoplasten verschiedener Pflanzengewebe

Kursziel

Darstellung verschiedener Chromoplasten.

Präparation

Von entsprechenden Geweben fertigt man dünne Schnitte an (**Abb. 6.2**). Die Schnitte werden in Wasser mikroskopiert.

Beobachtungen

Die makroskopisch kräftig gefärbten Gewebe zeigen Chromoplasten mit verschiedener Größe, Form, Farbe und unterschiedlichem „Innenleben" (**Abb. 6.3 – 8**).

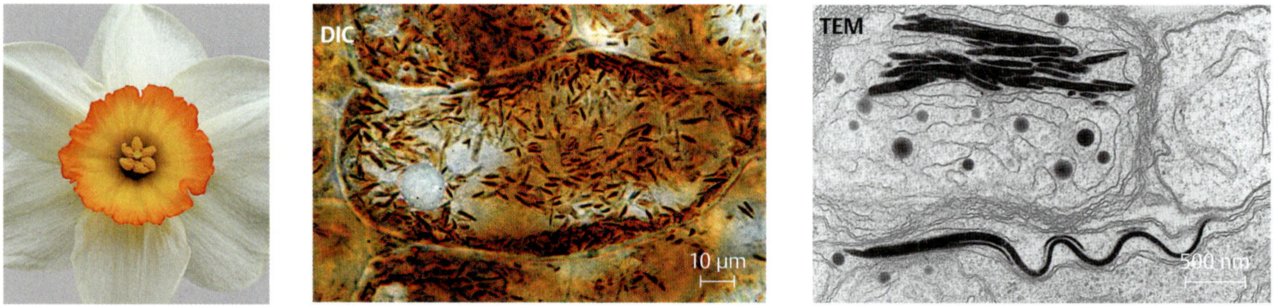

Abb. 6.3 Chromoplasten des Blütenblattes von *Narcissus pseudonarcissus.* Typ: kristallös + tubulös + membranös.

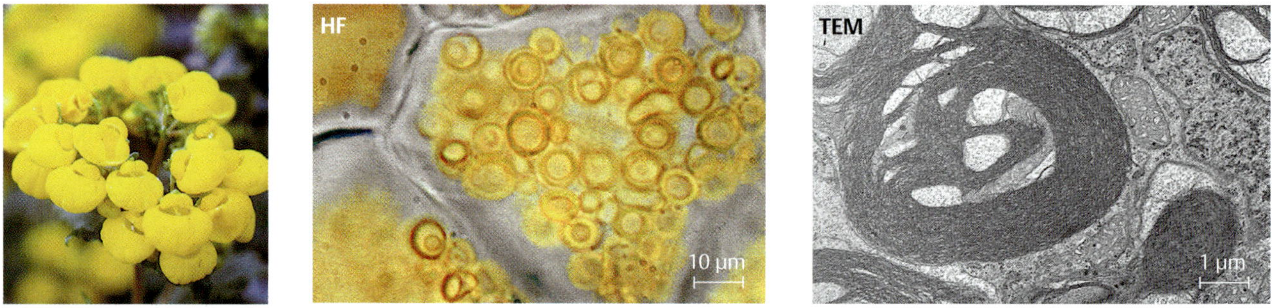

Abb. 6.4 Chromoplasten des Blütenblattes von *Calceolaria* spec. Typ: membranös.

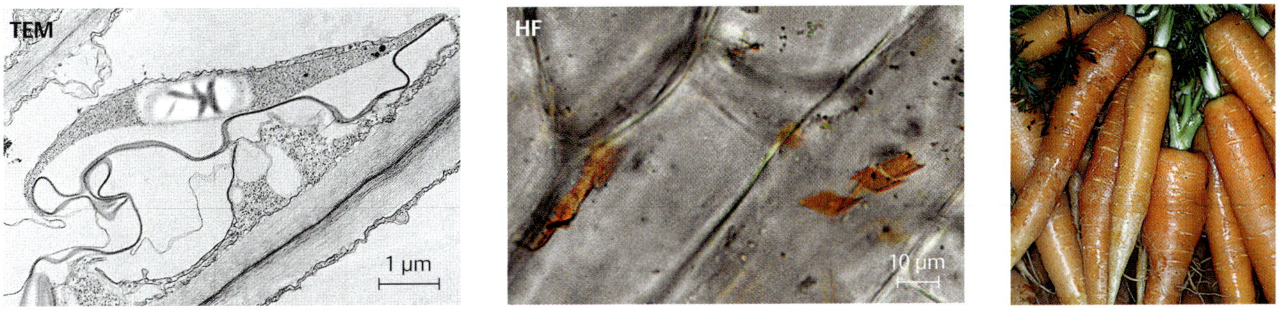

Abb. 6.5 Chromoplasten der Karotte (*Daucus carota*). Typ: kristallös.

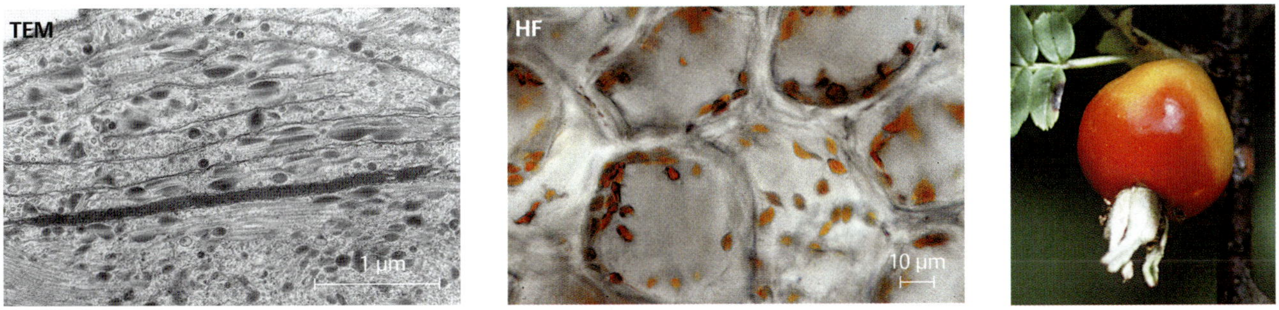

Abb. 6.6 Chromoplasten der Hagebutte (*Rosa canina*). Typ: globulös + kristallös.

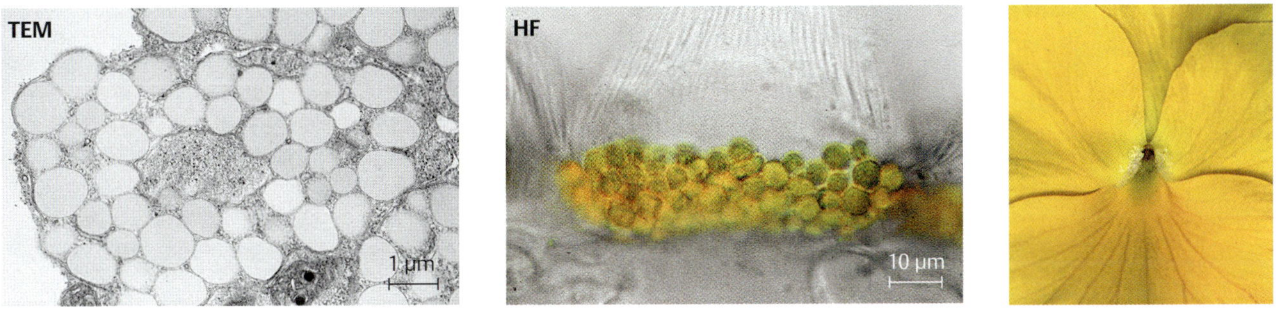

Abb. 6.7 Chromoplasten des Blütenblattes des Stiefmütterchens (*Viola × wittrockiana*). Typ: globulös.

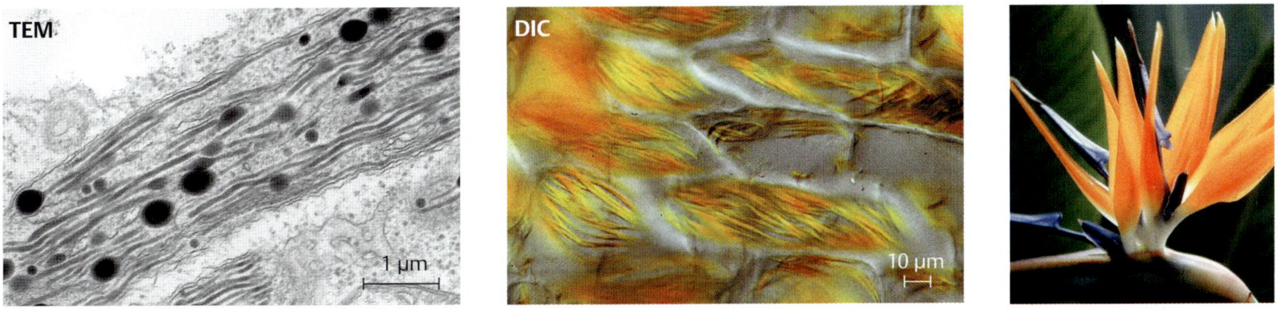

Abb. 6.8 Chromoplasten des Hochblattes von *Strelitzia reginae.* Typ: tubulös + globulös.

oben: *Pistacia vera* (Pistanzien) Samen,
unten links: *Oryza sativa* (Runkorn-Reis), unten rechts: *Lens culinaris* (Linsen)

Reservestoffe

Energie- und Baustoffspeicher

Ein Keimling braucht große Mengen an Speicherstoffen, um sich so weit zu entwickeln, dass er mit seinen Wurzeln Wasser und Mineralstoffe aus dem Boden aufnehmen und durch seine Blätter Photosynthese betreiben kann. Die drei Stoffklassen für die Reservestoffspeicherung der Pflanze sind: Kohlenhydrate (meist Stärke), Lipide (meist Triglyceride) und Proteine. Die Reservestoffe liegen immer als Polymere vor, um den osmotischen Wert der Zelle konstant zu halten.

Alle Samen brauchen einen „Aminosäurespeicher" (Aleuronkörner) für die Proteinsynthesen bei der Entwicklung des Keimlings. In den Aleuronkörnern wird auch Phosphor, Calcium und Magnesium gespeichert.

Kohlenhydrate und Lipide haben je eine Doppelfunktion – sie können jeweils Baustoff und „Energiekonserve" sein: Wenn ein Samen Stärke speichert, kann bei der Keimung sofort Glucose aus der Stärkespaltung für die Synthese der Cellulose der Zellwand bereitgestellt werden. Es werden aber noch Speicherlipide (Lipidbodies) für die Biomembranen der sich vermehrenden Zellorganellen benötigt. Bei den fettspeichernden Samen können die Fettsäuren für die Membranen direkt nach enzymatischer Spaltung der Speicherlipide bereitgestellt werden. Die Kohlenhydrate müssen dafür aufwändiger aus den Speicherlipiden „umgebaut" werden (= Gluconeogenese).

Bei der ausdifferenzierten Pflanze ist die Stoffspeicherung meist auf bestimmte Gewebe oder Organe beschränkt. Die häufigste Speicherform ist die Stärkespeicherung in Parenchymen (z.B. Holzstrahlparenchym, Spross- und Wurzelknollen).

Olea europaea (Olivenöl)

Elatostema repens (Pellionie)

Reagenzien
Iod-Iod-Kalium

Botanischer Steckbrief

Art
Elatostema repens (Pellionie); Fam. Urticaceae (Brennnesselgewächse).

Name
gr. *elatos* = aufgerichtet; gr. *stema* = Staubgefäß; lat. *repens* = kriechend.

Herkunft
tropisch bis subtropisch.

Stellenwert
Zierpflanze.

7.1 Plastidenstärke

Kursziel

Es sollen Übergangsstadien bei der Entwicklung von Chloroplasten zu Amyloplasten am Beispiel von *Elatostema repens* (Pellionie) untersucht werden.

Präparation

Parallel zur Sprossachse wird ein möglichst dünner Tangential- oder Querschnitt hergestellt, der mit einer Präpariernadel auf einen mit Wasser versehenen Objektträger überführt wird (**Abb. 7.1**).

Beobachtungen

Von der Epidermis zu den tiefer gelegenen Zellen hin zeigt sich ein kontinuierlicher Übergang der Plastiden von Chloroplasten (periphere Bereiche, Ø ca. 5 µm) zu Amyloplasten (Ø ca. 50 µm) (**Abb. 7.2**). Die Übergangsformen der Plastiden sind durch eine variable Größe der Reservestärke (weißer Bereich) im Vergleich zum assimilierenden Bereich (grün) gekennzeichnet. Die Plastiden liegen eng an der Zellwand an, da auch in diesen Zellen die Zentralvakuole den größten Raumanteil einnimmt.

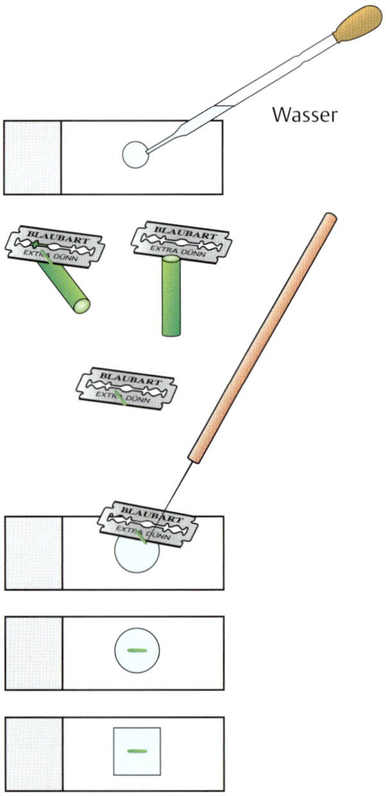

Abb. 7.1

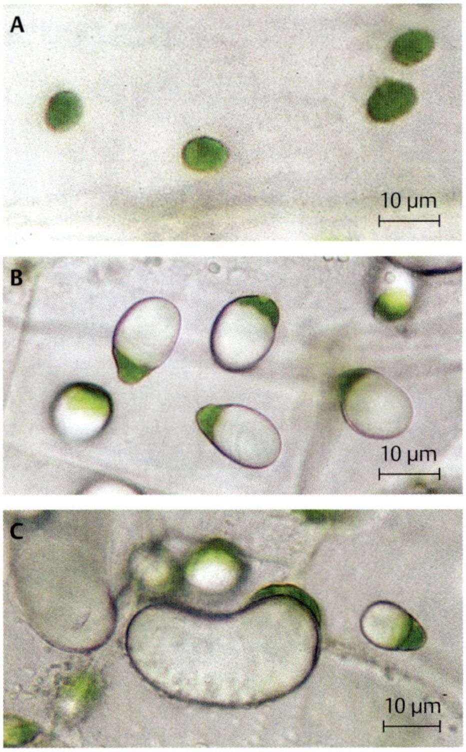

Abb. 7.2
Lichtmikroskopische Aufnahmen (HF) von Chloroplasten (**A**), Chloroplasten mit Stärkekörnern (**B**) und Chloro-Amyloplasten (**C**) im Rindenparenchym von *Elatostema repens* (HF).

Stärkenachweis

Stärke ist chemisch ein verzweigtes **Polysaccharid** aus schraubenförmiger **Amylose** (= 1/4-α-glycosidisch verknüpfte Glucose) und **Amylopectin** (= 1/4-α- und 1/6-α-glycosidisch verknüpfte Glucose). Durch Behandlung mit Iod-Iod-Kalium-Lösung wird Stärke nachgewiesen: Die gelbbraunen Iod-Iod-Moleküle lagern sich in die schraubenförmige Amylose ein; es erfolgt dabei ein Farbumschlag nach blauviolett (**Abb. 7.3**).

Die Iod-Iod-Kalium-Lösung wird mit Hilfe eines Filterpapierstreifens unter dem Deckglas durchgesaugt. Damit die Färbung nicht zu stark wird, ist es günstig, einen „Farbgradienten" zu erzeugen, indem man einen Tropfen Iod-Iod-Kalium zugibt, etwas wartet und dann den Tropfen wieder absaugt (**Abb. 7.4**); anschließend sucht man optimal gefärbte Präparatstellen. Die Assimilationsstärke kann aufgrund der Lila- bis Braunfärbung der Stärkekörner identifiziert werden (**Abb. 7.5**).

Zeichnung

Übergang von einem Chloroplasten zu einem Amyloplasten (ein Chloroplast, zwei verschiedene Zwischenstufen und ein Amyloplast). Richtige Wiedergabe der Größenverhältnisse der Plastiden beachten.

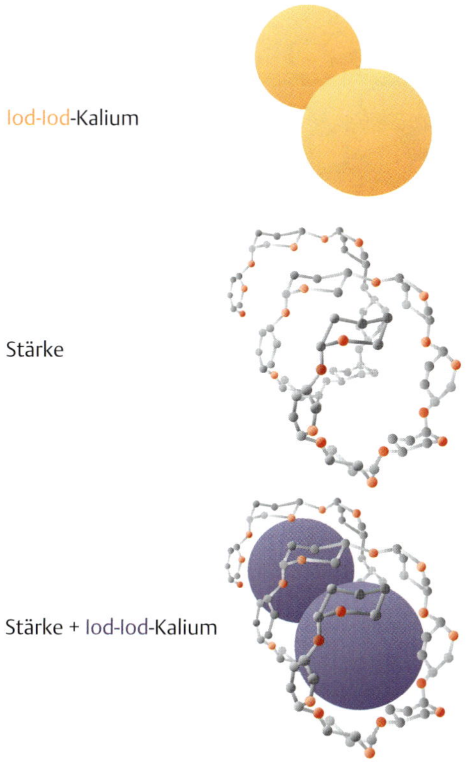

Abb. 7.3
Stärkenachweis mit Iod-Iod-Kalium. Nach Einlagerung der gelbbraunen Iod-Iod-Moleküle in die schraubenförmige Amylose erfolgt ein Farbumschlag nach blauviolett.

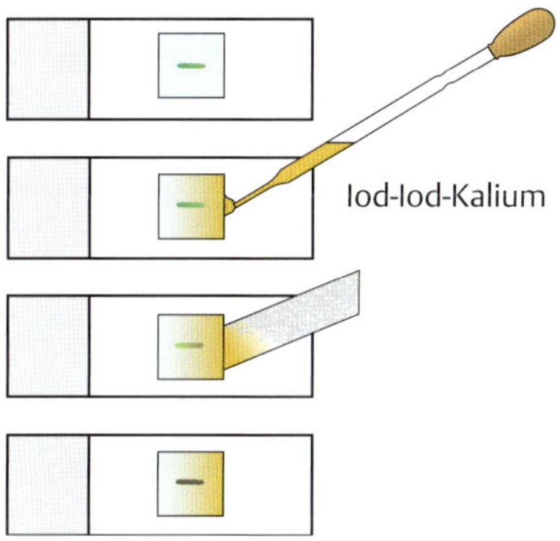

Abb. 7.4

Abb. 7.5
Lichtmikroskopische Aufnahme (HF) von Chloro-/Amyloplasten im Rindenparenchym von *Elatostema repens* nach Färbung mit Iod-Iod-Kalium zum Nachweis der Stärke. In einem Farbstoffgradienten (siehe **Abb. 7.4**) ist die Färbung besonders gut zu beobachten.

Solanum tuberosum (Speisekartoffel)

Reagenzien

Iod-Iod-Kalium

Botanischer Steckbrief

Art
Solanum tuberosum (Kartoffel); Fam. Solanaceae (Nachtschattengewächse).

Name
lat. *solamen* = Trost; lat. *tuberosus* = knollig; der deutsche Name entstand aus dem italienischen Wort „*tartuffoli*" = Trüffel.

Herkunft
Südamerika (Anden), ab ca. 1555 in Europa eingeführt, zu Beginn nur Zierpflanze.

Stellenwert
Gemüsepflanze, Alkoholgewinnung, Schweinemast, Dickungsmittel usw. Die Kartoffel ist ein biologisch sehr wertvolles Nahrungsmittel mit hohem Vitamin C-Gehalt.

7.2 Kartoffelstärke

Kursziel

Darstellung der Stärkekörner (Amyloplasten) der Kartoffel (*Solanum tuberosum*).

Präparation

Eine Kartoffel wird in Würfel geschnitten. Eine Rasierklinge wird senkrecht auf einen Kartoffelwürfel aufgesetzt, wenige Parenchymzellen werden abgeschabt und in einen Wassertropfen überführt (**Abb. 7.6**). Da die Amyloplasten nahezu farblos sind, kann die Aperturblende zum Suchen etwas stärker zugezogen werden.

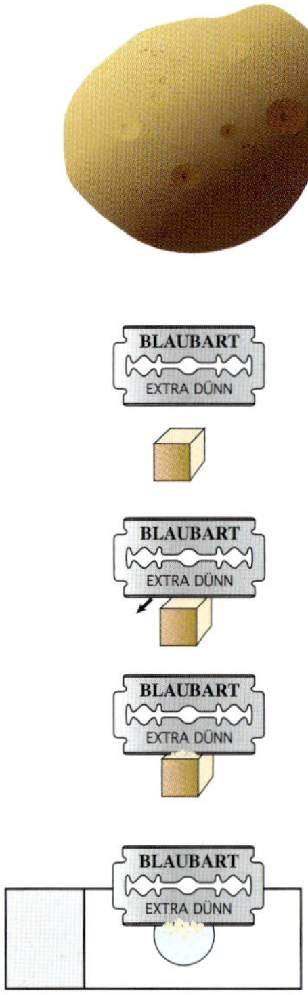

Abb. 7.6

Beobachtungen

Die Kartoffel hat verschieden große und verschieden geformte Stärkekörner in jeder Parenchymzelle (**Abb. 7.7** A). Die Mehrzahl der Stärkekörner hat nur ein Stärkebildungszentrum; die Körner sind exzentrisch geschichtet (**Abb. 7.7** B und **Abb. 7.11**) Gelegentlich entdeckt man kleinere, „zusammengesetzte" Stärkekörner mit zwei Stärkebildungszentren (**Abb. 7.8** und **Abb. 7.12**).

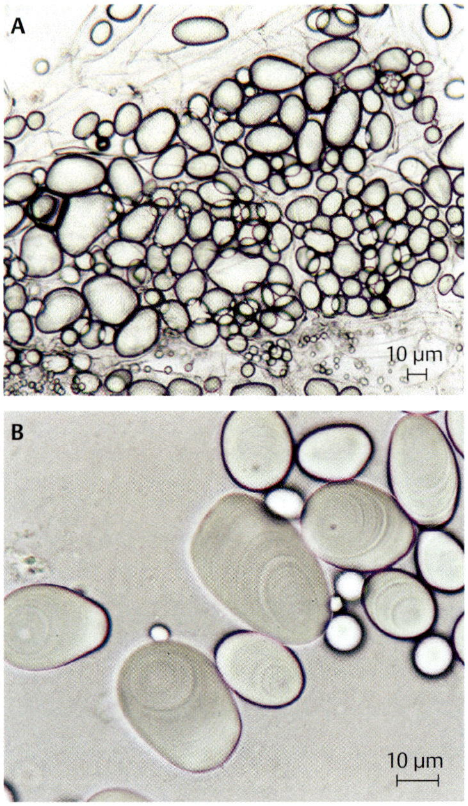

Abb. 7.7
Lichtmikroskopische Aufnahmen (HF) von Parenchymzellen (**A**) und Amyloplasten (**B**) von *Solanum tuberosum*. Die Kartoffelstärke besteht aus verschieden großen Körnern mit exzentrischer Stärkeschichtung (**B**).

Stärkenachweis

Die Stärke wird mit Iod-Iod-Kalium-Lösung nachgewiesen (**Abb. 7.9**). Damit die Färbung nicht zu stark wird, ist es günstig, einen „Farbgradienten" zu erzeugen, indem man einen Tropfen Iod-Iod-Kalium zugibt, etwas wartet und dann den Tropfen wieder absaugt (**Abb. 7.9**); anschließend sucht man die optimal gefärbten Präparatstellen (**Abb. 7.10**).

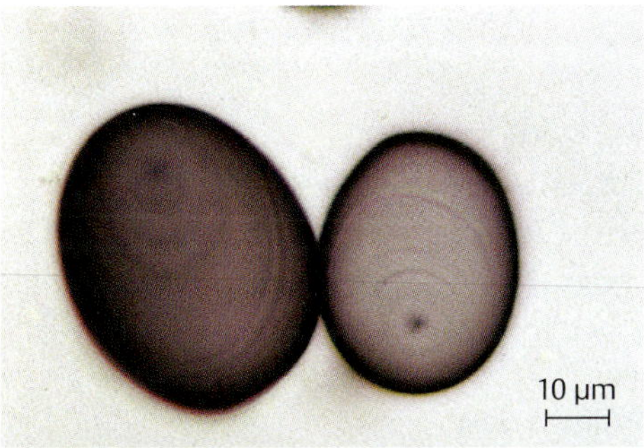

Abb. 7.10
Lichtmikroskopische Aufnahme (HF) von Stärkekörnern von *Solanum tuberosum* nach schwacher Färbung mit Iod-Iod-Kalium.

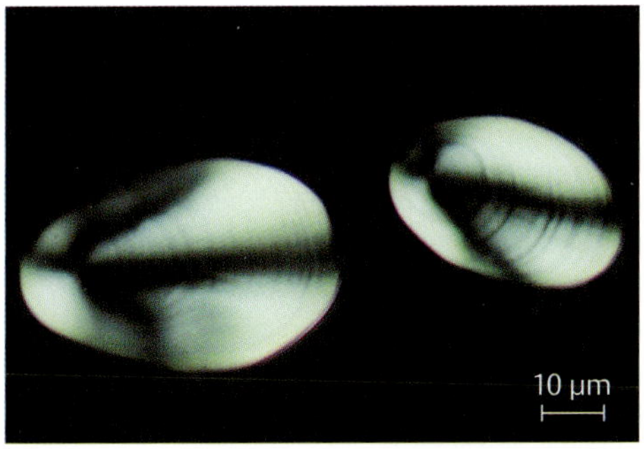

Abb. 7.11
Lichtmikroskopische Aufnahme von Stärkekörnern der Kartoffel in Auflichtpolarisation. Sie erscheinen leuchtend auf dunklem Untergrund und zeigen ein charakteristisches „Polarisationskreuz" ausgehend vom Stärkebildungszentrum.

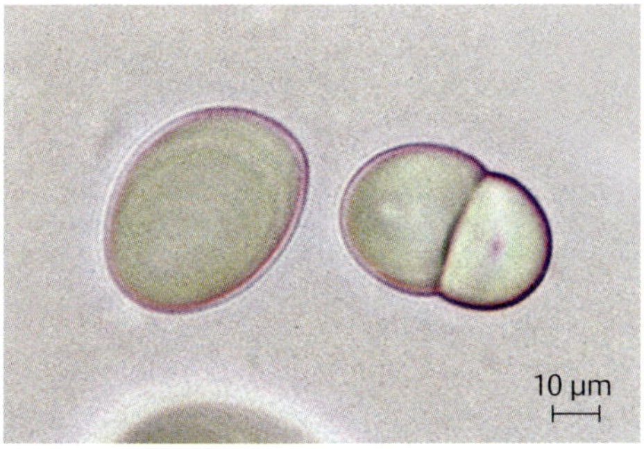

Abb. 7.8
Lichtmikroskopische Aufnahme (HF) eines „zusammengesetzten" Stärkekornes von *Solanum tuberosum*.

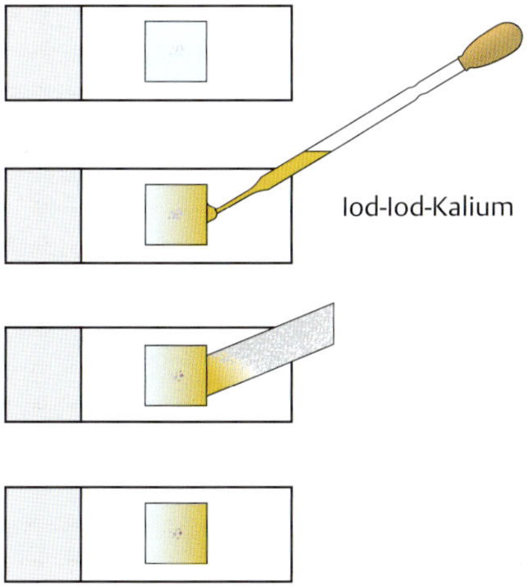

Abb. 7.9

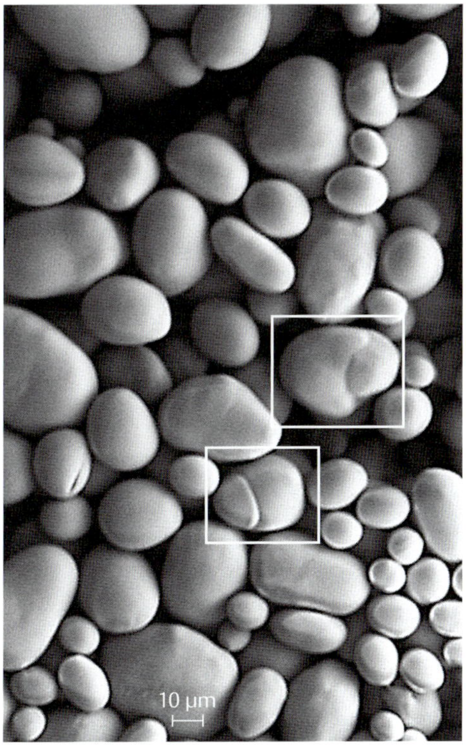

Abb. 7.12
Rasterelektronenmikroskopische Aufnahme von Kartoffelstärke (Feuchtmaterial im „*variable pressure*" Modus). Rahmen: Zusammengesetzte Stärkekörner.

Zeichnung

Zwei verschieden große Stärkekörner mit exzentrischer Schichtung; ein zusammengesetztes Stärkekorn.

Triticum aestivum (Weizen); Karyopsen

Reagenzien

Iod-Iod-Kalium

Botanischer Steckbrief

Art
Triticum aestivum (Weizen); Fam. Poaceae (Süßgräser).

Name
lat. *tritus* = gedroschen; lat. *aestas* = Sommer, sommerlich.

Herkunft
Kulturarten sind Züchtungen aus Wildformen aus Eurasien.

Inhaltsstoffe
70 % Stärke, 10–14 % Eiweiß und 2 % Fett mit einem hohen Anteil an Klebereiweiß, daneben Linolsäure, Ölsäure, Linolensäure, Lecithin und Vitamine.

Stellenwert
führende Stellung im weltweiten Getreideanbau. Nahrungsmittel (Graupen, Gries, Grütze, Mehl, Bier- und Kornherstellung). In der Pharmazie Binde- und Verdickungsmittel oder für Puder verwendet.

7.3 Weizenstärke

Kursziel

Darstellung der Stärkekörner des Weizens (*Triticum aestivum*). Untersuchung der „korrodierten" Stärke.

Präparation

Ein Weizenkorn (trocken) oder nach Ankeimung wird mit einer Rasierklinge halbiert. Aus dem Mehlkörper (= Endosperm) wird mit der Präpariernadel etwas Mehl herausgekratzt und in einem Wassertropfen verrührt (**Abb. 7.13**).

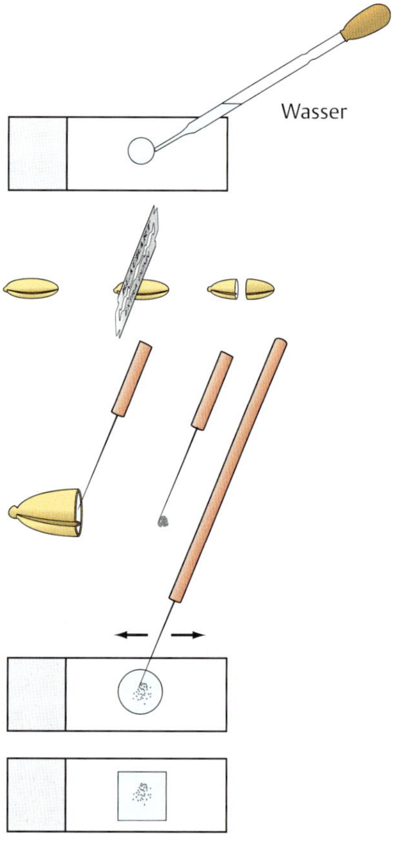

Abb. 7.13

Beobachtungen

Weizen hat zwei Populationen von Stärkekörnern: Großkörner und Kleinkörner in jeder Parenchymzelle (**Abb. 7.14–15**). Die Stärkekörner haben ein Stärkebildungszentrum. Die Körner sind konzentrisch geschichtet.

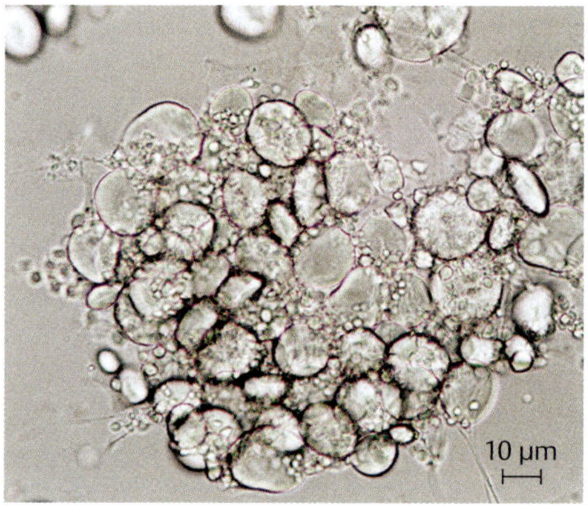

Abb. 7.14
Lichtmikroskopische Aufnahme (HF) einer gequetschten Parenchymzelle von *Triticum aestivum*. Die Weizenstärke besteht aus Groß- und Kleinkörnern.

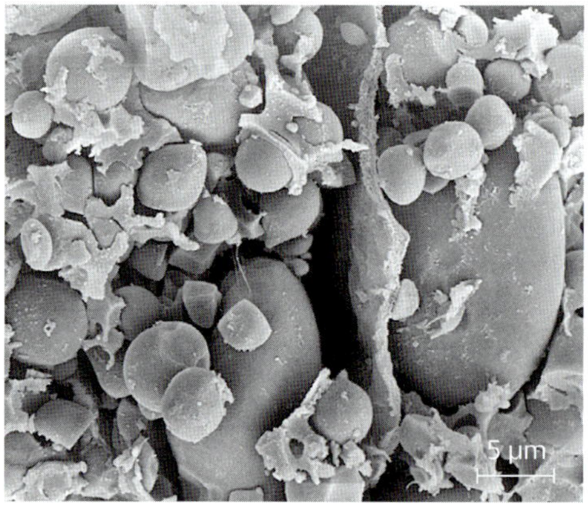

Abb. 7.15
Rasterelektronenmikroskopische Aufnahme des Endosperms von *Triticum aestivum*.

Stärkenachweis

Iod-Iod-Kalium wird als „Gradient" mit Hilfe eines Filterpapierstreifens unter dem Deckglas „zurückgesaugt" (**Abb. 7.16**). Die Stärkekörner färben sich blauviolett (**Abb. 7.17**).

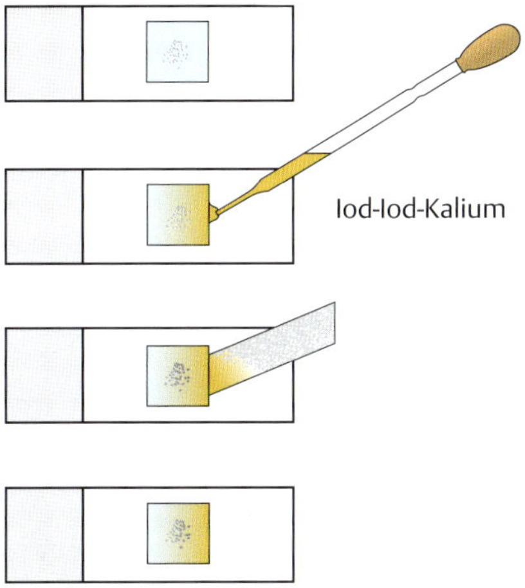

Abb. 7.16

Korrodierte Stärke

Das Endosperm eines trockenen Weizenkorns ist abgestorben. Bei der Keimung werden Enzyme (= Amylasen) in der Aleuronschicht synthetisiert. Sie diffundieren dann in das gequollene Endosperm und spalten dort die Stärke der Amyloplasten bzw. Stärkekörner zu Maltose (Malzherstellung beim Bierbrauen!). Die Amylasen „fressen" sich gleichsam an mehreren Stellen durch die Stärkekörner (korrodierte Stärke) und hinterlassen dabei verzweigte Kanäle – „Fraßspuren" – die im Lichtmikroskop gut erkennbar sind (**Abb. 7.18 – 19**).

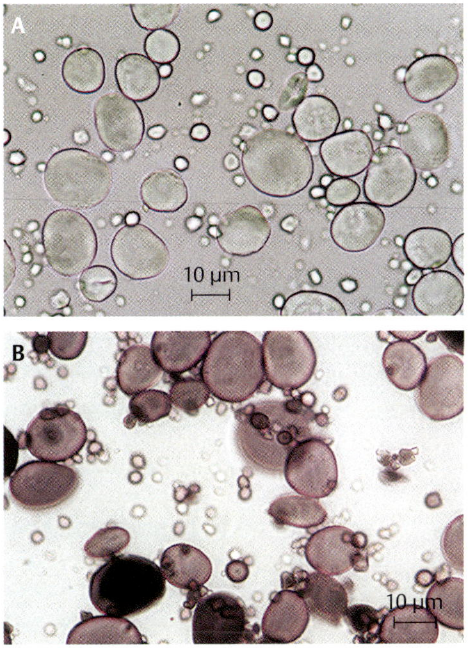

Abb. 7.17
Lichtmikroskopische Aufnahmen (HF) von Weizenstärkekörnern. Die Weizenstärke besteht aus Groß- und Kleinkörnern mit konzentrischer Stärkeschichtung (**A**). Stärkekörner nach schwacher Färbung mit Iod-Iod-Kalium (**B**).

Zeichnung

Je ein Großkorn und Kleinkorn.

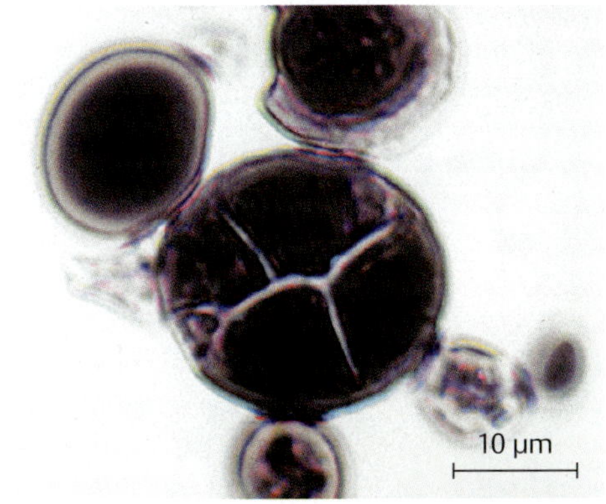

Abb. 7.18
Lichtmikroskopische Aufnahme „korrodierter" Stärkekörner aus dem Endosperm von *Triticum aestivum* (drei Tage nach Aussaat). Die Stärkekörner zeigen „Fraßgänge" durch den enzymatischen Abbau der Stärke (Amylasen).

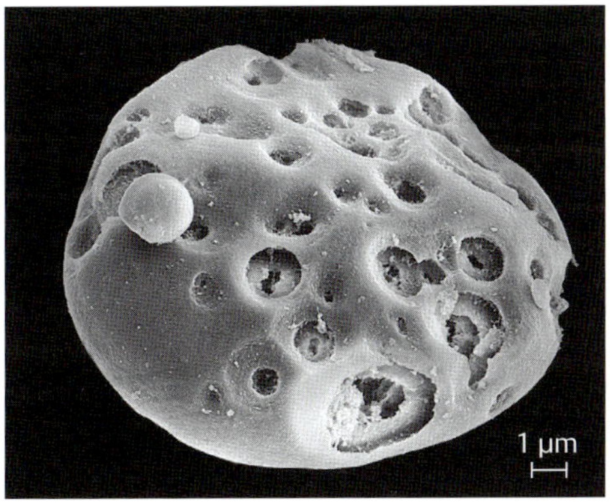

Abb. 7.19
Rasterelektronenmikroskopische Aufnahme eines „korrodierten" Stärkekornes aus dem Endosperm von *Triticum aestivum* (drei Tage nach Aussaat).

Avena sativa (Hafer); Karyopsen

Reagenzien

Iod-Iod-Kalium

Botanischer Steckbrief

Art
Avena sativa (Saathafer); Fam. Poaceae (Süßgräser).

Name
avena = lat. Name der Pflanze; lat. *sativus* = angebaut.

Herkunft
aus der eurasischen Urheimat eingewandert. Seit der Bronzezeit Getreide des kühl-gemäßigten Klimas.

Inhaltsstoffe
Stärke, Zucker, bis 14 % Eiweiß und 6–9 % Fett, hoher Mineralstoffanteil.

Stellenwert
Futterpflanze, Körner und Grünfutter, Nahrungsmittel: Haferflocken/Haferschleim (bei Magen-Darm-Erkrankungen); früher Haferstroh gegen Gicht und Rheuma.

7.4 Haferstärke

Kursziel

Darstellung der zusammengesetzten Stärkekörner des Hafers (*Avena sativa*).

Präparation

Ein „Haferkorn" (= Karyopse) trocken oder nach Ankeimung wird mit einer Rasierklinge halbiert. Aus dem Mehlkörper (= Endosperm) wird mit der Präpariernadel etwas Mehl herausgekratzt und in einem Wassertropfen verrührt (**Abb. 7.20**).

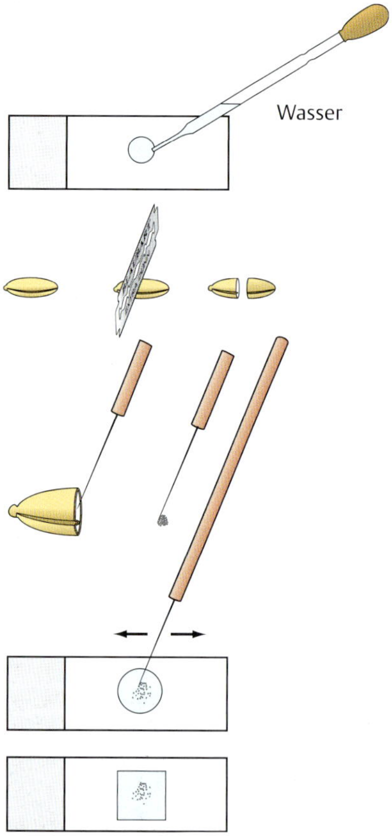

Abb. 7.20

Beobachtungen

Hafer hat zwei Populationen von Stärkekörnern: auffällig große, zusammengesetzte Stärkekörner und zahlreiche sehr kleine Stärkekörner (**Abb. 7.21** und **Abb. 7.23–25**).

Stärkenachweis

Iod-Iod-Kalium wird als „Gradient" mit Hilfe eines Filterpapierstreifens unter dem Deckglas „zurückgesaugt" (**Abb. 7.22**). Die Stärkekörner färben sich blauviolett (**Abb. 7.23**).

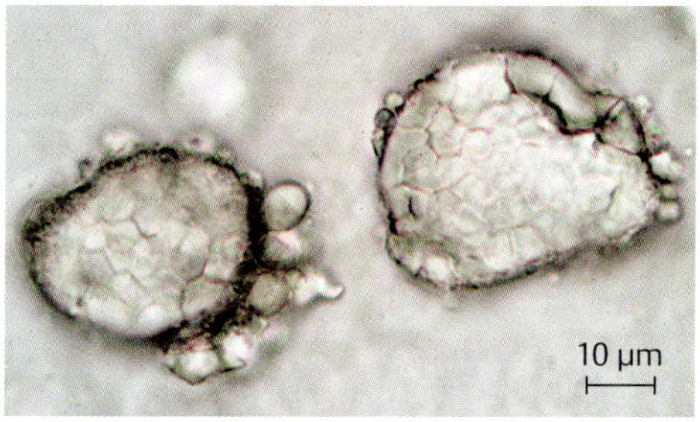

Abb. 7.21
Lichtmikroskopische Aufnahme (HF) zusammengesetzter Stärkekörner von *Avena sativa*.

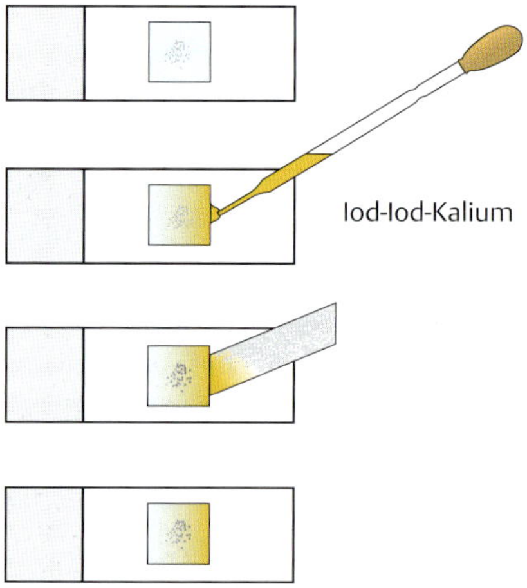

Abb. 7.22

Abb. 7.23
Lichtmikroskopische Aufnahme (HF) zusammengesetzter Stärkekörner von *Avena sativa* nach schwacher Färbung mit Iod-Iod-Kalium.

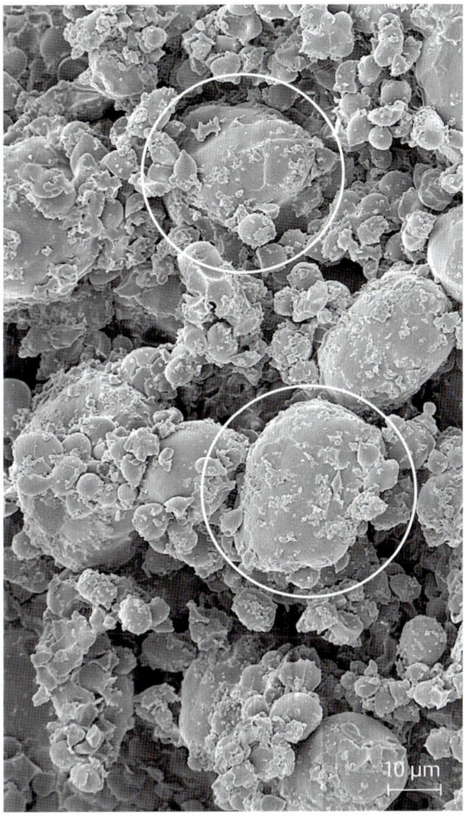

Abb. 7.24
Rasterelektronenmikroskopische Detailaufnahme des Endosperms von *Avena sativa*. Die Haferstärke besteht aus großen, zusammengesetzten Stärkekörnern (Kreise) und zahlreichen Kleinkörnern.

Zeichnung

Ein zusammengesetztes Stärkekorn.

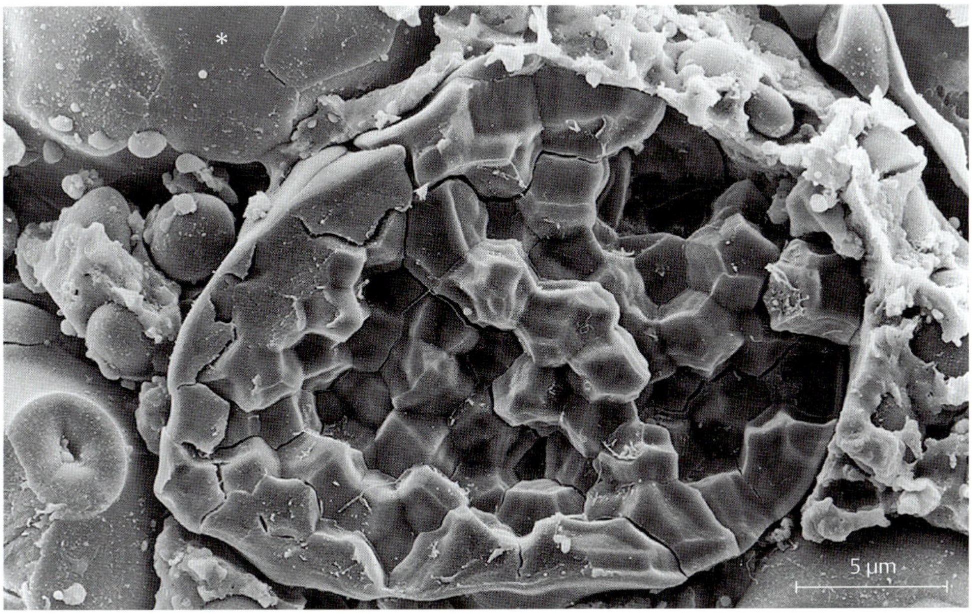

Abb. 7.25
Rasterelektronenmikroskopische Aufnahme eines Kryobruchs durch das Endosperm von *Avena sativa*. Ein großes, zusammengesetztes Stärkekorn ist aufgebrochen. Daneben liegt ein zusammengesetztes Stärkekorn in Aufsicht (Stern); es zeigt ein charakteristisches „Wabenmuster". Zwischen den großen Stärkekörnern liegen die Kleinkörner.

Helianthus annuus (Sonnenblume)

Reagenzien

Chlorzinkiod

Botanischer Steckbrief

Art
Helianthus annuus (Sonnenblume); Fam. Asteraceae (Korbblütler).

Name
gr. *helios* = Sonne; gr. *anthos* = Blüte; lat. *annuus* = einjährig.

Herkunft
aride Gebiete Nord- und Mittelamerikas.

Inhaltsstoffe
Samen: 50 % fettes Öl und Protein; Nektar: bis zu 35 % Zuckergehalt; Parenchymgewebe enthält Kautschuk.

Stellenwert
Samen für Ölproduktion (Glyceride der Öl- und Linolsäure): Speiseöl und Margarine. Da das Öl schnell trocknet, Verwendung in der Lackindustrie. Presskuchen dient mit 40–50 % Eiweiß als Viehfutter. Nahrungsmittel und Vogelfutter, Zierpflanze.

7.5 Aleuronkörner

Kursziel

Darstellung der **Aleuronkörner** der Sonnenblume (*Helianthus annuus*).

Präparation

Ein „Sonnenblumenkern" (= Achäne) wird „geschält". Bei genauer Betrachtung erkennt man 2 dicht aneinanderliegende Keimblätter (= **Kotyledonen**). Mit einer Rasierklinge werden dünne Querschnitte durch die Keimblätter angefertigt. Die Schnitte werden direkt in Chlorzinkiod gegeben (**Abb. 7.26**).

Probleme

Die Darstellung der Aleuronkörner zusammen mit den **Lipidbodies** *in situ* ist nicht ganz einfach: Die extreme Dichtpackung von **Aleuronkörnern** und **Lipidbodies** verhindert eine Unterscheidung der einzelnen Zellorganellen in den Speicherzellen (in einem 50 µm dicken Schnitt liegen ca. 10 Aleuronkörner und 50 Lipidbodies übereinander!). In wässrigem Milieu quellen die Aleuronkörner sehr schnell zu großen, kugelförmigen Strukturen auf, die sich dann nach und nach auflösen. Bei Zugabe von Alkohol fusionieren die Lipidbodies.

Beobachtungen

Bei mittlerer Vergrößerung erkennt man im **Mesophyll** 1–2 Reihen langgestreckter **Palisadenparenchymzellen** und **isodiametrische** Zellen, die ein Speicherparenchym bilden. Jede Zelle ist mit zahlreichen, großen Aleuronkörnern (= **Proteinbodies**) und vielen kleinen Lipidbodies gefüllt (**Abb. 7.27–28**).

Bei Behandlung mit Chlorzinkiod bleiben die Aleuronkörner erhalten. Allerdings fusionieren die Lipidbodies und bilden große Fetttropfen, die besonders an den Rändern angeschnittener Zellen als gelb gefärbte Tropfen in Erscheinung treten (**Abb. 7.27**).

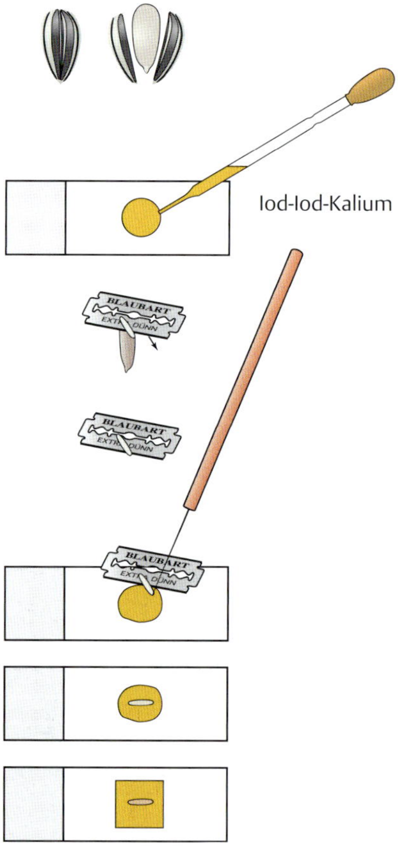

Abb. 7.26

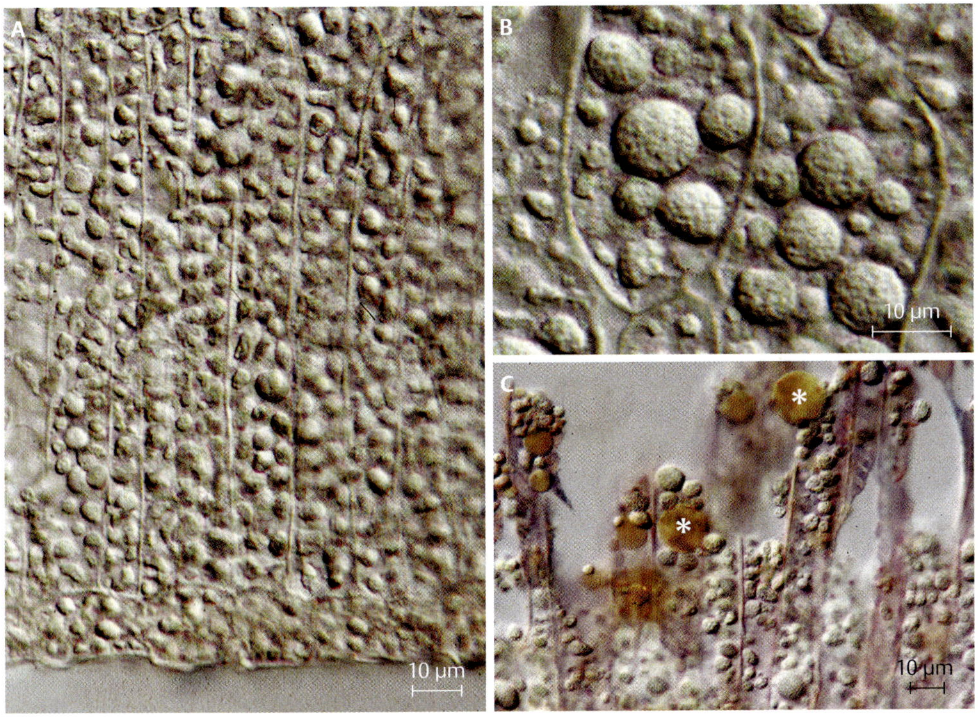

Abb. 7.27
Lichtmikroskopische Aufnahmen von Querschnitten durch einen Kotyledo eines „trockenen" Samens von *Helianthus annuus* (DIC; Färbung mit Chlorzinkiod). In jeder Zelle befinden sich zahlreiche, große Aleuronkörner (= Proteinbodies; **A** und **B**). Die Lipidbodies fließen durch die Chlorzinkiod-Lösung zusammen und bilden (durch Iod) gelbgefärbte Tropfen (**C**; Sterne).

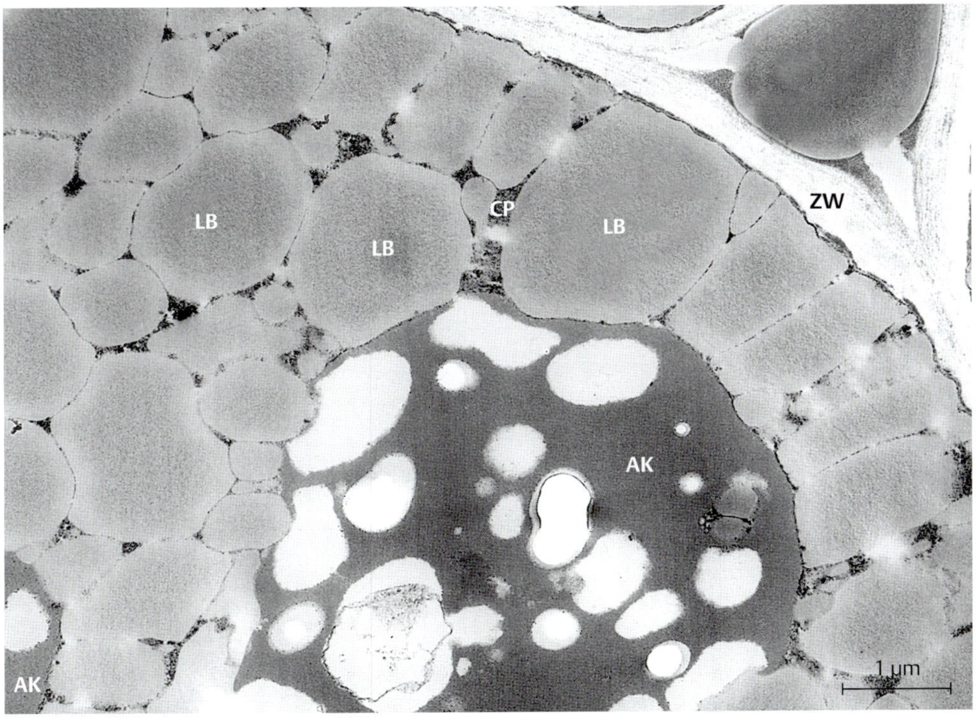

Abb. 7.28
Transmissionselektronenmikroskopische Aufnahme einer Mesophyllzelle eines Kotyledos von *Helianthus annuus* einen Tag nach Keimungsbeginn. Der Großteil des Zellvolumens wird durch Lipidbodies und Aleuronkörner (= Proteinbodies) eingenommen.
AK = Aleuronkorn
CP = Cytoplasma
LB = Lipidbody
ZW = Zellwand

Zeichnung

Eine Kotyledozelle mit Proteinbodies.

Helianthus annuus (Sonnenblume); Früchte

Reagenzien

Safranin

Botanischer Steckbrief

Art

Helianthus annuus (Sonnenblume); Fam. Asteraceae (Korbblütler).

siehe 7.5

7.6 Speicherlipide

Kursziel

Darstellung der **Lipidbodies** der Sonnenblume (*Helianthus annuus*).

Präparation

Ein „Sonnenblumenkern" (= Achäne) wird „geschält". Mit einer Rasierklinge werden dünne Querschnitte durch die Keimblätter angefertigt. Die Schnitte werden in einen Tropfen mit Wasser verdünnter Safraninlösung (ca. 1 : 10) gegeben und nach wenigen Minuten mit Wasser gewaschen (kein Ethanol!) (**Abb. 7.29**).

Beobachtungen

Die Darstellung der Lipidbodies *in situ* ist nicht ganz einfach: Die geringe Größe von Lipidbodies (0,5 µm – 2 µm), ihre Farblosigkeit und ihre Dichtpackung erschweren die Darstellung (**Abb. 7.30 – 31**).

Die Lipidbodies färben sich zwar mit lipophilen Farbstoffen (z. B. Sudan-III-Glycerin) schwach; sie fusionieren aber dabei zu großen Tropfen. Durch Safranin färben sich die Aleuronkörner und das Cytoplasma rot; die Lipidbodies sind dann als helle, kugelförmige Strukturen besser erkennbar (**Abb. 7.30** A).

In der wässrigen Safraninlösung quellen die Aleuronkörner allerdings sehr schnell zu großen, kugelförmigen Strukturen und lösen sich nach und nach auf (**Abb. 7.30** B).

Die Lipidbodies liegen in der Peripherie der Zelle, die Aleuronkörner zentral. Es sind extrem dünne Schnitte und präzises Fokussieren nötig, um die kleinen, dichtgedrängten Lipidbodies zu erkennen.

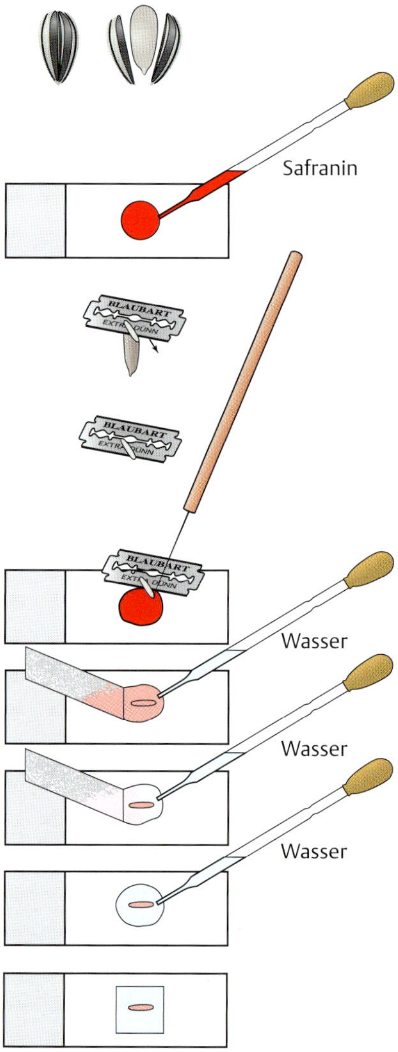

Abb. 7.29

Abb. 7.30
Lichtmikroskopische Aufnahmen von Querschnitten durch einen Kotyledo eines lufttrockenen Samens von *Helianthus annuus* (DIC; Färbung mit Safranin). In jeder Zelle befinden sich zahlreiche, kleine Lipidbodies (**A**; Quadrat). Da die Lipidbodies in der Peripherie und die Aleuronkörner (Kreise) im Zentrum der Zelle liegen, sind beide Zellorganellen nicht gleichzeitig im Fokus. Bei längerer Färbedauer (**B**) quellen die Aleuronkörner und lösen sich später auf (Kreise).

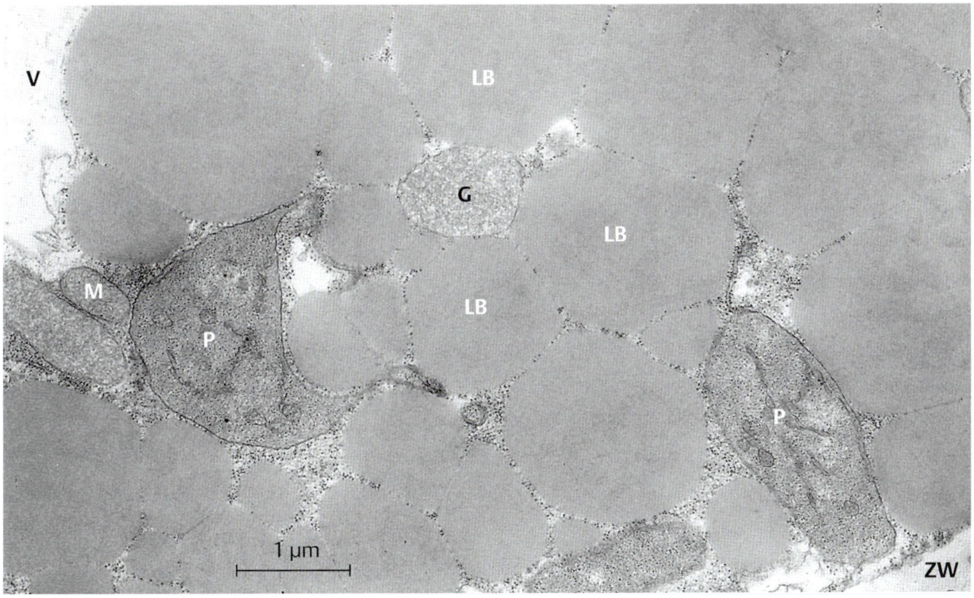

Abb. 7.31
Transmissionselektronenmikroskopische Aufnahme einer Mesophyllzelle eines Kotyledos von *Helianthus annuus* drei Tage nach Keimungsbeginn. Die 0,5–2 µm großen Lipidbodies sind von einer halben Biomembran umgeben. Sie können bis zu 70 % des Zellvolumens einnehmen.
V = Vakuole;
G = Glyoxysom;
LB = Lipidbody;
M = Mitochondrium;
P = Etioplast;
ZW = Zellwand.

Zeichnung

Eine Mesophyllzelle mit einigen Lipidbodies.

Phoenix dactylifera (Dattelpalme); Früchte

Reagenzien

Chlorzinkiod
Safranin

Botanischer Steckbrief

Art
Phoenix dactylifera (Dattelpalme); Fam. Arecaceae (Palmengewächse).

Name
phoenix = gr. Name für die Dattelpalme (die Griechen lernten die Früchte der Dattelpalme durch die Phoenizier kennen); *dactylifera* = datteltragend, lat. *dactylus* = Finger, *féro* = ich trage.

Herkunft
Golf von Persien.

Inhaltsstoffe
Zuckergehalt bis über 50 %, daher beim Trocknen selbst konservierend.

Stellenwert
Früchte als Nahrungsmittel, Stämme als „Bauholz", Blätter als Flecht- und Dachdeckungsmaterial, Fasern zu Stricken verarbeitet.

7.7 Cellulosane

Kursziel

Darstellung der Cellulosane von *Phoenix dactylifera* (Dattel).

Präparation

Ein Dattelkern wird gesäubert und ca. 24 Stunden gewässert. Mit einem Seitenschneider wird der Kern längs in der Furche halbiert und noch einmal quergebrochen. Mit einer Rasierklinge werden dünne Querschnitte und Tangentialschnitte angefertigt. Die Schnitte werden in Wasser, Chlorzinkiod (**Abb. 7.32**) und Safranin (siehe **Abb. 7.29**) mikroskopiert.

Beobachtungen

An den (Samen-) Querschnitten erkennt man die radiale Anordnung der langgestreckten Endospermzellen (**Abb. 7.33** A). An den übersichtlicheren Tangentialschnitten erkennt man deutlich die gleichmäßig stark verdickten Zellwände des Endosperms mit zahlreichen Tüpfeln. Die Tüpfel sind kanalförmig und in der Mitte der Zellwand erweitert (**Abb. 7.34**).

Die dicken Zellwände aus Cellulosanen (überwiegend Polymannane) färben sich mit Chlorzinkiod jedoch nur sehr schwach blauviolett. Zahlreiche – durch Iod – gelbbraun gefärbte Lipidbodies sind im Zelllumen erkennbar (**Abb. 7.33** B).

Eine Anfärbung der Schnitte mit Safranin (ohne Differenzierung mit Ethanol!) führt zu einer leichten (unspezifischen) Rotfärbung der Zellwände. Die Tüpfelkanäle und die Mittellamellen treten dabei besonders gut in Erscheinung (**Abb. 7.33** C).

Die Keimung der Dattelsamen dauert sehr lange, da die, als Kohlenhydratspeicher dienenden, extrazellulären Polymannane erst enzymatisch abgebaut werden müssen.

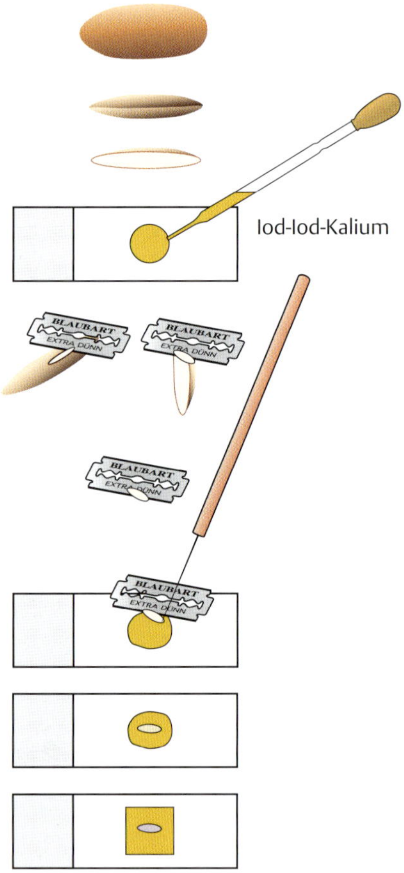

Abb. 7.32

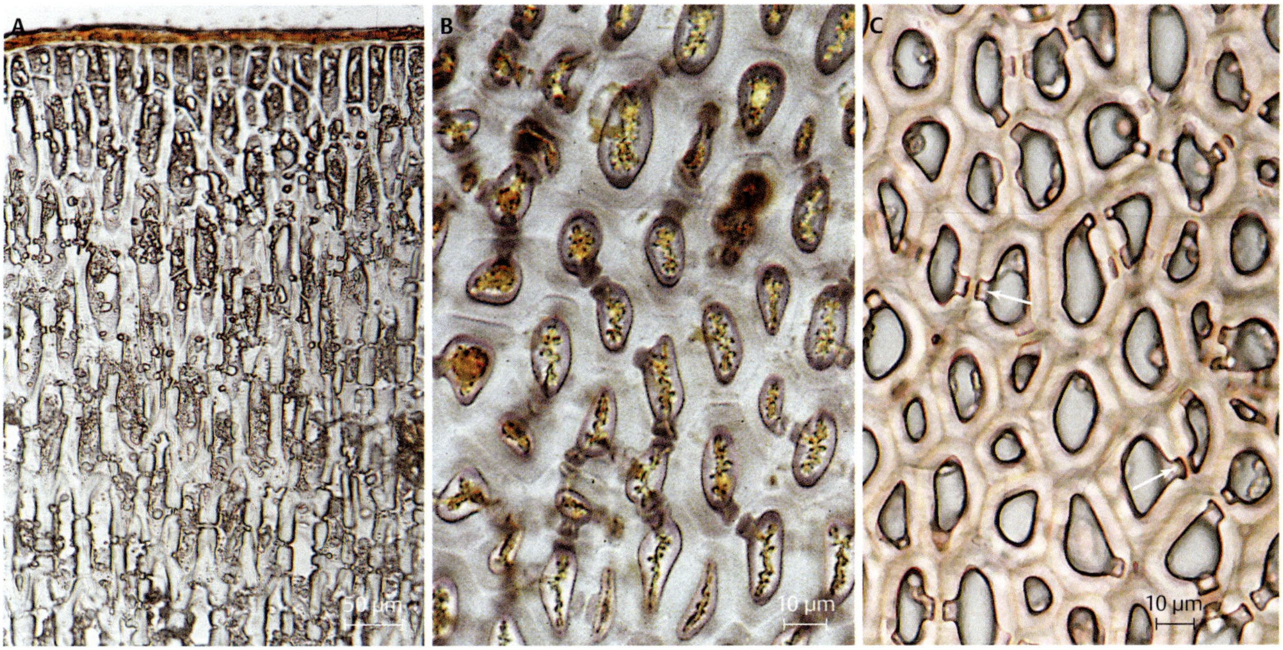

Abb. 7.33
Lichtmikroskopische Aufnahmen des Endosperms von *Phoenix dactylifera*. Werden die Samen quergeschnitten (**A**), sind die Endospermzellen längs getroffen (HF, Färbung mit Chlorzinkiod); bei Tangentialschnitten (**B** + **C**) sind sie im Querschnitt sichtbar. Die Reaktion mit Chlorzinkiod ist nur sehr schwach (**B**). Bei Färbung mit Safranin (**C**) werden die dicken Zellwände schwach (unspezifisch) rötlich gefärbt; die Mittellamellen treten dabei deutlich hervor. (Pfeile: Tüpfel).

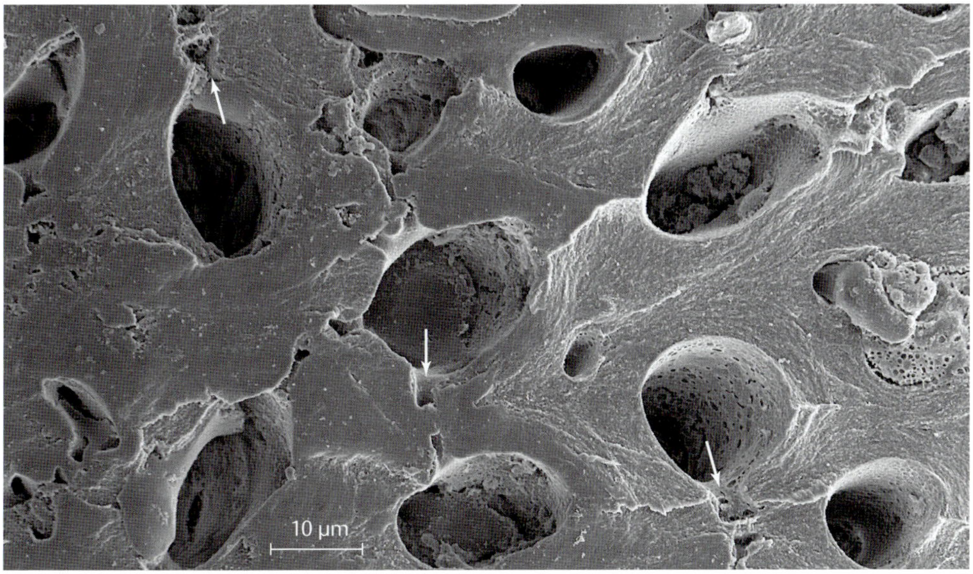

Abb. 7.34
Rasterelektronenmikroskopische Aufnahme eines Querbruches durch das Endosperm von *Phoenix dactylifera*. (Pfeile: Tüpfel).

Zeichnung

Eine Endospermzelle mit angrenzenden Zellen.

A. B. Frank: Lehrbuch der Botanik (1892)

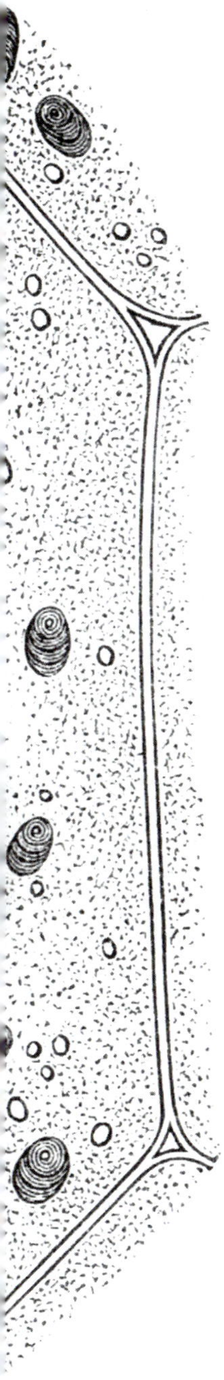

B

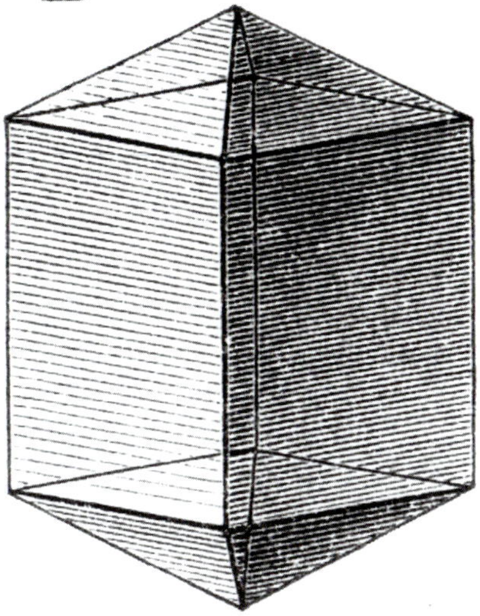

C

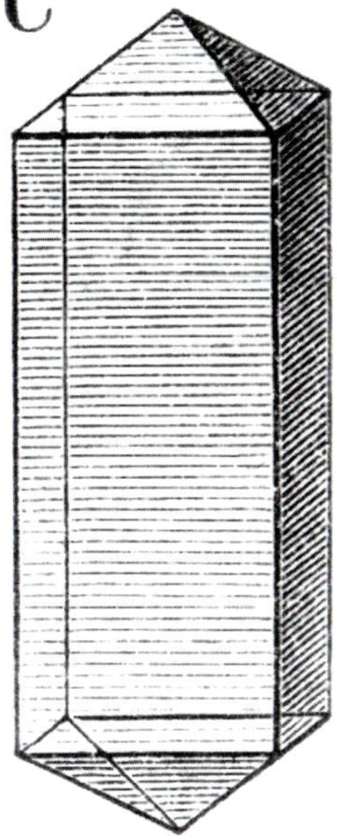

D

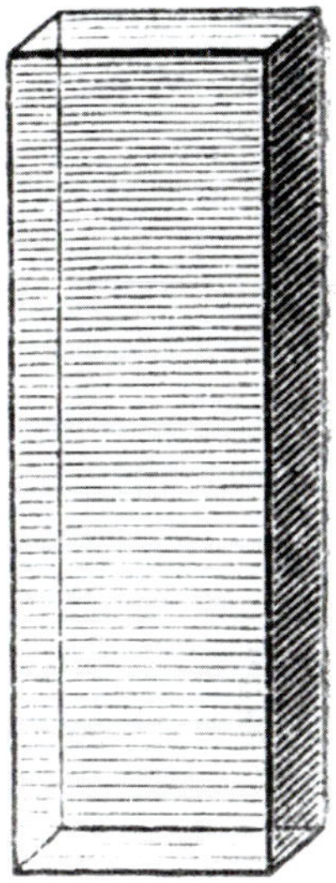

E

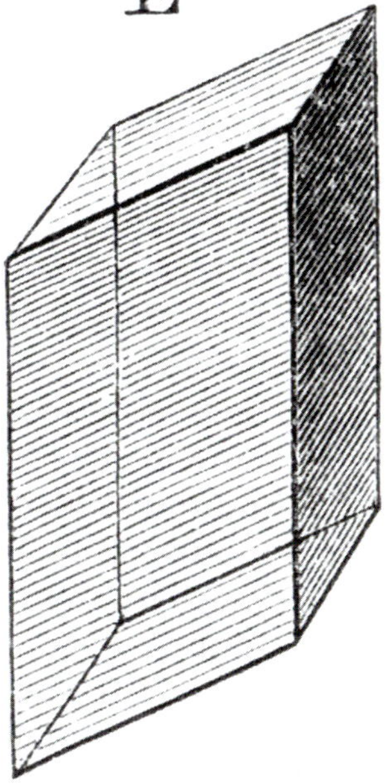

Kristalle

Fraßschutz und Abwehr

Kristalle sind im Pflanzenreich weit verbreitet. Die überwiegende Mehrzahl der Kristalle besteht aus Calciumoxalat; sie befinden sich meist in der Vakuole. Verbreitet sind daneben Silikatkristalle, seltener auch Calciumcarbonatkristalle. Die Kristalle können verschiedenste Formen und Größen haben. Sie reichen vom einfachen Kristallsand bis hin zu großen Solitärkristallen. Kristallbildung ist sicher zuerst Ausdruck einer physiologischen Reaktion: Akkumulation einer Substanz ohne Erhöhung des osmotischen Wertes, Bindung und evtl. Speicherung von Ionen. Die ökologische Bedeutung ist offensichtlich: Kristalle, insbesondere Kristallnadeln sind ein wirkungsvoller Fraßschutz. Die Inkrustierung von Zellwänden von Brennhaaren und Harpunenhaaren dient ebenfalls der Tierabwehr. Die Zellwände werden spröde und brechen dadurch leichter ab.

Agave americana (Agave)

Vorsicht! Agavenblatt mit Schnittfläche nicht an der Haut reiben: Bei empfindlicher Haut oder Allergien kann es zu unangenehmen Entzündungen kommen.

Reagenzien

(Astrablau)

Botanischer Steckbrief

Art
Agave americana (Agave); Fam. Agavaceae (Agavengewächse).

Name
gr. *agavos* = herrlich, stolz.

Herkunft
mexikanische Hochebene, in Europa seit 1561 bekannt und seitdem im Mittelmeerraum heimisch.

Inhaltsstoffe
Saponine, organische Säuren, Fructane, Schleime und Hernicellulosen, Calciumoxalat.

Stellenwert
Zierpflanze, als Faserpflanze spielt sie im Gegensatz zur Sisalagave wegen der fleischigen Blätter eine untergeordnete Rolle.

8.1 Kristallidioblasten

Kursziel

Darstellung von **Idioblasten** – hier eine **Raphidenzelle** und ein **Styloid** – der Agave (*Agave americana*).

Präparation

Längsschnitte durch das „Blattfleisch" (= **Mesophyll**) werden in einem Tropfen Wasser untersucht. Die Schnitte sollen über einen größeren Bereich geführt werden und nicht zu dünn sein, da die Raphidenzellen sonst angeschnitten und die Raphiden herausgerissen werden (**Abb. 8.1**). Zur besseren Darstellung der Zellwände können die Schnitte mit Astrablau gefärbt werden.

Beobachtungen

Der innere, gelbliche Bereich des kräftigen Mesophylls der **sukkulenten** Blätter der Agave ist ein massives Wasserspeichergewebe. Die relativ großen Zellen sind dünnwandig und enthalten keine Chloroplasten. In Längsrichtung des Blattes liegen vereinzelt zwei verschiedene Typen von Idioblasten: Raphidenzellen und Styloide. Beide Zelltypen sind langgestreckt und erheblich größer als die Parenchymzellen (**Abb. 8.2–3** und **Abb. 8.5**).

Das Cytoplasma der Raphidenzellen ist auf einen dünnen Wandbelag beschränkt. In der Vakuole liegt je ein Raphiden-Bündel in eine „Proteinmatrix" eingebettet (**Abb. 8.2–4**). Die feinen Kristallnadeln bestehen aus Calciumoxalat. Betrachtet man Nadeln, die beim Schneiden herausgerissen wurden bei höherer Vergrößerung, insbesondere im Rasterelektronenmikroskop, so zeigt sich, dass sie nicht wie anorganische Kristalle geformt sind. Sie sind im Querschnitt unregelmäßig eckig, mit abgerundeten Kanten und an beiden Enden kontinuierlich (wie Zahnstocher) zugespitzt (**Abb. 8.4**).

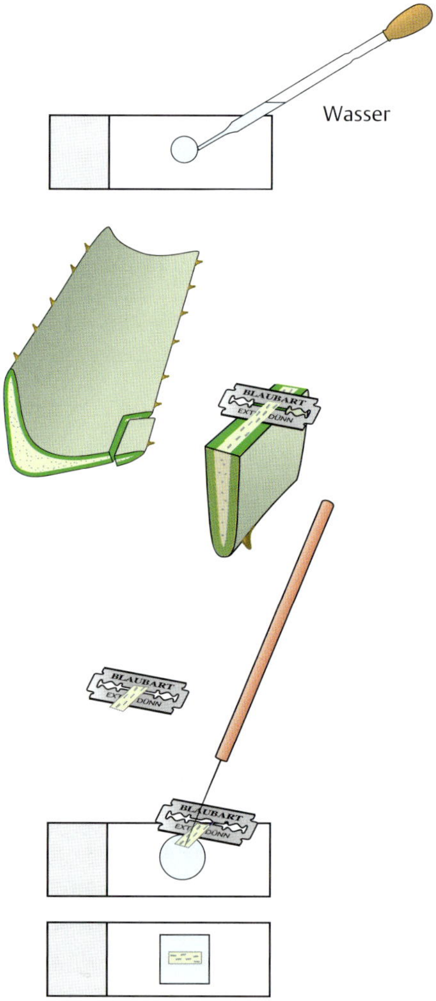

Abb. 8.1

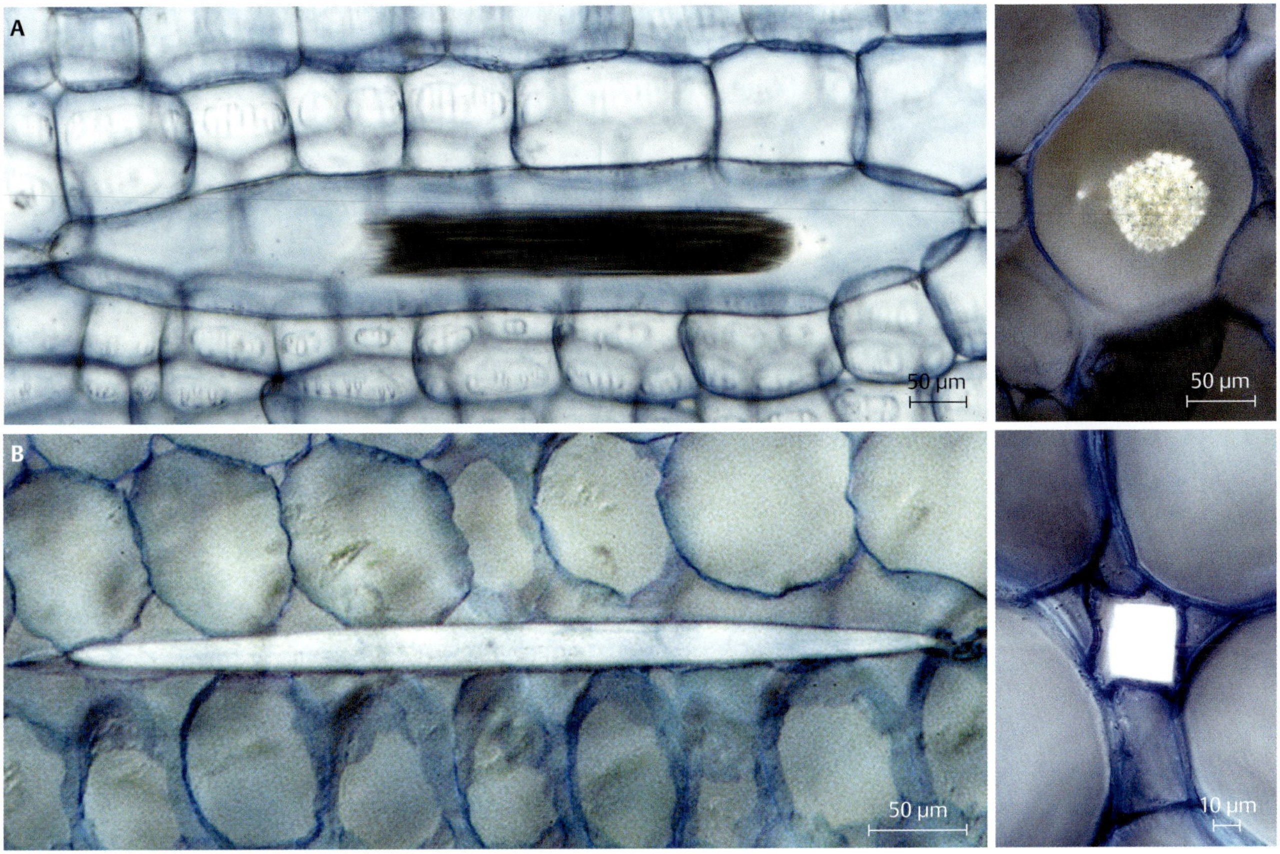

Abb. 8.2
Lichtmikroskopische Aufnahmen von Idioblasten von *Agave americana* im Längs- und Querschnitt (HF; Färbung mit Astrablau).
A Raphidenzelle mit zahlreichen Kristallnadeln
B Idioblast mit einem einzelnen Kristall (Styloid)

Die Kristallnadeln sind keine „Einzelkristalle"; sie bestehen aus aufeinandergeschichteten kleinen, vieleckigen Kristallblättchen (**Abb. 8.7**), die in vorgeformten Hohlröhrchen auskristallisieren.

Die ebenfalls langgestreckten Zellen der Idioblasten sind erheblich dünner und nahezu vollständig von einzelnen Kristallen ausgefüllt (**Abb. 8.2** B). Es ist deshalb nicht leicht, die Zellwand und damit die Styloide als eigene Zellen zu erkennen. Am Besten untersucht man dazu Querschnitte, die mit Astrablau gefärbt sind (**Abb. 8.2**). Die Styloidkristalle sind im Querschnitt rechteckig; die beiden Enden laufen meist keilförmig zu (**Abb. 8.5 – 6**).

Zum Nachweis, dass die Kristalle aus Calciumoxalat bestehen, kann man Schnitte in Essigsäure legen; die Kristalle bleiben erhalten. In verdünnter Salzsäure lösen sich die Kristalle auf (**Abb. 8.8**).

Aufgrund ihres Wasserspeichergewebes wären die Agaven willkommene Nahrung für größere Pflanzenfresser der Trockengebiete ihrer ursprünglichen Heimat. Die zahlreichen Raphiden und Styloide sind somit ein wirkungsvoller Fraßschutz.

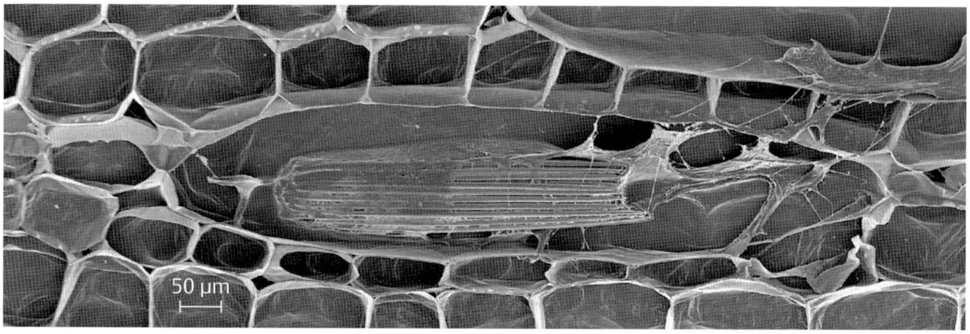

Abb. 8.3
Rasterelektronenmikroskopische Aufnahme einer aufgeschnittenen Raphidenzelle von *Agave americana* mit Raphidenbündel.

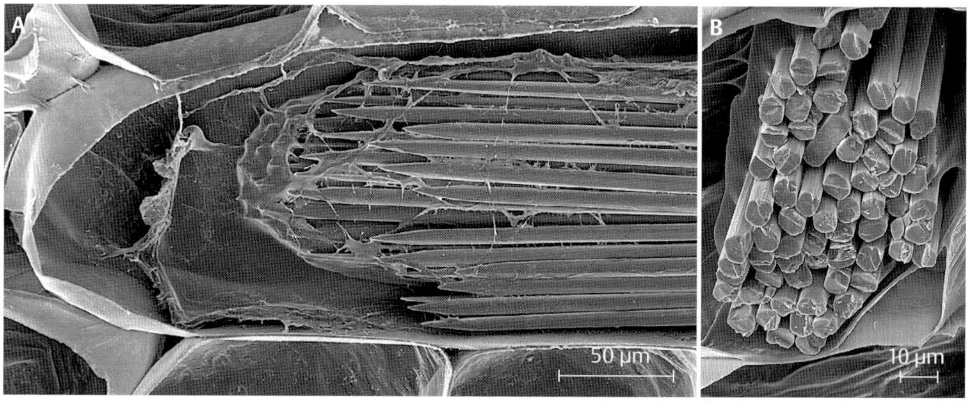

Abb. 8.4
Rasterelektronenmikroskopische Aufnahmen eines Raphidenbündels von *Agave americana* längs (**A**) und quergebrochen (**B**). Die Kristallnadeln liegen in einer gemeinsamen Proteinmatrix. Sie zeigen nicht die regelmäßige Form anorganischer Kristalle.

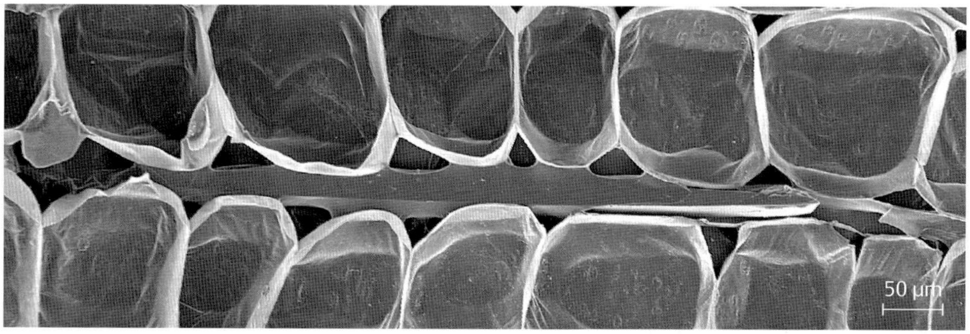

Abb. 8.5
Rasterelektronenmikroskopische Aufnahme eines Styloides im Mesophyll von *Agave americana*.

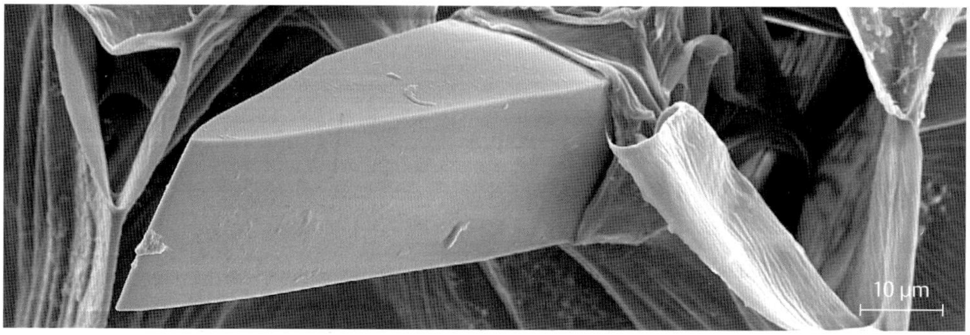

Abb. 8.6
Rasterelektronenmikroskopische Aufnahme der Spitze eines Styloidkristalles von *Agave americana*.

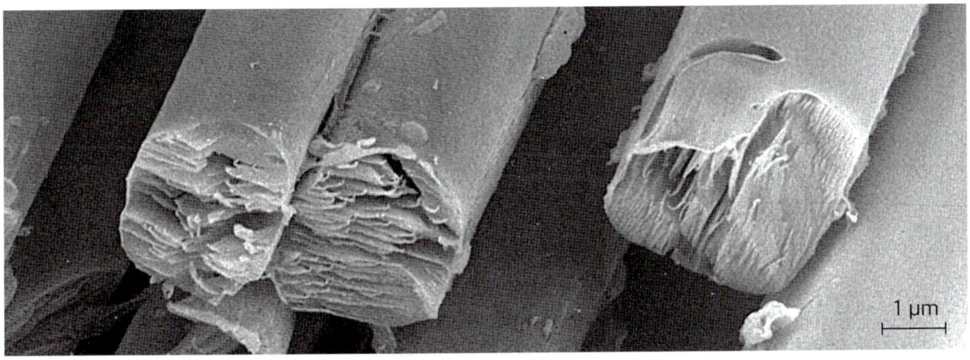

Abb. 8.7
Rasterelektronenmikroskopische Aufnahme von Kristallnadeln von *Haworthia leightonii*, (Fam. Asphodelaceae; nahe verwandt zu den Agavaceae) quergebrochen: Die einzelnen Nadeln bestehen aus aufeinandergeschichteten Kristallblättchen.

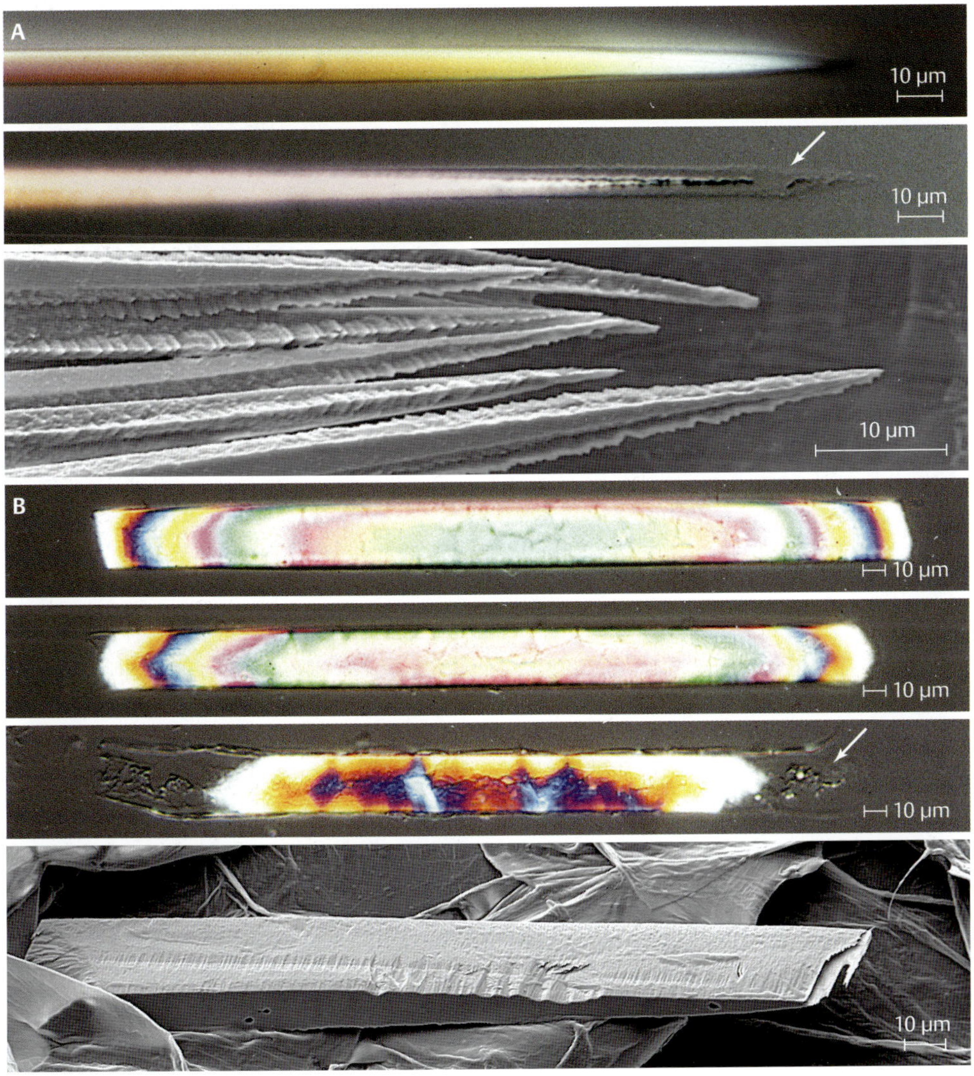

Abb. 8.8
Lichtmikroskopische (DIC) und rasterelektronenmikroskopische Aufnahmen von isolierten Kristallnadeln (**A**) und einem Styloidkristall (**B**) von *Agave americana* vor und nach Behandlung mit verdünnter Salzsäure. Die Calciumoxalat-Kristalle werden in wenigen Minuten aufgelöst. Es bleibt eine dünne Membranhülle zurück (Pfeile).

Zeichnung

Eine Raphidenzelle im Verband und eine Kristallnadelspitze bei höherer Vergrößerung.

8.2 Kristallformen

Eine kurze Zusammenstellung licht- und elektronenmikroskopischer Aufnahmen soll zur Untersuchung der verschiedenen Kristallformen anregen.

Gut geeignet sind z.B. Querschnitte von Blattstielen der Rosskastanie (*Aesculus hippocastanum*) (**Abb. 8.9**) und der Engelstrompete (*Brugmansia × candida*) (**Abb. 8.11**), radiale oder tangentiale Längsschnitte durch den Bast der Linde (*Tilia cordata*) (**Abb. 8.10**), Querschnitte durch den Spross der Dreimasterblume (*Tradescantia* spec.) (**Abb. 8.12**) oder durch das Rhizom des Maiglöckchens (*Convallaria majalis*) (**Abb. 8.13**).

Kristalle (meist unlösliches Calciumoxalat) treten in Vakuolen von Pflanzenzellen sehr häufig auf. Die kleinste Kristallform ist der Kristallsand (**Abb. 8.11** und **Abb. 8.14**), die häufigsten Kristalle sind **Drusen** (**Abb. 8.9** und **Abb. 8.16**). Solitärkristalle sind eher selten (**Abb. 8.10** und **Abb. 8.17**). In einem Gewebe können durchaus mehrere Kristallformen vorkommen.

Die Kristallnadeln der **Raphiden** entstehen nicht durch einfache Auskristallisation von Calciumoxalat, sondern in (ursprünglich cytoplasmatischen) „Membrankammern". Zahlreiche Nadeln liegen dabei in einem gemeinsamen „Köcher". Sie kristallisieren in einzelnen membranumgebenen Röhren aus kleinen Kristallblättchen (siehe **Abb. 8.7**).

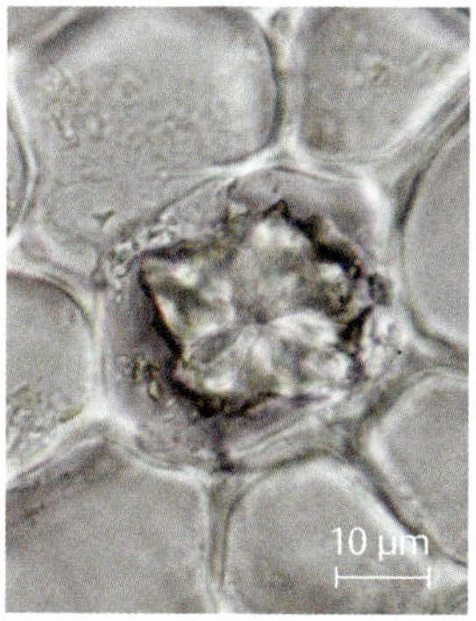

Abb. 8.9
Lichtmikroskopische Aufnahme (HF) einer Kristalldruse im Rindenparenchym des Blattstieles der Rosskastanie (*Aesculus hippocastanum*).

Abb. 8.10
Lichtmikroskopische Aufnahme (DIC) eines Solitärkristalles im Bast der Linde (*Tilia cordata*).

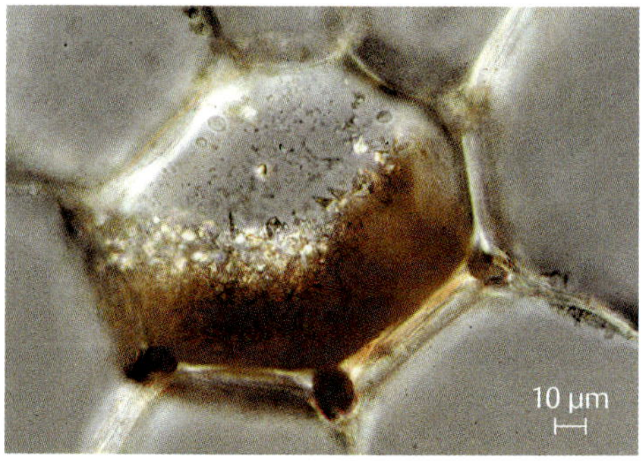

Abb. 8.11
Lichtmikroskopische Aufnahme (HF) von Kristallsand im Rindenparenchym des Blattstieles der Engelstrompete (*Brugmansia × candida*).

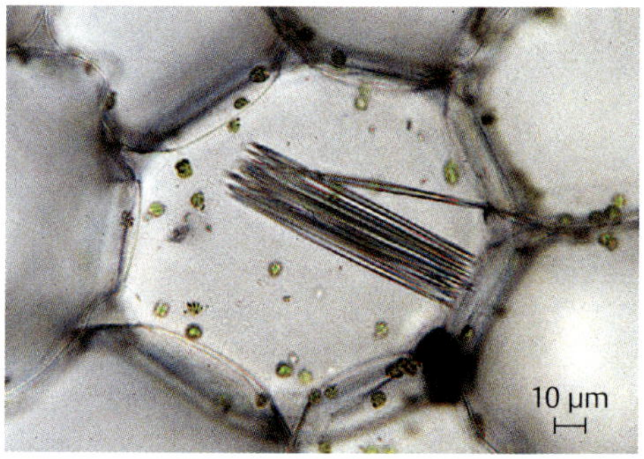

Abb. 8.12
Lichtmikroskopische Aufnahme (DIC) eines Raphidenbündels im Rindenparenchym des Sprosses der Tagblume *Tradescantia* spec.

Abb. 8.13
Lichtmikroskopische Aufnahme (DIC) von Kristallwürfeln in einer Parenchymzelle des Maiglöckchenrhizoms (*Convallaria majalis*).

Calciumoxalatkristalle können auch in Zellwänden gebildet werden (z.B. bei Fichtennadeln im Winter (**Abb. 8.15**). Auch Silikatkristalle kommen in Zellwänden vor; z.B. Brennhaar der Brennnessel (*Urtica dioica*, **Abb. 8.18**).

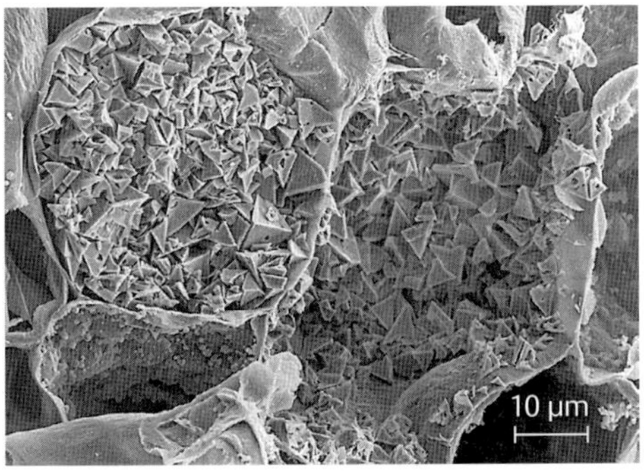

Abb. 8.14
Rasterelektronenmikroskopische Aufnahme einer Mesophyllzelle der Tollkirsche (*Atropa belladonna*) mit Kristallsand.

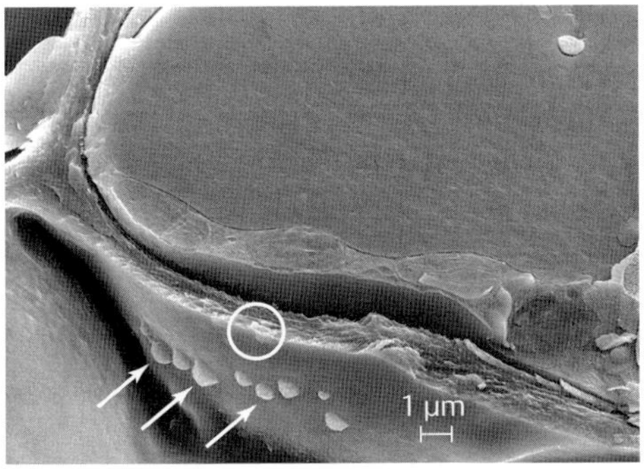

Abb. 8.15
Rasterelektronenmikroskopische Aufnahme eines Querbruches durch eine gefrorene Fichtennadel (*Picea abies*). Solitärkristalle bilden sich in der Zellwand (Kreis) und ragen in den Interzellularraum (Pfeile).

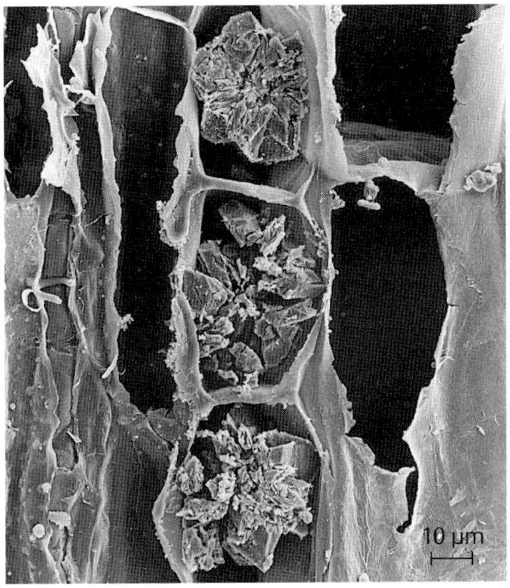

Abb. 8.16
Rasterelektronenmikroskopische Aufnahme von Kristalldrusen aus dem Blattstiel der Geranie (*Pelargonium zonale*). Die Idioblasten liegen häufig in einer Reihe hintereinander.

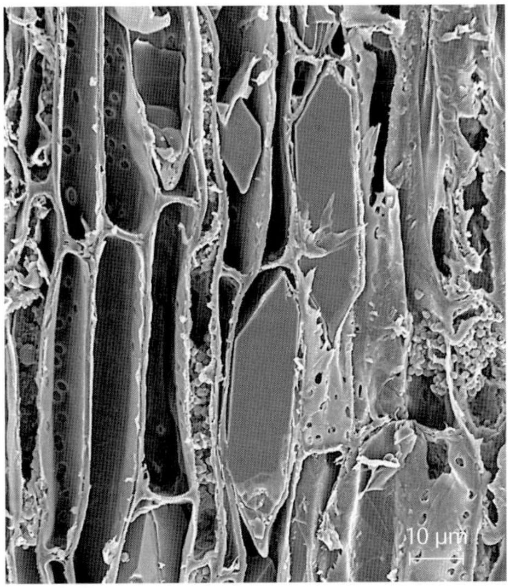

Abb. 8.17
Rasterelektronenmikroskopische Aufnahme von „Solitärkristallen“ aus dem Bast der Linde (*Tilia cordata*).

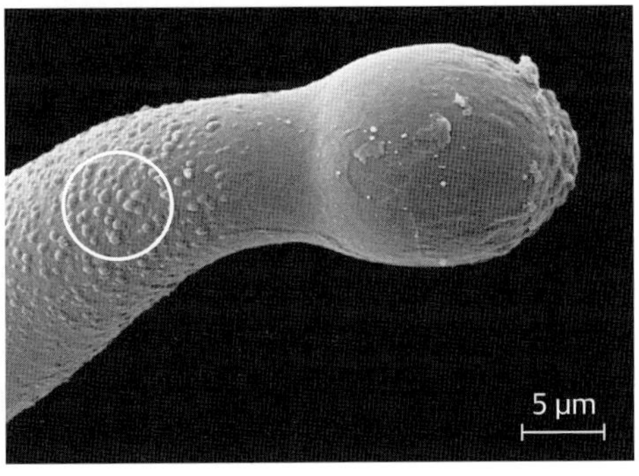

Abb. 8.18
Rasterelektronenmikroskopische Aufnahme der Spitze eines Brennhaares der Brennnessel (*Urtica dioica*): In die Zellwand sind Silikatkristalle eingelagert (Kreis).

FABER-CASTELL
7070-80
NATURAL RUBBER ERASER

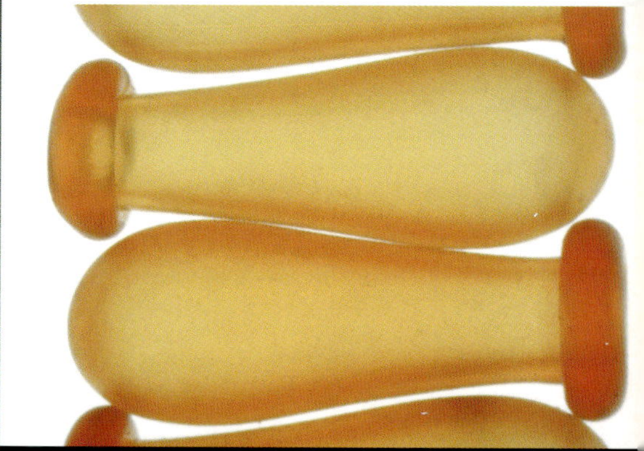

ummier
Stift
Kristall-Gummi

Exkretbehälter

Lagerung von Abwehrstoffen

Anders als im Tierreich (Sekrete erfüllen im Organismus eine bestimmte Aufgabe, Exkrete sind nicht weiter verwertbare Stoffwechselausscheidungen) werden im Pflanzenreich unter dem Begriff Exkretbehälter großzügig diejenigen Strukturen zusammengefaßt, die Endprodukte des Sekundärstoffwechsels in einzelnen Zellen, Zellgruppen oder Interzellularräumen deponieren. Darunter fallen in erster Linie Ölbehälter, Milchröhren und Harzkanäle. Die primäre Funktion dieser drei Strukturen ist sicher Fraßschutz verbunden mit Wundverschluss. In Bernstein (= fossiles Harz von Nadelbäumen) eingegossene Insekten belegen diesen Schutz auf eindrucksvolle Weise. Der Milchsaft des Schlafmohnes oder von Wolfsmilchgewächsen tritt bei geringer Verletzung in Strömen aus der Pflanze und verklebt Insekten. Er wird schnell fest, schmeckt bitter und enthält giftige Alkaloide.

links oben: *Papaver somniferum* (Schlafmohn)
links unten 1: Gummierstift
links unten 2: *Scorzonera hispanica* (Schwarzwurzel) Milchsaft
Mitte 1: Radiergummi
Mitte 2: Gummihütchen
Mitte 3: Wärmflasche
Mitte 4: *Calotropis procera* (Fettblattbaum) Milchsaft
rechts oben: Bernstein mit eingeschlossener Mücke
rechts unten: Harz der Kiefer

Callistemon lanceolatus (Karminroter Zylinderputzer)

Botanischer Steckbrief

Art
Callistemon lanceolatus oder *C. citrinus* (Lampen- oder Zylinderputzer); Fam. Myrtaceae (Myrtengewächse).

Name
gr. *kallós* = schön, gr. *stémon* = Staubblatt.

Herkunft
Australien.

Inhaltsstoffe
Blüten: Flavonoide; Blätter: ätherische Öle und Tannine.

Stellenwert
Zierpflanze.

9.1 Lysigene Ölbehälter

Kursziel

Darstellung des lysigenen Ölbehälters von *Callistemon lanceolatus.*

Präparation

Es wird ein sehr dünner und ein etwas dickerer Querschnitt durch ein kleineres Laubblatt angefertigt. Die Schnitte werden (getrennt unter je einem Deckglas!) direkt in Wasser mikroskopiert (**Abb. 9.1**).

Beobachtungen

Die Ölbehälter liegen bei *Callistemon lanceolatus* unter der Epidermis, sowohl auf der Blattober- als auch auf der Blattunterseite. Bei niedriger Vergrößerung erkennt man die Ölbehälter als helle, kreisförmige Strukturen (**Abb. 9.2**). An diesen Stellen sind die Epidermiszellen kleiner und leicht eingesenkt. Das Palisadenparenchym ist hier unterbrochen. Die Ölbehälter ragen bis in das darunter- bzw. darüberliegende Speicherparenchym.

Intakte Ölbehälter können aufgrund ihrer Größe nur bei dickeren Schnitten beobachtet werden. Sie enthalten meist einen stark lichtbrechenden Öltropfen (**Abb. 9.3**). Er wirkt wie eine zusätzliche Linse und erscheint deshalb „verschwommen“. Bei sehr dünnen Schnitten ist das ätherische Öl ausgelaufen (**Abb. 9.4**). Der Aufbau der Ölbehälter kann jedoch hier wesentlich besser untersucht werden.

Die Ölbehälter von *Callistemon lanceolatus* entstehen lysigen durch Auflösung der dünnwandigen Sekretzellen, die sich an der Innenseite des Behälters befinden (**Abb. 9.4**). Die Abgrenzung zum Parenchym erfolgt durch eine Reihe dickwandiger Zellen.

Abb. 9.1

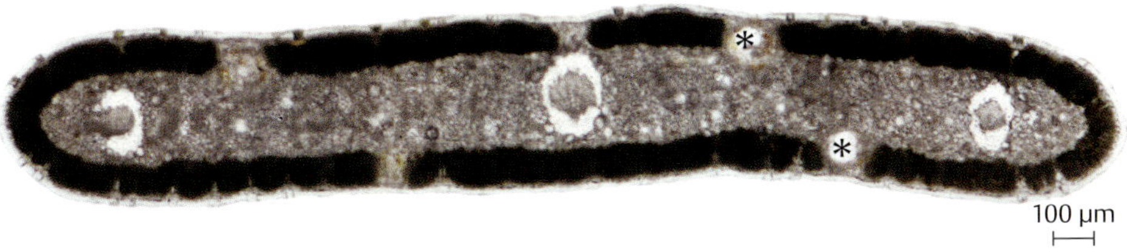

Abb. 9.2
Lichtmikroskopische Aufnahme eines Blattquerschnittes von *Callistemon lanceolatus* (HF). Die Ölbehälter (Sterne) liegen unter der Epidermis im Palisadenparenchym.

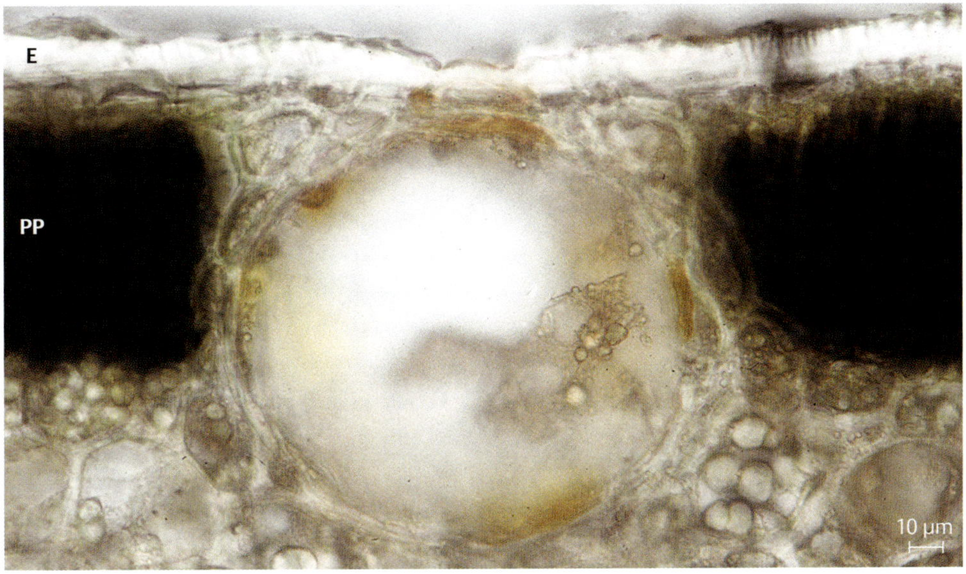

Abb. 9.3
Lichtmikroskopische Aufnahme eines Ölbehälters von *Callistemon lanceolatus* (HF). Der Ölbehälter ist noch mit ätherischem Öl gefüllt und erscheint deshalb „verschwommen".
E = Epidermis;
PP = Palisadenparenchym.

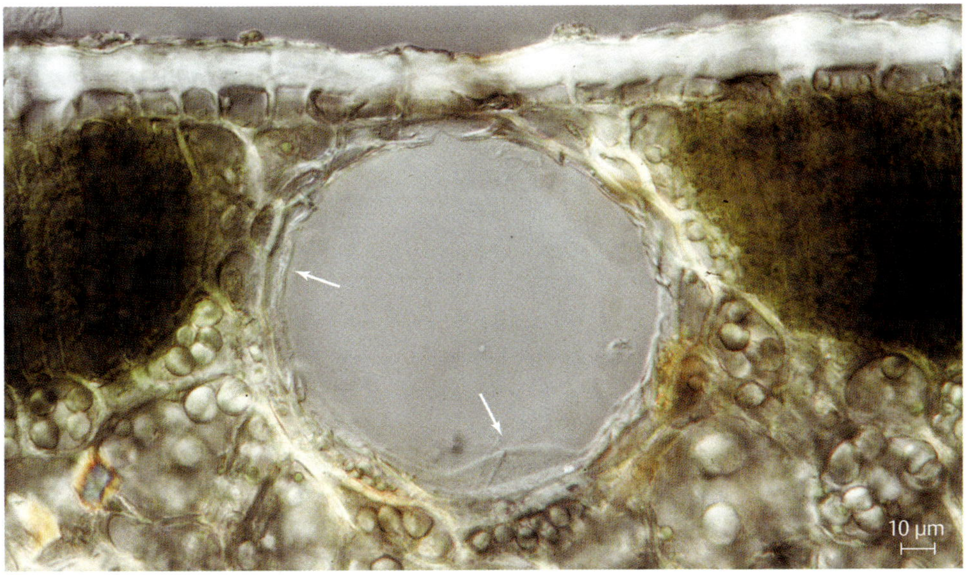

Abb. 9.4
Lichtmikroskopische Aufnahme eines Ölbehälters von *Callistemon lanceolatus* (DIC). Das ätherische Öl ist ausgelaufen; die Zellwandreste der lysierten Zellen sind gut erkennbar (Pfeile).

Zeichnung

Ein Ölbehälter mit angrenzenden Geweben.

Euphorbia milii (Christusdorn)

Reagenzien

Iod-Iod-Kalium
Chlorzinkiod

Botanischer Steckbrief

Art
Euphorbia milii (Christusdorn); Fam. Euphorbiaceae (Wolfsmilchgewächse).

Name
nach Euphorbos, Leibarzt des Königs Juba von Mauretanien.

Herkunft
Madagaskar.

Inhaltsstoffe
der Milchsaft ist für die Familie charakteristisch. Er enthält Alkaloide und Diterpenester, die eine starke Giftigkeit der Pflanzen zur Folge haben.

Stellenwert
besonders als Heilpflanze; in der Volksmedizin z. B. gegen Gewebswucherungen und Warzen; vielfältige Inhaltsstoffe.

9.2 Ungegliederte Milchröhren

Kursziel

Darstellung der **Milchröhren** von *Euphorbia milii* (Christusdorn) und Nachweis der Stärkekörner (Amyloplasten).

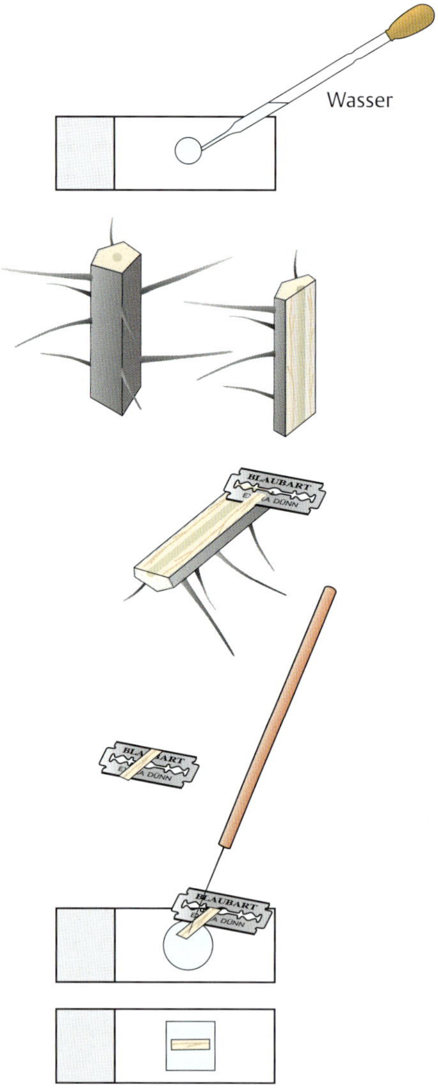

Abb. 9.5

Präparation

Längsschnitte durch die Sprossachse werden in Wasser mikroskopiert (**Abb. 9.5**).

Färbung und Stärkenachweis

Zum Nachweis der Stärke(körner) wird der Schnitt mit Iod-Iod-Kalium gefärbt (**Abb. 9.6**). Um die Milchröhren besser sichtbar zu machen, kann man die Schnitte vorher mit Chlorzinkiod und anschließend mit Iod-Iod-Kalium nachfärben (nicht umgekehrt!). Die dicken Wände der Milchröhren färben sich dabei violett (**Abb. 9.7**).

Beobachtungen

Der Spross des Christusdornes ist von ungegliederten Milchröhren durchzogen (**Abb. 9.7 – 8**). Diese entstehen bereits im Keimling aus Einzelzellen, die durch Streckung und Verzweigung dem Pflanzenwachstum folgen; der Plasmaschlauch ist demzufolge mehrkernig. In den Milchröhren sind zahlreiche spindel- oder hantelförmige Amyloplasten zu erkennen (**Abb. 9.7 – 8**).

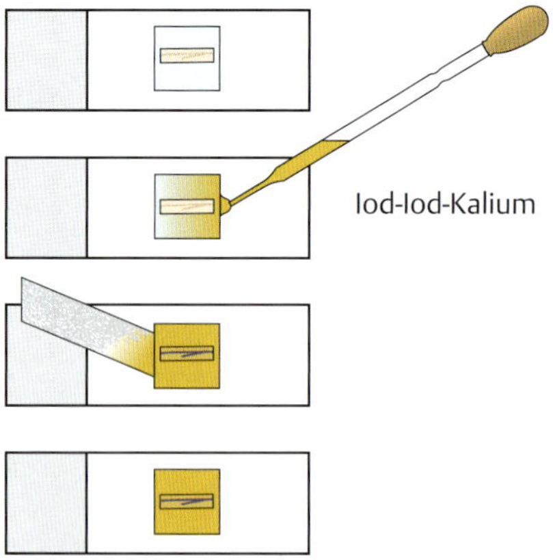

Abb. 9.6

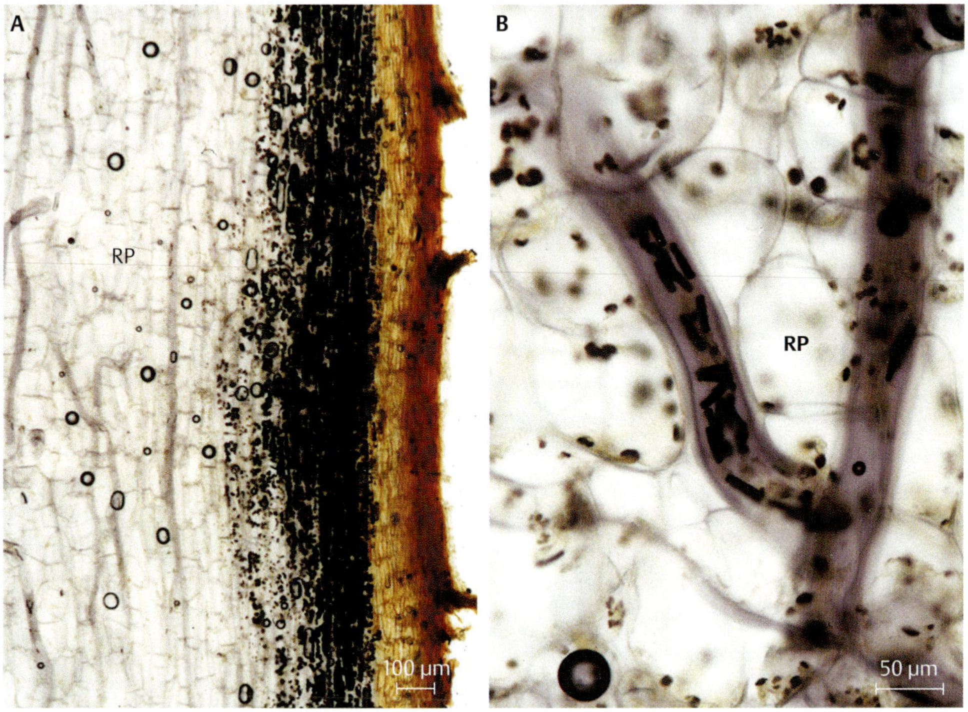

Abb. 9.7
Lichtmikroskopische Aufnahmen eines Längsschnittes durch die Peripherie der Sprossachse von *Euphorbia milii* (HF; Färbung mit Chlorzinkiod + Iod-Iod-Kalium). Die verzweigten Milchröhren liegen im Rindenparenchym (**A**). Ihre dicken Cellulosewände sind unverholzt; sie färben sich deshalb mit Chlorzinkiod violett (**B**). Die Stärkekörner in den Milchröhren sind spindel- oder hantelförmig (**B**).
RP = Rindenparenchym.

Zeichnung

Abschnitt einer Milchröhre mit Verzweigung und ein hantelförmiges Stärkekorn.

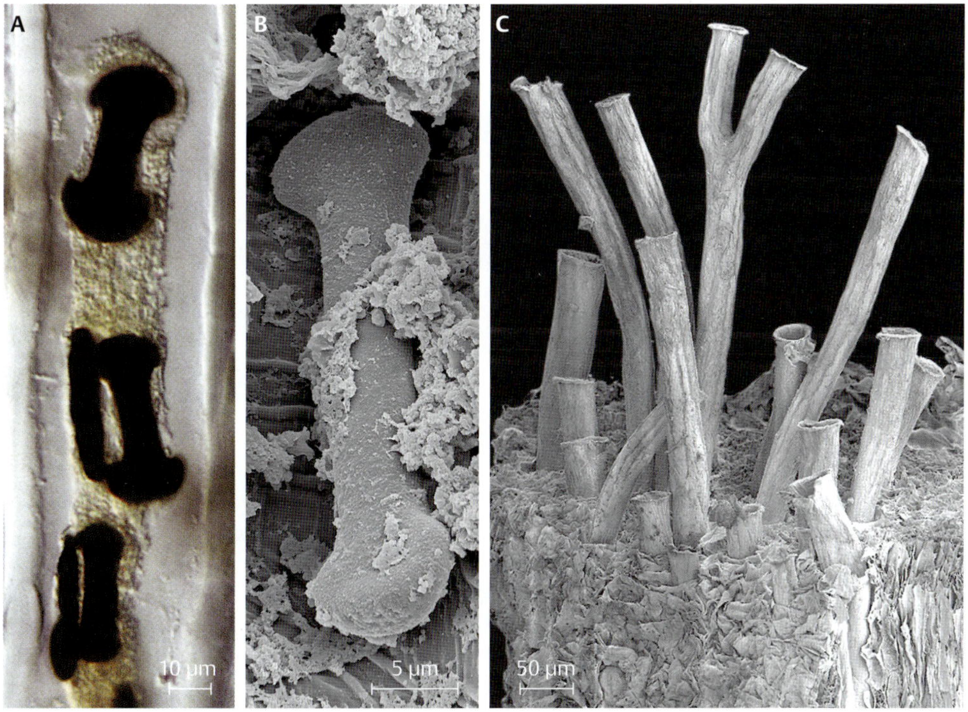

Abb. 9.8
Ungegliederte, verzweigte Milchröhren von *Euphorbia milii*.

- **A** Lichtmikroskopische Aufnahme (DIC; Färbung mit Iod-Iod-Kalium) spindel- und hantelförmiger Stärkekörner.
- **B** Rasterelektronenmikroskopische Aufnahme eines hantelförmigen Stärkekornes.
- **C** Rasterelektronenmikroskopische Aufnahme eines Sprossabschnittes mit freigelegten Milchröhren.

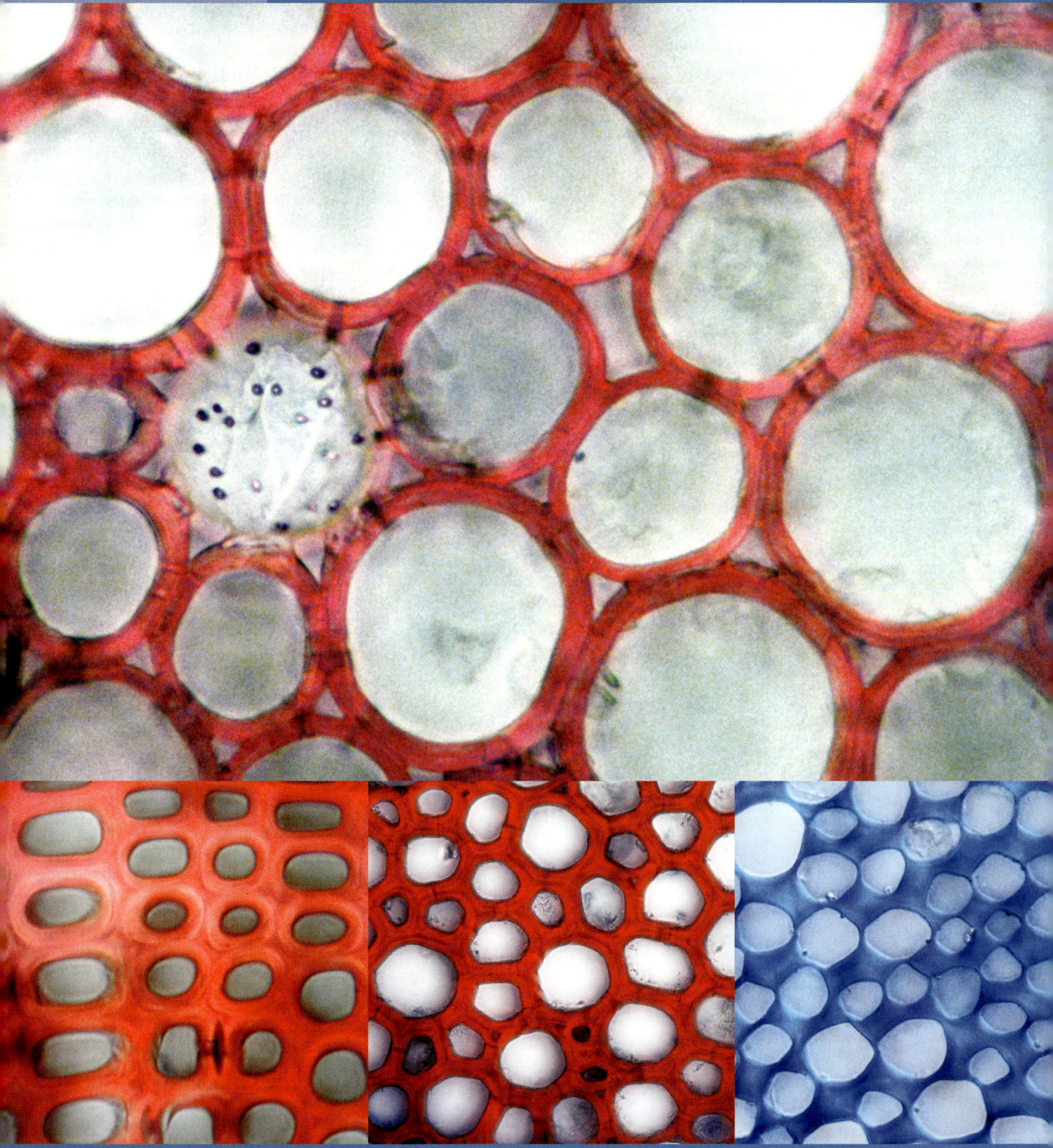

oben: *Clematis vitalba* (Gewöhnliche Waldrebe) Markparenchym, unten links: *Pinus silvestris* (Waldkiefer) Spätholz, unten Mitte: *Pteridium aquilinum* (Adlerfarn) Sklerenchym, unten rechts: *Lamium album* (Weiße Taubnessel) Kollenchym

Die Zellwand

Mechanische Stabilität für den Pflanzenkörper

Die junge pflanzliche Zellwand (Primärwand) ist sehr dünn und elastisch; sie besteht aus Cellulosen und Hemicellulosen. Benachbarte Zellen haben eine gemeinsame Mittellamelle aus Protopektin und bauen jeweils ihren eigenen Zellwandanteil.

Die Stabilität einer Pflanzenzelle wird durch die Turgeszenz des Protoplasten und durch die Zellwand als stabiles Widerlager gewährleistet. Allerdings führt bereits geringer Wasserverlust dazu, dass Gewebe weich werden (z. B. Welken von frisch gepflückten Blumen). Wenn sich die Zellen differenzieren, setzt das Dickenwachstum der Zellwand ein.

Werden die Zellwände nur durch Celluloseauflagerung stark verdickt, entstehen Kollenchyme (Ecken- und Plattenkollenchym). Werden die Zellwände verdickt und zusätzlich mit Lignin inkrustiert (= Verholzung), entstehen die Sklerenchyme (Sklerenchymfasern oder Steinzellen).

Um den Stofftransport zwischen Zellen mit verdickten Zellwänden aufrechtzuerhalten, werden Tüpfel gebildet. Tüpfel sind die schon im Lichtmikroskop sichtbaren „Aussparungen" in der Zellwand. Der eigentliche Transport von Zelle zu Zelle erfolgt aber bei den Tüpfeln durch die Plasmodesmen, die häufig in Gruppen zusammengefasst sind.

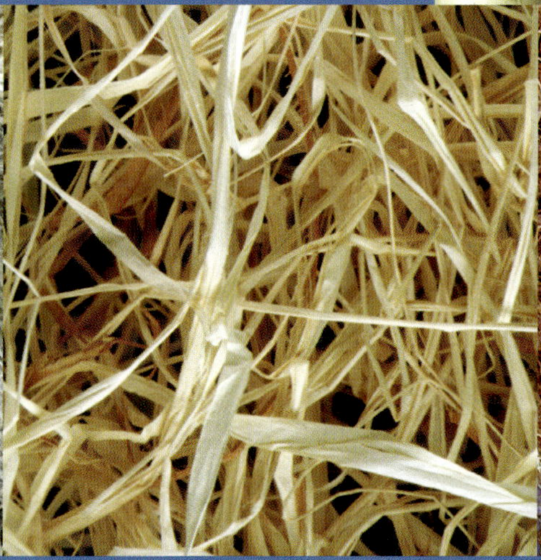

oben: Bambusrohre, unten links: *Cannabis sativa* (Hanf) Fasern, unten Mitte: *Tilia cordata* (Winterlinde) „Lindenbast", unten rechts: *Agava sisalana* (Sisalagave) Sisalseil

Clematis vitalba (Gemeine Waldrebe)

Reagenzien

Astrablau
Safranin

Botanischer Steckbrief

Art
Clematis vitalba (Gemeine Waldrebe); Fam. Ranunculaceae (Hahnenfußgewächse).

Name
gr. *klema* = Ranke;
lat. *vitis* = Rebe;
lat. *alba* = weiß.

Herkunft
einheimisch.

Inhaltsstoffe
Protoanemonin, schwach giftig.

Stellenwert
Zierpflanze.

10.1 Bau der Zellwand

Kursziel

Darstellung der verschiedenen Zellwände des Markparenchyms von *Clematis vitalba* (Waldrebe).

Präparation

Es werden dünne Sprossquerschnitte angefertigt. Die Schnitte werden mit Astrablau und Safranin gefärbt (**Abb. 10.1**).

Beobachtungen

Die Markparenchymzellen von *Clematis vitalba* sind im Querschnitt rund bis polyedrisch. Sie enthalten häufig Stärkekörner. Das Mark ist durch Interzellularen gut durchlüftet (**Abb. 10.2**).

Das Markparenchym von *Clematis vitalba* zeigt im Laufe seiner Entwicklung eine starke Verdickung der Zellwände, die gleichzeitig durch Lignin-Inkrustierung verholzen. Deshalb kann hier an einem Schnitt der Aufbau der pflanzlichen Zellwand und ihre sekundären Veränderungen in besonders schöner Weise beobachtet werden.

Es treten alle Übergänge von kleineren zu größeren, dünnwandigen zu dickwandigen, nicht verholzten zu verholzten Zellen auf (**Abb. 10.2**).

Bei Zellen mit dickeren Zellwänden sind die Tüpfel besonders gut erkennbar (**Abb. 10.2** A/C). Bei höherer Vergrößerung wird der geschichtete Aufbau der Zellwand deutlich (**Abb. 10.2 – 3**).

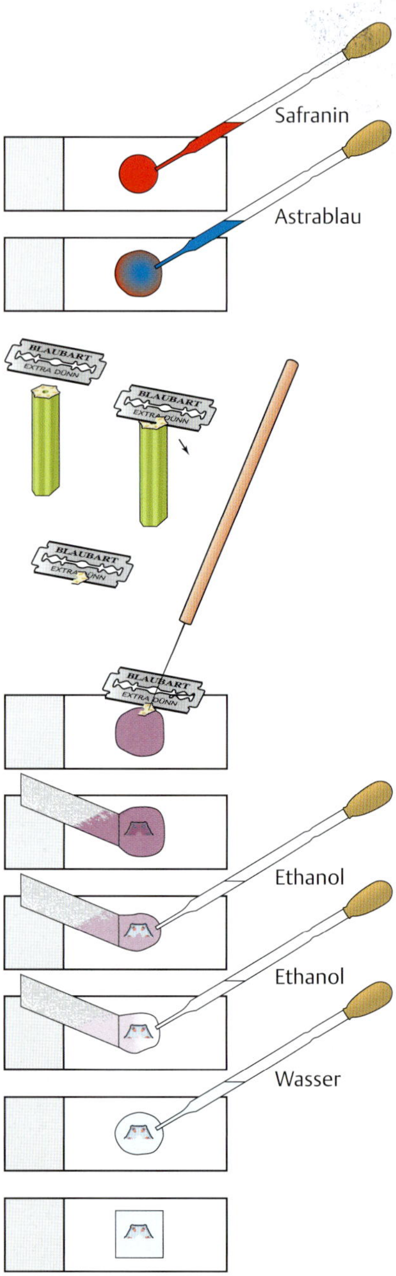

Abb. 10.1

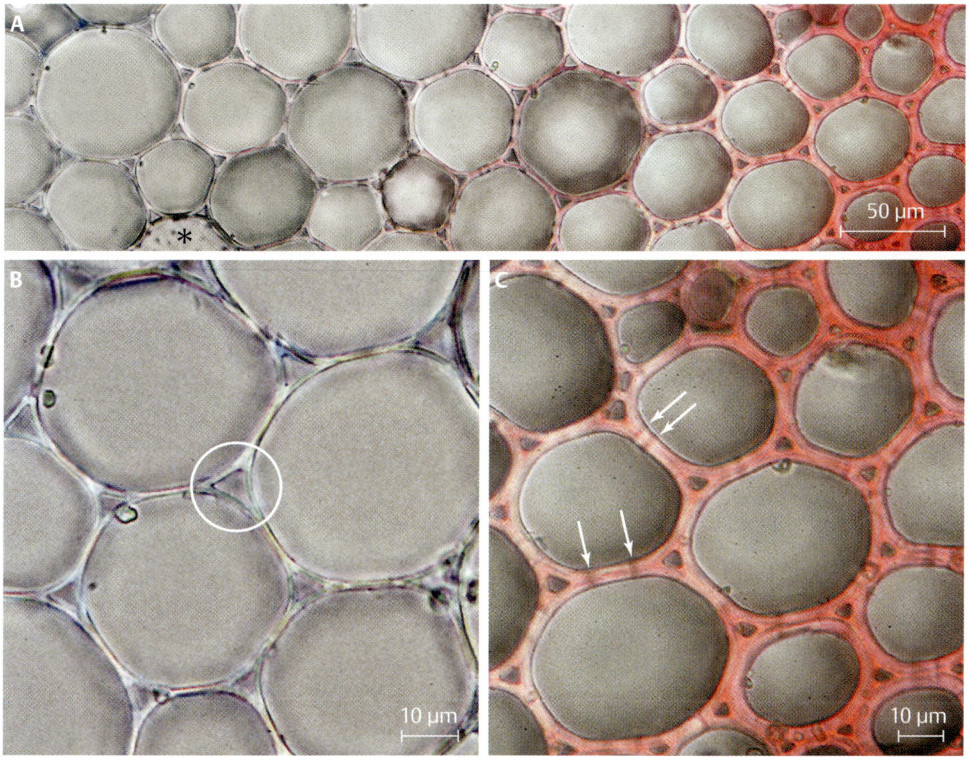

Abb. 10.2
Lichtmikroskopische Aufnahmen eines Sprossquerschnittes aus dem Markparenchym von *Clematis vitalba* (HF; Färbung mit Astrablau + Safranin). Die Zellen haben unterschiedliche Größen, Zellwanddicken und Verholzungsgrade (**A**). Die dünnwandigen, nicht verholzten Zellen sind im Querschnitt rund (**B**); die dickwandigen, verholzten Zellen sind angenähert polyedrisch (**C**). Tüpfel sind häufig im Schnitt getroffen (Pfeile); gelegentlich sieht man sie auch in Aufsicht, wenn eine Querwand in der Bildebene liegt (**A**; Stern).
Kreis = Interzellulare.

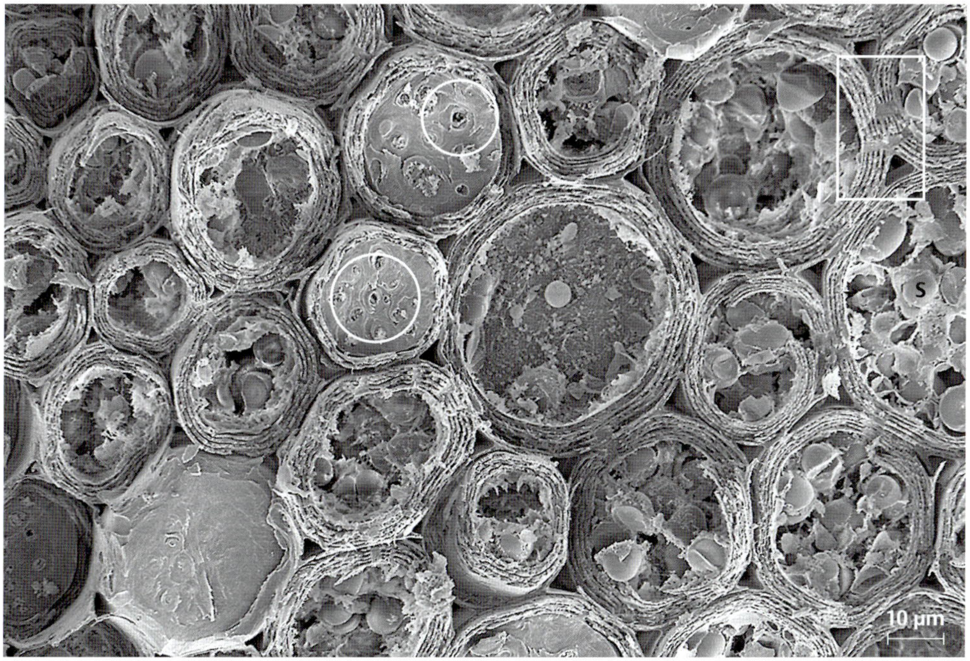

Abb. 10.3
Rasterelektronenmikroskopische Aufnahme des Markparenchyms von *Clematis vitalba* (Kryobruch). Die Zellen sind z. T. dicht mit Stärkekörnern (S) gefüllt. Die Schichtung der Zellwand ist gut erkennbar (Rahmen). Die Tüpfel sind gelegentlich in Aufsicht sichtbar (Kreise).

Zeichnung

Zellen in verschiedenen Entwicklungsstufen im Zellverband.

Begonia rex (Blattbegonie)

Reagenzien
Astrablau

Botanischer Steckbrief

Art
Begonia rex (Begonie); Fam. Begoniaceae (Schiefblattgewächse).

Name
Begonia: benannt nach dem franz. Statthalter von St. Domingo, M. Begon (1638–1710); lat. *rex* = König; deutscher Name Schiefblatt aufgrund der ungleichhälftigen Laubblätter.

Herkunft
tropisch.

Stellenwert
Zierpflanze.

10.2 Eckenkollenchym

Kursziel

Darstellung des **Eckenkollenchyms** der Begonie (*Begonia rex*).

Präparation

Es wird ein dünner Querschnitt durch die Peripherie des Blattstiels angefertigt. Dazu muss die Schnittfläche eben sein. Der Schnitt muss senkrecht zur Stielachse geführt werden. Die Schnitte werden mit Astrablau gefärbt (**Abb. 10.4**).

Beobachtungen

Das Festigungsgewebe des Blattstiels liegt bei *Begonia rex* unterhalb der Epidermis; es ist etwa 4–6 Zellenschichten dick (**Abb. 10.5**). Es handelt sich hierbei um ein Eckenkollenchym – die Zellwandverdickungen sind auf die „Ecken" beschränkt (**Abb. 10.6–9**). Die Zellwände sind durch Astrablau blau gefärbt. In den Ecken kann die Mittellamelle als etwas dunkler gefärbte blaue Linie erkennbar sein (**Abb. 10.6**).

An der Ausbildung des Kollenchyms ist nur die Primärwand (Cellulose + Protopektine) beteiligt. Die Zellen sind lebend; dies erkennt man am dünnen Plasmasaum, den Chloroplasten (**Abb. 10.8**) und den (allerdings nur gelegentlich sichtbaren) Zellkernen. Da der mittlere Teil der Zellwände unverdickt bleibt, ist dort der Stoffaustausch mit den Nachbarzellen über Plasmodesmen (**Abb. 10.8**) gewährleistet.

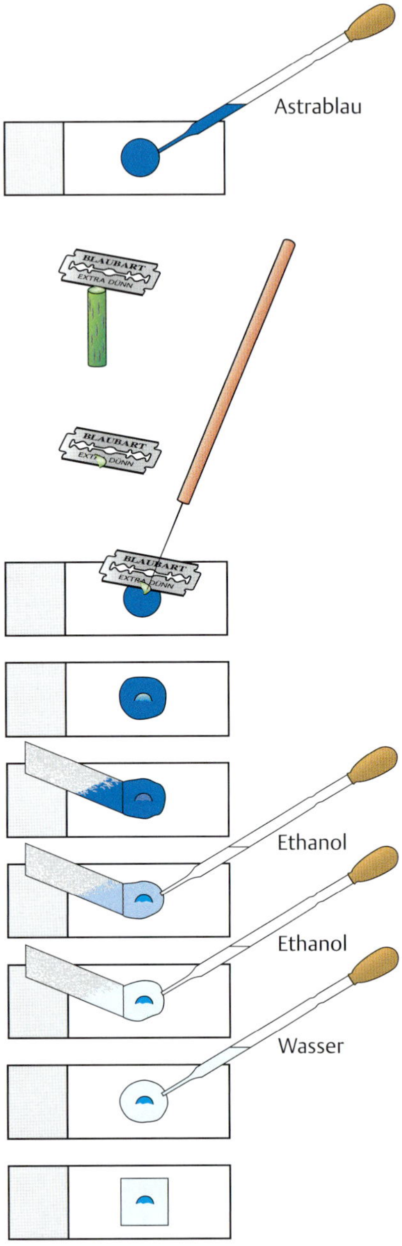

Abb. 10.4

Charakteristisch für das Eckenkollenchym ist, dass es frei von Interzellularen ist – dies ist meist bei Festigungsgeweben der Fall. An Stellen, wo die Zellen zusammenstoßen, erkennt man häufig dunkle Strukturen, die fälschlicherweise leicht als luftgefüllte Interzellularen interpretiert werden könnten. Es handelt sich hier jedoch um strukturelle Veränderungen der Mittellamelle. Der Grad der Wandverdickung ist altersabhängig. Sie nimmt mit dem Wachstum der Pflanze kontinuierlich zu: Zuerst werden die „Zellecken" mit Zellwandmaterial aufgefüllt und runden

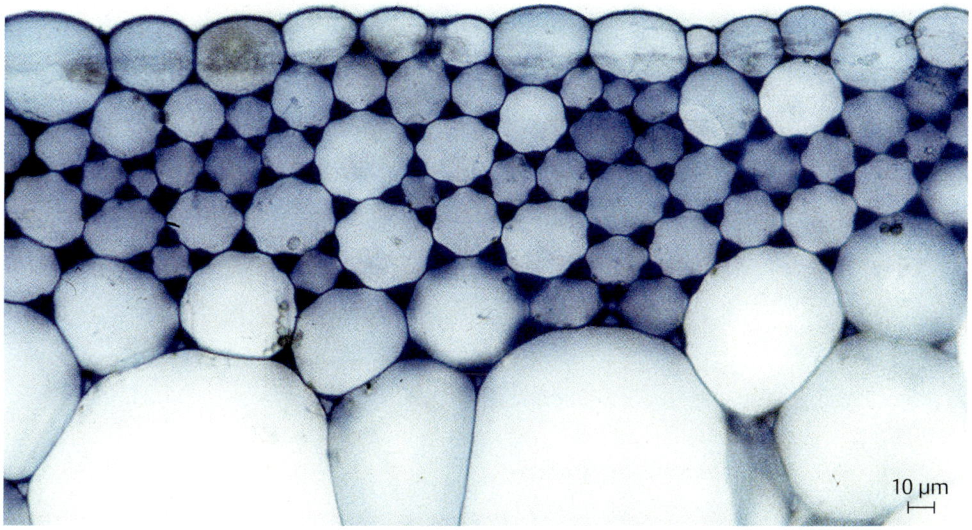

Abb. 10.5
Lichtmikroskopische Aufnahme (HF) eines Blattstielquerschnittes von *Begonia rex* (Färbung mit Astrablau). Das Eckenkollenchym beginnt unter der Epidermis und dehnt sich über 3–5 Zellschichten aus.

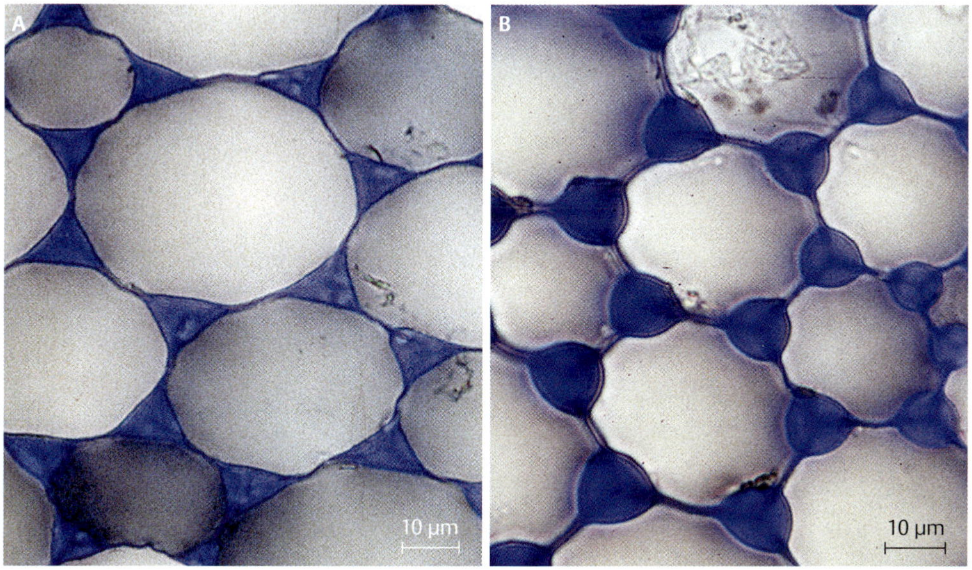

Abb. 10.6
Lichtmikroskopische Aufnahmen (HF) des Eckenkollenchyms von *Begonia rex* (Färbung mit Astrablau). Die Zellwandverdickung beginnt zuerst „konkav" (**A**) und wird bei weiterer Verdickung „konvex" (**B**). In den „Ecken" tritt die Mittellamelle durch stärkere Färbung mit Astrablau deutlich hervor.

sich konkav nach innen. Bei fortschreitender Auflagerung runden sich die Ecken jetzt konvex nach außen (**Abb. 10.7–9**). Die nach innen an das Festigungsgewebe anschließenden Parenchymzellen können Calciumoxalatdrusen enthalten.

Zeichnung

Eine Kollenchymzelle im Zellverband.

Das Zeichnen unregelmäßig verdickter Zellwände fällt dem Anfänger erfahrungsgemäß schwer, da nicht ohne weiteres ersichtlich ist, wo die Zellgrenzen in den Ecken verlaufen. Die Verdickungen gehören mehreren – meist drei – Zellen gleichzeitig an; die Mittellamellen verlaufen dabei so, dass sie sich in der Mitte jeder Ecke in einem Punkt treffen. Wenn die Lage der Mittellamelle erkannt und richtig wiedergegeben ist, wird Form und Umfang der Zellwandverdickungen für jede Zelle getrennt festgelegt.

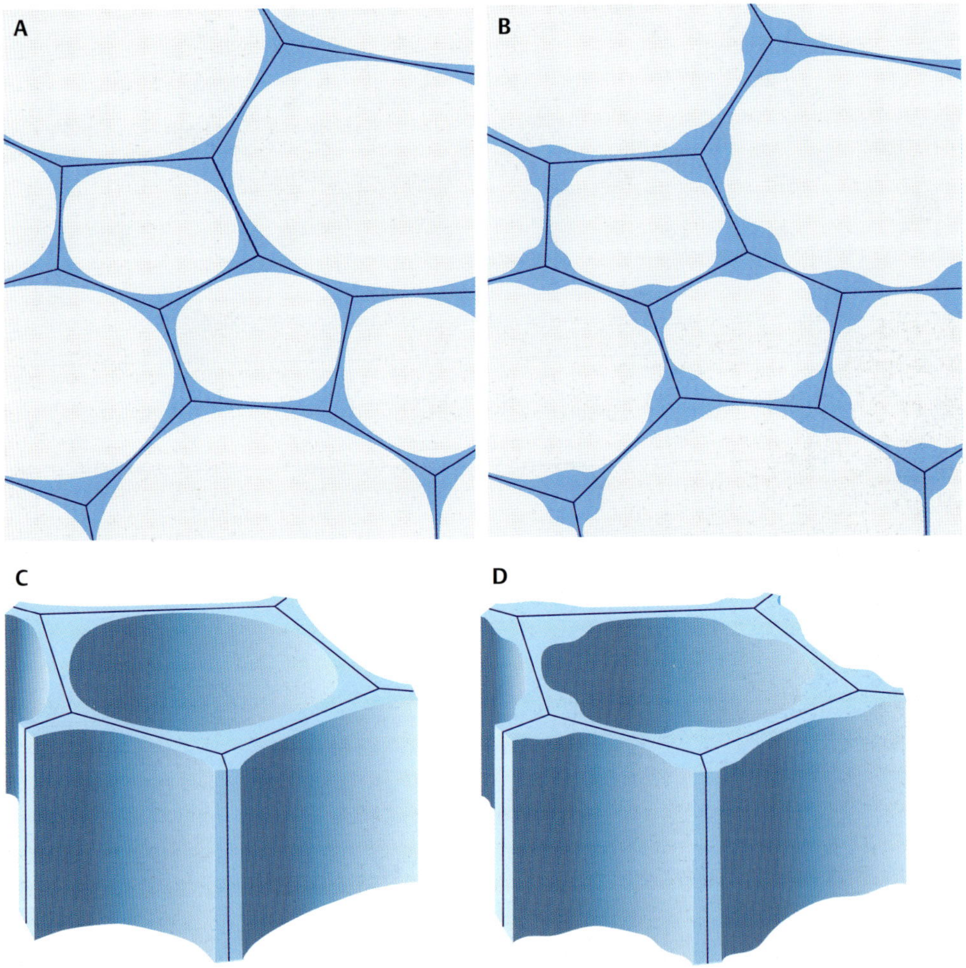

Abb. 10.7 Schematische Darstellungen des Eckenkollenchyms von *Begonia rex* im Querschnitt (**A** + **B**) und in dreidimensionaler Ansicht (**C** + **D**). Die Zellwandverdickungen können „konkav" (**A** + **C**) oder „konvex" (**B** + **D**) sein.

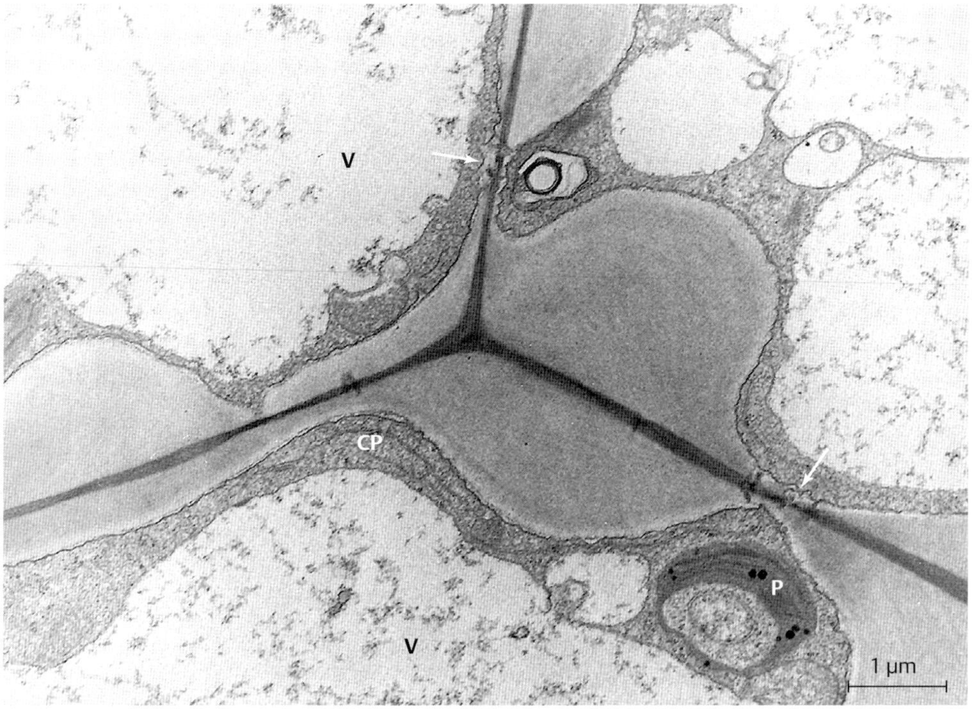

Abb. 10.8
Transmissionselektronenmikroskopische Aufnahme des Eckenkollenchyms von *Begonia rex*. Die Mittellamelle ist aufgrund ihrer Schwermetalleinlagerung gut erkennbar. Die Zellwände weisen an den nicht verdickten Abschnitten Tüpfel bzw. Plasmodesmen (Pfeile) auf.
CP = Cytoplasma;
P = Chloroplast;
V = Vakuole.

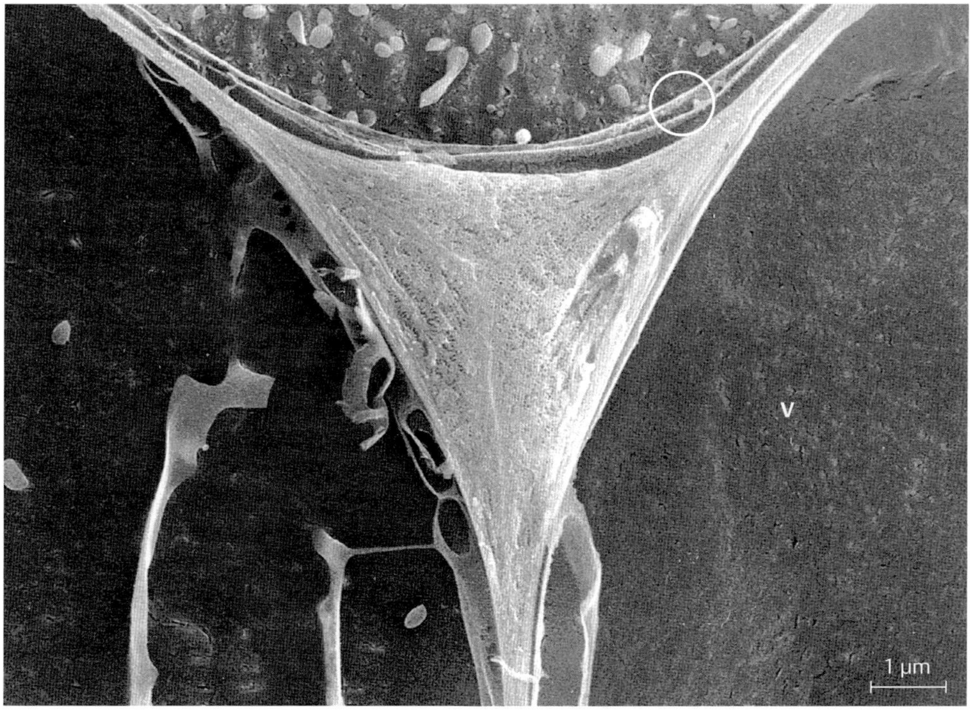

Abb. 10.9
Rasterelektronenmikroskopische Aufnahme des Eckenkollenchyms von *Begonia rex* (Kryo-REM; *frozen-hydrated*). Der Cytoplasmaschlauch ist sehr dünn; durch „anätzen" des Präparates werden Plasmalemma und Tonoplast sichtbar (Kreis).
V = Vakuole.

Lamium album (Taubnessel)

Reagenzien

Astrablau

Botanischer Steckbrief

Art
Lamium album (Weiße Taubnessel); Fam. Lamiaceae (Lippenblütler).

Name
gr. *lámos* = Schlund, Rachen; lat. *album* = weiß.

Herkunft
einheimisch.

Stellenwert
junge Blätter als Wildgemüse, die Blüten volksmedizinisch bei Erkrankungen der Atemwege und bei Frauenkrankheiten. Nektarlieferant für Hummeln im Frühjahr.

10.3 Plattenkollenchym

Kursziel

Darstellung des Plattenkollenchyms der Taubnessel (*Lamium album*).

Präparation

Es wird ein dünner Querschnitt durch die Peripherie des Stängels angefertigt. Dazu muss die Schnittfläche eben sein. Der Schnitt muss senkrecht zur Sprossachse geführt werden. Die Schnitte werden mit Astrablau gefärbt (**Abb. 10.10**).

Beobachtungen

Das Festigungsgewebe der Sprossachse liegt bei *Lamium album* in den peripheren Zellschichten (etwa 1–3 Schichten dick) unmittelbar unterhalb der Epidermis (**Abb. 10.11**). Sie fallen im ungefärbten Präparat als hell glänzende, stark lichtbrechende Wandverdickungen auf. Es handelt sich hierbei um ein Plattenkollenchym. Nur die tangentialen Zellwände sind verdickt; die Radialwände bleiben fast immer unverdickt (**Abb. 10.11 – 13**). Die Zellwände sind durch Astrablau blau gefärbt. Bei günstiger Färbung ist die Mittellamelle als etwas dunkler gefärbte blaue Zickzacklinie erkennbar (**Abb. 10.11** B).

An der Ausbildung des Kollenchyms ist nur die Primärwand (Cellulose + Protopektine) beteiligt. Die Zellen sind lebend; dies erkennt man am dünnen Plasmasaum und den Chloroplasten. Da die Radialwände unverdickt bleiben, ist dort der Stoffaustausch mit den Nachbarzellen über Plasmodesmen gewährleistet.

Als zusätzliches Festigungsgewebe ist in den vier Kanten des Sprosses ein Eckenkollenchym ausgebildet.

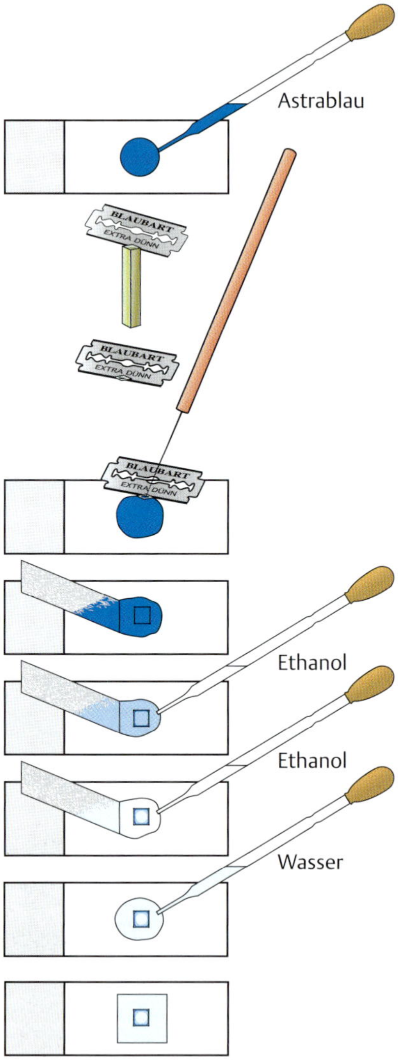

Abb. 10.10

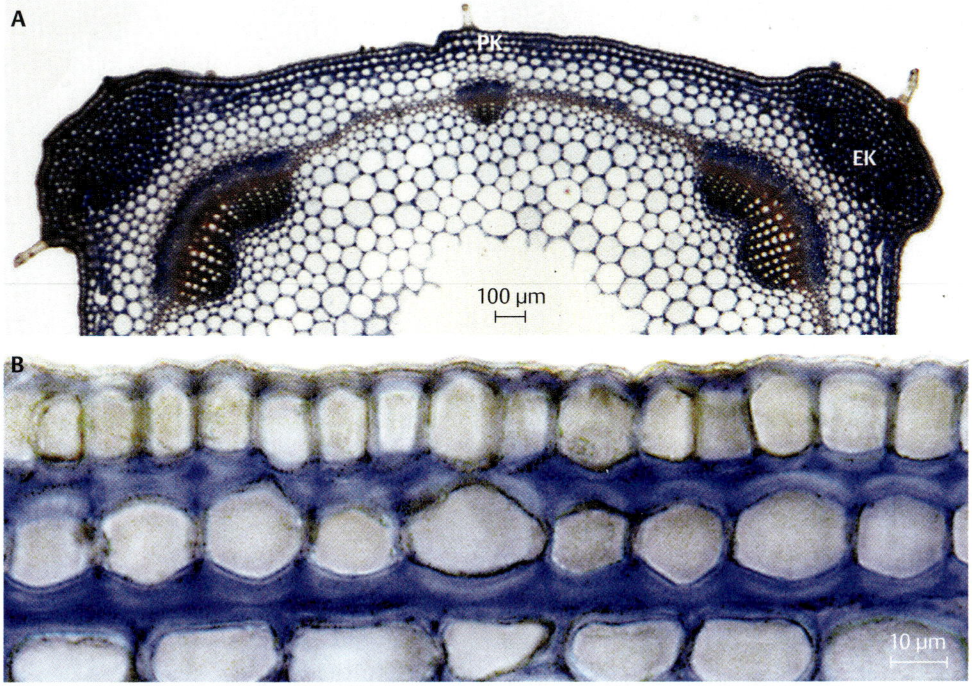

Abb. 10.11
Lichtmikroskopische Aufnahmen des vierkantigen Stängels von *Lamium album* (HF; Färbung mit Safranin + Astrablau). Das Plattenkollenchym (PK) liegt direkt unter der Epidermis (**A**). Im Gegensatz zum Eckenkollenchym (EK) sind beim Plattenkollenchym nur die Tangentialwände der Zellen verdickt (**B**).

Zeichnung

Drei Plattenkollenchymzellen im Zellverband.

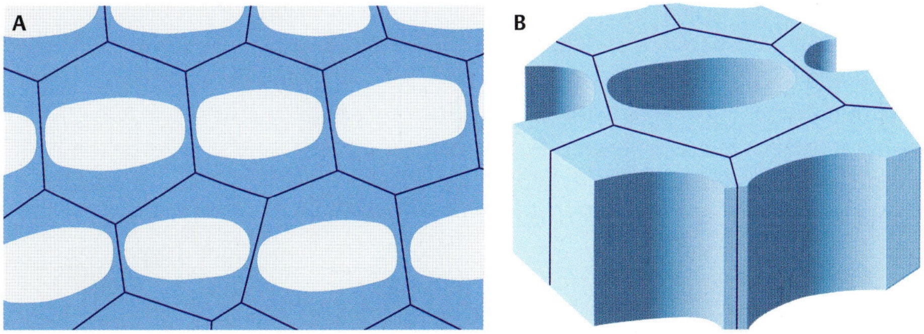

Abb. 10.12
Schematische Darstellungen des Plattenkollenchyms von *Lamium album*.

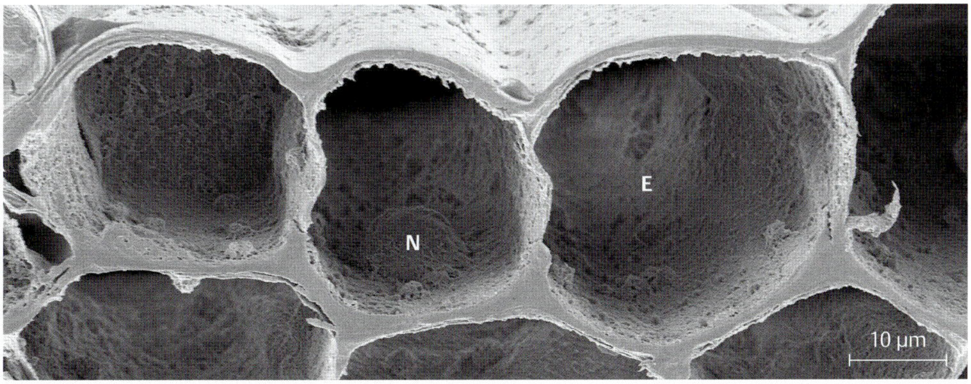

Abb. 10.13
Rasterelektronenmikroskopische Aufnahme des Plattenkollenchyms von *Lamium galeobdolon*.
E = Epidermis;
N = Zellkern.

Asparagus officinalis (Spargel)

Reagenzien

Astrablau
Safranin

Botanischer Steckbrief

Art
Asparagus officinalis (Spargel); Fam. Liliaceae (Liliengewächse).

Name
gr. *asparagos* ist der Pflanzenname, abgeleitet von *spargaein* = sprossen; lat. *officina* = Apotheke, als Arzneimittel verwendet.

Herkunft
in Europa heimische, alte Kulturpflanze; schon von den Griechen kultiviert.

Inhaltsstoffe
hoher Gehalt an Vitamin-C und freier Asparaginsäure (Aroma!).

Stellenwert
Verwendung als Gemüse und früher als harntreibendes Mittel.

10.4 Sklerenchym

Kursziel

Darstellung des **Sklerenchyms** des Spargels (*Asparagus officinalis*).

Präparation

Es wird ein dünner Querschnitt durch die Peripherie der Sprossachse angefertigt. Der Schnitt muss senkrecht zur Längsachse geführt werden. Die Schnitte werden mit Safranin und Astrablau gefärbt (**Abb. 10.14**).

Beobachtungen

Spargel muss (zumindest am unteren Ende) geschält werden, da er dort „holzig" ist. Der Sprossquerschnitt von *Asparagus officinalis* zeigt, dass im Rindenparenchym ein mehrzelliges verholztes Festigungsgewebe liegt (**Abb. 10.15 – 16**). Es handelt sich hierbei um ein Sklerenchym. Alle Zellwände (einer Zelle) sind gleichmäßig stark verdickt (**Abb. 10.16 – 17**). Die Zellwände sind verholzt und färben sich deshalb mit Safranin intensiv rot.

Im Gegensatz zum Kollenchym erfolgt beim Sklerenchym eine Veränderung der Sekundärwand durch Celluloseauflagerung und Lignininkrustierung.

Die Zellwandverdickung erfolgt periodisch und zeigt daher häufig eine Schichtung. Das Zelllumen wird durch die Wandverstärkungen stetig kleiner, bis die Zelle abstirbt.

Die Sklerenchymfasern sind getüpfelt. Die Tüpfel laufen schräg nach oben (**Abb. 10.17**) und sind deshalb nur abschnittsweise sichtbar.

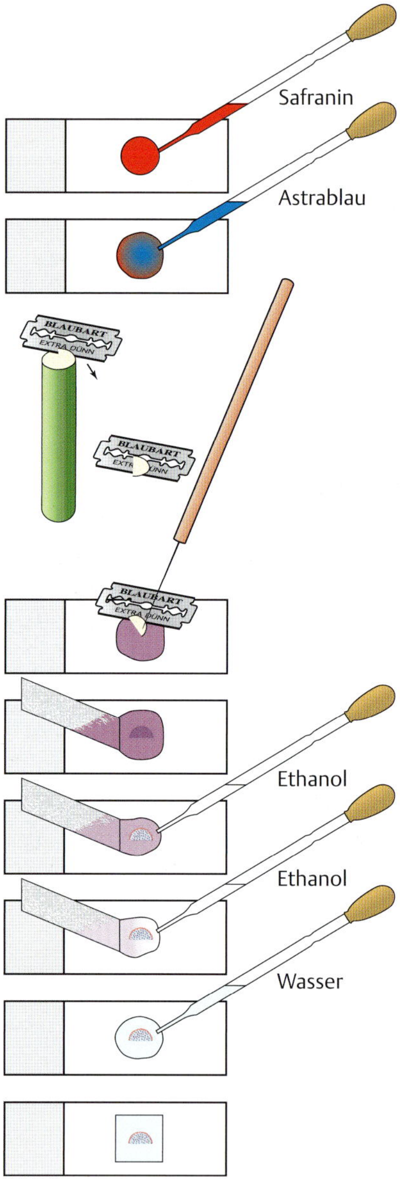

Abb. 10.14

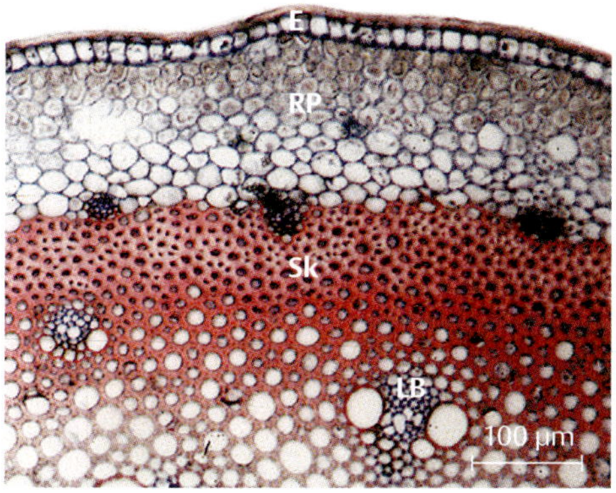

Abb. 10.15
Lichtmikroskopische Aufnahme eines Sprossquerschnittes von *Asparagus officinalis* (HF; Färbung mit Safranin + Astrablau). Das Sklerenchym liegt unter dem Rinden(= Assimilations)parenchym. E = Epidermis; LB = Leitbündel; RP = Rindenparenchym; Sk = Sklerenchym.

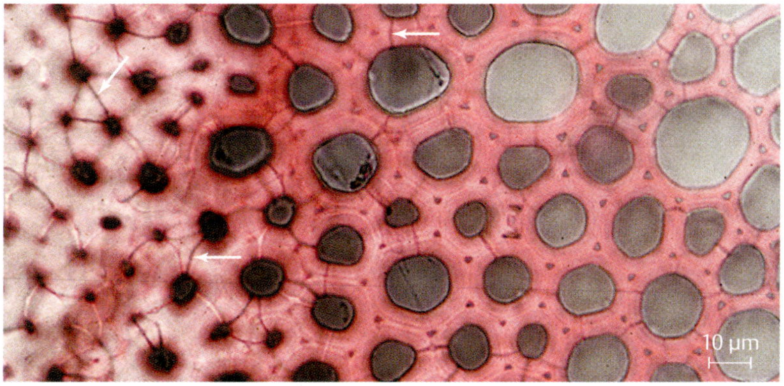

Abb. 10.16
Lichtmikroskopische Aufnahme der Peripherie des Sklerenchyms von *Asparagus officinalis* (HF; Färbung mit Safranin + Astrablau). Die Sklerenchymzellen sind im Querschnitt relativ regelmäßig sechseckig, gleichmäßig stark verdickt und verholzt. Zahlreiche Tüpfelkanäle verbinden benachbarte Zellen (Pfeile).

Zeichnung

Zwei Sklerenchymzellen im Zellverband.

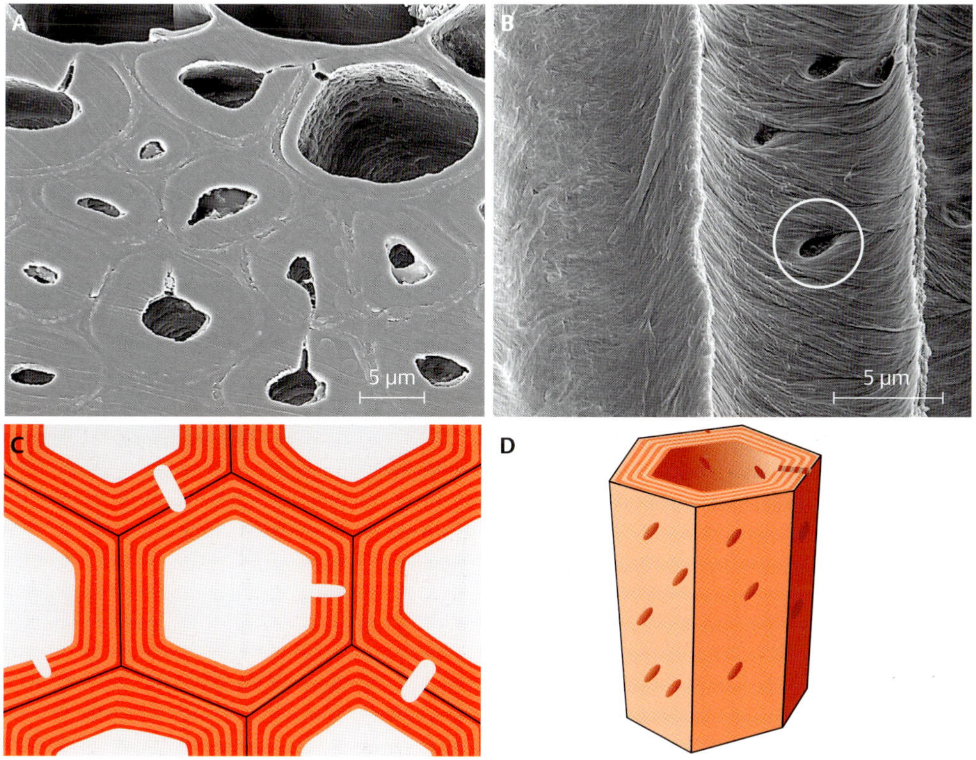

Abb. 10.17
Rasterelektronenmikroskopische Aufnahmen und schematische Darstellungen des Sklerenchyms von *Asparagus officinalis* im Querschnitt (**A**) und im Längsbruch (**B**). Der Aufbau der verdickten Zellwand aus schraubenförmig übereinanderliegenden Cellulosefibrillen und die Tüpfelkanäle (Kreis) sind deutlich zu erkennen. Die schematischen Darstellungen verdeutlichen den schichtweisen Aufbau der Zellwand (**C**) und die schräg verlaufenden Tüpfelkanäle (**D**).

Pirus communis (Birne)

Reagenzien

Astrablau
Safranin

Botanischer Steckbrief

Art
Pirus communis (Birne); Fam. Rosaceae.

Name
lat. *pirus* = Birne; lat. *communis* = gewöhnlich.

Herkunft
heimische und eurasische Wildformen. Fossil seit dem Tertiär nachgewiesen. Im 16. Jh. bereits 50 Birnensorten für Mitteldeutschland beschrieben.

Inhaltsstoffe
hoher Wasseranteil, vitaminreich, ca. 8 % Zucker. Wildformen gerbstoffreiche „Holzbirnen".

Stellenwert
als Obstbaum an zweiter Stelle der Weltproduktion. Holz ist sehr dauerhaft und wertvoll.

10.5 Steinzellen

Kursziel

Darstellung der **Steinzellen** von *Pirus communis* (Birne).

Präparation

Es werden dünne Schnitte durch das periphere Fruchtfleisch angefertigt (die meisten Steinzellennester befinden sich unmittelbar unter der „Schale"). Die Schnitte werden mit Astrablau und Safranin gefärbt (**Abb. 10.18**). Dieses Präparat stellt hohe Anforderungen an die Färbetechnik: Häufig färben sich die **Parenchymzellen** ebenfalls mit Safranin, und die Steinzellen nehmen den Farbstoff nur sehr „zögerlich" auf. Abhilfe schafft hier ein Erwärmen des Präparates, ggf. Nachfärben mit Astrablau.

Beobachtungen

Bei geringer Vergrößerung sind die einzelnen Steinzellennester bereits gut zu erkennen (**Abb. 10.19**). Sie liegen verstreut im Parenchym.

Die Steinzellen sind **isodiametrisch**, und ihre Zellwände sind durch Safranin (oft nur schwach) rot gefärbt (**Abb. 10.20**). Die Parenchymzellen sind langgestreckt; ihre Zellwände färben sich blau (**Abb. 10.19–20**).

Bei höherer Vergrößerung kann man bei den Steinzellen die Schichtung ihrer verholzten **Sekundärwände** und die **Tüpfelkanäle** zwischen den Zellen erkennen (**Abb. 10.21–24**). Die Tüpfelkanäle verlängern sich mit zunehmender Zellwandverdickung von außen nach innen. Aufgrund der isodiametrischen Form der Zelle kommen sie sich mit fortschreitender Wandverdickung näher und fusionieren häufig.

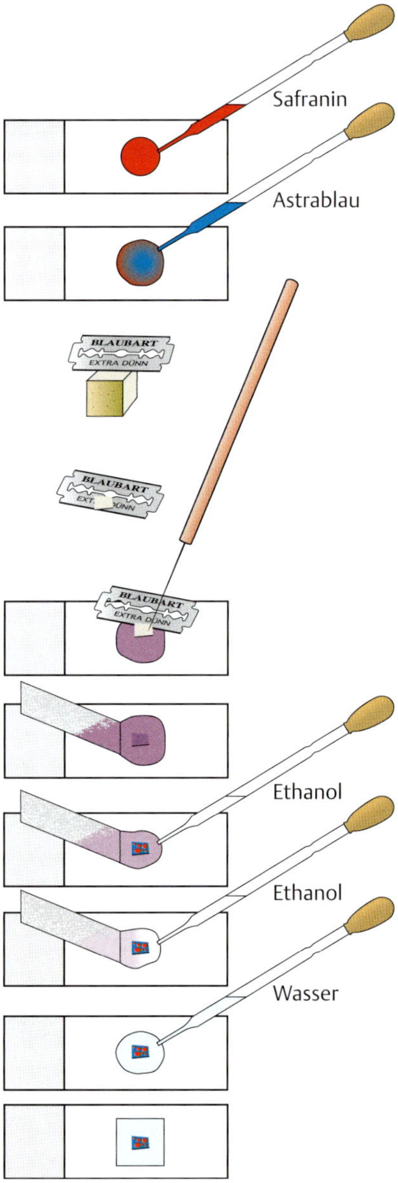

Abb. 10.18

Die Tüpfel erscheinen deshalb nach außen „verzweigt" (**Abb. 10.20 – 22** und **Abb. 10.24**).

Das Zeichnen benachbarter Zellen mit unterschiedlich verdickten Zellwänden fällt dem Anfänger erfahrungsgemäß schwer, da bei den Steinzellen durch die extrem verdickte Zellwand das Zelllumen oft so klein ist, dass es als solches nicht erkannt wird. Zudem sind sehr viele Steinzellen tangential geschnitten und zeigen deshalb kein Zelllumen. Die nicht verdickte Zellwand der Parenchymzellen ist dagegen nur als dünne Linie zu erkennen. Sie stellt die Mittellamelle incl. Zellwand dar. Beim Zeichnen empfiehlt es sich, ausgehend von der Mittellamelle, die unterschiedlich dicken Zellwände in den richtigen Proportionen zueinander darzustellen.

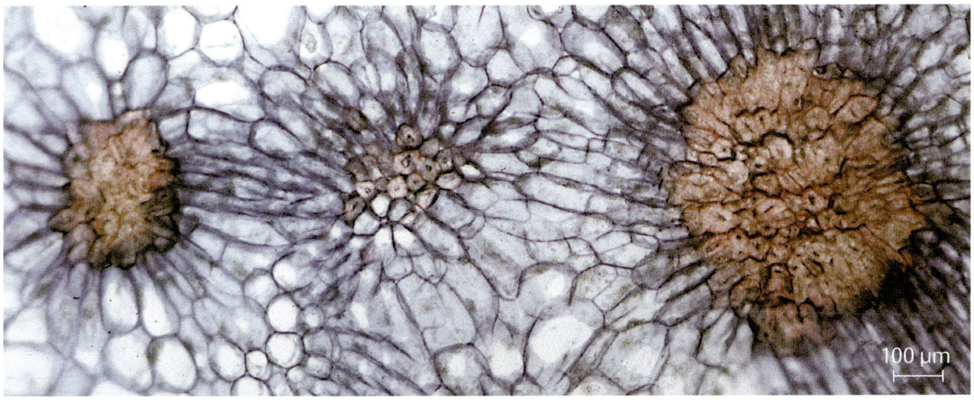

Abb. 10.19
Lichtmikroskopische Aufnahme (HF) eines Schnittes durch das Fruchtfleisch von *Pirus communis* (Färbung mit Astrablau + Safranin). Die Steinzellen entstehen im Parenchym und bilden größer werdende „Steinzellennester".

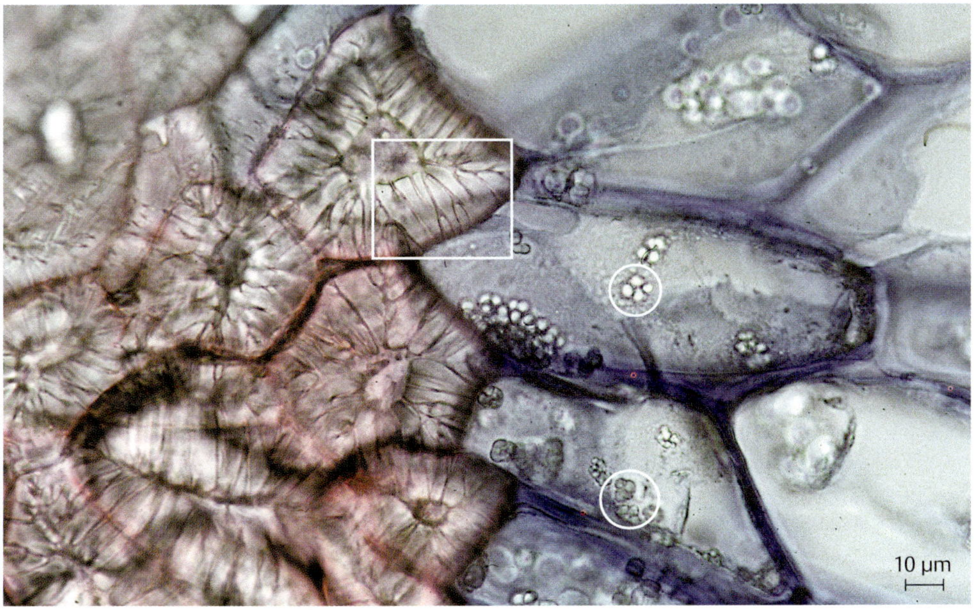

Abb. 10.20
Lichtmikroskopische Aufnahme (HF) eines Steinzellennestes von *Pirus communis* (Färbung mit Astrablau + Safranin). Die isodiametrischen Steinzellen sind verholzt (rot) und haben zahlreiche Tüpfelkanäle, die zum Zelllumen hin fusionieren (Quadrat). Die Parenchymzellen sind unverholzt (blau); sie enthalten Amyloplasten mit zusammengesetzten Stärkekörnern (Kreise).

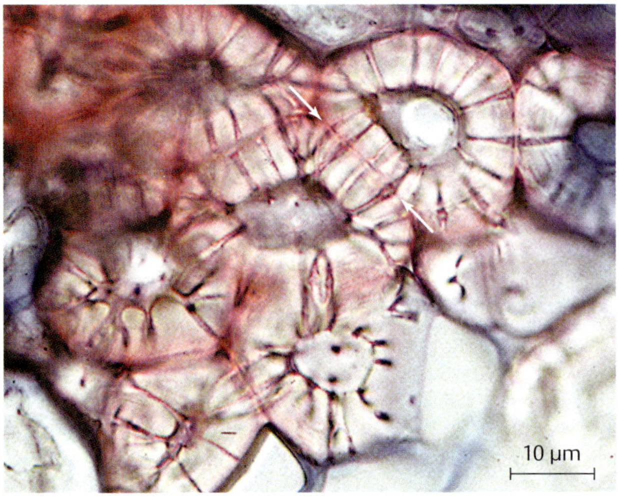

Abb. 10.21
Lichtmikroskopische Aufnahme (HF) eines Steinzellennestes von *Pirus communis* (Färbung mit Astrablau + Safranin). Die Tüpfelkanäle benachbarter Steinzellen stoßen an der Mittellamelle aneinander (Pfeile).

A

Abb. 10.22
Schematische Darstellungen der Steinzellen von *Pirus communis*. Die Zellen sind isodiametrisch (**A**). Die stark verdickte Zellwand ist geschichtet und von zahlreichen „verzweigten" Tüpfelkanälen durchzogen. Aufgrund der isodiametrischen Form der Steinzellen sind die Tüpfelkanäle im Schnittbild typischerweise abwechselnd tangential oder quergeschnitten (**B**). Die Parenchymzellen sind nicht verholzt; sie liegen strahlenförmig um die Steinzellennester (**B**).

B

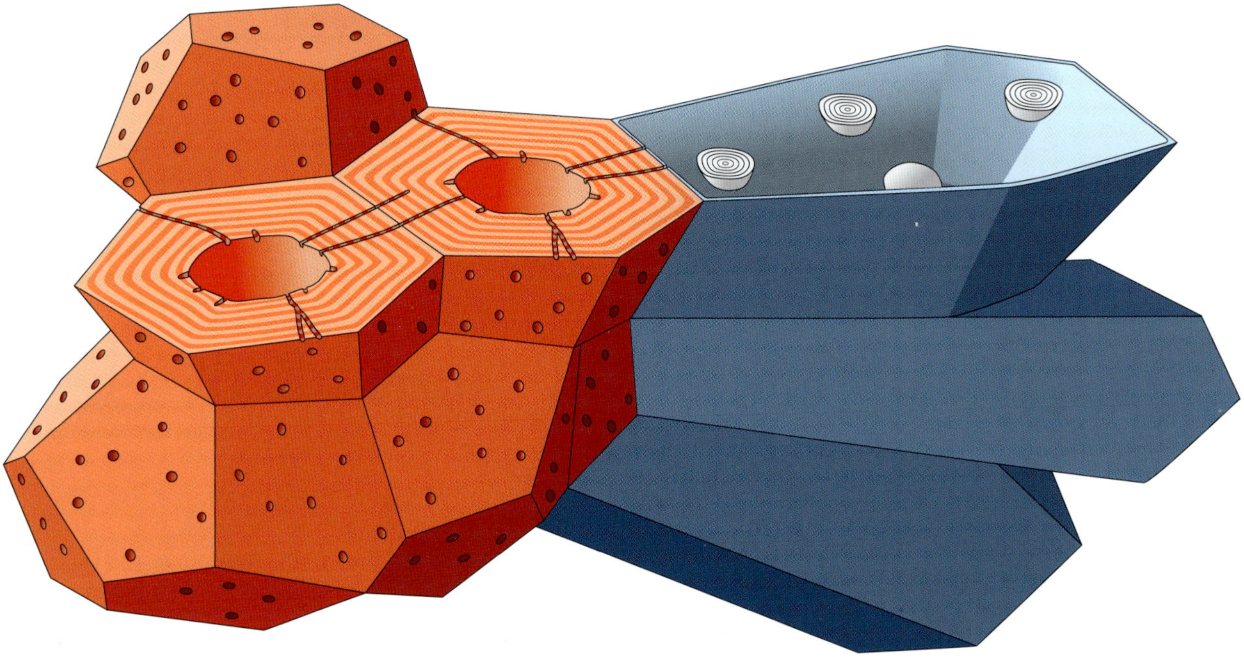

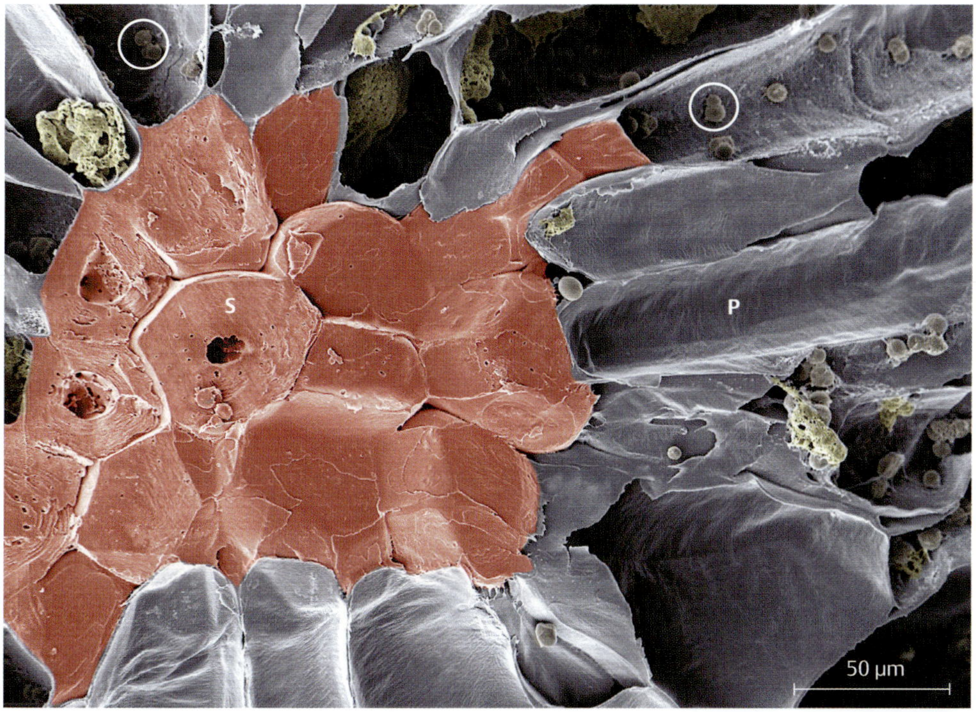

Abb. 10.23
Rasterelektronenmikroskopische Aufnahme (coloriert) eines Steinzellennestes von *Pirus communis*. Im Gegensatz zu den sehr dickwandigen, isodiametrischen Steinzellen (S) sind die angrenzenden Parenchymzellen (P) langgestreckt und dünnwandig. Als Speicherparenchym enthalten sie zahlreiche Amyloplasten (Kreise).

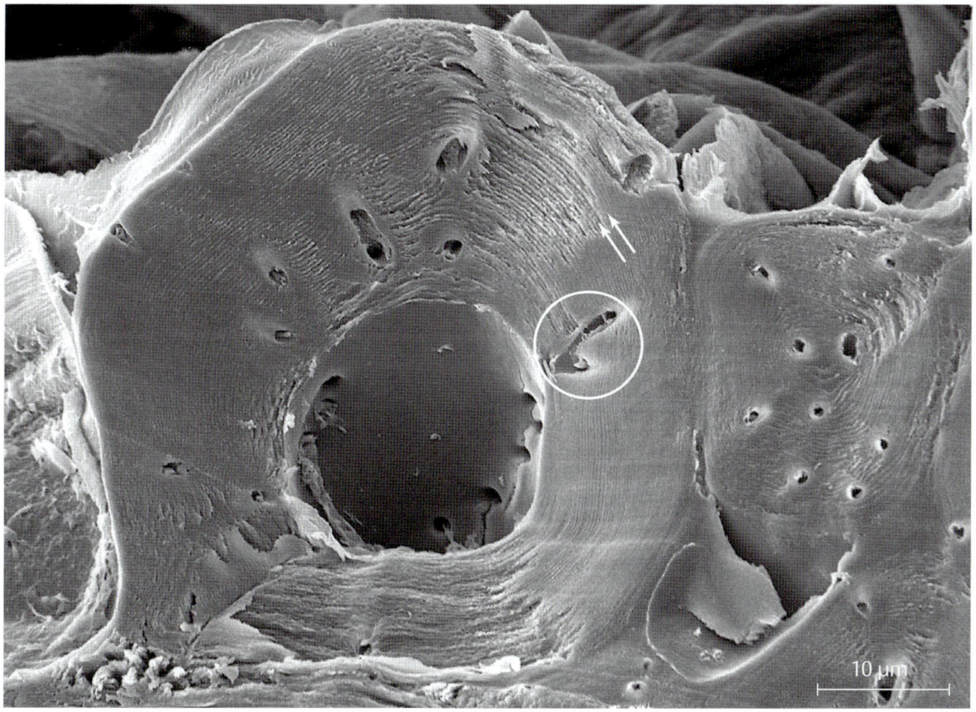

Abb. 10.24
Rasterelektronenmikroskopische Aufnahme einer Steinzelle von *Pirus communis*. Die dicke Zellwand ist geschichtet (Pfeile) und in radialer Richtung von Tüpfelkanälen durchzogen. Fusionierte Tüpfelkanäle erscheinen wie Verzweigungen (Kreis).

Zeichnung

Eine Steinzelle mit angrenzender Parenchymzelle im Zellverband. Die unterschiedlichen Wanddicken sollen deutlich zu erkennen sein.

Epidermis und Cuticula

Schutz und Abschluss

Die Epidermis ist das primäre Abschlussgewebe der Sprossachse und der Blätter; sie ist meist einzellschichtig. Da die „jungen“, oberirdischen Pflanzenteile ständig durch Wassermangel gefährdet sind, werden die Außenwände der Epidermiszellen meist erheblich dicker als die Radialwände und zusätzlich durch eine hydrophobe Wachsschicht (Cuticula) geschützt. Damit sich die hydrophobe Cuticula nicht von den hydrophilen Cellulosewänden ablöst, wird Cutin auch in den äußeren Bereichen der Zellwand inkrustiert. Somit wird die Cuticula über die Cuticularschicht mit der Zellwand „verschweißt“.
Die Epidermiszellen können vielfältige Umgestaltungen erfahren. Papillen, zipfelmützenartig gestaltete Epidermiszellen, streuen das Licht und lassen Blütenblätter matt erscheinen. Sie erhöhen dadurch die Signalwirkung für Insekten. Haare haben vielfältige Funktionen, wie z. B. Kälteschutz, UV-Schutz, Verdunstungschutz. Brennhaare sind, *nomen est omen*, ein wirkungsvoller Fraßschutz. Drüsenhaare heimischer und mediterraner Gewürzpflanzen – ursprünglich wohl auch Fraßschutz – dienen seit Jahrtausenden der Arterhaltung und Artverbreitung: Wer pflegt nicht gerne seinen Thymian, das Basilikum, die Pfefferminze, den Lavendel.

linke Seite oben: *Viola x wittrockiana* (Stiefmütterchen) Blüte
linke Seite unten links: *Cephalocereus senilis* (Greisenhaupt Kaktus)
linke Seite unten rechts: *Nelumbo nucifera* (Lotus) Blatt
rechts oben: *Zingiber spectabile* (Ingwer) Blütenstand
rechts unten: *Musa acuminata* (Banane) Blatt

Clivia nobilis (Clivie)

Reagenzien

Astrablau
Chlorzinkiod
Sudan-III-Glycerin

Botanischer Steckbrief

Art
Clivia nobilis (Clivie); Fam. Amaryllidaceae (Amaryllisgewächse).

Name
Clivia: Herzogin von Northumberland, geb. Lady Clive; lat. *nobilis* = vornehm, edel.

Herkunft
Südafrika

Stellenwert
Zierpflanze.

11.1 Cuticula und Cuticularschicht

Kursziel

Darstellung der Cuticula und Cuticularschicht von *Clivia nobilis*.

Präparation

Vom Laublatt werden mehrere dünne Querschnitte angefertigt. Es ist nicht nötig das gesamte Blatt quer zu schneiden; es genügt ein kleiner Ausschnitt aus dem Bereich der Epidermis.

Färbungen

Die drei Färbereagenzien werden getrennt voneinander an verschiedenen Schnitten angewendet.

Zur Färbung mit Astrablau werden die Schnitte etwa fünf Minuten in die Färbelösung gelegt. Anschließend wird mit Ethanol differenziert (**Abb. 11.1**).

Bei der Färbung mit Sudan-III-Glycerin werden die Schnitte direkt in die Färbelösung gebracht. Sie dürfen vorher nicht im Wasser liegen. Nach etwa fünf Minuten ist die Färbung meist deutlich sichtbar. Sudan-III-Glycerin wird nicht differenziert (**Abb. 11.1**).

Die Färbung mit Chlorzinkiod erfolgt ohne vorherige Einwirkung von Wasser. Die Schnitte werden direkt in die Färbelösung gelegt. Chlorzinkiod wird nicht ausgewaschen (**Abb. 11.1**).

Beobachtungen

Die Epidermis von *Clivia nobilis* zeigt stark verdickte äußere Zellwände. Sie sind in Cuticula (= Cutinauflagerung), Cuticularschicht (= Cellulosewand mit Cutininkrustierung) und reine Cellulosewand untergliedert. Die Cuticularschicht dringt bei den antiklinen Zellwänden entlang der Mittellamelle nach innen und erscheint im Querschnitt wie spitze, nach unten gerichtete Zähne.

Die drei Schichten können durch Färbung mit Chlorzinkiod dargestellt werden. Der reine Cellulosewandanteil färbt sich dabei blau bis lila, die Cuticula (passiv) gelb. Die Cuticularschicht färbt sich orange bis braun als Mischfarbe von Cutin (gelb) und Cellulose (blau) (**Abb. 11.1**).

Astrablau färbt nur die Cellulosewand blau; Cuticula und Cuticularschicht erscheinen farblos (**Abb. 11.1**).

Mit Sudan-III-Glycerin färben sich die Cuticula und die Cuticularschicht rosa bis rot; die Cellulosewand erscheint farblos (**Abb. 11.1**).

Zeichnung

Drei Epidermiszellen im Zellverband. Tragen Sie die unterschiedlichen Färbeergebnisse zur besseren Einprägung mit entsprechenden Buntstiften ein.

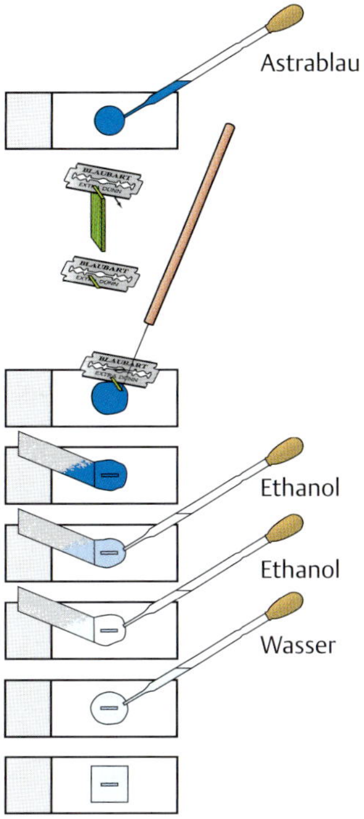

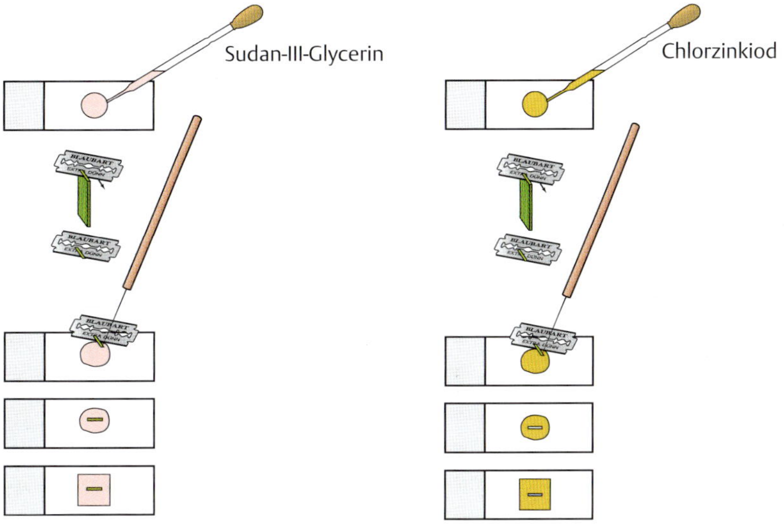

Abb. 11.1
Färbung von Blattquerschnitten von *Clivia nobilis* mit unterschiedlichen Reagenzien mit je einer lichtmikroskopischen Aufnahme (HF) und schematischer Darstellung des Färbeverhaltens von Cuticula (C) und Zellwand (ZW) mit Cuticularschicht (CS). Durch die „quellende" Wirkung von Chlorzinkiod werden die Schichten leicht verändert.

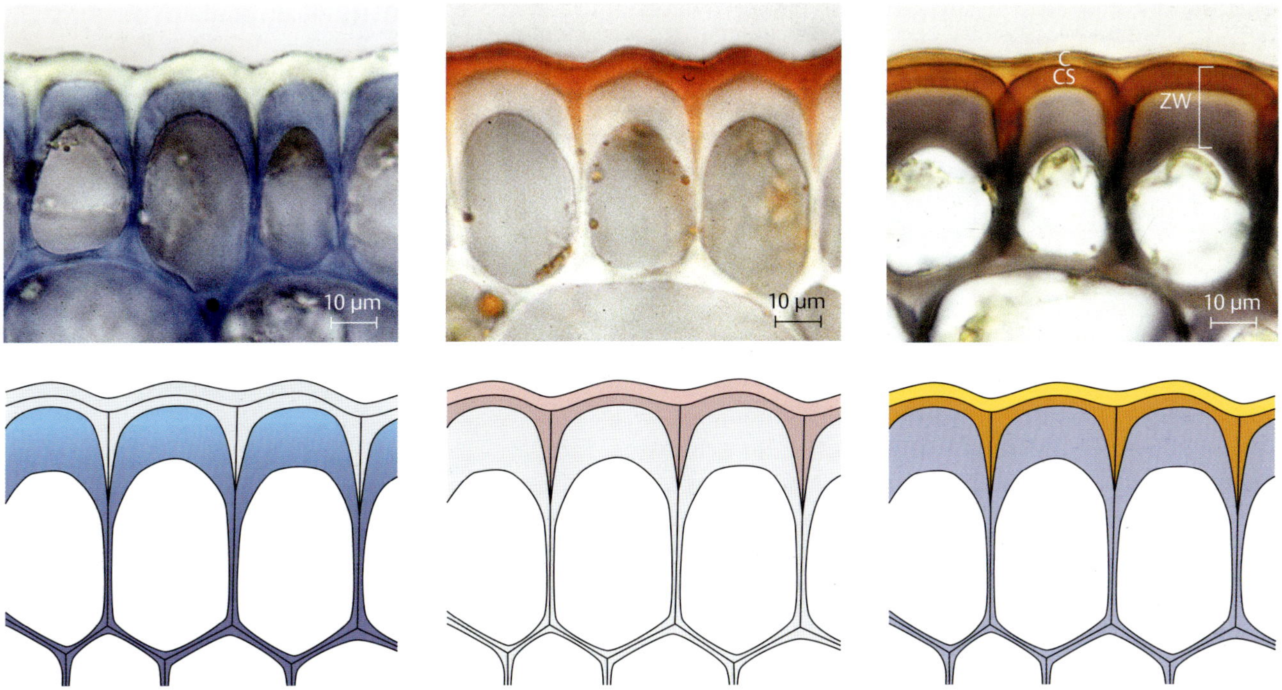

Viola x wittrockiana (Stiefmütterchen)

Botanischer Steckbrief

Art
Viola × wittrockiana = V. altaica × V. lutea × V. tricolor (Stiefmütterchen); Fam. Violaceae (Veilchengewächse).

Name
viola: lat. Pflanzenname; lat. *violaceus* = violett. Veit Brecher Wittrock (1839–1914), schwed. Botanikprofessor (Stockholm); ausführliche Abhandlungen zu Kreuzungen von *Viola* in England.

Herkunft
nordhemisphärisch, außertropisch, fossil seit dem Pleistozän.

Inhaltsstoffe
Flavonoide, Salicylsäurederivate, Carotinoide und Schleimstoffe.

Stellenwert
Zierpflanze.

11.2 Papillen

Kursziel

Signalwirkung der Blüten: **Papillen**; Erklärung der Blütenfarben gelb, violett und „schwarz".

Präparation

Von einem Blütenblatt von *Viola × wittrockiana* wird vorsichtig ein Querschnitt der Übergangszone des gelb/schwarzen Farbbereiches angefertigt. Dazu wird ein Stückchen Styropor mit einer Rasierklinge eingeschnitten; ein Blattstückchen wird darin eingeklemmt, mit dem Styropor zusammen geschnitten und in Wasser mikroskopiert (**Abb. 11.2**).

Beobachtungen

Bei niedriger Vergrößerung ist in der Übersicht die papillenartige Ausbildung der Epidermiszellen zu erkennen (**Abb. 11.3–4**). Diese Oberflächenstruktur bedingt – zusammen mit den **Cuticularfalten** (**Abb. 11.5** und **Abb. 11.8**) – das samtartige Aussehen der Blüten.

Im gelben Bereich der Blüte finden wir **Papillen** mit einer Anhäufung von **Chromoplasten** im basalen Teil. Der gelbe Farbstoff (= fettlösliches **Carotinoid**) ist in **Plastoglobuli** in den Chromoplasten lokalisiert (**Abb. 11.9–10**). Im schwarzen Saftmal haben die Papillen ebenfalls gelbe Chromoplasten und zusätzlich durch **Anthocyane** gefärbte Vakuolen (**Abb. 11.6–7**).

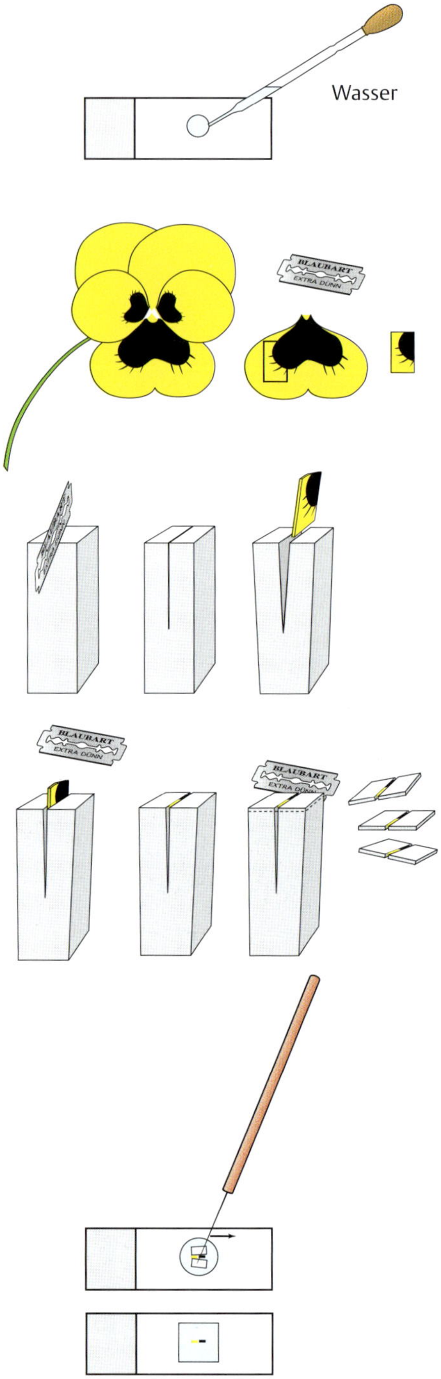

Abb. 11.2

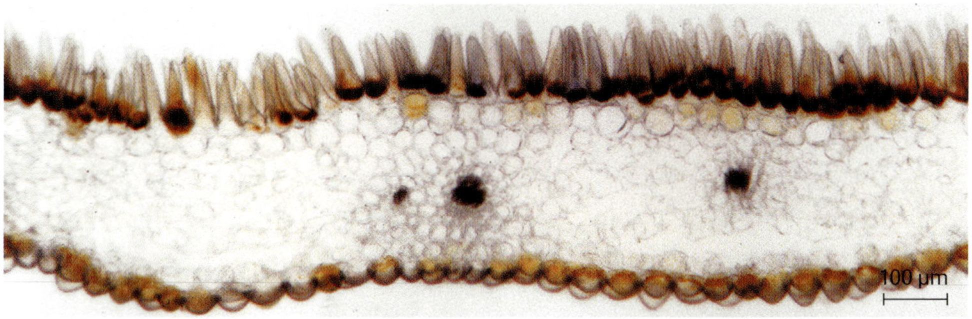

Abb. 11.3
Lichtmikroskopische Aufnahme (HF) eines Schnittes durch das Blütenblatt von *Viola × wittrockiana*. Die Epidermiszellen der Blütenblattoberseite sind als Papillen ausgebildet.

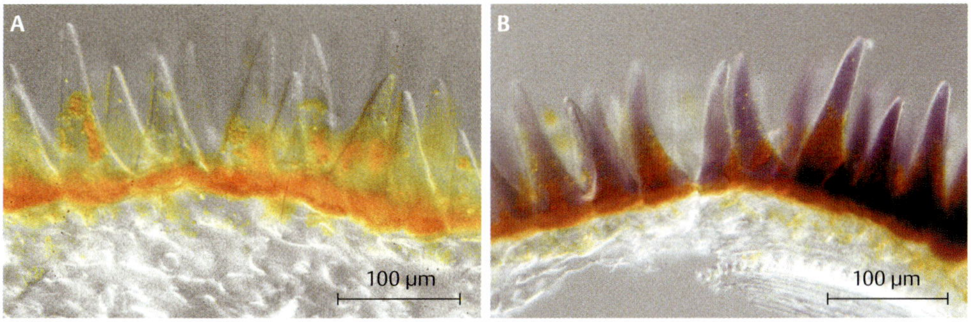

Abb. 11.4
Lichtmikroskopische Aufnahmen (DIC) eines Schnittes durch das Blütenblatt von *Viola × wittrockiana* mit Papillen aus dem gelben Bereich (**A**) und dem „schwarzen" Saftmal (**B**).

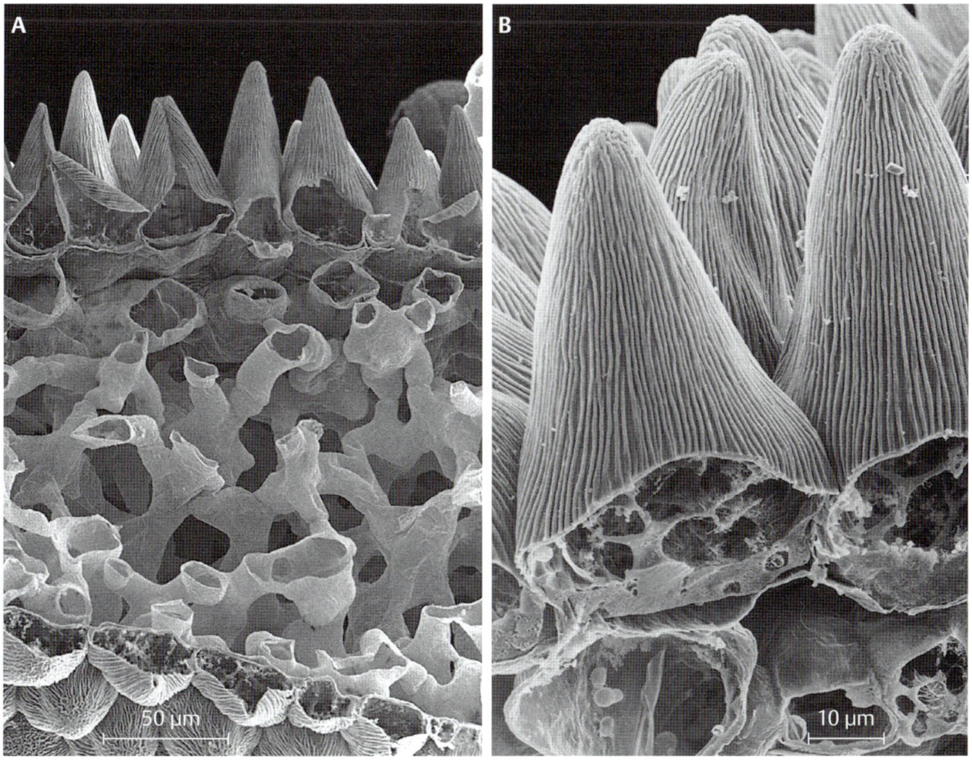

Abb. 11.5
Rasterelektronenmikroskopische Aufnahmen eines Querbruches durch ein Blütenblatt von *Viola × wittrockiana*. Die Papillen der Blattoberseite (oben) sind spitz ausgezogen, die Papillen der Blattunterseite sind deutlich flacher (**A**). Die Papillen zeigen charakteristische Cuticularfalten (**B**).

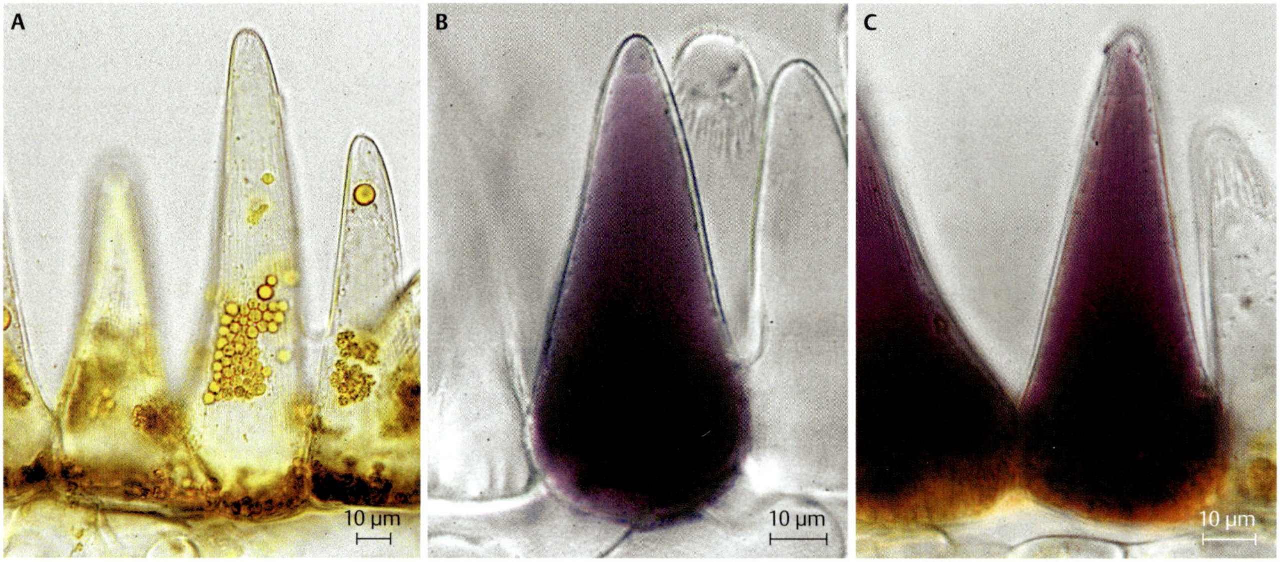

Abb. 11.6
Lichtmikroskopische Aufnahmen (HF) von Schnitten durch Blütenblätter von *Viola × wittrockiana*. Das Cytoplasma der „gelben" Papillen ist an der Basalseite dicht gepackt mit gelb gefärbten Chromoplasten (**A**). Die Papillen der blauen und violetten Blüten haben anthocyanhaltige Vakuolen, aber keine Chromoplasten (**B**). Die Papillen des „schwarzen" Saftmales haben sowohl Chromoplasten als auch mit Anthocyan gefärbte Vakuolen (**C**).

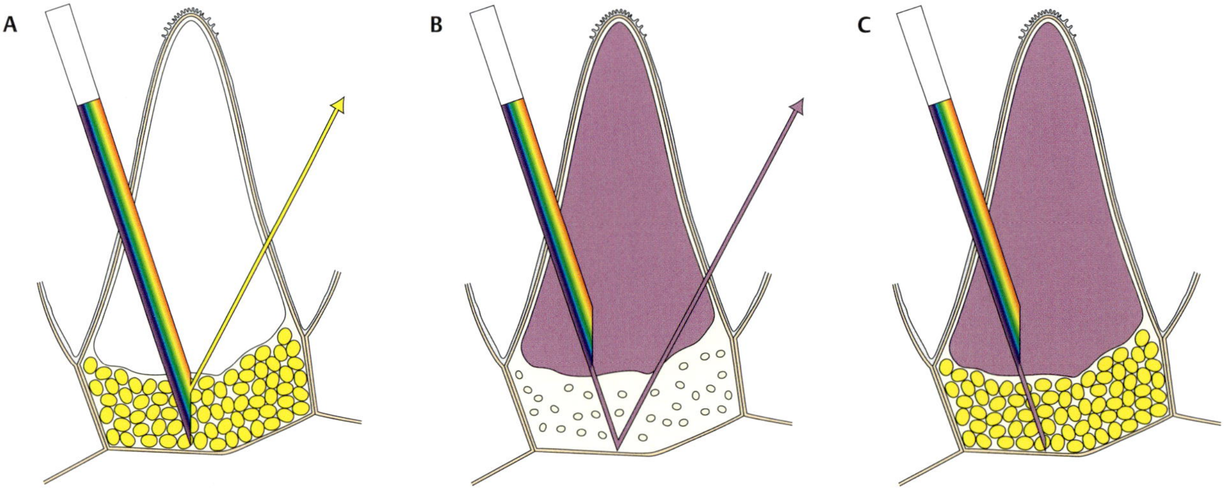

Abb. 11.7
Schematische Darstellung der Entstehung der Blütenfarben von *Viola × wittrockiana*.
A Die Chromoplasten der „gelben" Papillen absorbieren aus dem Weißlicht alle Wellenlängen außer gelb.
B Anthocyane der Vakuole absorbieren alle Wellenlängen außer blau bzw. violett.
C Wenn eine Papille Chromoplasten und eine anthocyanhaltige Vakuole besitzt, erscheint sie schwarz.

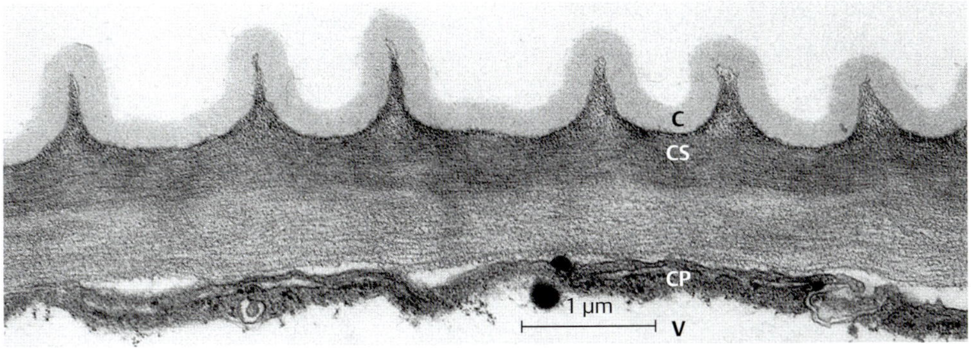

Abb. 11.8
Transmissionselektronenmikroskopische Aufnahme der Papillenwand von *Viola × wittrockiana*. Die Cuticula (C) und Cuticularschicht (CS) bilden charakteristische Cuticularfalten.
CP = Cytoplasma;
V = Vakuole.

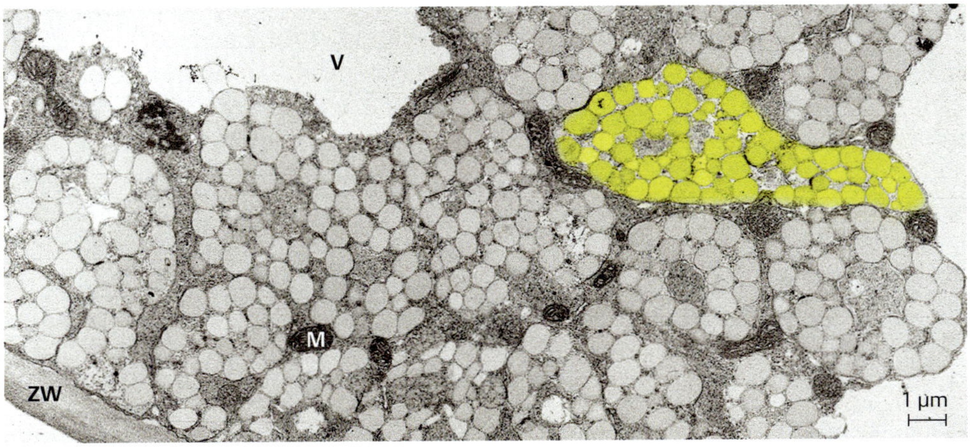

Abb. 11.9
Transmissionselektronenmikroskopische Aufnahme der Basalregion einer gelben Papille von *Viola × wittrockiana*. Zahlreiche Chromoplasten, prall gefüllt mit Plastoglobuli, liegen dicht gepackt im Cytoplasma. Die Plastoglobuli eines Chromoplasten wurden zur Verdeutlichung gelb coloriert.
M = Mitochondrium;
V = Vakuole;
ZW = Zellwand.

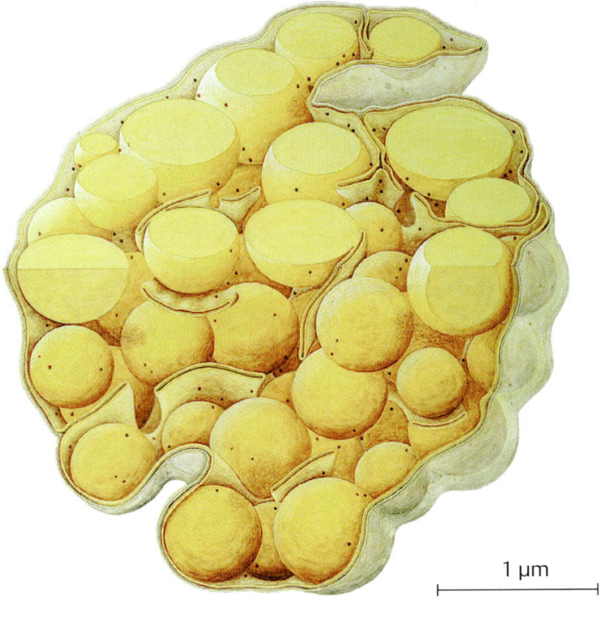

Abb. 11.10
Schematische Darstellung (nach Serien-Ultradünnschnitten) eines Chromoplasten von *Viola × wittrockiana*.

Zeichnung

Zellige Darstellung des Übergangsbereiches von Papillen mit Chromoplasten und Papillen mit anthocyangefärbter Vakuole.

Pelargonium zonale (Geranie)

Botanischer Steckbrief

Art
Pelargonium zonale (Pelargonie, Geranie); Fam. Geraniaceae (Storchschnabelgewächse).

Name
gr. pelargos = Storch (Bezug zur Frucht); lat. *zonalis* = gürtelartig, gestreift.

Herkunft
überwiegend Süd- und Südostafrika. *Pelargonium zonale* war bereits seit 1710 für Züchtungszwecke in England in Kultur.

Inhaltsstoffe
ätherische Öle mit den Hauptbestandteilen Geraniol und Citronellöl.

Stellenwert
Zierpflanze. Duftölgewinnung vorwiegend von *P. graveolens* (= Echtes Geraniumöl) und *P. odoratissimum* (zitronenartiger Duft).

11.3 Drüsenhaare

Kursziel

Darstellung eines **Drüsenhaares** der Geranie (*Pelargonium zonale*).

Präparation

Von einem Blattstiel von *Pelargonium zonale* wird ein Querschnitt angefertigt. Der Teil des Blattstieles, der geschnitten werden soll, darf vorher nicht berührt werden (Blatt an der Spreite anfassen!). Die Schnitte werden in einen Tropfen Wasser auf einen Objektträger gebracht und mit einem Deckglas vorsichtig abgedeckt (**Abb. 11.11**).

Beobachtungen

Die Drüsenhaare liegen zwischen ein- und mehrzelligen, unverzweigten Haaren (**Abb. 11.12**). Sie sind in einen mehrzelligen Stiel und ein **Drüsenköpfchen** untergliedert (**Abb. 11.13–14**). Ein intaktes Drüsenköpfchen hat charakteristischerweise eine stark lichtbrechende „Kappe" (**Abb. 11.12–13** A). Dort befindet sich **ätherisches Öl** zwischen der Zellwand und einem äußeren dünnen Häutchen, das aus der Cuticula und anhaftenden Zellwandresten besteht. Bei Berührung reißt das Häutchen und setzt das Öl frei – es duftet nach Geranie. Die Cuticula kann mehrfach erneuert werden.

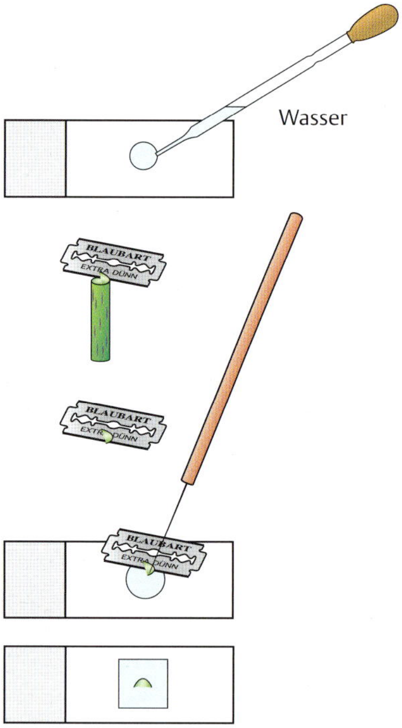

Abb. 11.11

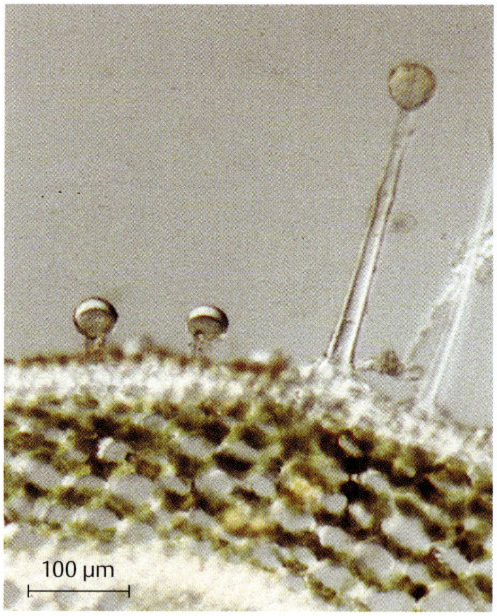

Abb. 11.12
Lichtmikroskopische Aufnahme (DIC) eines Schnittes durch den Blattstiel von *Pelargonium zonale* mit lang- und kurzgestielten Drüsenhaaren.

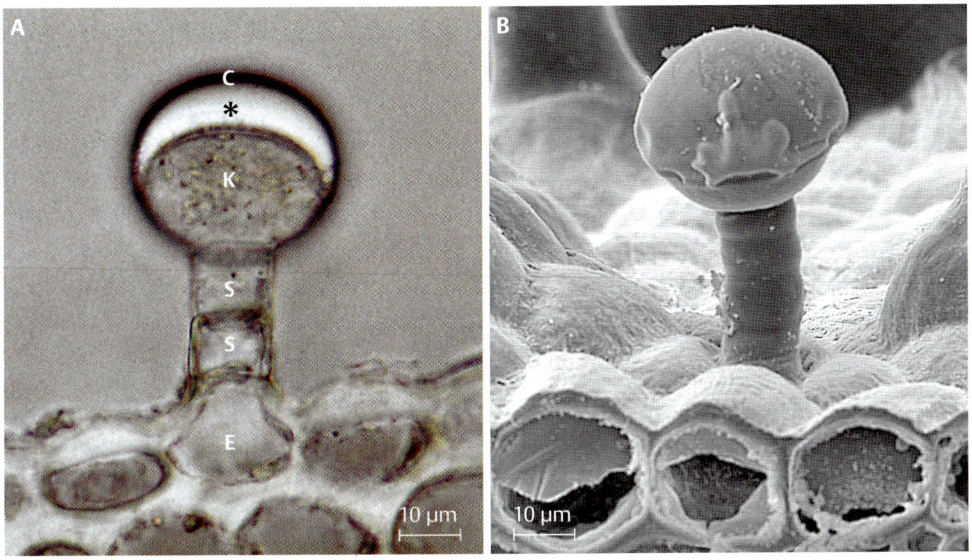

Abb. 11.13
Lichtmikroskopische (**A**; HF) und rasterelektronenmikroskopische (**B**) Aufnahmen eines Drüsenhaares von *Pelargonium zonale*. Die Drüsenhaare bestehen aus einer Köpfchenzelle (K) und einigen Stielzellen (S). Sie inserieren in der Epidermis (E). Die Produktion von ätherischen Ölen (Stern) durch die Köpfchenzelle führt zur partiellen Ablösung der Cuticula (**C**) von der Zellwand.

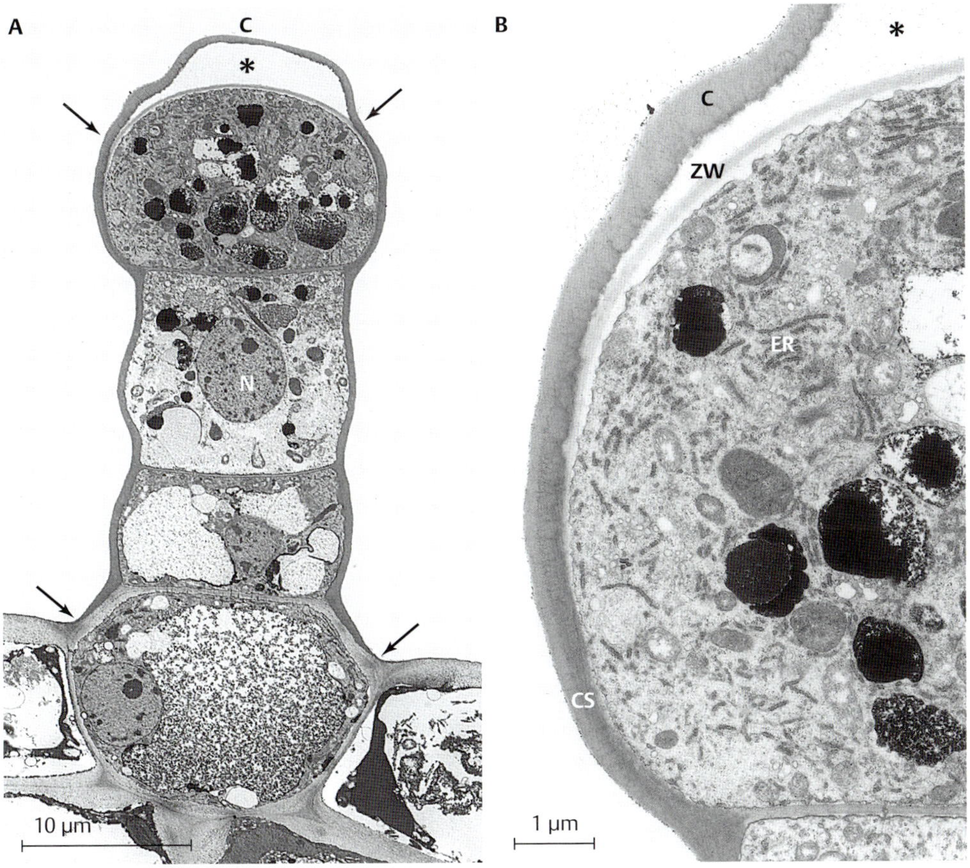

Abb. 11.14
Transmissionselektronenmikroskopische Aufnahmen eines Drüsenhaares von *Pelargonium zonale*. Die Cuticula (**C**) ist an den Stielzellen und z. T. an der Köpfchenzelle mit der Zellwand (ZW) über eine Cutikularschicht (CS) verbunden (**A**; Pfeile). Mit der Produktion des ätherischen Öles (Stern) löst sich die Cuticula stellenweise von der Zellwand ab (**B**; Detailvergrößerung von **A**).
ER = Endoplasmatisches Retikulum;
N = Zellkern.

Zeichnung

Ein intaktes Drüsenhaar mit angrenzendem Gewebe.

Urtica dioica (Brennessel)

Botanischer Steckbrief

Art
Urtica dioica (Große Brennnessel); Fam. Urticaceae (Brennnesselgewächse).

Name
lat. *urere* = brennen;
lat. *dioicus* = zweihäusig (männliche und weibliche Blüten getrennt, auf verschiedenen Pflanzen).

Herkunft
Kosmopolit; bevorzugt stickstoffreiche Ruderalstellen.

Inhaltsstoffe
in den Brennhaaren Acetylcholin, Histamin, Serotonin, Ameisensäure und Natriumformiat, Salze der Harnsäure.

Stellenwert
bis ins 18. Jh. Faserpflanze für „Nesseltuch". Jungtriebe wohlschmeckender „Brennnesselspinat". Früher Peitschen der Haut mit frischen Brennnesseln („Urtikationen") bei Rheuma, Hexenschuss und Ischias. Brennnesselsud alternatives Mittel gegen Blattläuse. Aquaretische Wirkung und protektive Wirkung des Wurzelsudes bei Prostatabeschwerden.

11.4 Brennhaare

Kursziel

Darstellung eines **Brennhaares** von *Urtica dioica* (Brennnessel).

Präparation

Die Blattstiele von *Urtica dioica* sind reich behaart. Zwischen den Haaren befinden sich auffällig große Brennhaare (**Abb. 11.15**). Vorsichtig mit einer Rasierklinge ein Brennhaar mit Sockel „abrasieren" (**Abb. 11.16**).

Beobachtungen

Am unteren Ende des Brennhaares ist ein Sockel zu erkennen, der von Epidermiszellen und subepidermalem Gewebe gebildet und als **Emergenz** bezeichnet wird (**Abb. 11.17**). In diesem Sockel ist das Brennhaar mit seinem verdickten, unteren Ende, dem **Bulbus** eingesenkt. Nach oben wird das Haar schlanker und knickt an der Spitze mit dem „Köpfchen" leicht ab (**Abb. 11.17–18**). Die Zellwand des Drüsenhaares ist am Knick am dünnsten. Hier befindet sich auch die verkieselte „Sollbruchstelle" des Köpfchens (**Abb. 11.17–19**). In der Haarzelle ist die **Plasmaströmung** gut zu beobachten. Durch leichtes Klopfen auf das Deckglas kann man das Köpfchen abbrechen. Der Vakuoleninhalt läuft aus und die Plasmaströmung erlischt.

Abb. 11.15
Blattstiel von *Urtica dioica* mit mehreren Brennhaaren (Rahmen).

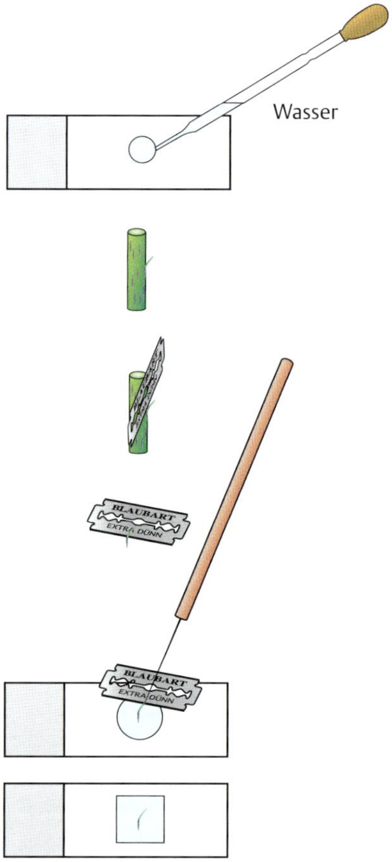

Abb. 11.16

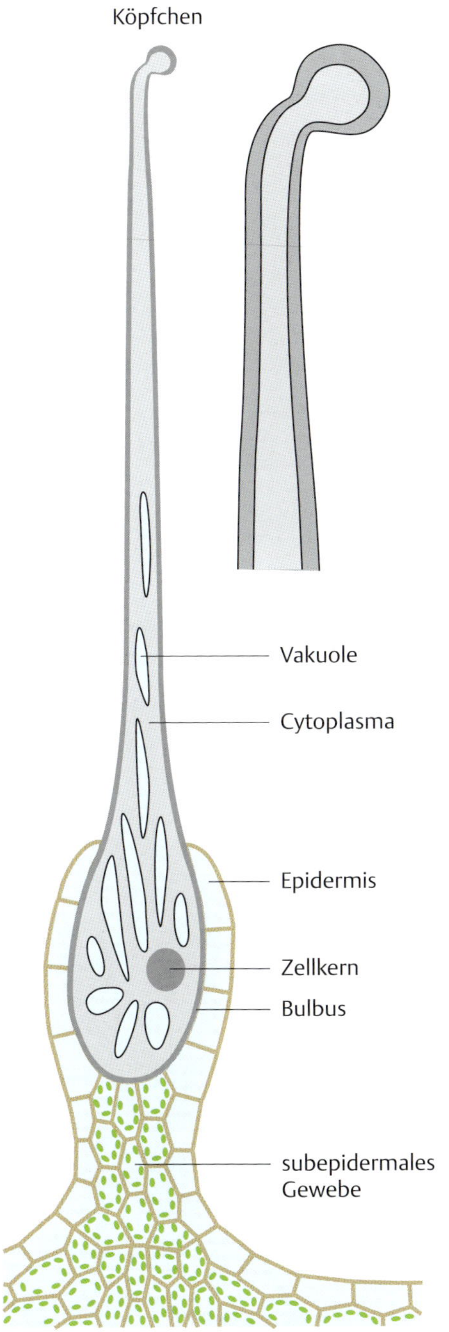

Abb. 11.17
Schematische Darstellung eines Brennhaares mit Sockel von *Urtica dioica* und Detailzeichnung des Köpfchens.

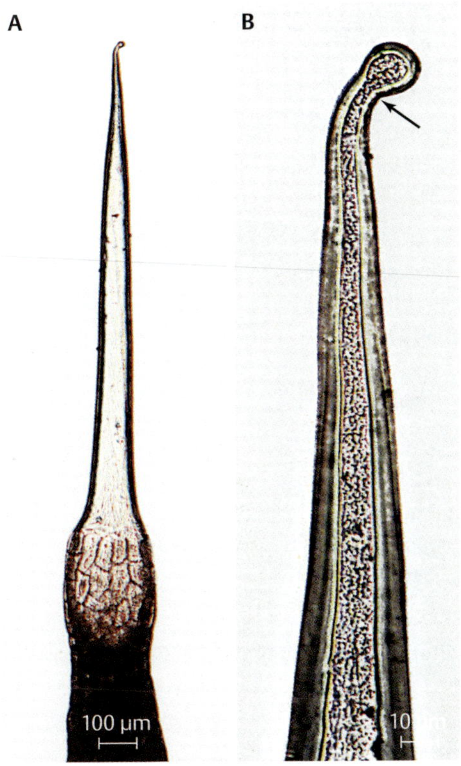

Abb. 11.18
Lichtmikroskopische Aufnahmen (HF) eines Brennhaares mit Sockel von *Urtica dioica* (**A**). Das Brennhaar läuft spitz zu und hat am Ende ein „Köpfchen" (**B**); die dicke Zellwand des Brennhaares hat hier eine „Sollbruchstelle" (**B**; Pfeil).

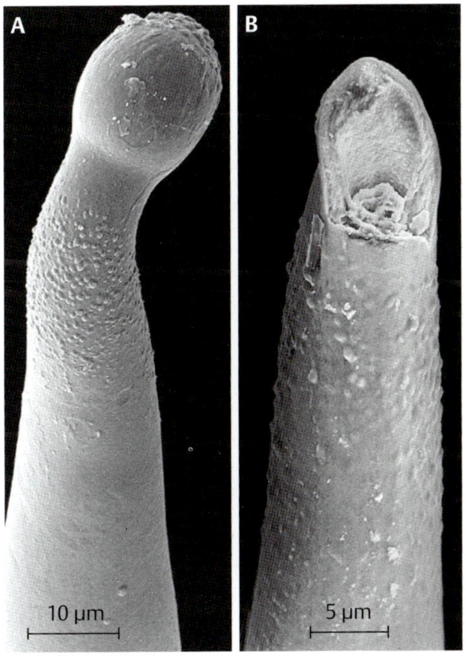

Abb. 11.19
Rasterelektronenmikroskopische Aufnahmen von Brennhaaren von *Urtica dioica* mit intaktem „Köpfchen" (**A**) und mit abgebrochenem Köpfchen (**B**).

Zeichnung

Ein Brennhaar mit vergrößerter Darstellung des „Köpfchens".

11.5 Haarformen

Eine kurze Zusammenstellung von Präparationen und mikroskopischen Aufnahmen soll zur Untersuchung der verschiedenen Haartypen anregen (**Abb. 11.20 – 37**). Die einfachsten Haare sind einzellig und unverzweigt (**Abb. 11.21**). Durch Zellquerteilungen entstehen mehrzellige, unverzweigte Haare (**Abb. 11.23**). Einzellige Haare können einen Haken oder mehrere Häkchen ausbilden, die z. B. ein Blatt für Insekten „widerborstig" machen. Bei Berührung können die Widerhaken hängenbleiben, abbrechen und empfindliche Schmerzen erzeugen (**Abb. 11.30 – 31**). Hakenhaare, z. B. des Hopfens oder der Bohne, ermöglichen das Klettern (**Abb. 11.32 – 33**). Stark „filzige" Blätter (z. B. Königskerze) haben meist lange, mehrzellige und verzweigte Haare (**Abb. 11.27** und **Abb. 11.34 – 35**). Bei den Schuppenhaaren sitzen auf einer oder mehreren „Stielzellen" eine oder mehrere flache, tellerförmige Zellen (**Abb. 11.29** und **Abb. 11.36**). Bei Blättern von Bromelien (z. B. Ananas) haben sie eine wichtige Funktion zur Aufnahme von Kondenswasser (= Saugschuppen; **Abb. 11.37**).

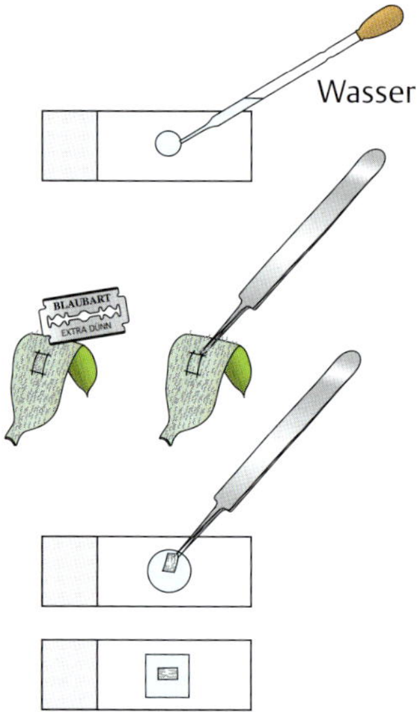

Abb. 11.20
Präparation der unteren Epidermis der leicht behaarten Tagblume (*Tradescantia albicans*).

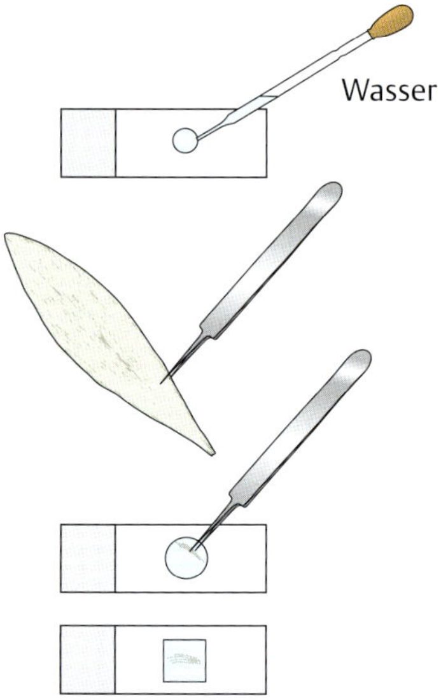

Abb. 11.22
Abpräparation von Haaren mit einer Pinzette von der Blattober- oder -unterseite des Schafsohres (*Stachys lanata*).

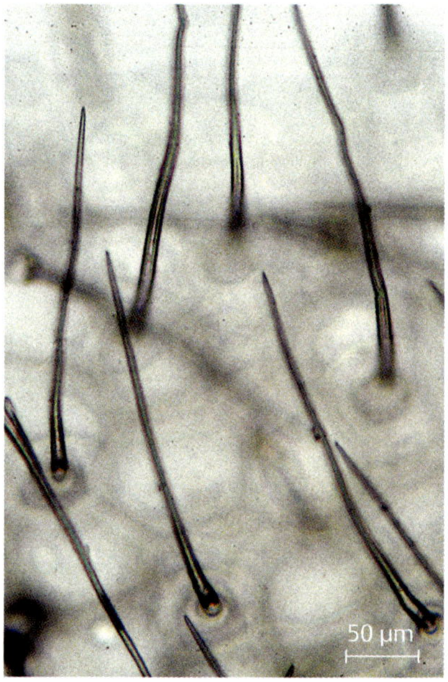

Abb. 11.21
Lichtmikroskopische Aufnahme (HF) einzelliger, unverzweigter Haare von *Tradescantia albicans*.

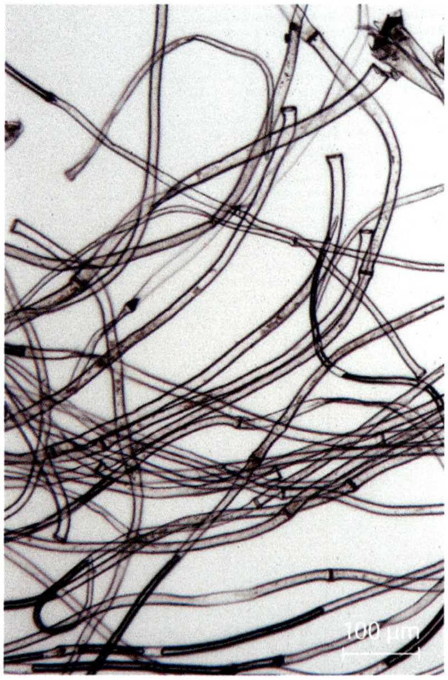

Abb. 11.23
Lichtmikroskopische Aufnahme (HF) mehrzelliger, unverzweigter Haare von *Stachys lanata*.

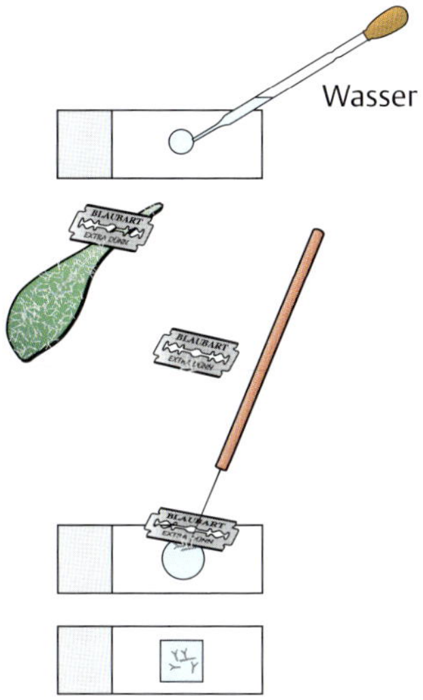

Abb. 11.24
„Abhobeln“ der Haare eines Blattes der Ackerschmalwand (*Arabidopsis thaliana*).

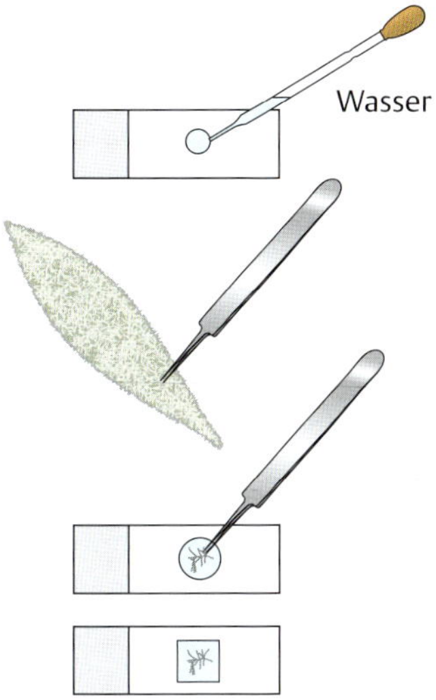

Abb. 11.26
Abpräparation von Haaren mit einer Pinzette von der Blattober- oder -unterseite der Königskerze (*Verbascum* spec.).

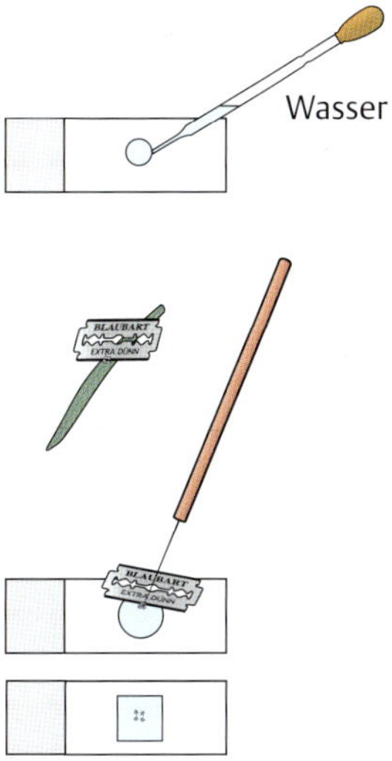

Abb. 11.28
„Abhobeln“ der Haare eines Blattes des Sanddornes (*Hippophae rhamnoides*).

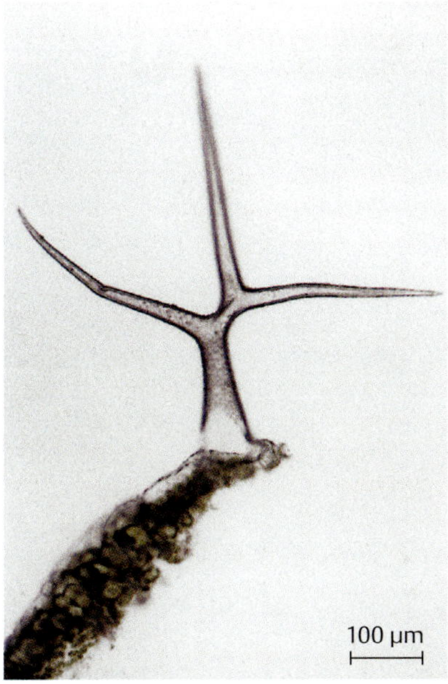

Abb. 11.25
Lichtmikroskopische Aufnahme (HF) eines einzelligen, verzweigtes Haares von *Arabidopsis thaliana*.

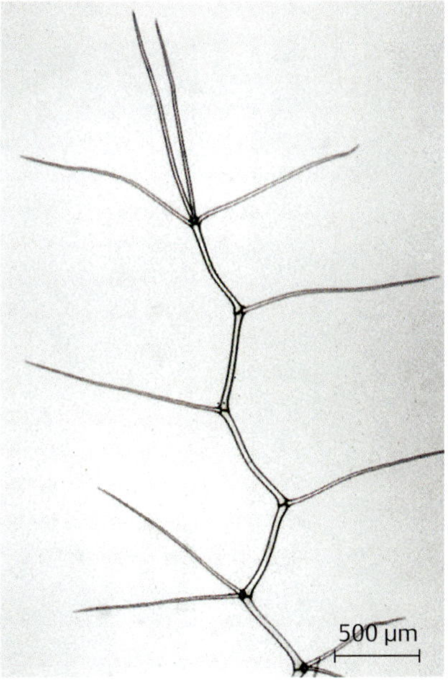

Abb. 11.27
Lichtmikroskopische Aufnahme (HF) eines mehrzelligen, verzweigten Haares von *Verbascum* spec.

Abb. 11.29
Lichtmikroskopische Aufnahme (DIC) eines Schuppenhaares von *Hippophae rhamnoides*.

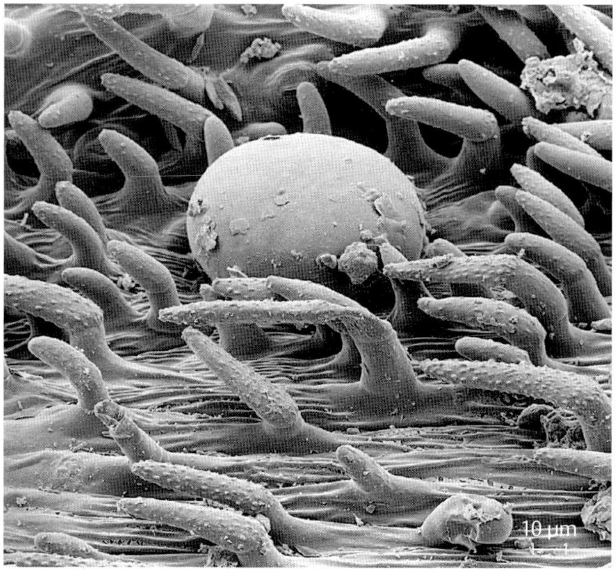

Abb. 11.30
Rasterelektronenmikroskopische Aufnahme der Blattunterseite des Thymians (*Thymus vulgaris*) mit einem Drüsenhaar und Hakenhaaren.

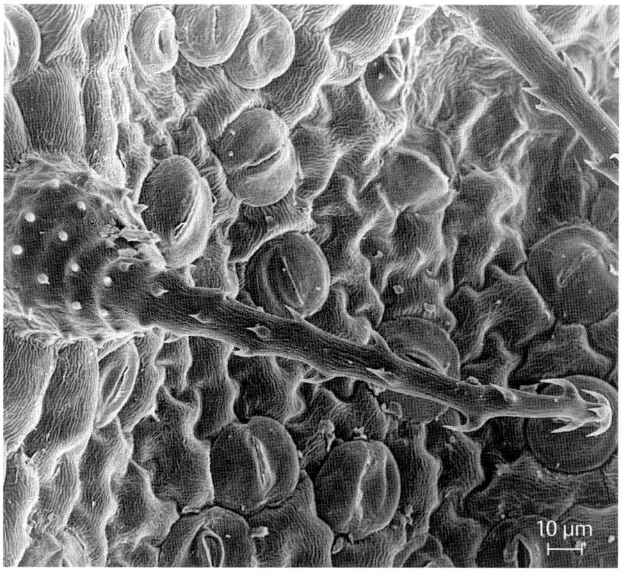

Abb. 11.31
Rasterelektronenmikroskopische Aufnahme eines Haares mit Widerhaken einer Blumennessel (*Loasa* spec.)

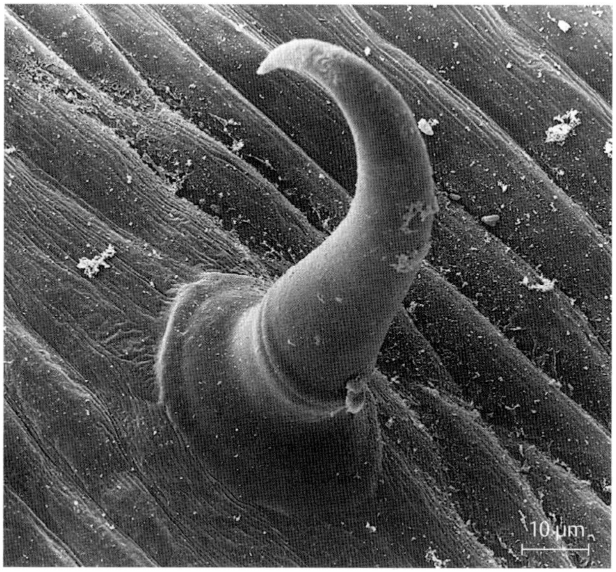

Abb. 11.32
Rasterelektronenmikroskopische Aufnahme eines Sprosses einer Feuerbohne (*Phaseolus coccineus*) mit einem Hakenhaar (= Kletterhilfe).

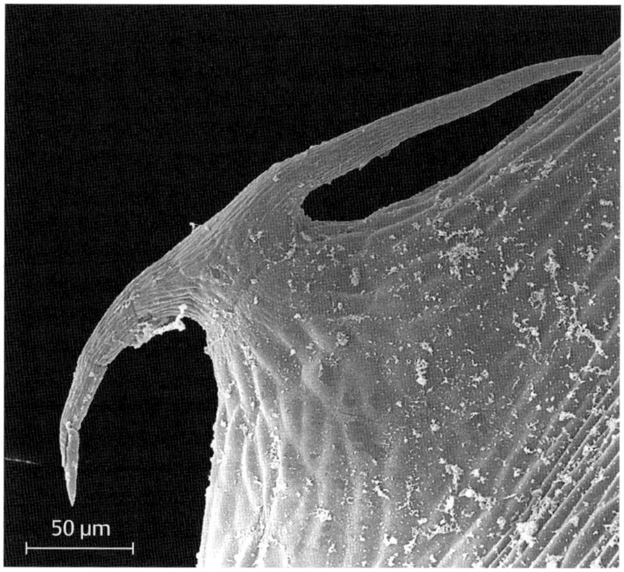

Abb. 11.33
Rasterelektronenmikroskopische Aufnahme eines Sprosses des Hopfens (*Humulus lupulus*) mit einem Doppel-Hakenhaar (= Kletterhilfe).

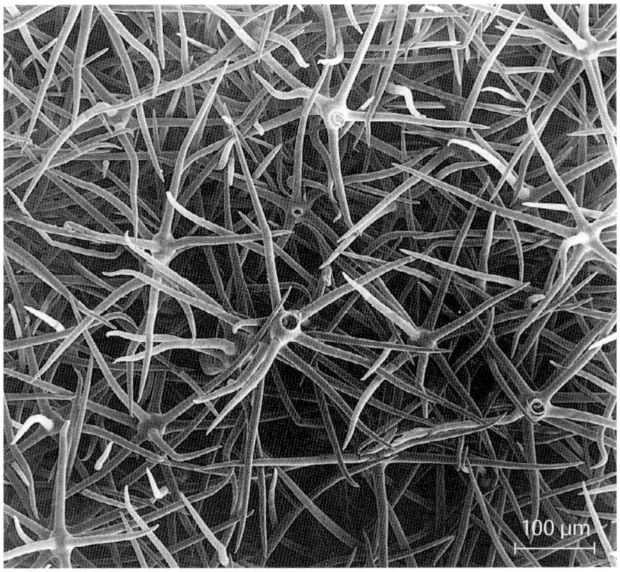

Abb. 11.34
Rasterelektronenmikroskopische Aufnahme der filzigen Blattoberseite der Königskerze (*Verbascum* spec.) mit mehrzelligen, verzweigten Haaren.

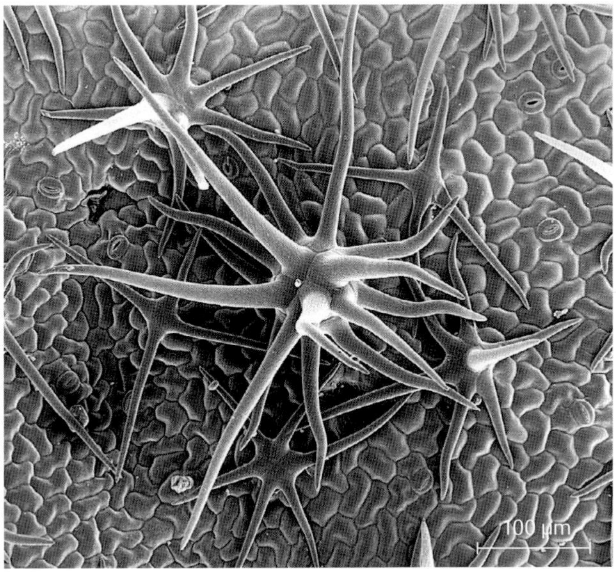

Abb. 11.35
Rasterelektronenmikroskopische Aufnahme der Blattunterseite der Cistrose (*Cistus* spec.) mit mehrzelligen, verzweigten „Sternhaaren".

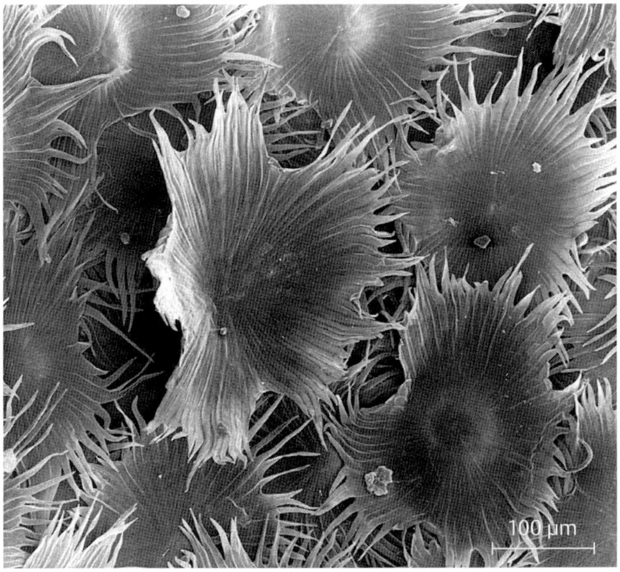

Abb. 11.36
Rasterelektronenmikroskopische Aufnahme der Blattoberseite des Sanddorns (*Hippophae rhamnoides*) mit Schuppenhaaren.

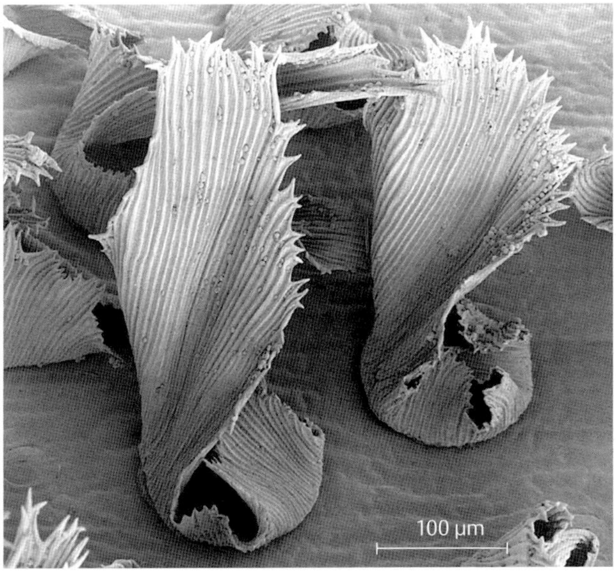

Abb. 11.37
Rasterelektronenmikroskopische Aufnahme eines Blattes der Tillandsie (*Tillandsia usneoides*) mit „Saugschuppen" (Schuppenhaare).

oben links: *Drosera capensis* (Kap-Sonnentau), oben rechts: *Nepenthes khasiana* (Kannenpflanze)
unten links: *Encephalartos hildebrandtii* (Brotpalmfarn), unten Mitte: *Hedera helix* (Efeu)
unten rechts: *Caladium bicolor* (Buntwurz)

Das Blatt

Organ der Photosynthese

Der Großteil der Photosynthese läuft in den Blättern ab. Um eine große Lichtsammelfläche zu erreichen, sind Blätter meist flach. Das Blatt hat eine obere und untere Epidermis, dazwischen liegt das Mesophyll.

Das Mesophyll ist häufig in ein Gewebe aus schlauchförmigen Zellen (Palisadenparenchym) und ein schwammartiges, interzellularenreiches Gewebe (Schwammparenchym) untergliedert. Die Laubblätter der höheren Pflanzen haben dadurch schon mit dem bloßen Auge erkennbare Blattober- und Blattunterseite (= bifazial).

Im Mesophyll laufen die geschlossenen Leitbündel mit einem oben liegenden Xylem. Um den Gasaustausch für Photosynthese und Atmung zu gewährleisten, hat das Blatt zahlreiche Spaltöffnungen (Stomata). Sind diese auf der Blattunterseite, ist das Blatt hypostomatisch (häufiger Fall), sind sie nur auf der Blattoberseite, ist das Blatt epistomatisch. Sind sie auf beiden Seiten, spricht man von amphistomatischen Blättern.

Aus dem bifazialen Blatt haben sich eine Vielzahl von unterschiedlichen anatomischen und physiologischen Abwandlungen entwickelt: äquifaziales Blatt, Nadelblatt, unifaziales Blatt, Rollblatt, Sukkulentenblätter, Xeromorphenblätter etc.

$$6\,CO_2 + 12\,H_2O \xrightarrow{h \cdot f} C_6H_{12}O_6 + 6O_2 + 6H_2O$$

oben rechts: *Agava sebastiana* (Agave)
unten links: *Asplenium nidus* (Vogelnestfarn)
unten rechts: *Pinguicula* spec. (Fettkraut)

Helleborus niger (Schwarze Nieswurz)

Botanischer Steckbrief

Art
Helleborus niger (Christrose, Schneerose, Schwarze Nieswurz); Fam. Ranunculaceae (Hahnenfußgewächse).

Name
gr. *helein* = tödlich;
gr. *bora* = Nahrung;
Blüte zur „Heiligen Zeit“ (= Christfest).

Herkunft
Nordhemisphäre, außertropisch.

Inhaltsstoffe
Saponinglykosid Helleborin, stark giftig durch Saponine und Protoanemonin. Giftwirkung bereits seit dem Altertum bekannt.

Stellenwert
Zierpflanze. Gepulvertes Rhizom verursacht Niesen (Name!); Bestandteil von Schnupftabak.

12.1 Bifaziales Laubblatt

Kursziel

Aufbau des **bifazialen** Laubblattes der Christrose (*Helleborus niger*; **Abb. 12.1**).

Präparation

Es wird ein Querschnitt durch das Laubblatt angefertigt. Es ist nicht nötig, das gesamte Blatt quer zu schneiden; ein kleiner Ausschnitt – bevorzugt neben der Mittelrippe – ist ausreichend (**Abb. 12.2**).

Beobachtungen

Das Laubblatt von *Helleborus niger* ist bifazial (**dorsiventral**) gebaut; d. h. man erkennt mit bloßem Auge eine Blattober- und Blattunterseite. Der Querschnitt gibt eine Übersicht über die Anordnung der Gewebe. Die obere **Epidermis** ist mit einer deutlich sichtbaren **Cuticula** überzogen. Die Zellwände der Epidermiszellen sind nach außen hin stark verdickt (**Abb. 12.3 – 6**).

Nach innen schließt sich das **Palisadenparenchym** an. Es besteht aus langgestreckten Zellen, die parallel zueinander angeordnet sind. In diesen Zellen sind zahlreiche Chloroplasten erkennbar. Zwischen den Palisadenparenchymzellen liegen häufig kleinere **Interzellularen** (**Abb. 12.3 – 5** und **Abb. 12.7 – 9**).

Abb. 12.1
Oberseite (O) und Unterseite (U) des bifazialen Laubblattes von *Helleborus niger*.

Abb. 12.2

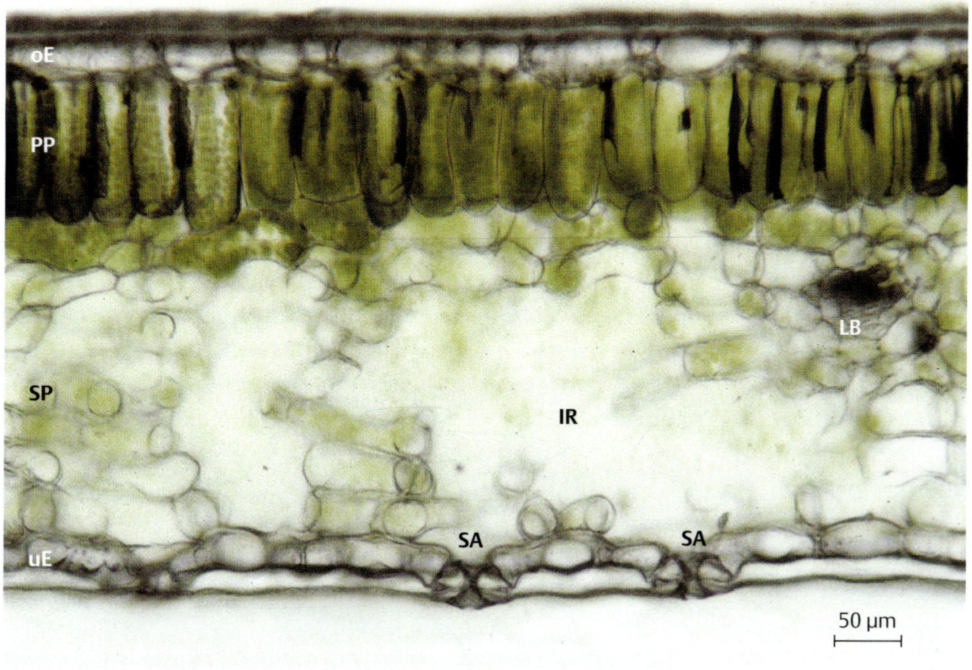

Abb. 12.3
Lichtmikroskopische Aufnahme (HF) eines Blattquerschnittes von *Helleborus niger.*
oE = obere Epidermis;
IR = Interzellularraum;
LB = Leitbündel;
PP = Palisadenparenchym;
SA = Spaltöffnungsapparat;
SP = Schwammparenchym;
uE = untere Epidermis.

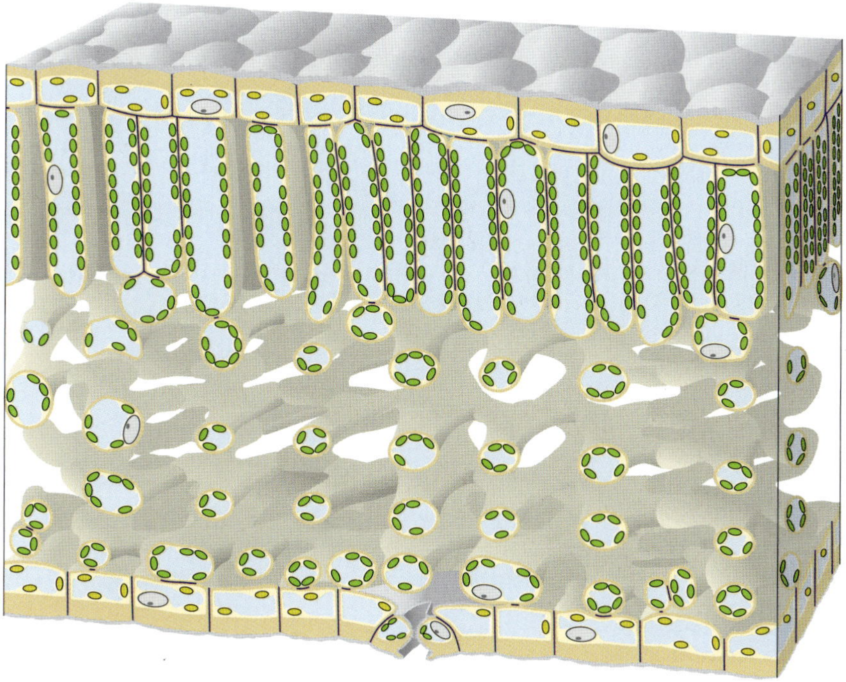

Abb. 12.4
Schematische, räumliche Darstellung des Blattaufbaus von *Helleborus niger*.

Darunter folgt das **Schwammparenchym** mit charakteristisch schlauchförmigen, verzweigten Zellen. Es ist mehrere Zellschichten dick und die Anordnung der Zellen ist nicht so gleichmäßig wie im Palisadenparenchym (**Abb. 12.10–12**). Das Schwammparenchym ist ebenfalls chloroplastenhaltig. Wie der Name andeutet, ist das Gewebe besonders reich an Interzellularen – deshalb erscheint die Blattunterseite auch heller (**Abb. 12.1** und **Abb. 12.3**).

Die Epidermis der Blattunterseite ist ähnlich gebaut wie die der Oberseite. Nur hier sind **Spaltöffnungen** (= Stomata) vorhanden. Das Blatt ist deshalb **hypostomatisch**.

Die beiden **Schließzellen** des Spaltöffnungsapparates mit den **Cuticularleisten** sind beim Blattquerschnitt in verschiedenen Schnittrichtungen getroffen. Hinter den Schließzellen befindet sich eine große Interzellulare, die **substomatäre** Höhle (veraltet „**Atemhöhle**"). Auch auf der unteren Epidermis ist eine Cuticula aufgelagert. Sie kann jedoch etwas dünner sein als auf der Blattoberseite. Sie kleidet auch noch Teile des substomatären Raumes aus (**Abb. 12.4**).

Zeichnung

Übersichtszeichnung des Querschnittes eines Blattes (keine Zellen zeichnen, Größenverhältnisse der Gewebe beachten!). Ausschnitt aus dem Blattquerschnitt zellulär (ohne Leitbündel und Spaltöffnungen).

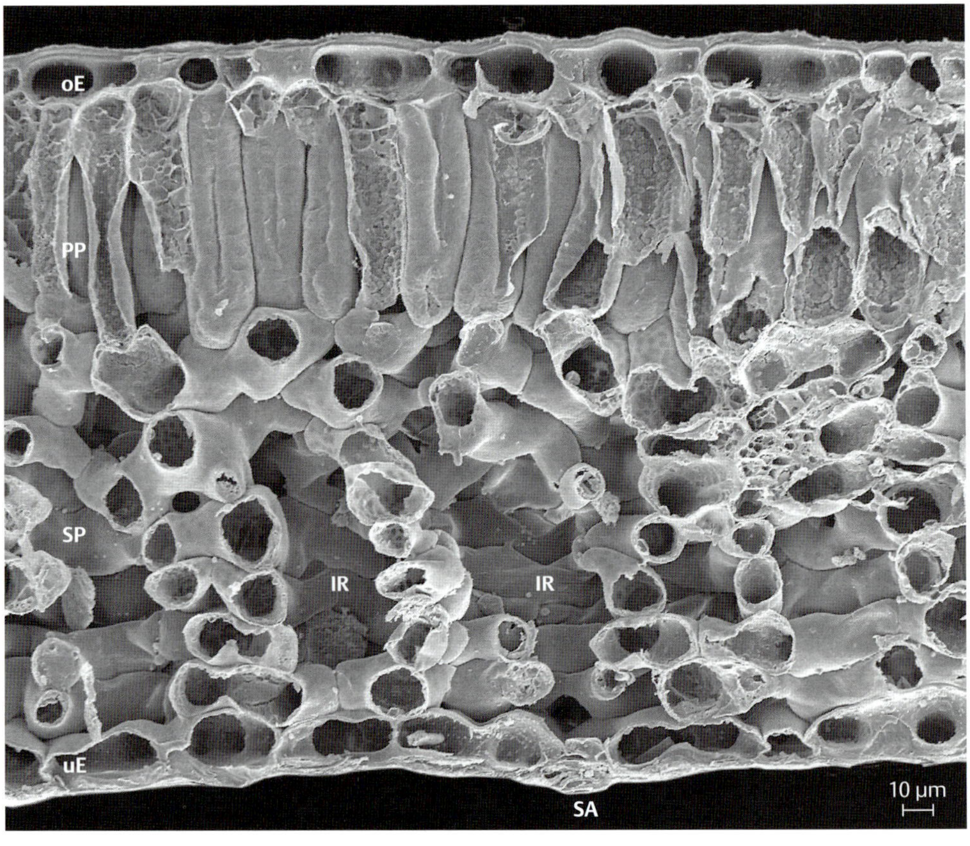

Abb. 12.5
Rasterelektronenmikroskopische Aufnahme eines Blattquerbruches von *Helleborus niger*.
IR = Interzellularraum;
oE = obere Epidermis;
PP = Palisadenparenchym;
SA = Spaltöffnungsapparat;
SP = Schwammparenchym;
uE = untere Epidermis.

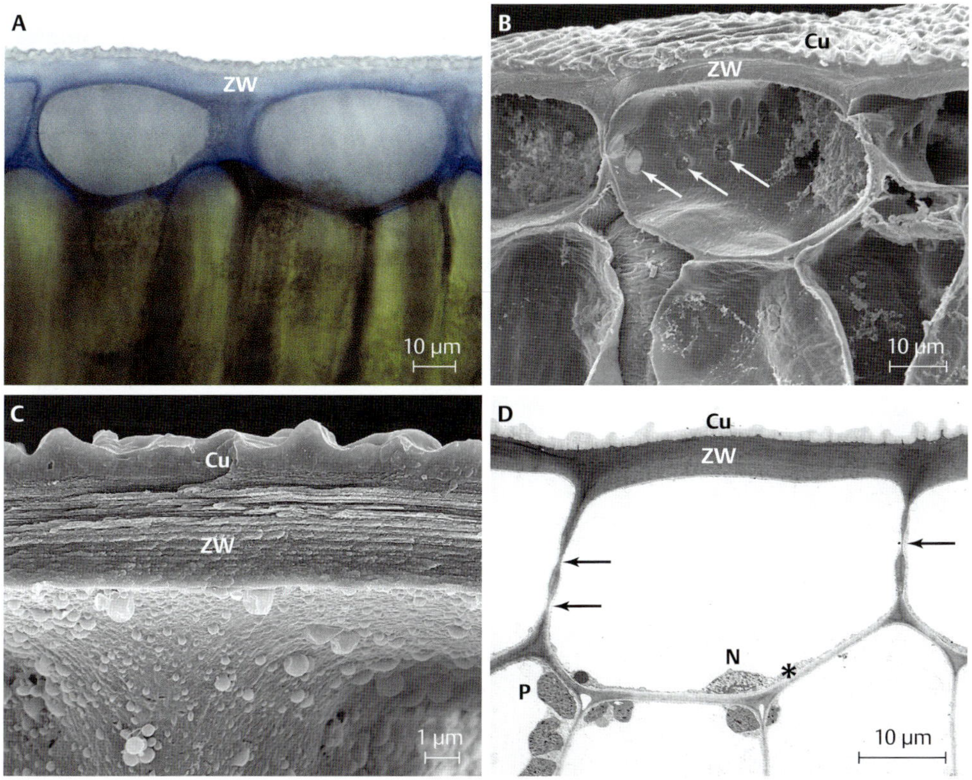

Abb. 12.6
Licht- und elektronenmikroskopische Aufnahmen der oberen Epidermis eines Blattes von *Helleborus niger*.
A LM, HF; Färbung mit Astrablau
B, C REM
D TEM

Die äußere Zellwand (ZW) ist sehr dick und geschichtet (**A–D**); die Cuticula (Cu) zeigt typische Cuticularfalten (**B–D**). Zahlreiche Tüpfelplatten befinden sich in den Zellwänden zwischen den benachbarten Epidermiszellen (**B** und **D**; Pfeile). Der Cytoplasmaschlauch ist extrem dünn (**D**; Stern).
Cu = Cuticula;
N = Zellkern;
P = Chloroplast.

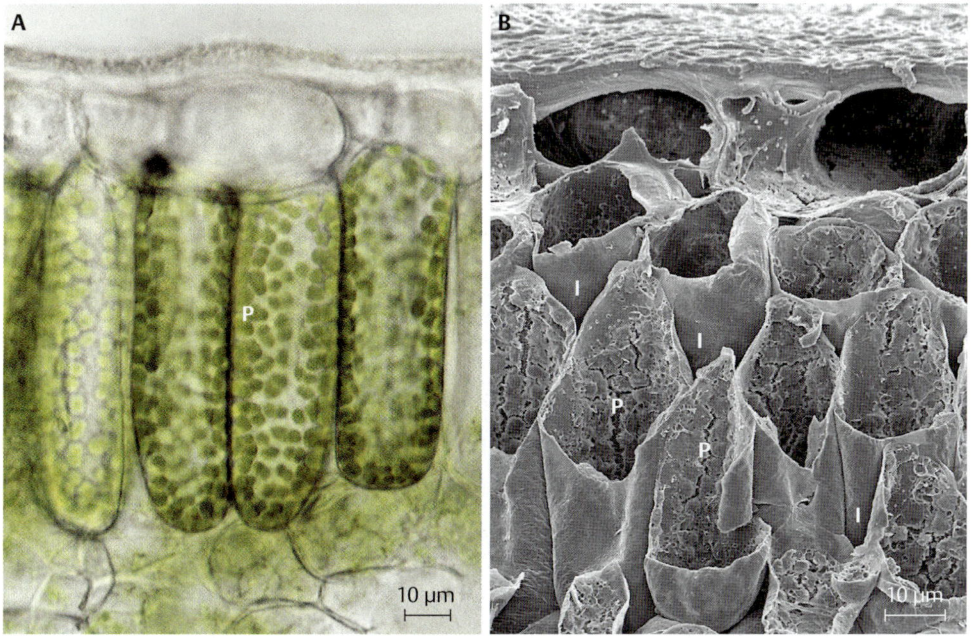

Abb. 12.7
Lichtmikroskopische (**A**; DIC) und rasterelektronenmikroskopische Aufnahmen (**B**; Kryobruch) des Palisadenparenchyms von *Helleborus niger*. Die Chloroplasten (P) liegen dicht gepackt im Palisadenparenchym. Im schräg angebrochenen Palisadenparenchym erkennt man, dass hier große, langgestreckte Interzellularen (I) vorliegen (**B**).

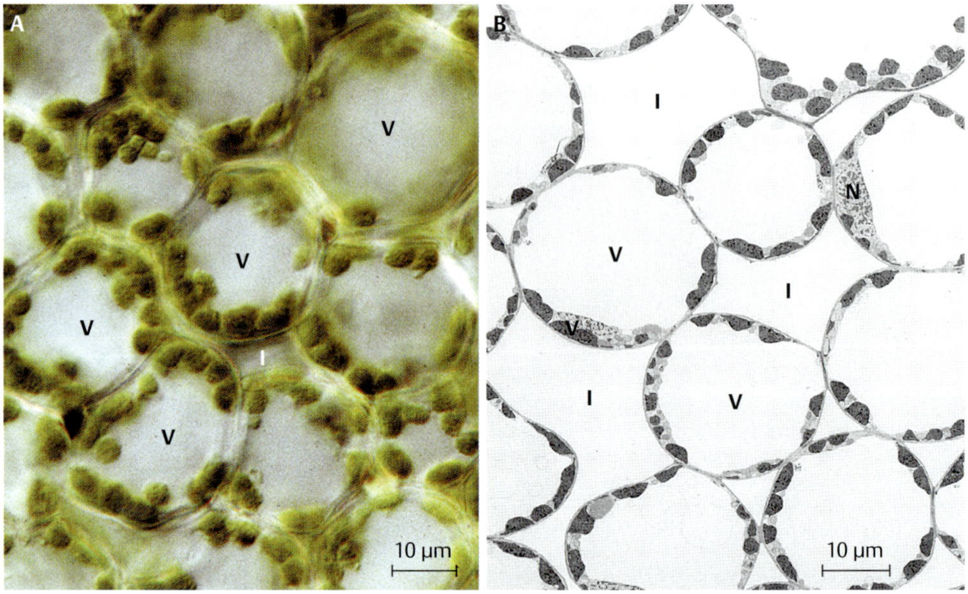

Abb. 12.8
Lichtmikroskopische (**A**; DIC) und transmissionselektronenmikroskopische (**B**) Aufnahmen von Querschnitten durch das Palisadenparenchym von *Helleborus niger*.
I = Interzellulare;
N = Zellkern;
V = Vakuole.

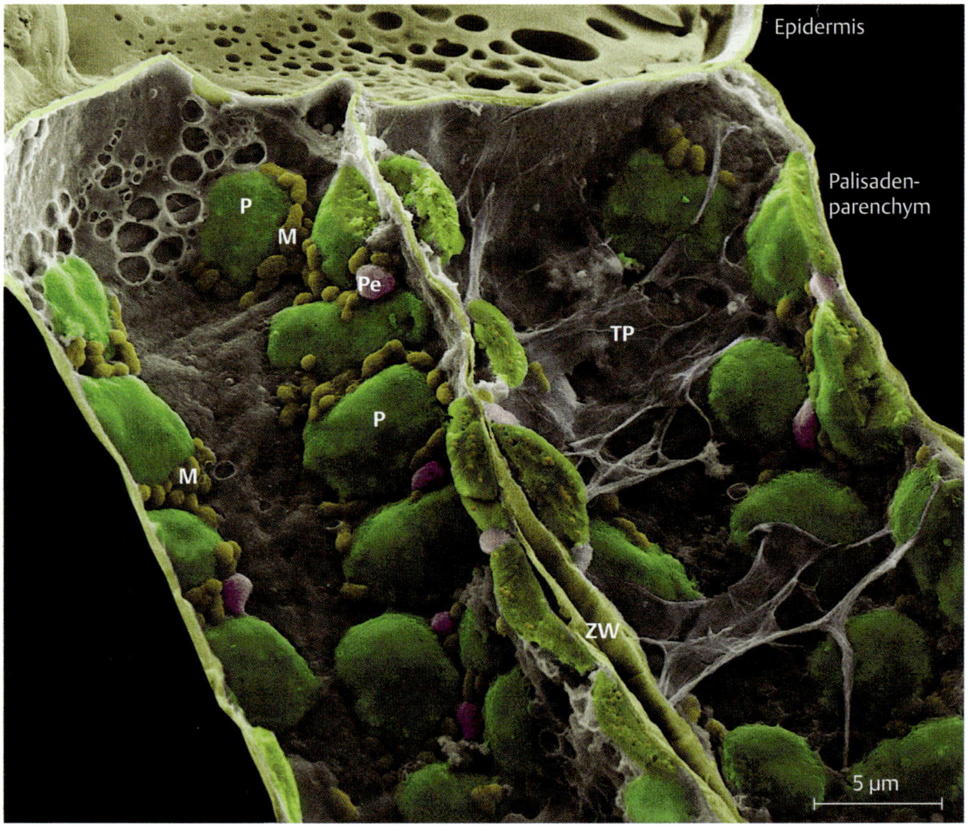

Abb. 12.9
Colorierte, rasterelektronenmikroskopische Aufnahme eines Kryobruches durch das Palisadenparenchym von *Helleborus niger*.
M = Mitochondrium;
P = Chloroplast;
Pe = Blattperoxisom;
TP = Tonoplast;
ZW = Zellwand.

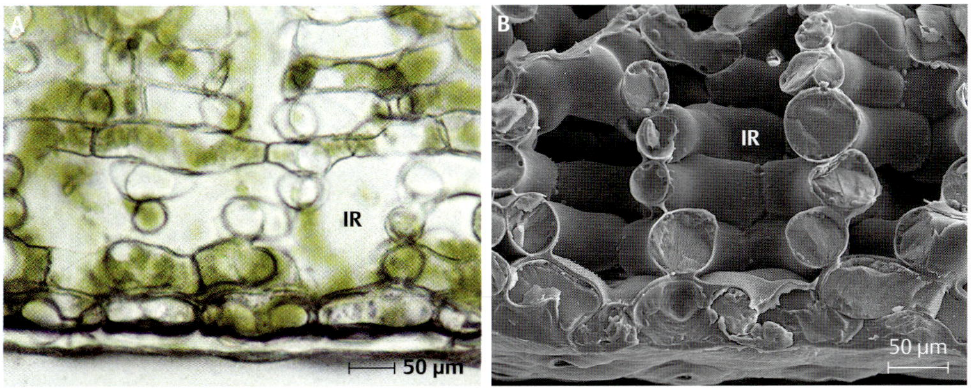

Abb. 12.10
Lichtmikroskopische (**A**; HF) und rasterelektronenmikroskopische Aufnahmen (**B**; Kryobruch *„frozen hydrated"*) des Schwammparenchyms von *Helleborus niger*. Die Zellen sind schlauchförmig, verzweigt und liegen in Schichten übereinander. Sie bilden riesige Interzellularräume (IR).

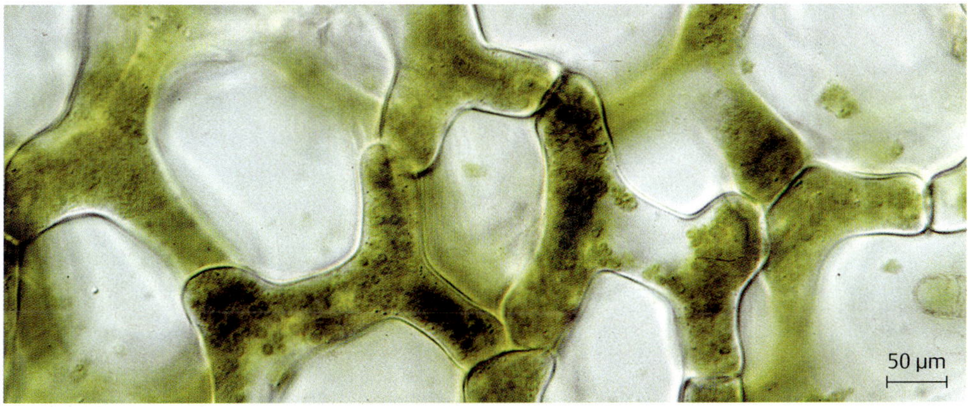

Abb. 12.11
Lichtmikroskopische Aufnahme (DIC) eines Flächenschnittes durch das Schwammparenchym von *Helleborus niger*. Die schlauchförmigen Zellen sind charakteristisch H-förmig verzweigt.

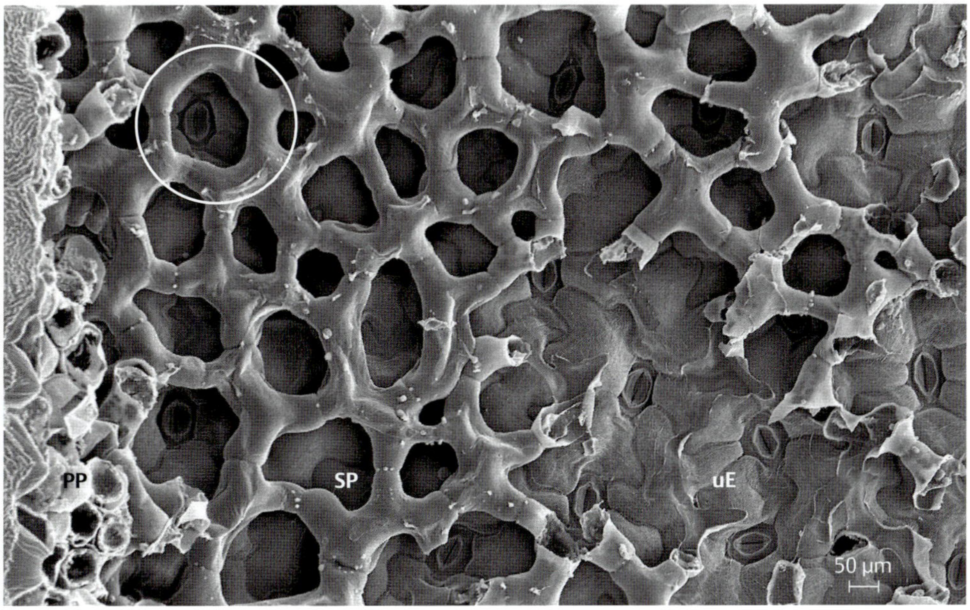

Abb. 12.12
Rasterelektronenmikroskopische Aufnahme eines Flächenbruches durch das Schwammparenchym (SP) von *Helleborus niger*. Die substomatären Höhlen liegen über den Schließzellen (Kreis).
PP = Palisadenparenchym;
uE = untere Epidermis.

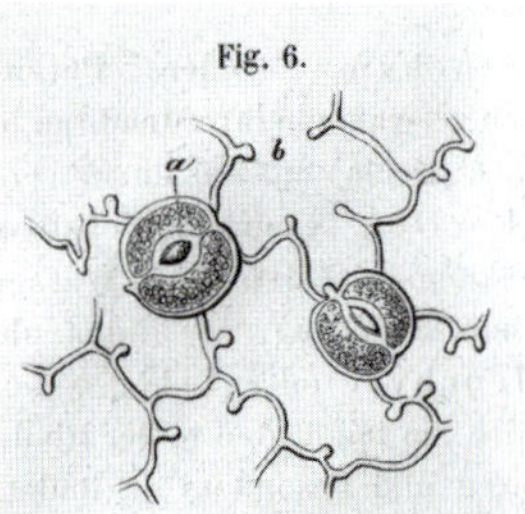

Abb. 12.13
Eine sehr frühe Darstellung der unteren Epidermis von *Helleborus* spec. mit Spaltöffnungen aus dem Lehrbuch über „Die Ernährung der Pflanze“ von Dr. W. Schumacher (1864).

„... Die die Pflanze nach aussen abschliessende Zellschicht – Oberhaut – besteht vorzugsweise aus abgeplatteten Zellen, welche, mögen sie regelmässige oder unregelmässige Gestalten bilden, immer so aneinander stossen, dass zwischen den Zellen keine Zwischenräume bleiben. Fig. 6 zeigt dieses an sehr unregelmässig gestalteten Oberhautzellen ...
Fig. 6. Partie der Oberhaut von Helleborus;
a. Schliesszellen der Spaltöffnungen, b. eine unregelmässige Oberhautzelle (200 mal vergrössert)“.

12.2 Spaltöffnungsapparat

Präparation

Es wird ein Blattquerschnitt (siehe **Abb. 12.2**) und ein Flächenschnitt der Blattunterseite angefertigt (**Abb. 12.14**). Dieser soll nur aus der Epidermis bestehen. Erscheint der Schnitt grün, ist er zu dick – es sind dann noch Schichten des Schwammparenchyms getroffen.

Das Präparat des Flächenschnittes zeigt eine Aufsicht auf die untere Epidermis mit **Spaltöffnungen** (**Abb. 12.13** und **Abb. 12.15**). Die Epidermiszellen sind „puzzleartig“ ineinander verzahnt. Der Spaltöffnungsapparat wird von **Schließzellen** gebildet, zwischen denen der Zentralspalt liegt (**Abb. 12.16–17**). Die Schließzellen enthalten, im Gegensatz zu den Epidermiszellen, Chloroplasten (**Abb. 12.17–18** und **Abb. 12.21**). Beim Verändern der Fokusebene kann man die **Cuticularleisten** erkennen, die auf den Schließzellen liegen. Sie erscheinen als zusätzliche Linien im Spaltöffnungsapparat (**Abb. 12.20**).

Der primäre Motor der Spaltöffnungsbewegung ist eine Turgoränderung: Steigt der Druck in den Schließzellen an, verbiegen sie sich und senken sich – erleichtert durch ein „Scharniergelenk“ – in die Epidermis ein (**Abb. 12.18–19** und **Abb. 12.22**).

Abb. 12.14

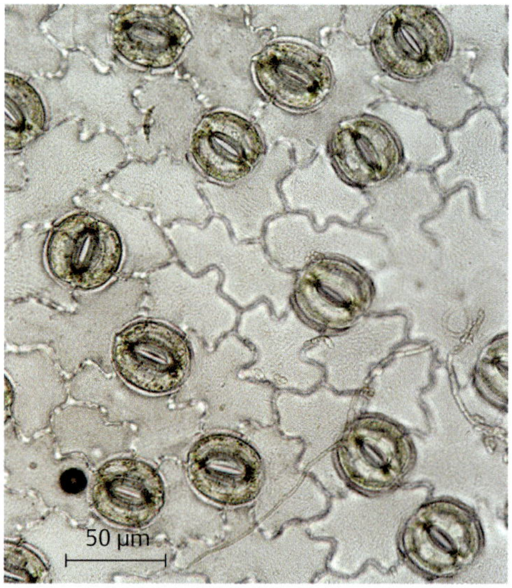

Abb. 12.15
Lichtmikroskopische Aufnahme (HF) eines Flächenschnittes der unteren Epidermis von *Helleborus niger* mit Schließzellen.

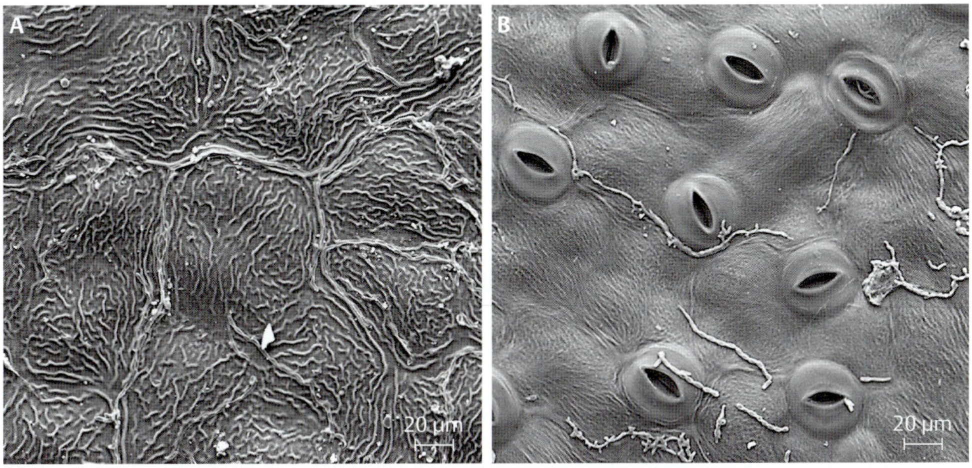

Abb. 12.16
Rasterelektronenmikroskopische Aufnahmen der oberen (**A**) und unteren (**B**) Epidermis von *Helleborus niger* (Lebendbeobachtung im „*variable pressure*“-Modus). Die Schließzellen liegen nur auf der Blattunterseite. Das Blatt ist – typisch für mehrjährige Blätter – von Pilzhyphen und Bakterien besiedelt.

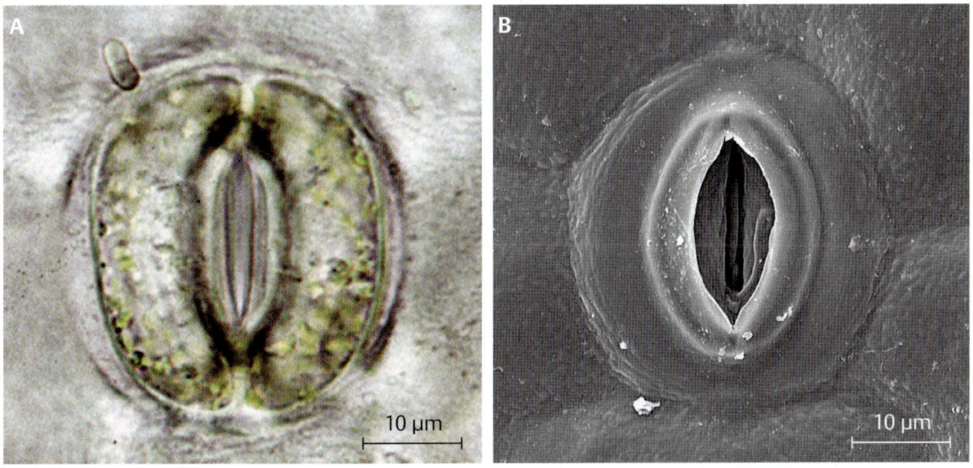

Abb. 12.17
Lichtmikroskopische (**A**; HF) und rasterelektronenmikroskopische Aufnahmen (**B**) einer Schließzelle von *Helleborus niger* in Aufsicht.

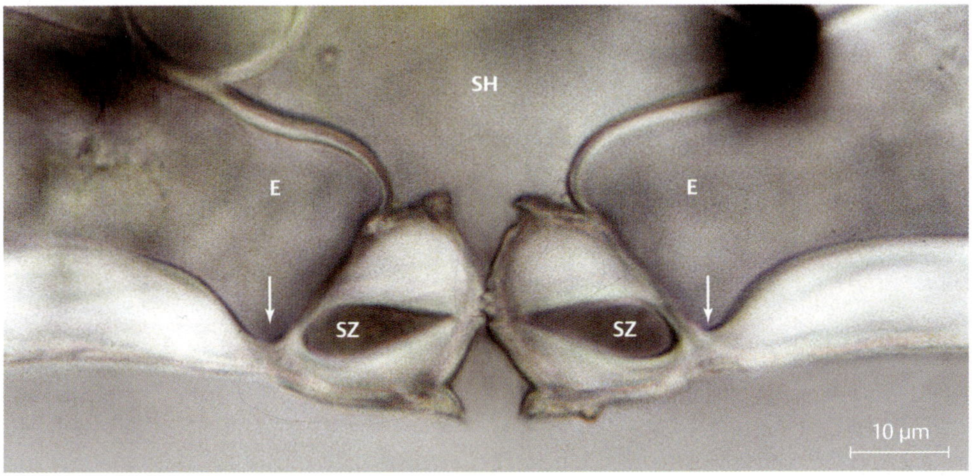

Abb. 12.18
Lichtmikroskopische Aufnahme (HF) eines Blattquerschnittes von *Helleborus niger* mit quergeschnittenen Schließzellen. Die äußeren Zellwände der Epidermiszellen sind nahe den Schließzellen nur wenig verdickt; sie bilden damit ein Scharniergelenk (Pfeile).
E = Epidermis;
SH = Substomatäre Höhle;
SZ = Schließzellen.

Abb. 12.19
Rasterelektronenmikroskopische Aufnahme eines Querbruches durch das Schwammparenchym und die untere Epidermis von *Helleborus niger*. Die dicken Zellwände der Epidermis zeigen – unmittelbar an die Schließzellen angrenzend – die charakteristischen „Scharniergelenke“ (Pfeile). Die substomatäre Höhle (SH) ist mit Cuticula (C) ausgekleidet.

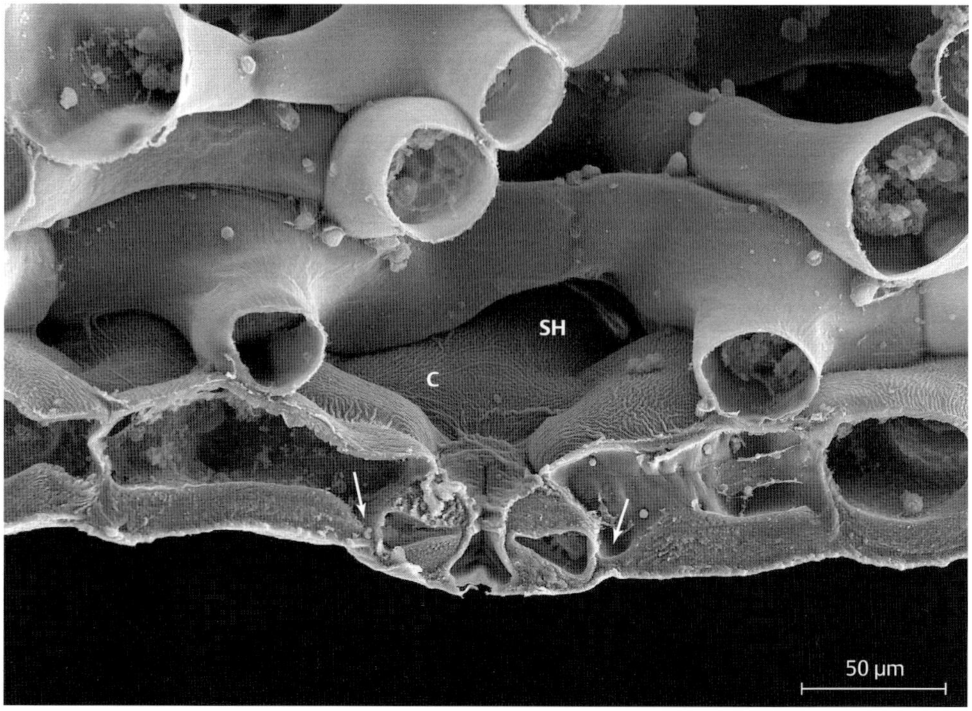

Abb. 12.20
Rasterelektronenmikroskopische Aufnahme eines Querbruches durch ein Schließzellenpaar von *Helleborus niger* (Kryo-REM *„frozen hydrated“*). Vom Zentralspalt zur substomatären Höhle ist die Cuticula charakteristisch gefaltet und fungiert somit als zusätzliche Diffusionsbarriere (Kreis). Die Cuticula kleidet auch die ganze substomatäre Höhle aus (Stern).

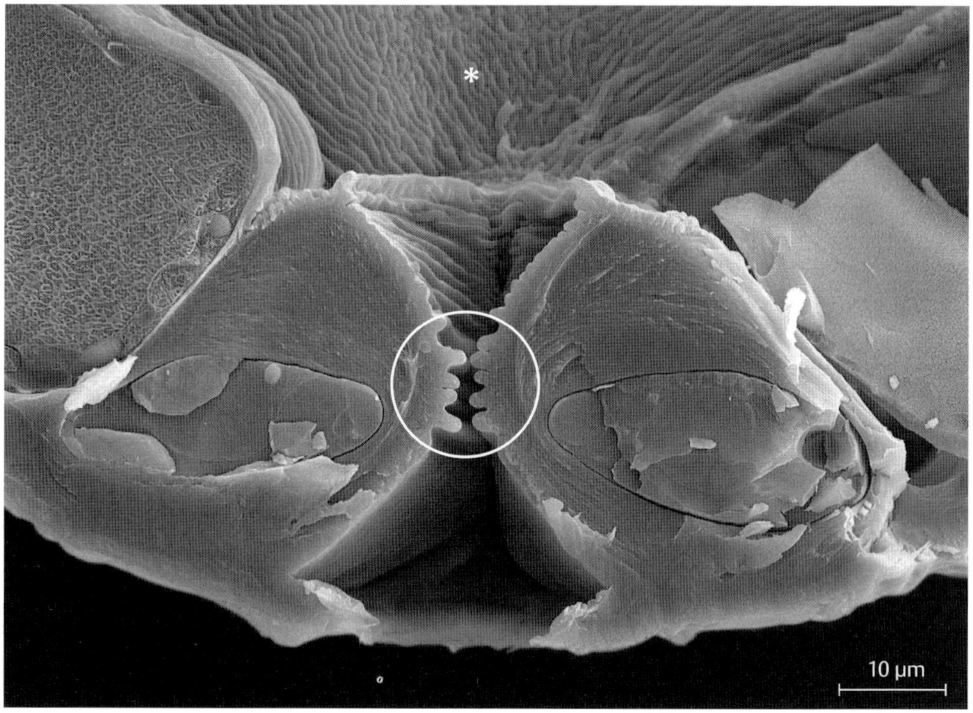

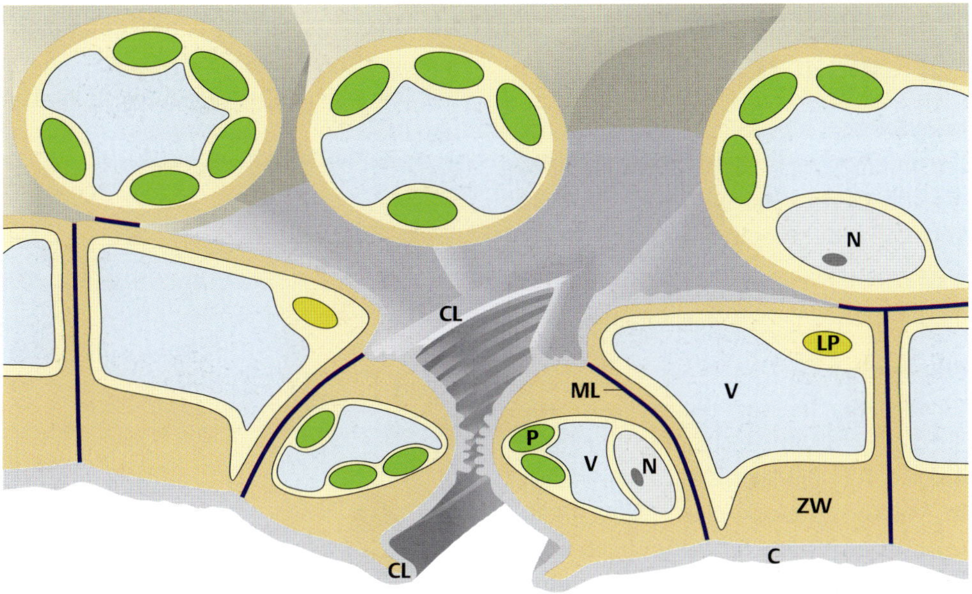

Abb. 12.21
Schematische Darstellung des Spaltöffnungsapparates von *Helleborus niger*.
C = Cuticula;
CL = Cuticularleisten;
LP = Leukoplast;
ML = Mittellamelle;
N = Zellkern,
P = Chloroplast;
V = Vakuole; ZW = Zellwand.

Zeichnung

Flächenschnitt: Ein Spaltöffnungsapparat in Aufsicht.

Querschnitt: Ein Schließzellenpaar mit den angrenzenden Epidermiszellen.

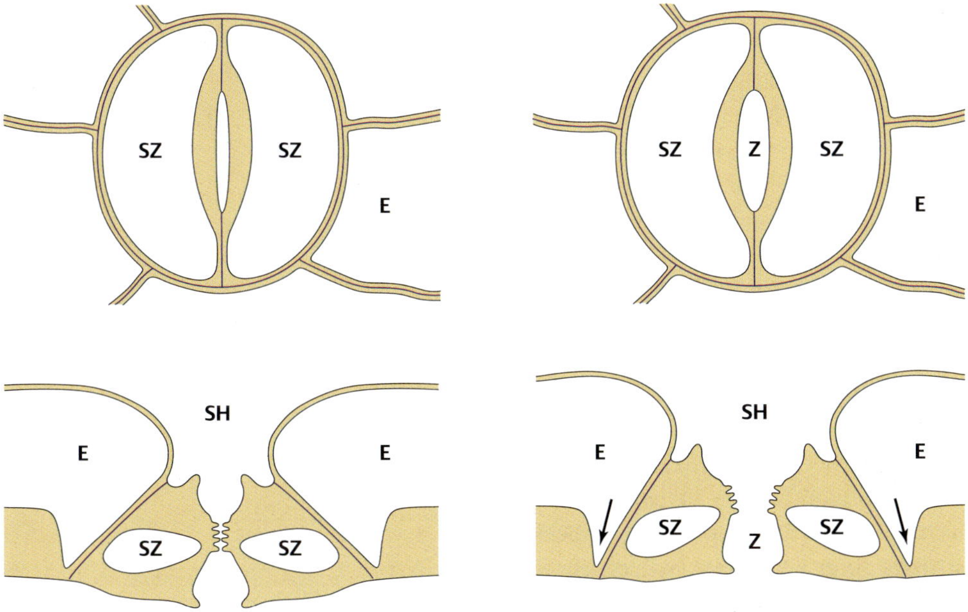

Abb. 12.22
Schematische Darstellungen eines Spaltöffnungsapparates von *Helleborus niger* in geschlossenem (links) und geöffnetem Zustand (rechts). Beim Öffnen drücken die Schließzellen (SZ) mit ihren schwach verdickten „Rückenwänden" die Epidermiszellen (E) zusammen und senken sich aufgrund der Scharniergelenke der Epidermiszellen (Pfeile) in die substomatäre Höhle (SH) ein. Dadurch vergrößert sich der Zentralspalt (Z).

Commelina coelestis (Blau-Tagblume)

Reagenzien

(diverse Vitalfarbstoffe)

Botanischer Steckbrief

Art
Commelina coelestis oder *C. communis* (Tagblume); Fam. Commelinaceae.

Name
Commelin, niederld. Botanikprofessor in Amsterdam (17. Jhd.); lat. *coelestinus* = himmelblau; lat. *communis* = (all)gemein.

Herkunft
pantropisch bis subtropisch.

Inhaltsstoffe
Calciumoxalat, Kieselsäure und Schleime.

Stellenwert
Bodendecker in Kaffeeplantagen (Erosionsschutz); Zierpflanze.

12.3 Spaltöffnungsapparat

Kursziel

Darstellung des Spaltöffnungsapparates von *Commelina* spec. (oder anderen Vertretern der Commelinaceae wie z.B. *Rhoeo discolor*).

Präparation

Es wird ein kleines, rechteckiges Stück der Epidermis der Blattunterseite abpräpariert. Das Epidermisstück wird direkt in Wasser mikroskopiert (**Abb. 12.23**). Um weit geöffnete Spaltöffnungen zu erhalten, muss die Pflanze ca. 24 Stunden in hellem Licht und bei hoher Luftfeuchte (Glasglocke) gehalten werden.

Beobachtungen

Bereits bei niedriger Vergrößerung erkennt man die zahlreichen, bohnenförmigen Schließzellen, die von vier Nebenzellen umgeben sind. Die Nebenzellen bei den Commelinaceae sind nicht nur morphologisch, sondern auch funktionell unterschiedlich. Die Vakuolen der Nebenzellen der 2. Ordnung sind häufig durch Anthocyane violett gefärbt (**Abb. 12.24**).

Bei „guten" Photosynthesebedingungen (Licht und optimale Wasserversorgung) dehnen sich die Schließzellen aufgrund des steigenden Turgors aus und krümmen sich aufgrund der ringförmigen **Micellarstruktur** ihrer Zellwände (wie ein Brauseschlauch) „bananenförmig". Die Nebenzellen werden zusammengedrückt, und der Zentralspalt öffnet sich (**Abb. 12.25**).

Nur die Schließzellen haben Chloroplasten (**Abb. 12.25–26**); die Nebenzellen haben unterschiedlich gebaute Leukoplasten.

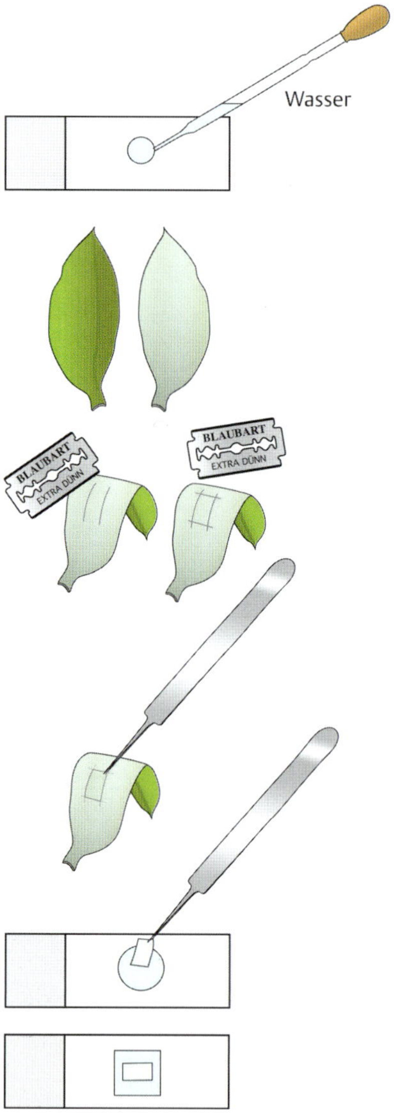

Abb. 12.23

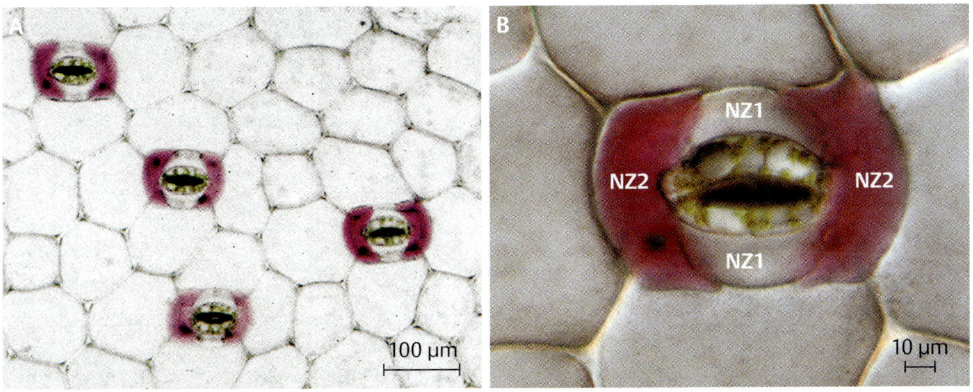

Abb. 12.24
Lichtmikroskopische Aufnahmen der unteren Epidermis von *Rhoeo discolor* (**A** = HF; **B** = DIC). Das Schließzellenpaar ist von zwei Paaren Nebenzellen (NZ1; NZ2) umgeben. Die Vakuolen von NZ2 sind durch Anthocyane violett gefärbt.

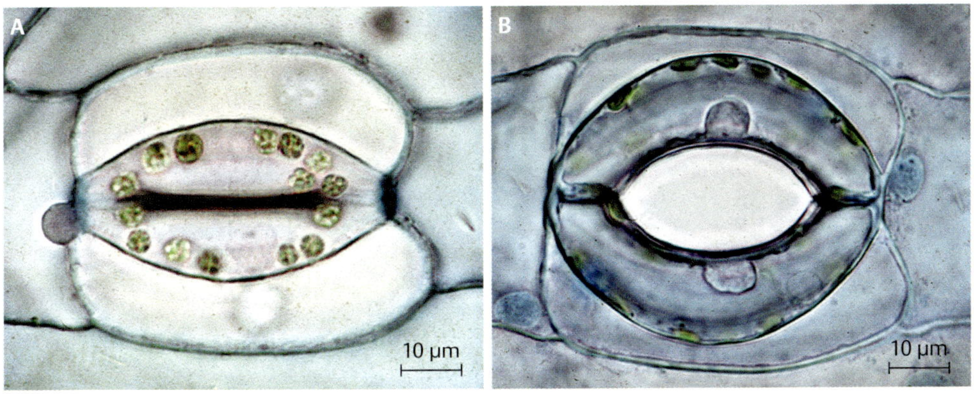

Abb. 12.25
Spaltöffnungsapparat von *Commelina communis* (HF; Färbung mit Redox-Vitalfarbstoff Methylenblau). Das Färbeverhalten der verschiedenen Zellen ist im geschlossenen (**A**) und im geöffneten Zustand (**B**) unterschiedlich. In den Schließzellen sind die Chloroplasten und Zellkerne gut erkennbar.

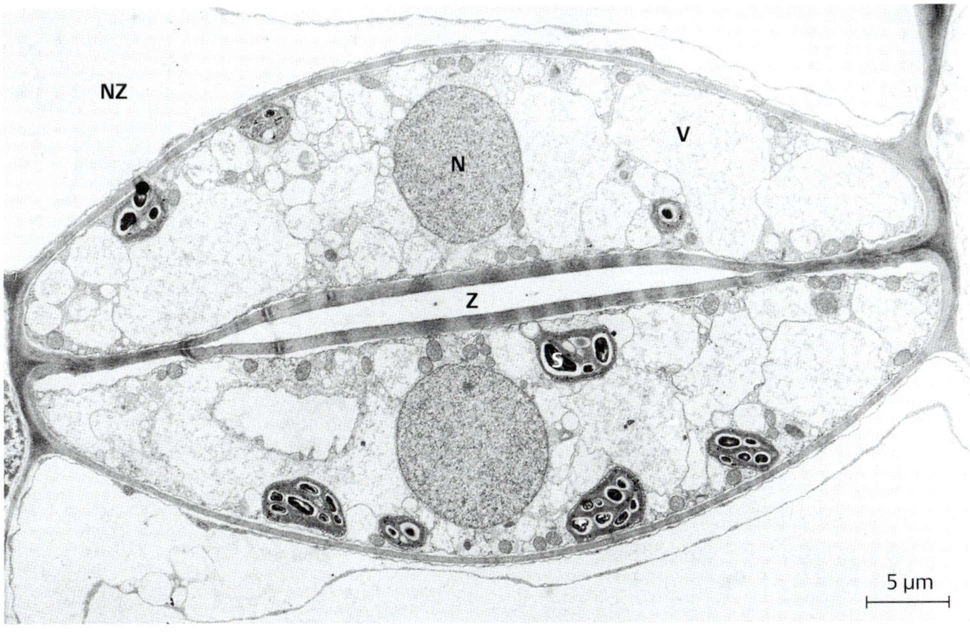

Abb. 12.26
Elektronenmikroskopische Aufnahme eines Schließzellenpaares von *Commelina communis*. Die Schließzellen sind stark vakuolisiert. Die Chloroplasten haben zahlreiche Assimilationsstärkekörner (S).
N = Zellkern;
NZ = Nebenzelle;
V = Vakuole;
Z = Zentralspalt.

Zeichnung

Ein Schließzellenpaar mit Nebenzellen im geöffneten Zustand.

Pinus silvestris (Waldkiefer, Föhre)

Reagenzien

Astrablau
Safranin

Botanischer Steckbrief

Art
Pinus silvestris (Waldkiefer, Föhre); Fam. Pinaceae (Kieferngewächse).

Name
pinus (eigentlich *picnus*) von lat. *pix, picis* = Harz; lat. *silva* = Wald.

Herkunft
Europa bis Vorderasien; Baum, fossil seit der unteren Kreidezeit.

Inhaltsstoffe
ätherisches Öl, Bitterstoffe, Gerbstoffe.

Stellenwert
Kiefernnadelöl als Inhalationsmittel bei Bronchitis, als Badezusatz bei Rheuma, bei Erschöpfungszuständen und zur Förderung der Durchblutung.

12.4 Nadelblatt

Kursziel

Darstellung des Nadelblattes der Waldkiefer (*Pinus silvestris*).

Präparation

Es werden einige dünne Nadelblattquerschnitte angefertigt. Die Schnitte werden entweder direkt in Wasser mikroskopiert oder mit Astrablau und Safranin gefärbt (**Abb. 12.27**).

Beobachtungen

Die Nadelblätter von *Pinus silvestris* sind äquifazial; allerdings ist die Oberseite flach, die Unterseite gewölbt (**Abb. 12.28–29**). Das Blatt ist amphistomatisch, d.h. die Schließzellen liegen sowohl auf der Blattober- als auch auf der Blattunterseite. Die Schließzellen sind in die Epidermis eingesenkt (**Abb. 12.30**). Die Zellwände der Epidermiszellen sind extrem verdickt.

Unter einer meist sklerenchymatischen Hypodermis liegt das Assimilationsparenchym, das durch etliche Harzkanäle unterbrochen wird (**Abb. 12.30**). Im Innern des Nadelblattes liegt umgeben von einer Endodermis der Zentralzylinder. Er enthält ein chloroplastenfreies Transfusionsgewebe, das den Stoffaustausch zwischen den beiden Leitbündeln und dem Assimilationsparenchym ermöglicht. Die Leitbündel sind geschlossen kollateral und häufig von einer sklerenchymatischen Leitbündelscheide umgeben.

Abb. 12.27

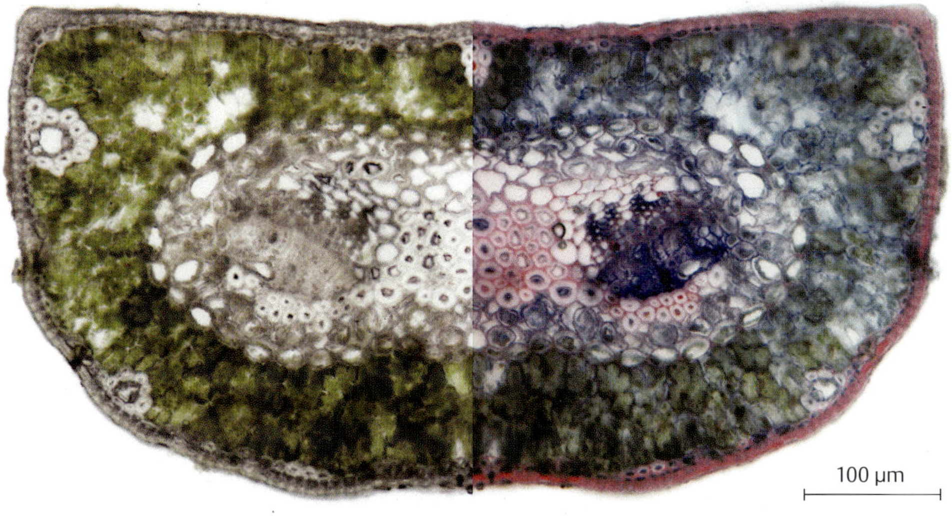

Abb. 12.28
Lichtmikroskopische Aufnahme (HF) eines Nadelblattquerschnittes von *Pinus silvestris*. Die linke Hälfte ist ungefärbt; die rechte Hälfte nach Färbung mit Astrablau + Safranin (= linke Hälfte gespiegelt).

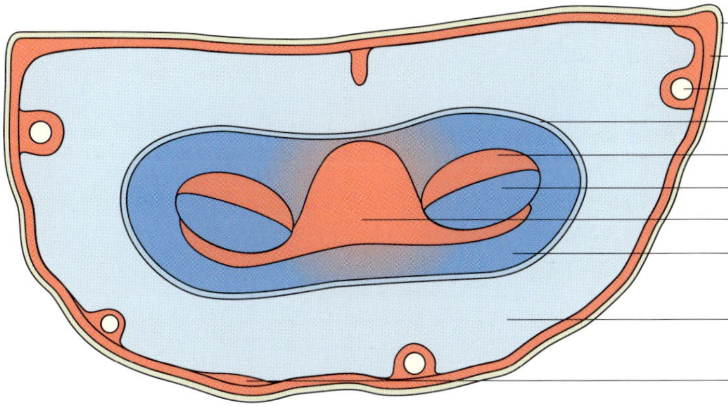

Abb. 12.29
Schematische Darstellung des Nadelblattes von *Pinus silvestris* im Querschnitt.

Zeichnung

Übersichtszeichnung eines Nadelblattquerschnittes.
Detailzeichnungen der verschiedenen Gewebe.

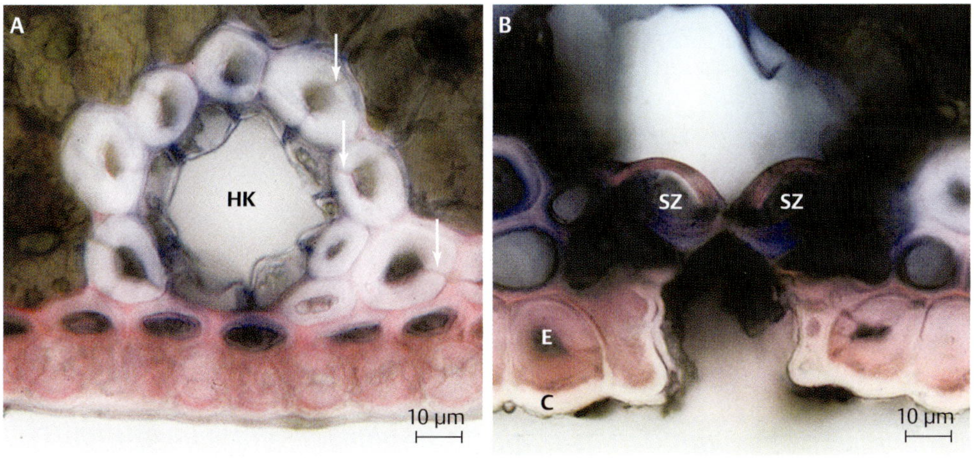

Abb. 12.30
Lichtmikroskopische Detailaufnahmen eines Nadelblattquerschnittes von *Pinus silvestris* (HF; Färbung mit Astrablau + Safranin).

A Harzkanal (HK) umgeben von Sklerenchymfasern mit Tüpfel (Pfeile).

B Spaltöffnungsapparat mit eingesenkten Schließzellen (SZ).
C = Cuticula
E = Epidermis

Callistemon lanceolatus (Karminroter Zylinderputzer)

Reagenzien

Astrablau
Safranin

Botanischer Steckbrief

Art
Callistemon linearis oder *C. lanceolatus* (Lampen- oder Zylinderputzer); Fam. Myrtaceae (Myrtengewächse).

Name
gr. *kallós* = schön;
gr. *stémon* = Staubblatt.

Herkunft
Australien.

Inhaltsstoffe
Blüten: Flavonoide; Blätter: ätherische Öle und Tannine.

Stellenwert
Zierpflanze.

12.5 Äquifaziales Blatt

Kursziel

Darstellung des äquifazialen Blattes von *Callistemon linearis, C. lanceolatus* (oder einer anderen Art).

Präparation

Es werden einige dünne Blattquerschnitte angefertigt. Die Schnitte werden entweder direkt in Wasser mikroskopiert oder mit Astrablau und Safranin gefärbt (**Abb. 12.31**).

Beobachtungen

Blattober- und Blattunterseite von *Callistemon linearis* erscheinen mit dem bloßen Auge gleich. Die Übersichtsvergrößerung des Blattquerschnittes zeigt, dass das Blatt zwei Palisadenparenchyme hat, die der Ober- und Unterseite das gleiche Aussehen verleihen. An den Leitbündeln erkennt man, dass das Xylem stets gleich (zur Blattoberseite hin) orientiert ist (**Abb. 12.32–33**). Das Blatt ist amphistomatisch, d. h. die Schließzellen liegen sowohl auf der Blattunterseite als auch auf der Blattoberseite; sie sind – typisch für ein xeromorphes Blatt – in die Epidermis eingesenkt (**Abb. 12.32–33**).

Zwischen den beiden Palisadenparenchymen liegt ein Speicherparenchym mit zahlreichen Stärkekörnern (**Abb. 12.32–33**). Die Zellwände können je nach Entwicklungszustand schwächer oder stärker verholzt sein (**Abb. 12.32**).

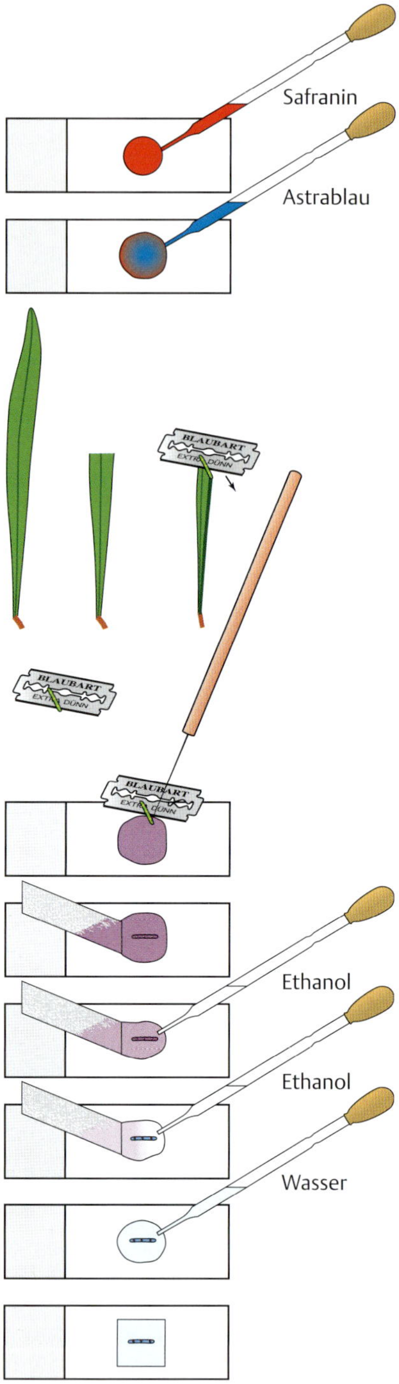

Abb. 12.31

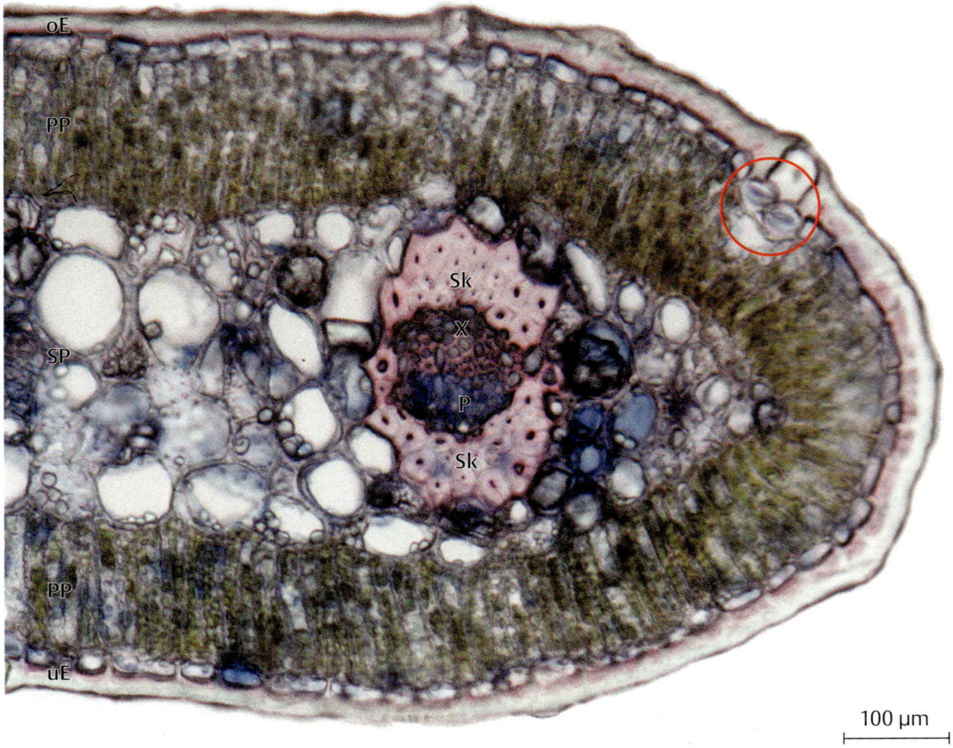

Abb. 12.32
Lichtmikroskopische Aufnahme eines Blattquerschnittes von *Callistemon linearis* (HF; Färbung mit Safranin + Astrablau). Das Blatt ist äquifazial, d. h. Ober- und Unterseite sehen zwar gleich aus, sind es aber histologisch nicht. Die Schließzellen sind charakteristisch in die Epidermis eingesenkt (Kreis).
oE = obere Epidermis;
P = Phloem;
PP = Palisadenparenchym;
Sk = Sklerenchym;
SP = Speicherparenchym;
uE = untere Epidermis;
X = Xylem.

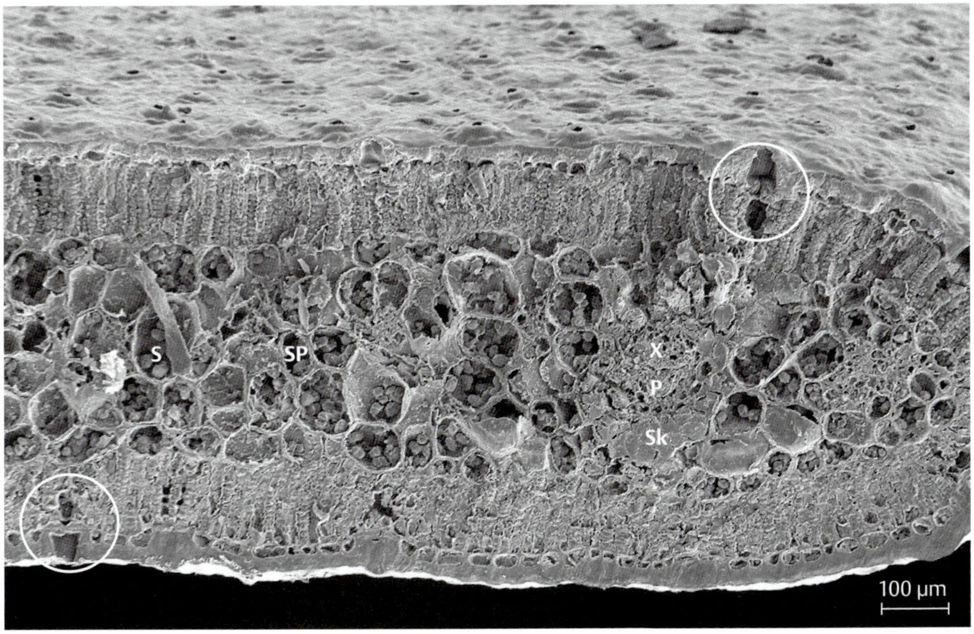

Abb. 12.33
Rasterelektronenmikroskopische Aufnahme eines Blattquerbruches von *Callistemon linearis*. Das Blatt ist amphistomatisch: Die Schließzellen (Kreis) liegen eingesenkt auf der Blattober- und Blattunterseite. Das Speicherparenchym (SP) ist mit Stärkekörnern (S) gefüllt.
P = Phloem;
Sk = Sklerenchym;
X = Xylem.

Zeichnung

Übersichtszeichnung eines Blattquerschnittes.

Ausschnitt aus dem Blattquerschnitt zellulär (ohne Leitbündel) mit Spaltöffnungen.

Iris barbata (Gartenschwertlilie)

Reagenzien

Astrablau
Safranin

Botanischer Steckbrief

Art
Iris barbata Hybrid (Schwertlilie); Fam. Iridaceae (Schwertliliengewächse).

Name
gr. *iris* = Regenbogen (Blüten vielfarbig wie der Regenbogen); lat. *barbatus* = bärtig.

Herkunft
östliches Mittelmeergebiet.

Inhaltsstoffe
Flavonoide, ätherisches Öl, Schleimstoffe, Gerbstoffe und Stärke.

Stellenwert
Zierpflanze.

12.6 Unifaziales Blatt

Kursziel

Darstellung des **unifazialen** Blattes der Gartenschwertlilie (*Iris barbata* Hybride).

Präparation

Es werden einige dünne Blattquerschnitte angefertigt. Die Schnitte werden entweder direkt in Wasser mikroskopiert oder oder mit Astrablau und Safranin gefärbt (**Abb. 12.34**).

Beobachtungen

Das flache Blatt der Schwertlilie ist unifazial, die beiden Seiten werden von der anatomischen Blattunterseite gebildet. Die Spaltöffnungen befinden sich deshalb auf beiden (morphologischen) Blattseiten (**Abb. 12.35**). Das Blatt ist also – wie jedes unifaziale Blatt – zwingend **amphistomatisch**.

Das Blatt von *Iris barbata* ist nicht in ein Palisaden- und Schwammparenchym gegliedert. Das **Mesophyll** besteht aus etlichen Lagen Assimilationsparenchym. Die Zellen sind rund bis länglich; das gesamte Gewebe ist reich an großen Interzellularen (**Abb. 12.35**). Im Mesophyll finden sich zahlreiche Kristallidioblasten (**Abb. 12.36**).

Das unifaziale Blatt kann leicht an der Lage und Anordnung der Leitbündel erkannt werden. Sie sind in zwei Reihen als „flachgedrückter Ring" angeordnet. Die Färbung mit Astrablau + Safranin bestätigt, dass die anatomische Blattunterseite zur Blattoberseite umgewandelt wurde: Das Phloem liegt außen, das Xylem innen (**Abb. 12.36**).

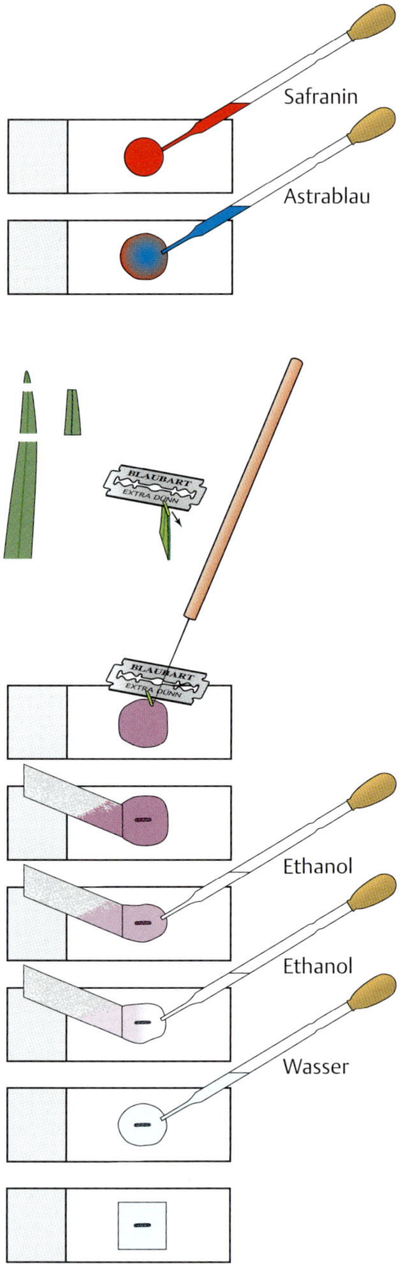

Abb. 12.34

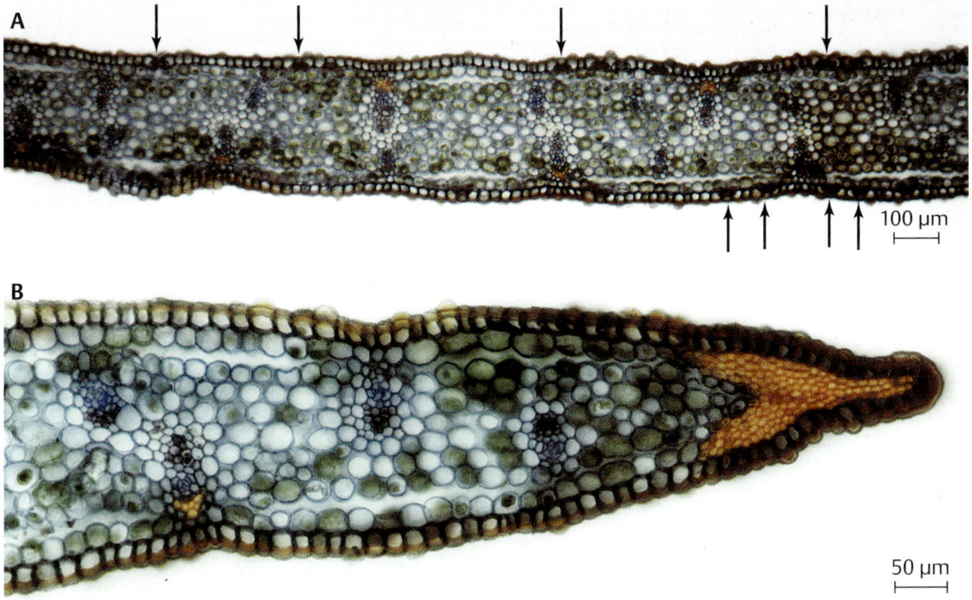

Abb. 12.35
Lichtmikroskopische Aufnahmen eines Blattquerschnittes von *Iris barbata* (HF; Färbung mit Astrablau + Safranin). Das Blatt ist unifazial. Die Spaltöffnungen (Pfeile) liegen auf beiden Seiten (**A**). Das Mesophyll besteht aus etlichen Lagen Assimilationsparenchym. Das gesamte Gewebe ist reich an großen Interzellularen. An den Blatträndern befindet sich zur Erhöhung der Stabilität ein Sklerenchym (**B**).

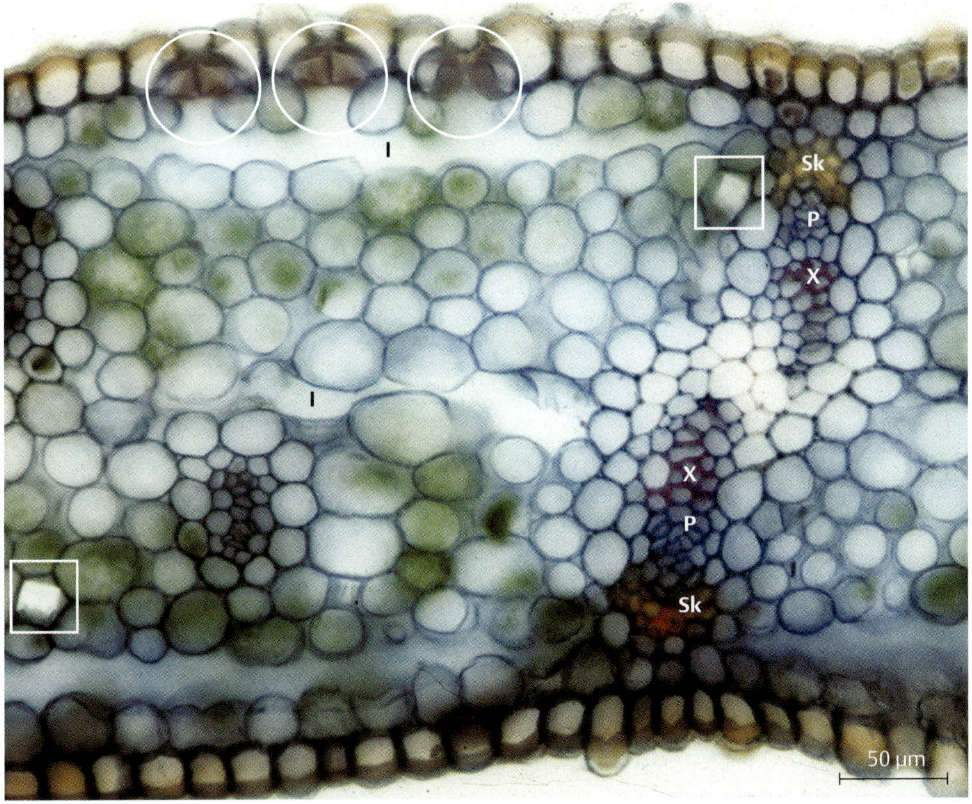

Abb. 12.36
Lichtmikroskopische Aufnahme eines Blattquerschnittes von *Iris barbata* (HF; Färbung mit Astrablau + Safranin). Die Leitbündel sind in zwei Reihen angeordnet. Das Xylem liegt innen, das Phloem außen. Mehrere Schließzellen sind angeschnitten (Kreise). Im Mesophyll liegen Kristallidioblasten (Quadrate).
I = Interzellulare;
P = Phloem;
Sk = Sklerenchym;
X = Xylem.

Zeichnung
Übersichtszeichnung eines Blattquerschnittes.

Die Sprossachse

Die Sprossachse bringt die Blätter zum Licht, versorgt sie mit Wasser und Nährstoffen und transportiert die Assimilate bis zu den Wurzeln. Um diese Funktion zu erfüllen, sind etliche Eigenschaften nötig. Für den Wasser- und Assimilattransport dienen die Leitbündel, die in Bahnen von oben nach unten verlaufen. Im innenliegenden Xylem wird das Wasser (meist) von unten nach oben transportiert. Die Assimilate wandern im Phloem von oben nach unten. Bei der Mehrzahl der Pflanzen liegt das Phloem im Leitbündel außen (= kollaterales Leitbündel).

Gleichzeitig mit dem Längenwachstum der Sprossachse erfolgt meist auch ein Dickenwachstum, bei dem sich die Leitbündel mit vergrößern. Dies geschieht durch ein Kambium. Leitbündel mit Kambium sind offen kollateral – das gilt für alle Sprossachsen von dikotylen Pflanzen. Monokotyle Pflanzen (z. B. Gräser) haben kein Dickenwachstum; ihre Leitbündel haben deshalb kein Kambium – sie sind geschlossen kollateral. Es gibt auch Leitbündel, bei denen das Xylem das Phloem (oder umgekehrt) ringförmig umgibt: Es sind konzentrische Leitbündel mit Innen- oder Außenxylem.

Die Leitbündel tragen wesentlich zur Stabilität der Sprossachse bei: Die Tracheen und Tracheiden im Xylem haben dicke, verholzte Zellwände, und die Leitbündel sind häufig von einer sklerenchymatischen Leitbündelscheide umgeben. Die Zellen des Phloems sind typischerweise nicht verholzt.

linke Seite:
oben links: *Solanum tuberosum* (Speisekartoffel)
oben Mitte: *Raphanus sativus ssp. sativus* (Radieschen)
oben rechts: *Glycine max* (Soja) Keimlinge
unten links: *Pulsatilla vulgaris* (Küchenschelle)
rechts Mitte: *Aloe littoralis* (Bergaloe)
rechts unten: *Equisetum spec.* (Schachtelhalm)

rechte Seite:
oben: *Aristida pungens* (Stechendes Dringras)
unten: *Ruscus androgyna* (Kletternder Mäusedorn)

Zea mays (Mais) Maiskolben

Reagenzien

Astrablau
Safranin

Botanischer Steckbrief

Art
Zea mays (Mais); Fam. Poaceae (Süßgräser).

Name
gr. *zeia* = Name für Einkorn von Linné auf den Mais übertragen. Von den Indianern stammt das Wort *mahiz*.

Herkunft
Mexiko und Peru; Wildform nicht bekannt.

Inhaltsstoffe
Maismehl ist arm an Lysin und Tryptophan – daher biologisch nicht wertvoll (Niacin-Avitaminose bei Dauergenuss). Maiskeimöl vitaminreich mit 30 % Öl- und 56 % Linolsäure.

Stellenwert
Pflanze als Grünfutter und Silage. Körner als Futtermittel und Nahrungsmittel.

13.1 Geschlossen kollaterales Leitbündel

Kursziel

Darstellung des **geschlossen kollateralen Leitbündels** von *Zea mays* (Mais).

Präparation

Es wird ein dünner Querschnitt durch die Sprossachse angefertigt. Die Schnitte werden mit Safranin und Astrablau gefärbt (**Abb. 13.1**).

Beobachtungen

Bei niedriger Vergrößerung erkennt man, dass die Leitbündel über den ganzen Spross verteilt und in ein großlumiges Parenchym eingebettet sind (**Abb. 13.2**). Die Leitbündel sind geschlossen kollateral: Das Phloem liegt außen, das Xylem innen; sie haben kein (!) Kambium (**Abb. 13.3**). Das Phloem besteht aus Siebröhren und Geleitzellen; Phloemparenchym kommt bei Monokotylen nicht vor. Die weitlumigen Gefäße des Xylems sind von Xylemparenchym umgeben; sie stehen über zahlreiche Tüpfel miteinander in Verbindung. Im Xylem findet sich meist ein wassergefüllter Interzellulargang, der beim Streckungswachstum **rhexigen** (durch Zerreißen der Xylemprimanen) entstanden ist (**Abb. 13.3**).

Die Leitbündel sind von einer sklerenchymatischen Leitbündelscheide umgeben. Ihre Ausprägung hängt vom Alter und der Lage im Spross ab. In der Zone, in der Phloem und Xylem aneinanderstoßen, bleibt die interzellularenfreie Leitbündelscheide oft unverholzt als sogenannter „Durchlassstreifen“ (**Abb. 13.3**).

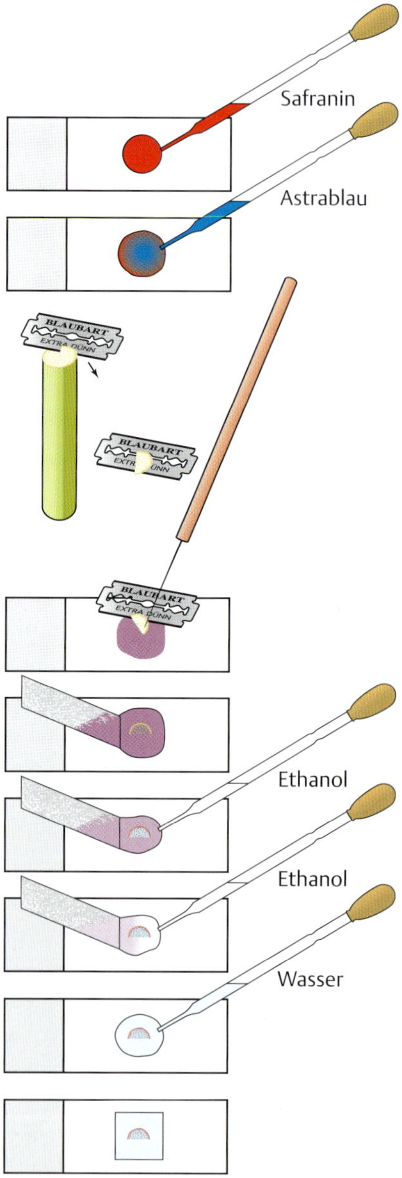

Abb. 13.1

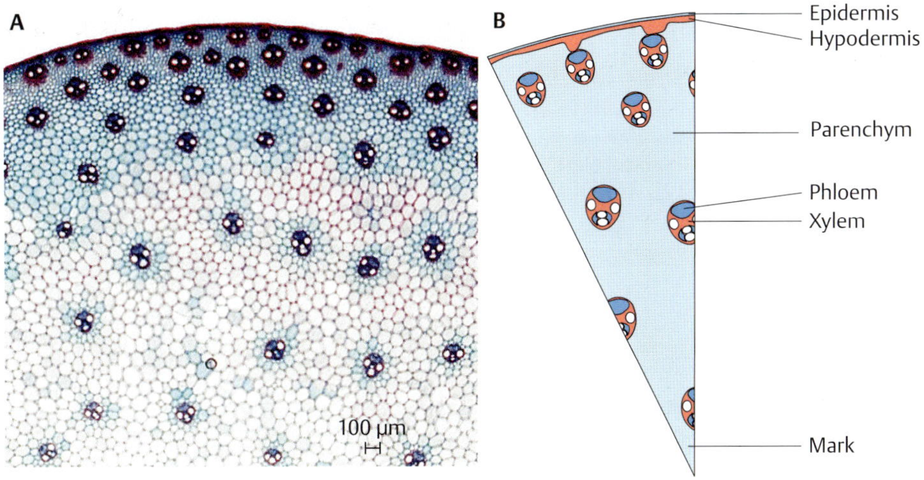

Abb. 13.2
Lichtmikroskopische Aufnahme (A; HF, Färbung mit Safranin + Astrablau) und schematische Darstellung (B) eines Querschnittes durch die Sprossachse von *Zea mays*. Die Leitbündel sind über den ganzen Stängelquerschnitt verteilt; sie sind geschlossen kollateral.

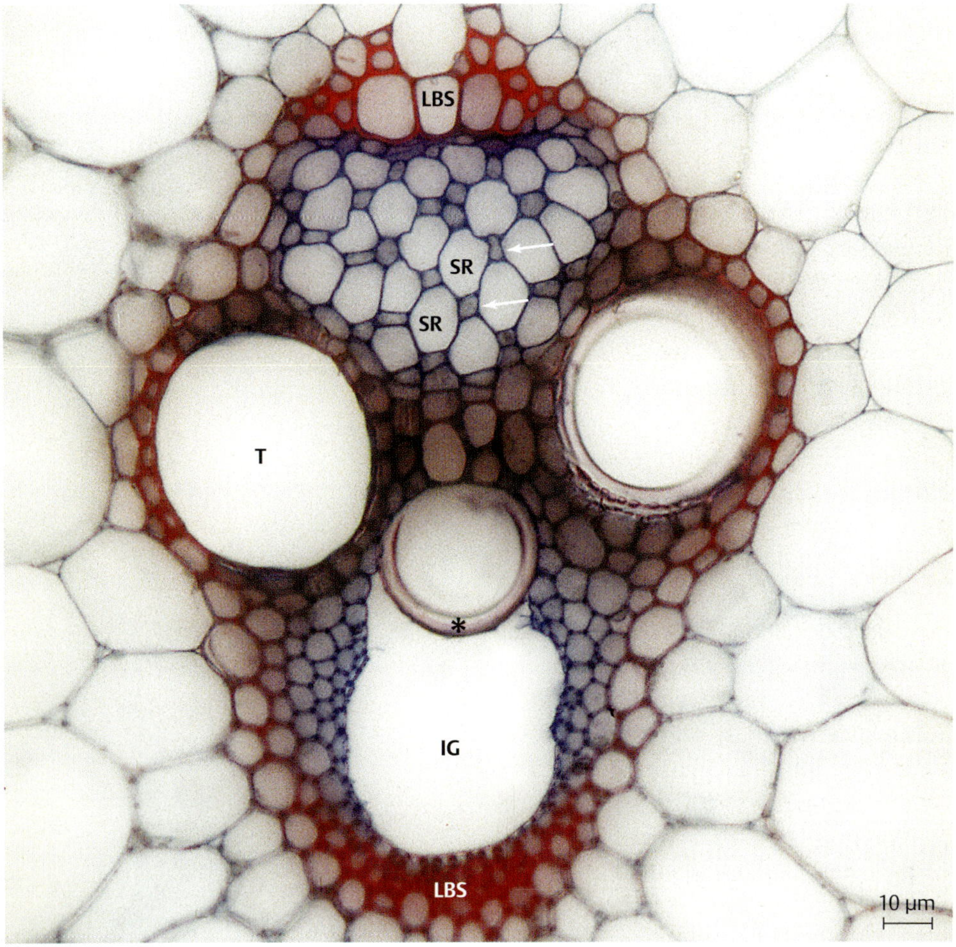

Abb. 13.3
Lichtmikroskopische Aufnahme eines geschlossen kollateralen Leitbündels von *Zea mays* (HF; Färbung mit Safranin + Astrablau). Das Phloem besteht aus Siebröhren (SR) und Geleitzellen (Pfeile). Im Xylem liegt ein wassergefüllter Interzellulargang (IG). Häufig liegen ringförmige Verdickungsleisten zerrissener Ringtracheiden in der Schnittebene (Stern). LBS = verholzte Leitbündelscheide; T = Trachee.

Zeichnung

Übersichtszeichnung eines Sektors des Stängelquerschnittes („Tortenstück“).

Ein halbes Leitbündel zellulär, mit Farbangabe zu den verschiedenen Geweben.

Ranunculus repens (Kriechender Hahnenfuß)

Reagenzien

Astrablau
Safranin

Botanischer Steckbrief

Art
Ranunculus repens (Kriechender Hahnenfuß); Fam. Ranunculaceae (Hahnenfußgewächse).

Name
lat. *rana* = Frosch, *ranunculus* Verkleinerungsform; lat. *repens* = kriechend. Hahnenfuß: die Blätter einiger Arten sind dem Fuß eines Hahnes ähnlich.

Herkunft
nordhemisphärisch und außertropisch verbreitet.

Inhaltsstoffe
Protoanemonin, die frische Pflanze ist giftig, dies verliert sich beim Trocknen. Abgeschnittene Stängel rufen oft Hautreizungen hervor (Wiesendermatitis).

13.2 Offen kollaterales Leitbündel

Kursziel

Darstellung eines offen kollateralen Leitbündels von *Ranuculus repens* (Hahnenfuß).

Präparation

Es wird ein Stängelquerschnitt angefertigt. Die Schnitte sollen genau senkrecht zur Längsachse des Stängels verlaufen, da die Gewebe sonst schräg angeschnitten werden. Es ist nicht notwendig, dass der Querschnitt den gesamten Stängel umfasst; ein Ausschnitt genügt. Die Schnitte werden mit Astrablau und Safranin gefärbt (**Abb. 13.4**).

Beobachtungen

Der Spross von *Ranunculus repens* besitzt eine Epidermis mit Cuticula – Haare sind gelegentlich sichtbar. Das zwischen der Epidermis und den Leitbündeln liegende Gewebe ist die Rinde. Sie gliedert sich in zwei Bereiche: Das äußere Assimilationsparenchym mit Chloroplasten und das innere (chloroplastenfreie) Rindenparenchym (**Abb. 13.5 – 6**).

Im Innern des Sprosses befindet sich das Markparenchym, das in der Mitte häufig zerrissen ist; es liegt dann eine Markhöhle vor. Zwischen Mark und Rinde sind die Leitbündel ringförmig angeordnet. Das Gewebe zwischen den Leitbündeln wird als Markstrahlparenchym bezeichnet. Leitbündelring und Mark bilden den Zentralzylinder. Alle Parenchymgewebe weisen große Interzellularen auf.

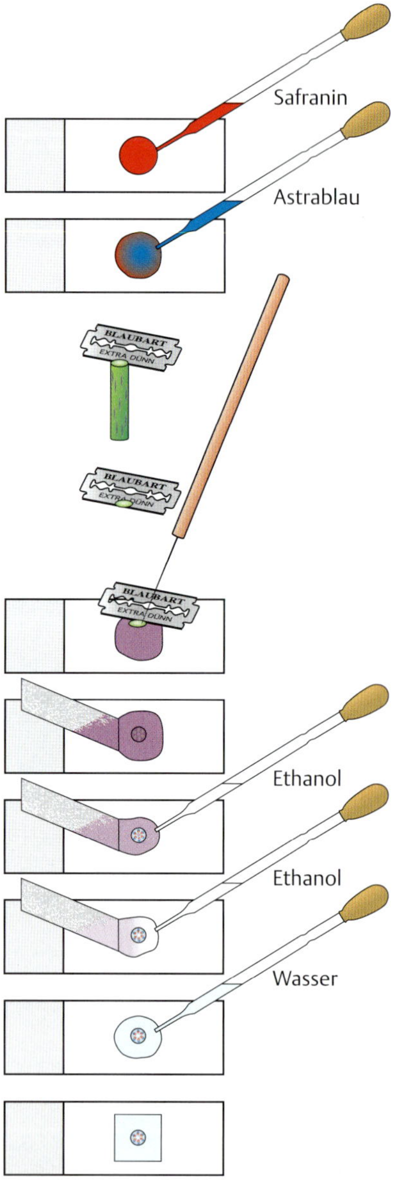

Abb. 13.4

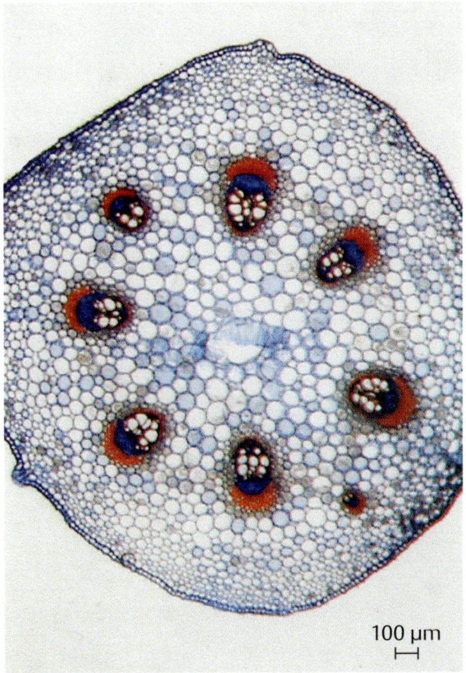

Abb. 13.5
Lichtmikroskopische Aufnahme (HF) eines Stängelquerschnittes von *Ranunculus repens* (Färbung mit Astrablau + Safranin).

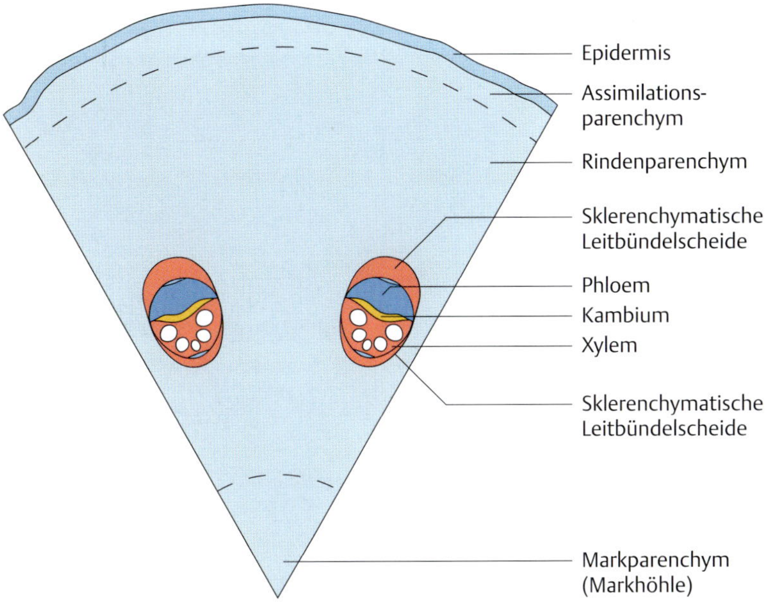

Abb. 13.6
Schematische Darstellung eines Stängelquerschnittes von *Ranunculus repens*.

Ranunculus repens besitzt offen kollaterale Leitbündel (**Abb. 13.7–9**). **Phloem** und **Xylem** sind durch einige **Kambium**schichten voneinander getrennt. Die Leitbündel sind von einer **sklerenchymatischen Leitbündelscheide** umgeben (**Abb. 13.7–8** und **Abb. 13.10**). Da sie verholzt ist, färbt sie sich mit Safranin kräftig rot.

Das Phloem weist zum äußeren Teil des Stängels. Im Phloem sind großlumige **Siebröhren** zu erkennen. Die **Siebplatten** liegen nur selten in der Schnittebene. Zwischen den Siebröhren befinden sich die viel kleineren **Geleitzellen** (**Abb. 13.7** und **Abb. 13.11–12**). Ein **Phloemparenchym**, typisch für die meisten dicotylen Pflanzen, kommt bei *Ranunculus repens* nur rudimentär als Abgrenzung zur Sklerenchymscheide vor. Die in der jungen Sprossachse zuerst angelegten Phloemelemente sind bei genauer Beobachtung unmittelbar unter der Leitbündelscheide als zerdrücktes **Protophloem** zu erkennen (**Abb. 13.7**).

Die **Kambiumzellen** zeigen eine charakteristische Form: Sie sind annähernd rechteckig; ihre Wände sind nicht verdickt und nicht verholzt (**Abb. 13.11** B). Wenn der Spross das Wachstum eingestellt hat – dies ist bei der „Ernte“ krautiger Pflanzen meist der Fall –, verliert das Kambi-

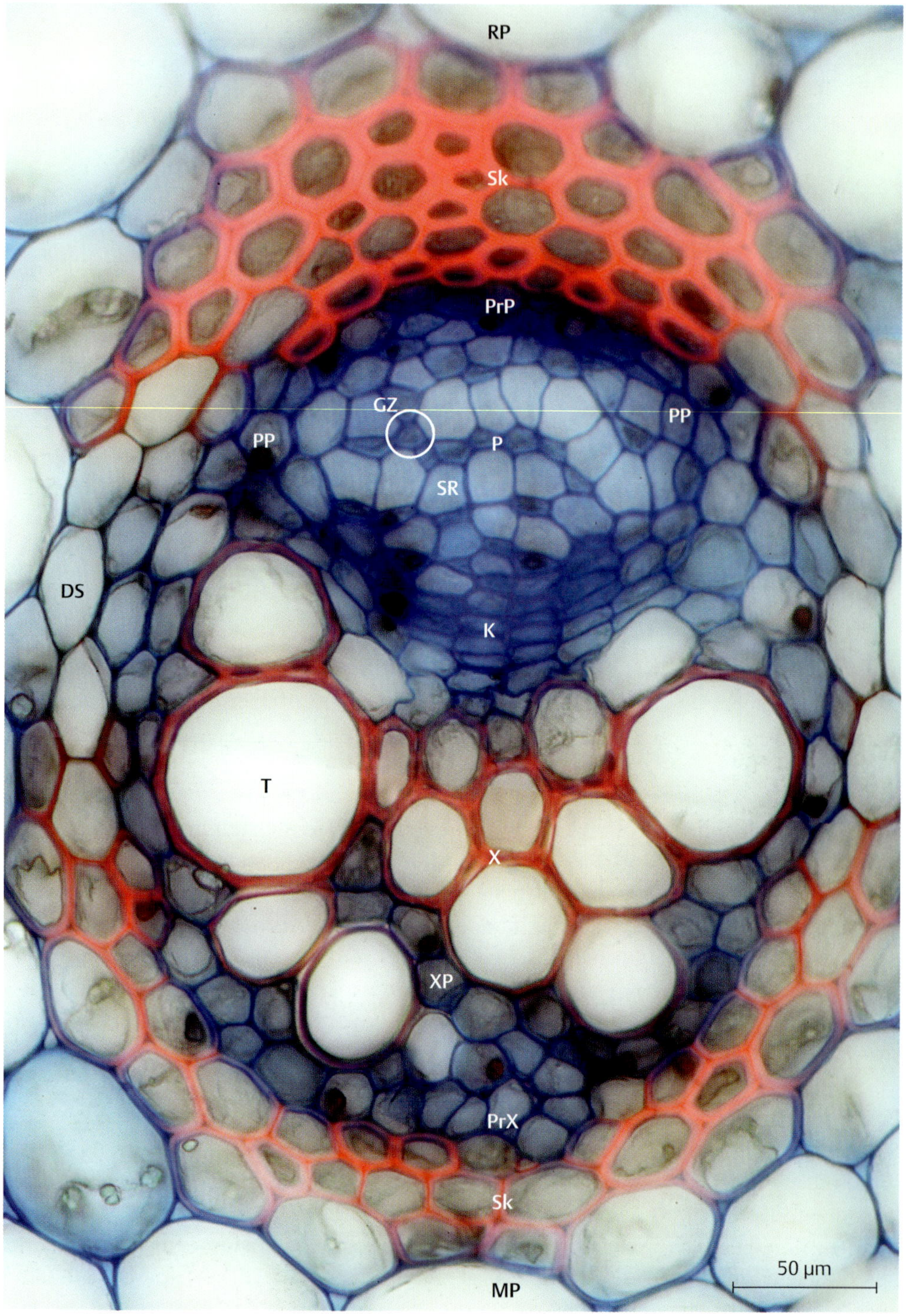

Abb. 13.7
Lichtmikroskopische Aufnahme (HF) eines Leitbündels von *Ranunculus repens* (Färbung mit Astrablau + Safranin).

DS = Durchlassstreifen
GZ = Geleitzelle (Kreis)
K = Kambium
MP = Markparenchym
P = Phloem
PP = Phloemparenchymzelle
PrP = Protophloem
PrX = Protoxylem
RP = Rindenparenchym
Sk = Sklerenchym
SR = Siebröhre
T = Trachee
X = Xylem
XP = Xylemparenchym

um sein charakteristisches Aussehen. Die Zellen werden in Parenchymzellen umgewandelt.

Im Xylem fallen besonders die großlumigen **Tracheen** auf. Sie stehen über **Tüpfel** miteinander in Verbindung. Zwischen den Tracheen und am Rand des Xylems befinden sich **Xylemparenchymzellen**. Die in der jungen Sprossachse zuerst angelegten Xylemelemente sind bei genauer Beobachtung unmittelbar über der Leitbündelscheide als **Protoxylem** zu erkennen; es ist nicht verholzt.

Im Bereich des Kambiums bleibt die interzellularenfreie Leitbündelscheide oft unverholzt als sogenannter „Durchlassstreifen" (**Abb. 13.7**).

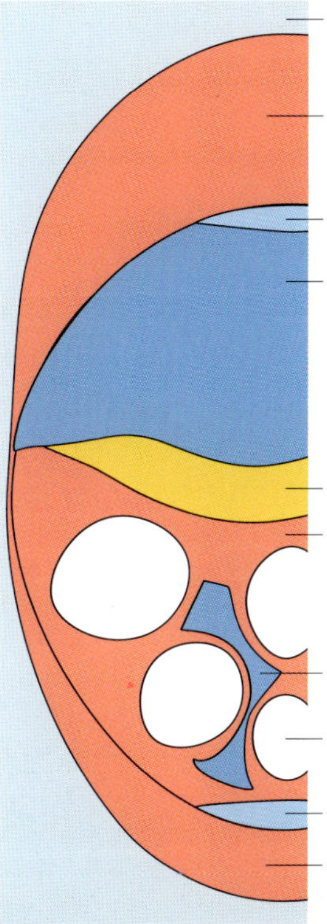

Abb. 13.8
Schematische Darstellung eines Leitbündels von *Ranunculus repens*.

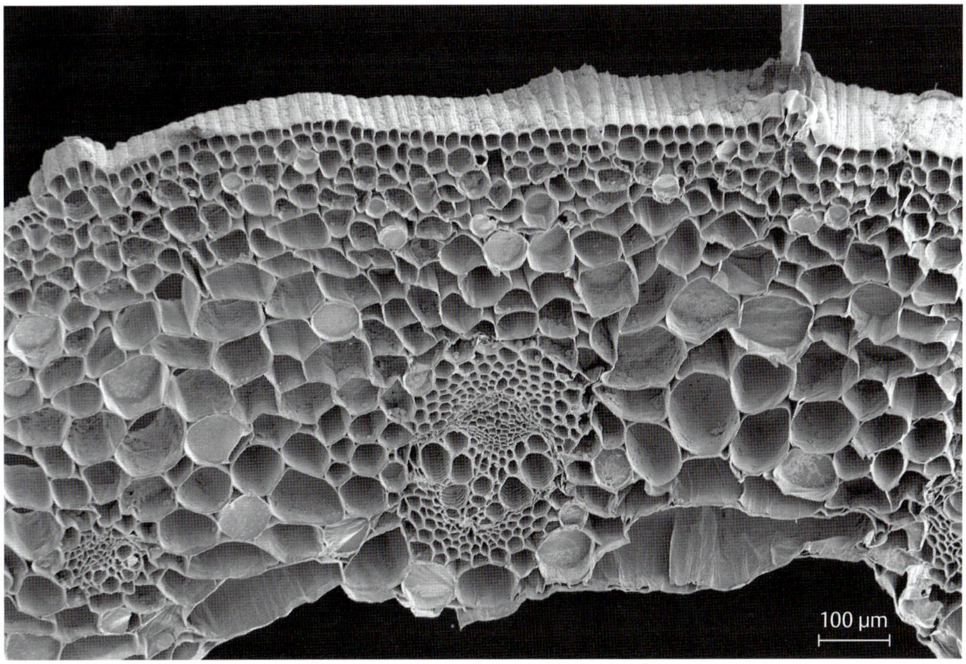

Abb. 13.9
Rasterelektronenmikroskopische Aufnahme eines Stängelquerschnittes mit Leitbündel von *Ranunculus repens*.

Zeichnung

Übersichtszeichnung eines Sektors des Stängelquerschnittes („Tortenstück").

Ein halbes Leitbündel zellulär, mit Farbangabe zu den verschiedenen Geweben.

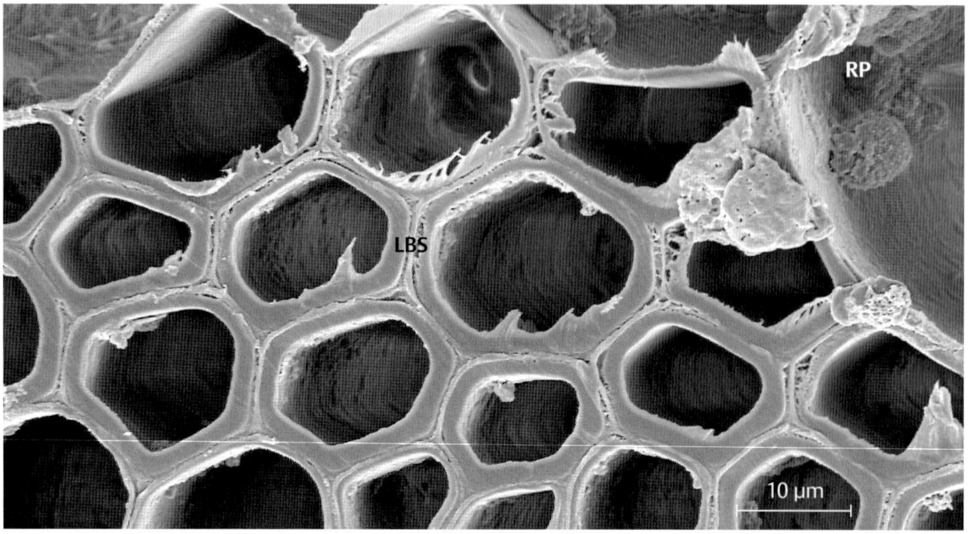

Abb. 13.10
Rasterelektronenmikroskopische Aufnahme (Querschnitt) der sklerenchymatischen Leitbündelscheide (LBS) von *Ranunculus repens*. Am Bildrand sind Zellen des Rindenparenchyms (RP) erkennbar.

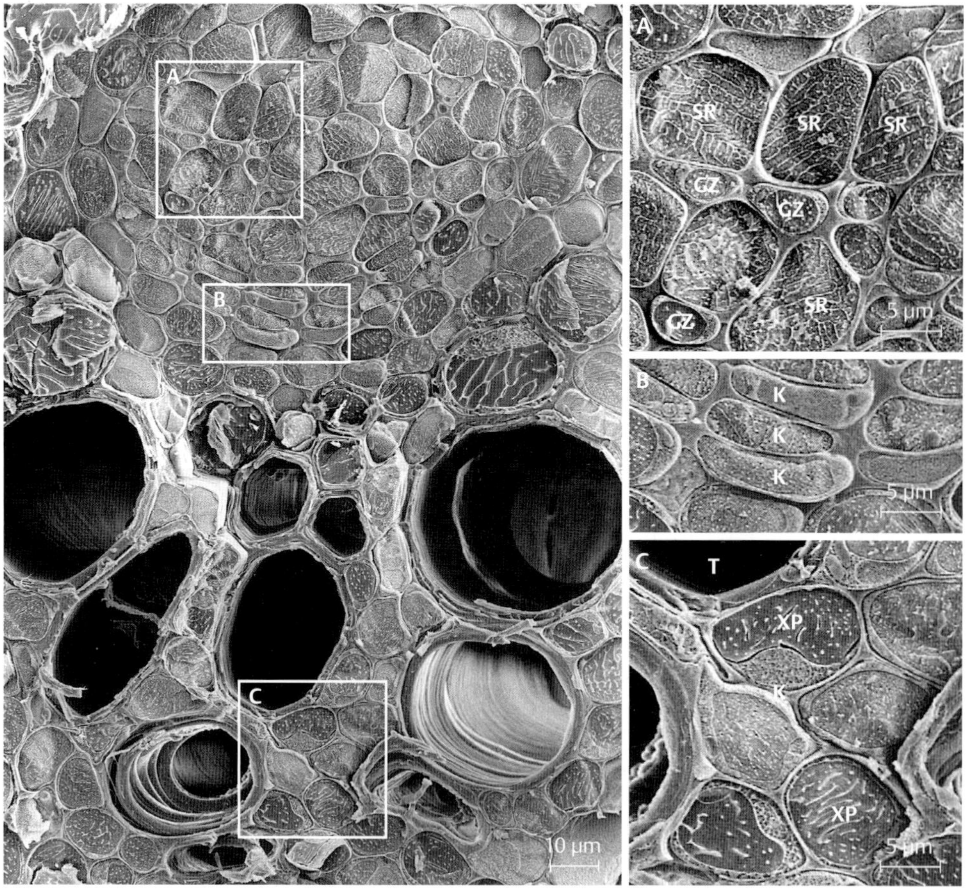

Abb. 13.11
Rasterelektronenmikroskopische Aufnahme eines Leitbündels von *Ranunculus repens* (Kryobruch, „frozen hydrated") mit Detailvergrößerungen.

A Mehrere Siebröhren (SR) mit Geleitzellen (GZ)
B Kambiumzellen (K)
C Xylemparenchymzellen (XP) mit angrenzender Trachee (T)

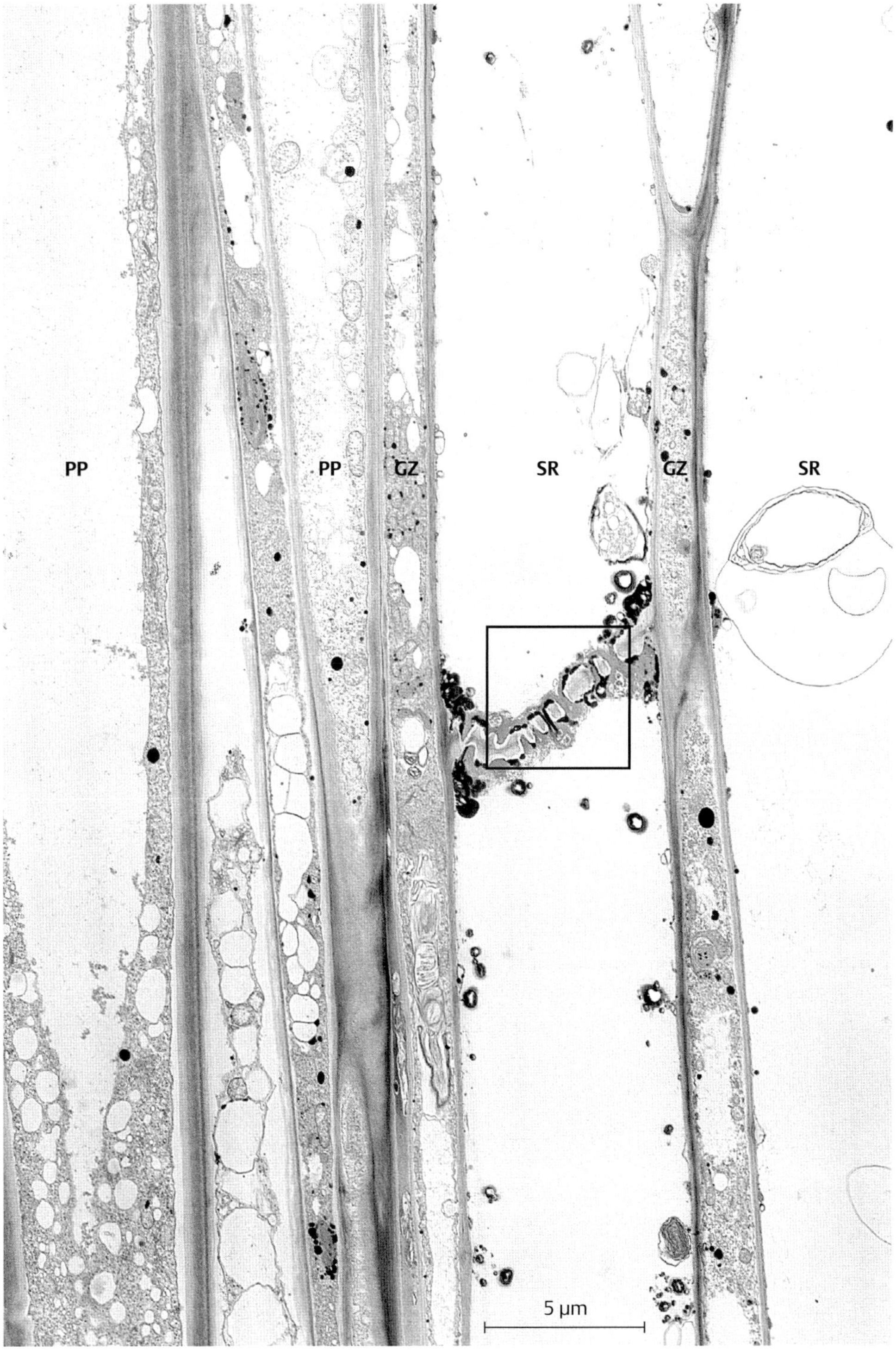

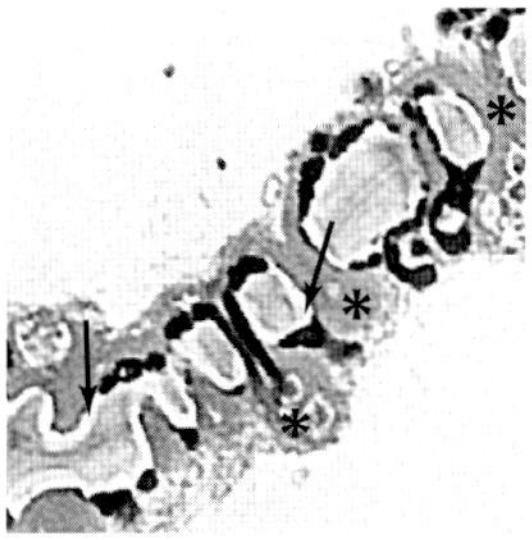

Abb. 13.12
Transmissionselektronenmikroskopische Aufnahme eines Längsschnittes durch das Phloem von *Ranunculus repens*. Die Siebplatte einer Siebröhre ist quergeschnitten. Die Poren der Siebplatte werden gegen Ende der Vegetationsperiode mit Kallose (Detailvergrößerung; Pfeile) verschlossen. Bei Druckabfall z. B. durch Verletzung werden die Poren durch „P-Protein" (Sterne) verschlossen.
GZ = Geleitzelle;
PP = Phloemparenchymzelle;
SR = Siebröhre.

Cucurbita pepo (Kürbis)

Reagenzien

Astrablau
Safranin

Botanischer Steckbrief

Art
Cucurbita pepo (Garten-Kürbis); Fam. Cucurbitaceae (Kürbisgewächse).

Name
lat. *cucumis* = Gurke; gr. *pepon* = reif, mürbe. Kürbis von: lat. *orbis* = rund.

Herkunft
tropisches Amerika.

Stellenwert
Fruchtfleisch als Gemüse; die Blüten gefüllt oder im Salat. Samen mit bis zu 35 % fettem Öl als Salatöl; arzneilich die Samen bei Blasenleiden.

13.3 Offen bikollaterales Leitbündel

Kursziel

Darstellung des offen bikollateralen Leitbündels von *Cucurbita pepo* (Kürbis).

Präparation

Es wird ein dünner Querschnitt durch die Sprossachse angefertigt. Die Schnitte werden mit Safranin und Astrablau gefärbt (**Abb. 13.13**).

Beobachtungen

Der fünfkantige Spross von *Cucurbita pepo* zeigt im Querschnitt 10 Leitbündel, die in 2 Kreisen zu je 5 kleineren (außen) und 5 großen angeordnet sind. Die großen Leitbündel liegen in zahnartig vorspringenden Leisten, die in die Markhöhle ragen (**Abb. 13.14**).

Die Leitbündel sind offen bikollateral: Auf ein äußeres Phloem folgt – getrennt durch ein Kambium – nach innen ein Xylem, darauf ein weiteres Kambium und das zweite Phloem (**Abb. 13.15**). Eine eindeutige Abgrenzung der Leitbündel zum umgebenden Gewebe ist schwer, da bei *Cucurbita pepo* keine Leitbündelscheide ausgebildet ist. Das Xylem ist an seinen großlumigen Tracheen und Tracheiden gut zu erkennen (**Abb. 13.16**). Die Röhren der Tracheen setzen sich aus sehr kurzen Einzelgliedern zusammen, deren Querwände im Laufe der Entwicklung aufgelöst werden. Der Rest der aufgelösten Querwände ist im Längsschnitt als ringförmige Leiste zu erkennen (**Abb. 13.17**). Die wasserleitenden großen Tracheen und Tracheiden sind in ein sehr kleinlumiges, verholztes Xylemparenchym (= Belegzellen) eingebettet

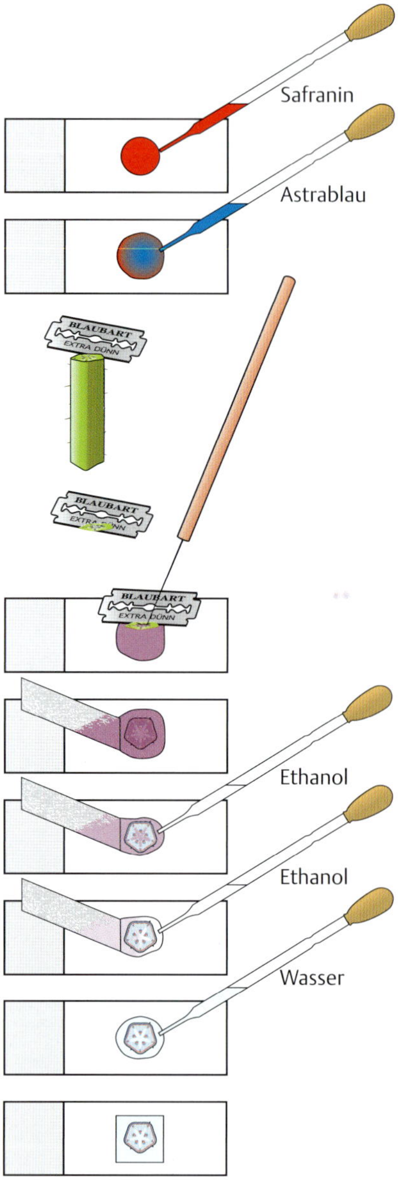

Abb. 13.13

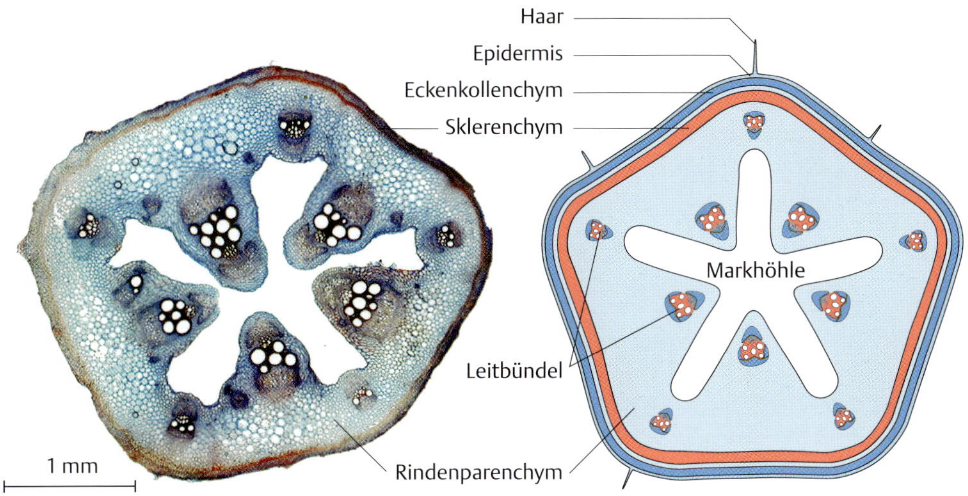

Abb. 13.14
Lichtmikroskopische Aufnahme und schematische Darstellung eines Querschnittes der fünfeckigen Sprossachse von *Cucurbita pepo* (HF; Färbung mit Astrablau + Safranin). Je nach Alter des Sprosses ist ein Eckenkollenchym und zusätzlich ein Sklerenchymring ausgebildet. Die Leitbündel sind offen bikollateral aufgebaut. Charakteristisch ist die fünfstrahlige Markhöhle.

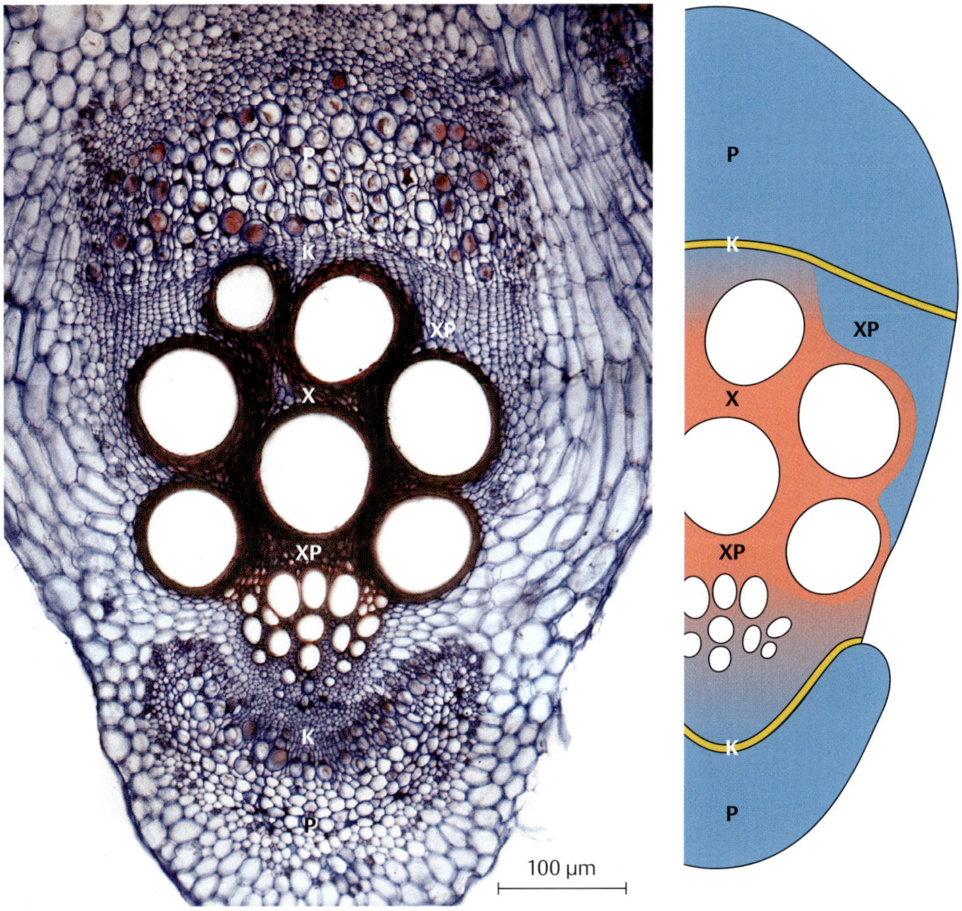

Abb. 13.15
Lichtmikroskopische Aufnahme und schematische Darstellung eines Querschnittes durch ein offen bikollaterales Sprossleitbündel von *Cucurbita pepo*. Im Xylem liegen zahlreiche Gefäße, die von einem dichten Komplex aus Xylemparenchym und Tracheiden umgeben sind. Im Phloem sind die großlumigen Siebröhren mit den dunkel erscheinenden Geleitzellen zu erkennen.
K = Kambium;
P = Phloem;
X = Xylem;
XP = Xylemparenchym.

Zeichnung

Übersichtszeichnung eines Sektors des Stängelquerschnittes.

Ein halbes Leitbündel zellulär.

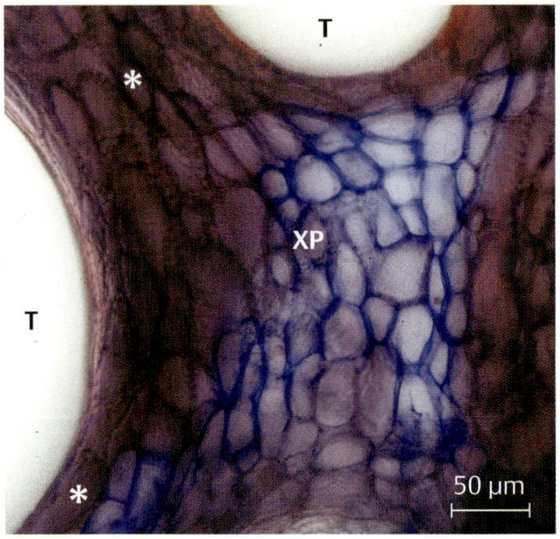

Abb. 13.16
Lichtmikroskopische Aufnahme des Xylems von *Cucurbita pepo* im Querschnitt (HF; Färbung mit Astrablau + Safranin). Zwischen den großlumigen Tracheen (T) liegt unverholztes Xylemparenchym (XP). Um die Tracheen bildet das Xylemparenchym kleine, flache, verholzte „Belegzellen“ (Sterne).

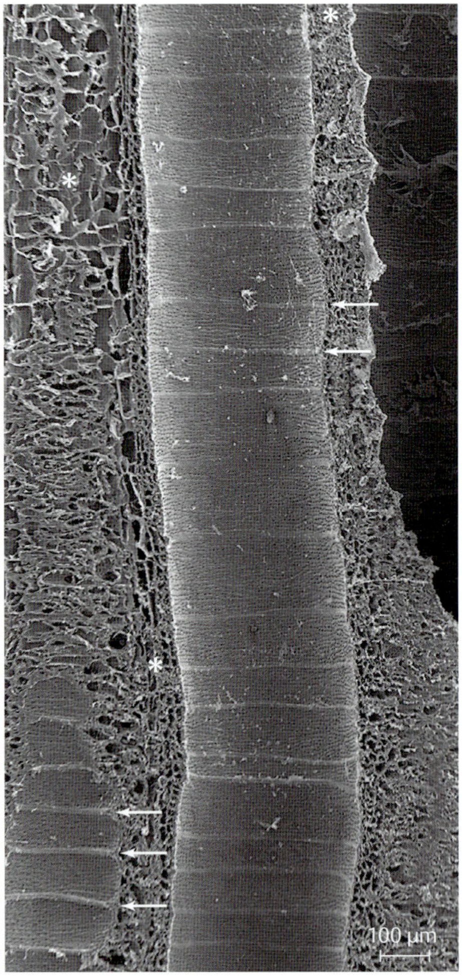

Abb. 13.17
Rasterelektronenmikroskopische Aufnahme eines Längsbruches durch das Xylem von *Cucurbita pepo*. Drei große Tracheen sind längs gebrochen. Die Fusionsstellen der einzelnen Tracheenglieder sind als parallele, horizontale Leisten in großer Zahl zu erkennen (Pfeile). Die Gefäße von *Cucurbita pepo* sind allseitig von sehr kleinen, flachen, verholzten Xylemparenchymzellen, sog. Belegzellen umgeben (Sterne).

(**Abb. 13.16**). Dies wird besonders beim Längsschnitt deutlich (**Abb. 13.17**). Zum inneren Phloem hin ist das Xylemparenchym nicht verholzt (**Abb. 13.15**).

Das Kambium zwischen Xylem und äußerem Phloem ist aufgrund seiner stärkeren Teilungsaktivität charakteristischer ausgebildet als das innen liegende Kambium. Die Zellen liegen in mehreren Reihen direkt übereinander (**Abb. 13.15**).

Das aktive, äußere Phloem ist zur Untersuchung besser geeignet. Die Siebröhren sind weitlumig. Sie haben im ausdifferenzierten Zustand weder Zellkern noch Zentralvakuole (**Abb. 13.18**). Ihr Inhalt wird als **Miktoplasma** bezeichnet. Häufig liegen Siebplatten in der Schnittebene (**Abb. 13.19**). Die Siebröhren werden von kleinen, plasmareichen Geleitzellen flankiert, die die „Versorgung“ der kernlosen Siebröhren übernehmen (**Abb. 13.18**). Einen großen Anteil am Phloem nimmt das Phloemparenchym ein.

Die Siebplatten sind grob durchlöchert, um den Abtransport der Assimilate zu gewährleisten. Der Längsschnitt zeigt deutlich, dass durch die Poren dicke Plasmastränge ziehen (**Abb. 13.19** B und **Abb. 13.20**). Mit zunehmendem Alter werden die Poren durch Kallose verschlossen (**Abb. 13.19** A).

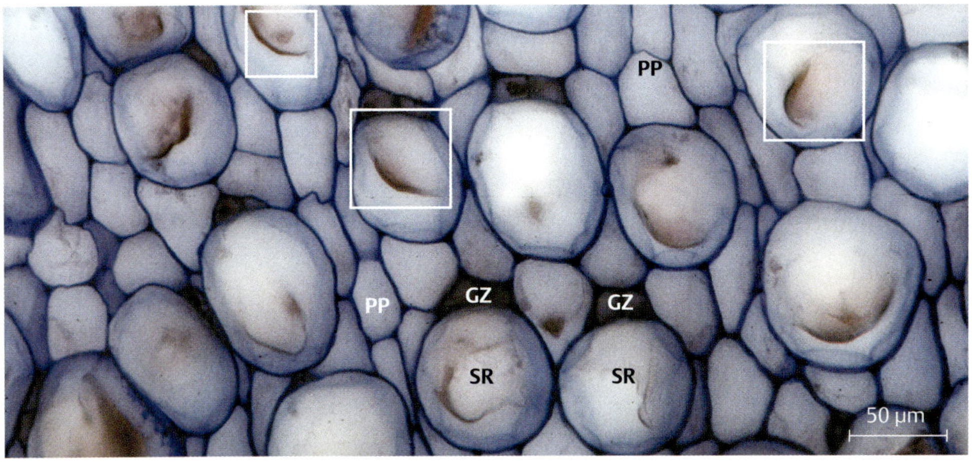

Abb. 13.18
Lichtmikroskopische Aufnahme eines Querschnittes durch das äußere Phloem von *Cucurbita pepo* (DIC; Färbung mit Astrablau + Safranin) mit zahlreichen, großlumigen Siebröhren (SR) und Geleitzellen (GZ), eingebettet in Phloemparenchym (PP). Die Siebplatten liegen meist schräg (Quadrate).

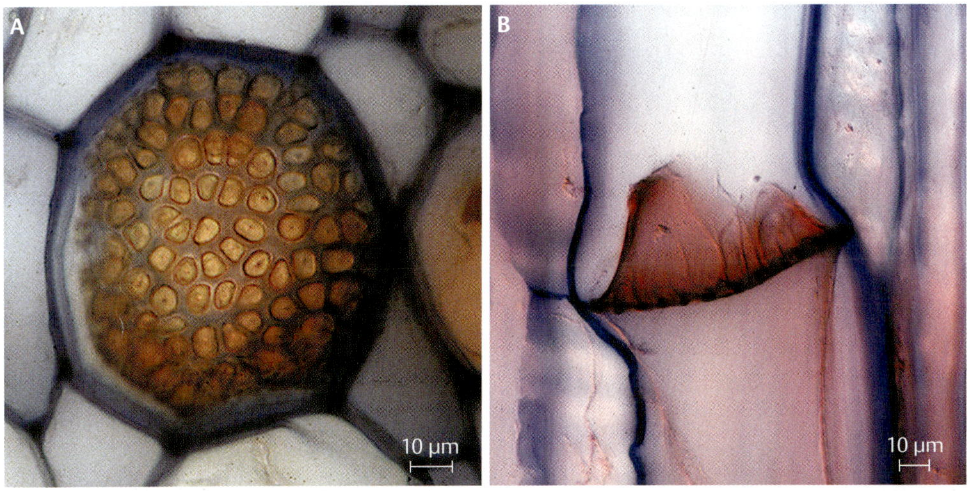

Abb. 13.19
Lichtmikroskopische Detailaufnahmen einer Siebröhre mit Siebplatte im Querschnitt (**A**) und Längsschnitt (**B**) von *Cucurbita pepo* (DIC; Färbung mit Astrablau + Safranin). Man erkennt gut, dass die Siebporen durch Kallose verstopft sind (**A**). Der Zellinhalt der Siebröhren (= Miktoplasma) zieht durch die Poren der Siebplatten (**B**).

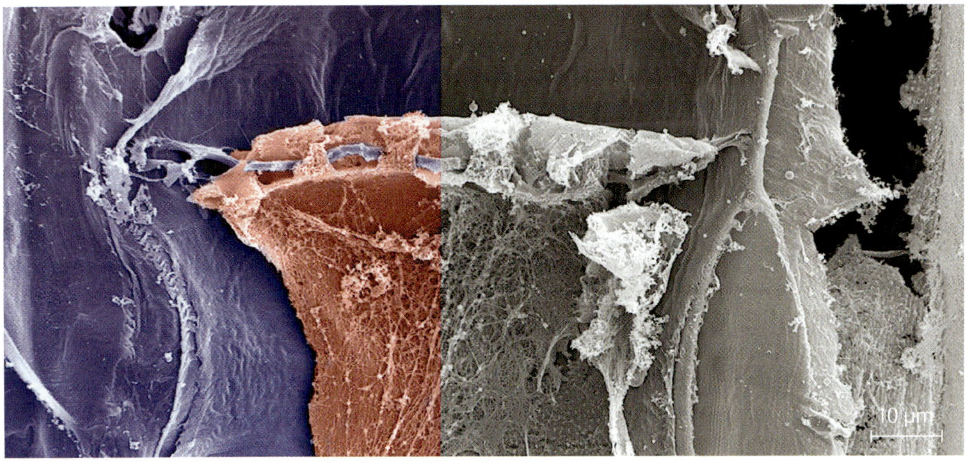

Abb. 13.20
Rasterelektronenmikroskopische Aufnahme eines Längsbruches durch eine Siebröhre mit Siebplatte von *Cucurbita pepo*. Der schleimartige Zellinhalt (= Miktoplasma) ist durch die Fixierung geschrumpft (linke Hälfte coloriert).

Pteridium aquilinum (Adlerfarn) Wedel und Rhizom

Reagenzien

Astrablau
Safranin

Botanischer Steckbrief

Art
Pteridium aquilinum (Adlerfarn); Fam. Polypodiaceae (Tüpfelfarngewächse).

Name
gr. *ptéris* = Farn und die Verkleinerungsendung *-idium;* lat. *aquila* = Adler.

Herkunft
kosmopolitisch.

Stellenwert
vereinzelt Nutzung als Streufarn und Insektengift, junge, abgekochte Triebe in Asien als Gemüse (roh giftig!), zuweilen arzneiliche Nutzung der Asche.

13.4 Konzentrisches Leitbündel mit Innenxylem

Kursziel

Darstellung des konzentrischen Leitbündels mit Innenxylem von *Pteridium aquilinum* (Adlerfarn).

Präparation

Es wird ein dünner Querschnitt durch das Rhizom oder einen Blattstiel angefertigt. Die Schnitte werden mit Safranin und Astrablau gefärbt (**Abb. 13.21**).

Beobachtungen

Mit bloßem Auge erkennt man bereits am ungefärbten Präparat im parenchymatischen Gewebe dunkle Sklerenchymplatten, die gelegentlich der Silhouette eines Adlers gleichen (**Abb. 13.22**). Innerhalb und außerhalb der Sklerenchymplatten (**Abb. 13.28**) liegen runde bis ovale Leitbündel verschiedener Größe (**Abb. 13.23–24**). Da sie alle den gleichen Aufbau haben, genügt es, ein kleines Leitbündel genauer zu untersuchen. Die Leitbündel sind konzentrisch; das Xylem liegt zentral und ist von Phloem umgeben (**Abb. 13.23**). Das Phloem besteht aus Siebzellen und Phloemparenchym (Geleitzellen kommen bei den Farnen noch nicht vor!). Das Phloem ist nach außen durch eine stärkehaltige Zelllage und einer darauf folgenden Leitbündelscheide mit verdickten Zellwänden vom Parenchym abgegrenzt (**Abb. 13.25–26**). Das Xylem besteht aus großlumigen Leitergefäßen und Xylemparenchym (**Abb. 13.27**). Im Zentrum des Xylems liegen die Xylemprimanen.

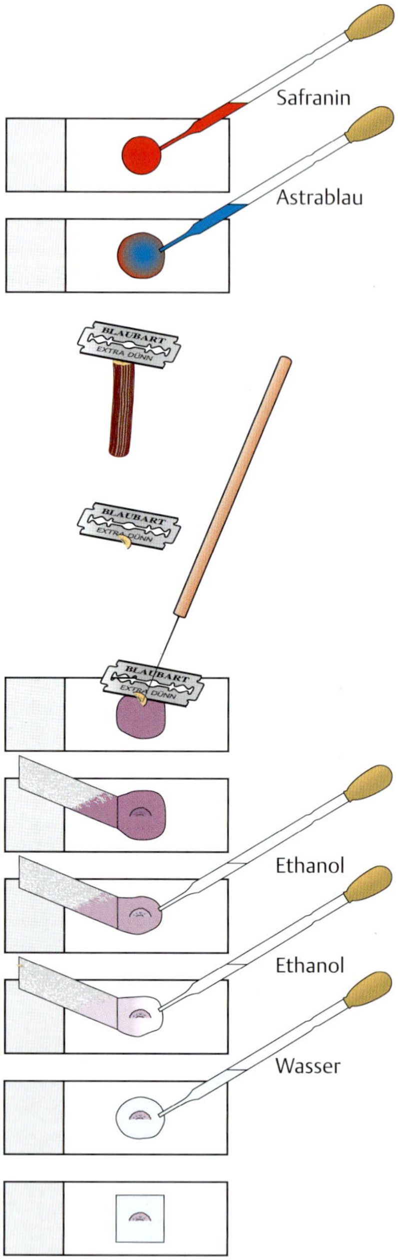

Abb. 13.21

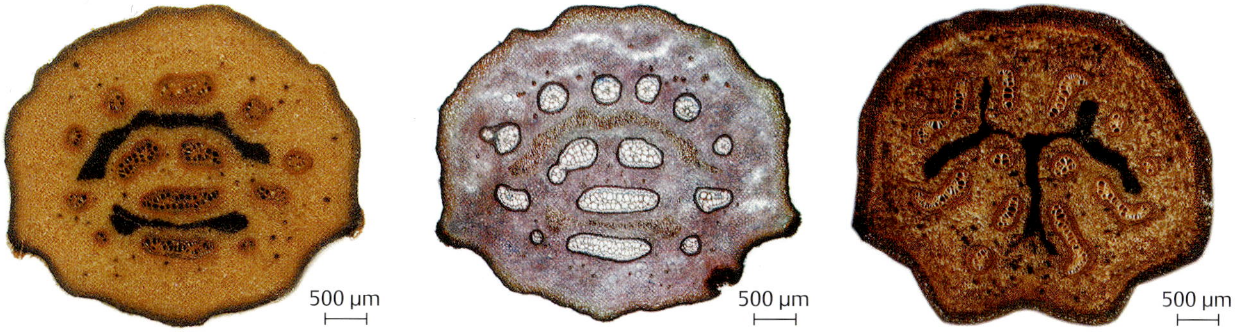

Abb. 13.22
Makroskopische (**A** und **C**) und lichtmikroskopische (**B**) Aufnahmen von Querschnitten durch Rhizome von *Pteridium aquilinum*. Dunkel gefärbte Sklerenchymplatten geben dem Querschnitt ein charakteristisches Muster (**A** und **C**). Das Rhizomgewebe kann unterschiedliche Grade von Verholzung aufweisen; es variiert deshalb nach Färbung mit Astrablau + Safranin von blau über violett bis rot (**B**). Innerhalb und außerhalb des Sklerenchyms liegen zahlreiche, verschieden große Leitbündel. Die Leitbündel sind konzentrisch aufgebaut; das Xylem liegt dabei innen. Ca. 5 % der Rhizome von *Pteridium aquilinum* haben Sklerenchymplatten, die im Querschnitt an einen Adler erinnern (**C**) – daher der Name Adlerfarn.

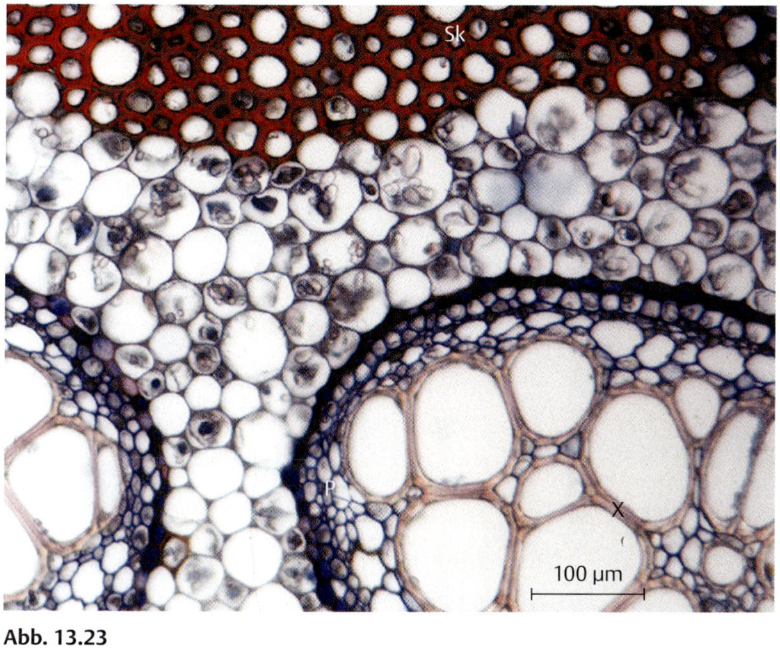

Abb. 13.23
Lichtmikroskopische Aufnahme eines Querschnittes durch das Rhizom von *Pteridium aquilinum* (HF; Färbung mit Astrablau + Safranin).
P = Phloem; Sk = Sklerenchymplatte; X = Xylem.

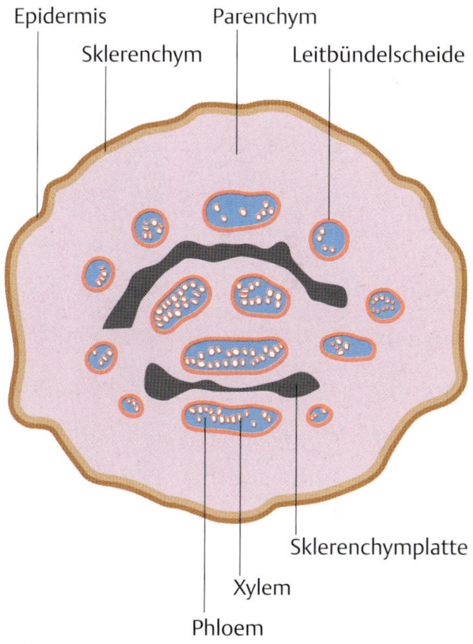

Abb. 13.24
Schematische Darstellung eines Rhizomquerschnittes von *Pteridium aquilinum*.

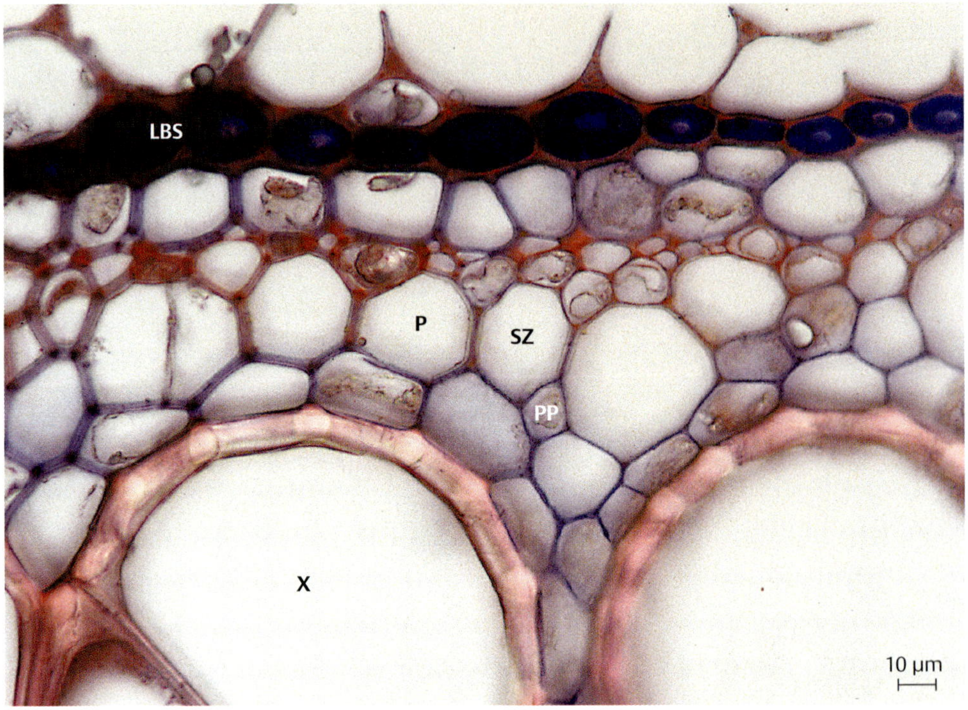

Abb. 13.25
Lichtmikroskopische Aufnahme eines Querschnittes durch ein konzentrisches Leitbündel mit Innenxylem von *Pteridium aquilinum* (HF; Färbung mit Astrablau + Safranin). Das Phloem (P) besteht aus Siebzellen (SZ) und Phloemparenchymzellen (PP); Geleitzellen fehlen! Das Xylem (X) zeigt sehr große, stark getüpfelte „Leitertracheiden“. Das Phloem ist nach außen durch eine stärkehaltige Zelllage und einer darauf folgenden Leitbündelscheide (LBS) mit verdickten Zellwänden vom Parenchym abgegrenzt.

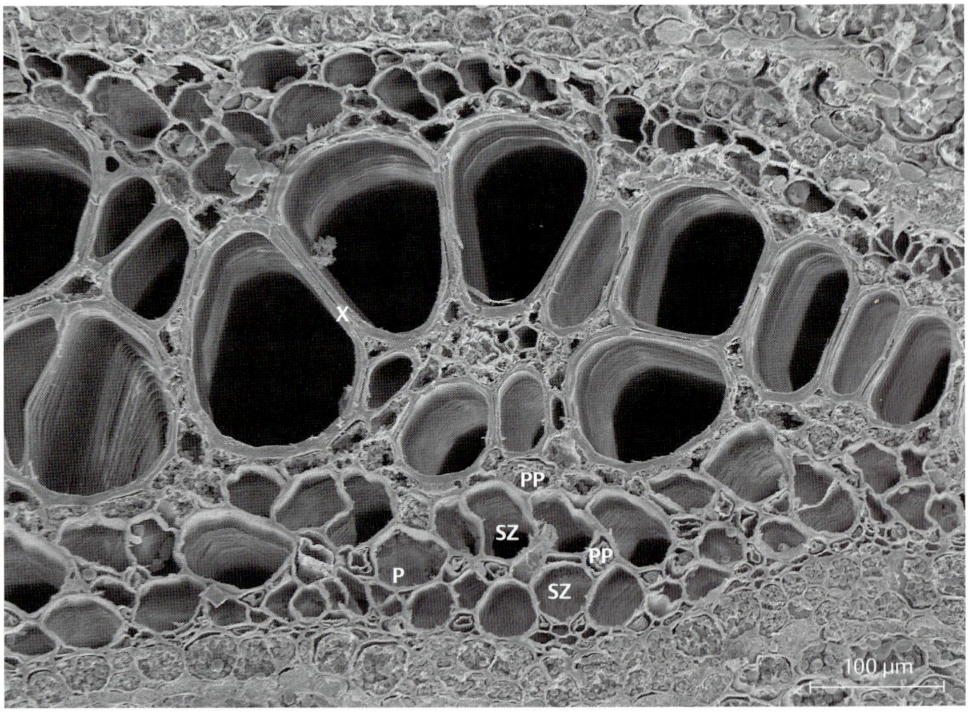

Abb. 13.26
Rasterelektronenmikroskopische Aufnahme eines Querbruches durch ein konzentrisches Leitbündel von *Pteridium aquilinum*. Für das Xylem (X) sind die großlumigen Leitertracheiden charakteristisch. Das Phloem (P) besteht aus Siebzellen (SZ) und Phloemparenchymzellen (PP).

Abb. 13.27
Lichtmikroskopische (A; Längsschnitt, HF, Färbung mit Astrablau + Safranin) und rasterelektronenmikroskopische (B; Querbruch) Aufnahmen der Gefäße von *Pteridium aquilinum*. Die langgestreckten, parallelen Tüpfel führen zu dem Begriff „Leitertracheiden".

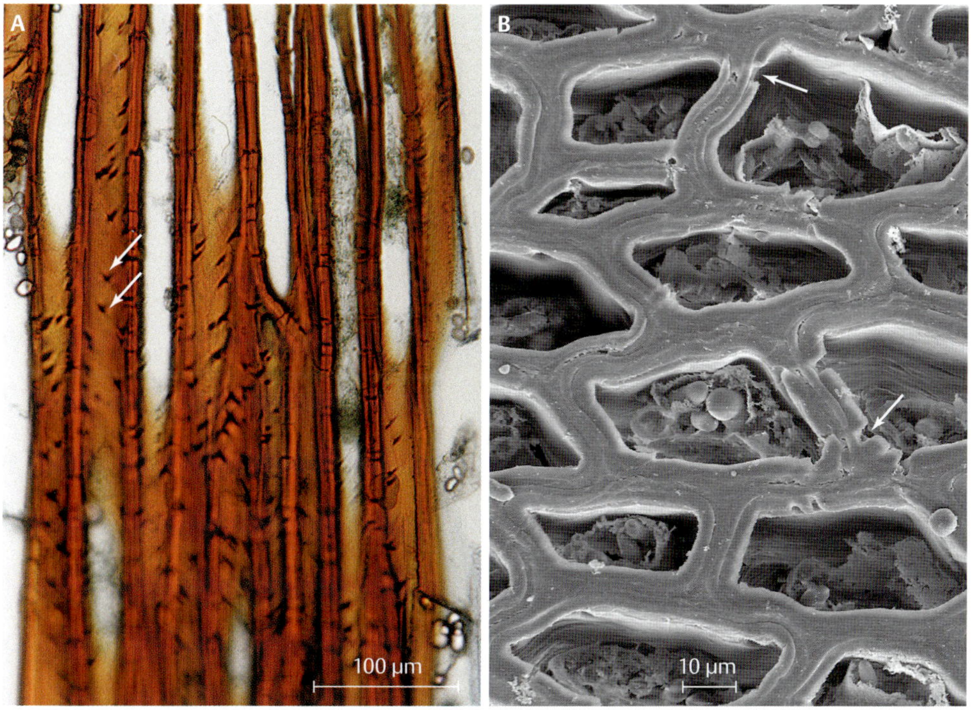

Abb. 13.28
Lichtmikroskopische (A; Längsschnitt, HF, Färbung mit Astrablau + Safranin) und rasterelektronenmikroskopische (B; Querbruch) Aufnahmen der Sklerenchymplatten von *Pteridium aquilinum*. Die schräggestellten Tüpfel (Pfeile) sind bei beiden Orientierungen gut zu erkennen.

Zeichnung

Übersichtszeichnung eines Rhizomquerschnittes.

Ein halbes Leitbündel zellulär.

Convallaria majalis (Maiglöckchen)

Reagenzien

Astrablau
Safranin

Botanischer Steckbrief

Art
Convallaria majalis (Maiglöckchen); Fam. Liliaceae (Liliengewächse).

Name
lat. *convallis* = (Tal)kessel (Blütenform); lat. *majalis* = im Mai.

Herkunft
nördlich gemäßigte Zone.

Inhaltsstoffe
Herzwirksame Glykoside, Cardenolide und Saponine in allen Teilen der Pflanze.

Stellenwert
Zier- und Parfümpflanze, alte Arzneipflanze durch die herzwirksamen Glykoside. Aufgrund des Saponingehaltes waren die getrockneten Blüten früher Bestandteil des Schneeberger Schnupftabaks.

13.5 Konzentrisches Leitbündel mit Außenxylem

Kursziel

Darstellung des **konzentrischen Leitbündels** von *Convallaria majalis* (Maiglöckchen).

Präparation

Es wird ein dünner Querschnitt durch das Rhizom angefertigt. Die Schnitte werden mit Safranin und Astrablau gefärbt (**Abb. 13.29**).

Beobachtungen

Bei niedriger Vergrößerung erkennt man einen intensiv rot gefärbten Ring in der Rhizommitte. Dieser besteht aus der verholzten, tertiären Endodermis. Sie grenzt den Zentralzylinder von der Rinde ab (**Abb. 13.30**). Das unmittelbar an die Endodermis anliegende Rindenparenchym ist meist auch noch verholzt und reich getüpfelt.

Im Zentralzylinder liegen im parenchymatischen Gewebe mehrere konzentrische Leitbündel: Das Phloem liegt innen, das Xylem außen (**Abb. 13.31**). Die Leitbündel werden sukzessive gebildet (**Abb. 13.32–33**); wenn das Rhizom das Wachstum einstellt, werden die Leitbündel (typischerweise direkt unter der Endodermis) nicht fertiggestellt: Sie haben ein „offenes" Xylem in die Peripherie des Zentralzylinders – es sind damit kollaterale Leitbündel (**Abb. 13.34**).

Das Phloem besteht aus Siebröhren und Geleitzellen. Die weitlumigen Gefäße des Xylems stehen über zahlreiche **Hoftüpfel** miteinander in Verbindung (**Abb. 13.35**).

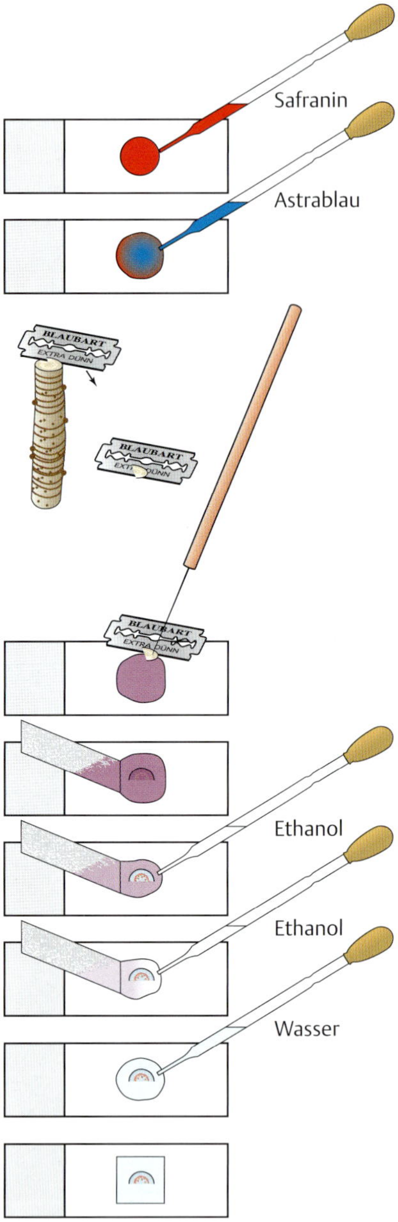

Abb. 13.29

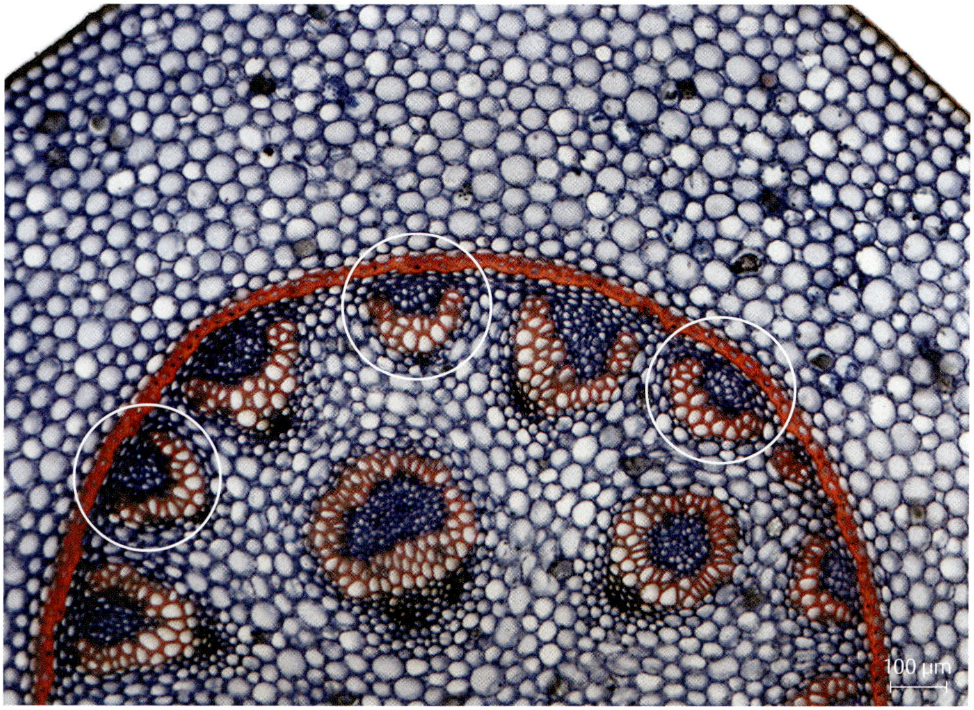

Abb. 13.30
Lichtmikroskopische Aufnahme eines Querschnittes durch das Rhizom von *Convallaria majalis* (HF; Färbung mit Astrablau + Safranin). Der Zentralzylinder ist vom Rindenparenchym durch einen Ring von z. T. u-förmig verdickten, verholzten Zellen (= tertiäre Endodermis) abgegrenzt. In der Peripherie des Zentralzylinders liegen nicht fertiggestellte, kollaterale Leitbündel (Kreise).

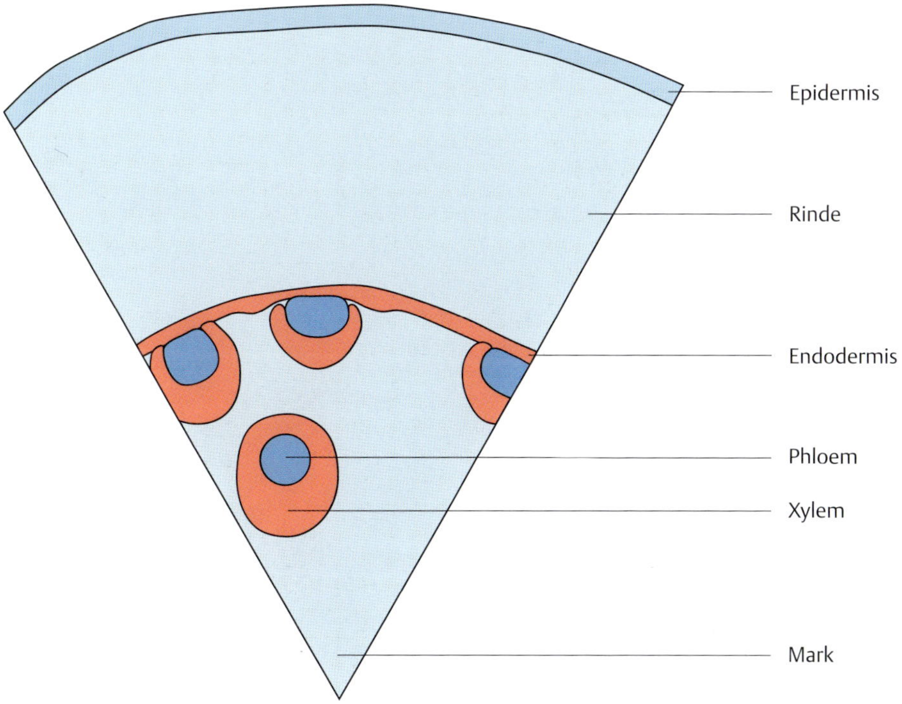

Abb. 13.31
Schematische Darstellung eines Querschnittes durch das Rhizom von *Convallaria majalis*. Die Leitbündel sind konzentrisch aufgebaut; das Xylem liegt dabei außen.

Zeichnung

Übersichtszeichnung eines Rhizomquerschnittes.

Ein halbes Leitbündel zellulär.

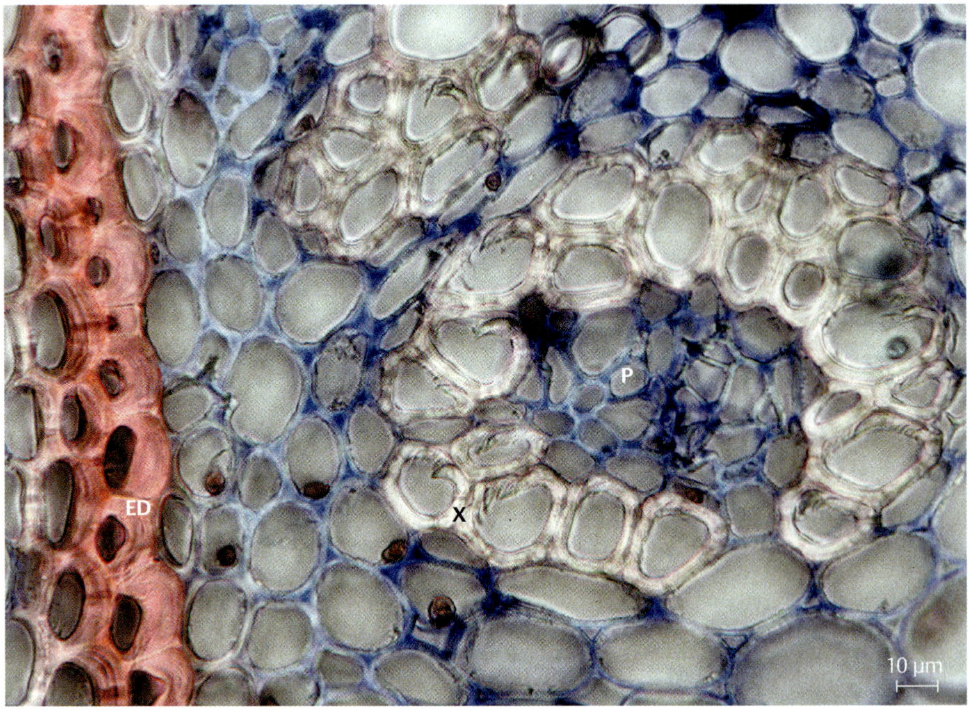

Abb. 13.32
Lichtmikroskopische Aufnahme eines neu gebildeten, konzentrischen Leitbündels von *Convallaria majalis* (HF; Färbung mit Astrablau + Safranin). In einem – noch schwach verholzten – Xylemring (X) liegt das Phloem (P) mit Siebröhren und Geleitzellen. Der Zentralzylinder ist vom Rindenparenchym durch eine Endodermis (ED) abgegrenzt.

Abb. 13.33
Lichtmikroskopische Aufnahme eines zentraler gelegenen – „älteren" – Leitbündels von *Convallaria majalis* (HF; Färbung mit Astrablau + Safranin). Das Xylem (X) besteht fast ausschließlich aus weitlumigen Gefäßen, die durch Hoftüpfel miteinander in Verbindung stehen. Das Phloem (P) besteht aus „leer" erscheinenden Siebröhren und kleinen, plasmareichen Geleitzellen (Pfeile).

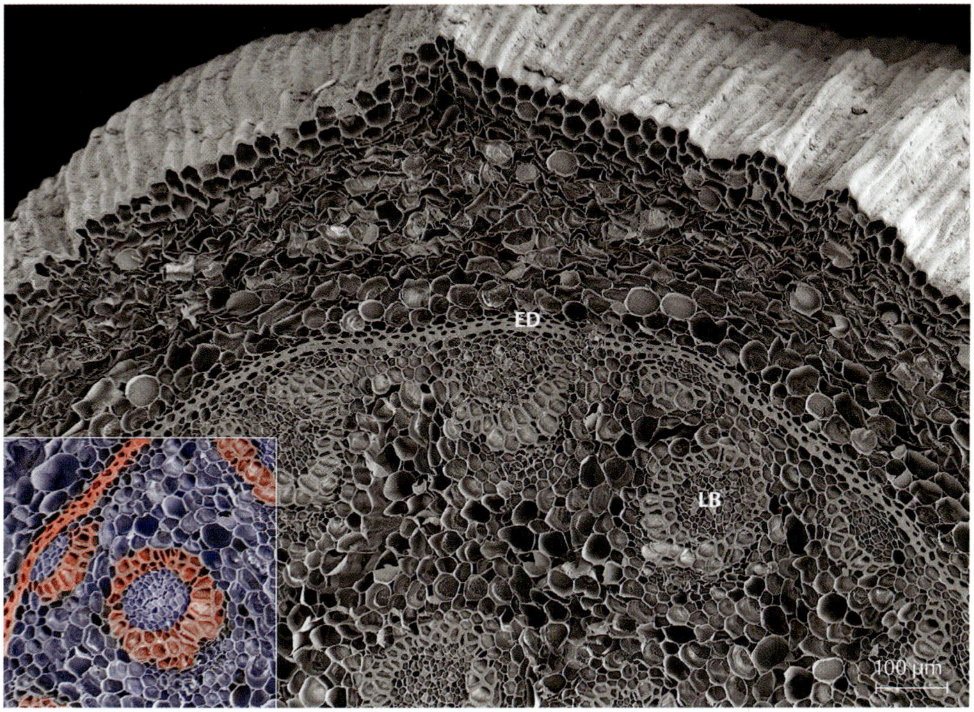

Abb. 13.34
Rasterelektronenmikroskopische Aufnahme eines Querbruches durch ein Rhizom von *Convallaria majalis* (Bildausschnitt unten links coloriert). Im Zentralzylinder liegen die konzentrischen Leitbündel (LB) mit Außenxylem. Der Zentralzylinder ist vom Rindenparenchym durch eine verholzte, tertiäre Endodermis (ED) abgegrenzt.

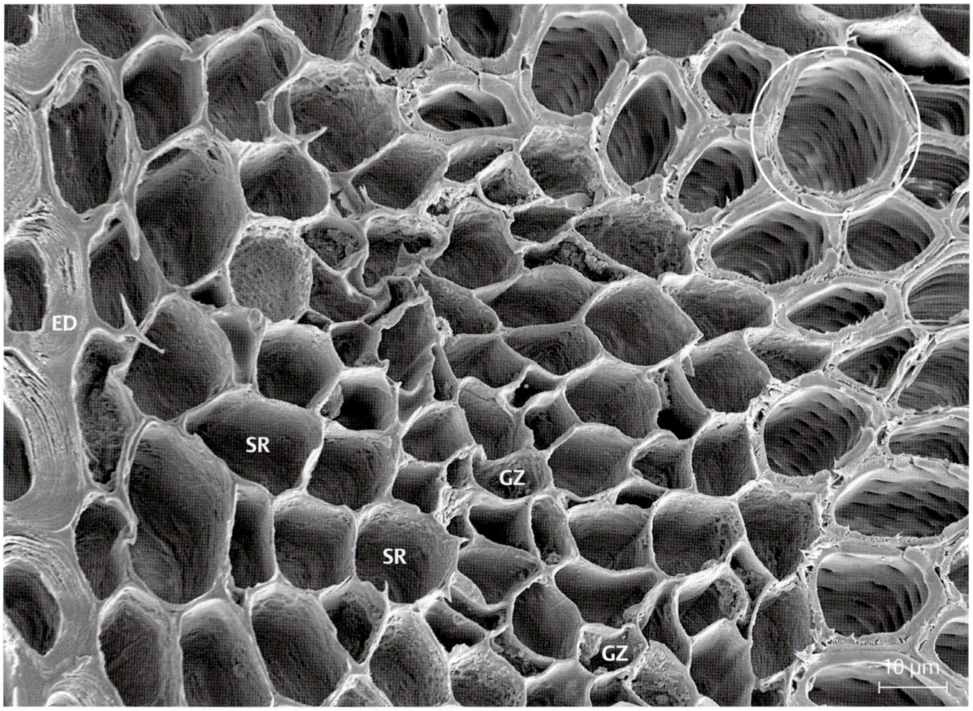

Abb. 13.35
Rasterelektronenmikroskopische Aufnahme eines Querbruches durch ein „frisch" gebildetes konzentrischen Leitbündel von *Convallaria majalis*. Die Gefäße des Xylems haben zahlreiche Hoftüpfel (Kreis). Das Phloem besteht aus Siebröhren (SR) und Geleitzellen (GZ). Die Endodermis (ED) mit den verdickten Zellwänden ist am linken Bildrand sichtbar.

A.TOPUZ

Holz und Bast

Leitung, Festigung, Dickenwachstum

Zwei Hauptgründe sind verantwortlich dafür, dass Bäume ständig dicker werden. Ein Baum, der in die Höhe wächst, vergrößert ständig seine Blattkrone und die Masse seiner Blätter bzw. Nadeln. Bei 100 m hohen Baumriesen (z. B. Mammutbaum, Eucalyptusbaum) wird das Kronengewicht mit zunehmendem Alter größer als eine Tonne. Gleichzeitig muss aber immer mehr Wasser zu den Blättern transportiert und im Gegenzug Assimilate abtransportiert werden, d. h. es müssen mehr Leitungsbahnen gebildet werden. Dies ist umso mehr nötig, als die Leitungselemente meist nur eine begrenzte Lebensdauer haben. Da die vielen Elemente des Xylems (Tracheen, Tracheiden, Holzfasern) auch eine Stützfunktion haben, wird beim Dickenwachstum neben der Vergrößerung des Leitungsquerschnittes gleichzeitig auch die Stabilität der Sprossachse erhöht. Das Dickenwachstum erfolgt durch das Kambium. Dieses einzellige Gewebe zwischen Xylem und Phloem teilt sich periklin und gliedert abwechselnd eine Zelle nach innen in das sekundäre Xylem (= Holz) und nach außen in das sekundäre Phloem (= Bast) ab. Da das Kambium als Hohlzylinder sich nach außen verlagert, die Zellgröße aber gleich bleibt, müssen sich die Kambiumzellen auch antiklin teilen, um den ständig größer werdenden Umfang auszugleichen.

oben v. l. n. r.:
1: *Fagus sylvatica* (Rotbuche)
2: *Adansonia digitata* (Affenbrotbaum)
3: *Prunus serrula var. tibetica* (Japanische Blütenkirsche)
4: *Acacia tortilis* (Schirmakazie)
unten v. l. n. r.:
1: *Sambucus nigra* (Schwarzer Holunder)
2: *Betula pendula* (Hängebirke)
3: *Quercus robur* (Stieleiche) Borke
4: *Pinus cembra* (Zirbelkiefer) Totholz

Aristolochia durior (Pfeifenwinde)

Reagenzien

Astrablau
Safranin

Botanischer Steckbrief

Art
Aristolochia durior (Pfeifenwinde); Fam. Aristolochiaceae (Osterluzeigewächse).

Name
gr. *aristos* = das Beste;
gr. *locheia* = Geburt (Der Name Osterluzei hat keinen Zusammenhang mit Ostern).

Herkunft
Mittelmeergebiet, Ruderalpflanze.

Inhaltsstoffe
Aristolochiasäure (Kapillargift, wehenfördernd, Abortivum).

Stellenwert
Verwendung bei Venenleiden und zur Steigerung der körpereigenen Abwehr, seit 1982 verboten. Im Mittelalter als Heilpflanze bei der Geburtshilfe verwendet.

14.1 Sekundäres Dickenwachstum

Kursziel

Darstellung des **sekundären Dickenwachstums** von *Aristolochia durior* (Pfeifenwinde).

Präparation

Es werden dünne Querschnitte von einem jungen Trieb, einem einjährigen und einem ca. dreijährigen Spross von *Aristolochia durior* angefertigt. Die Schnitte werden mit Astrablau und Safranin gefärbt (**Abb. 14.1**).

Beobachtungen

Die Querschnitte des jungen Triebes und des einjährigen Sprosses zeigen Leitbündel, die in einem Ring um das Mark angeordnet sind; sie sind offen kollateral. Im Rindenparenchym entwickelt sich ein Sklerenchymring, der beim einjährigen Spross seine maximale Ausbildung erreicht und beim weiteren Wachstum in seiner Dicke reduziert und strahlenartig unterbrochen wird (**Abb. 14.2** und **Abb. 14.4**). Die Epidermis verholzt noch im ersten Jahr und wird im dritten bis vierten Jahr durch ein Korkgewebe mit **Lenticellen** ersetzt (**Abb. 14.2** und **Abb. 14.4 – 5**).

Bei den jungen Trieben ist das Kambium auf die Leitbündel beschränkt; mit dem Dickenwachstum werden Parenchymzellen der Parenchymstrahlen wieder meristematisch und bilden das **interfasciculäre Kambium**, das später die Holz- bzw. Baststrahlen bildet (**Abb. 14.3 – 4**). Das **fasciculäre Kambium** bildet nach innen weitlumige Gefäße mit Hoftüpfeln, englumige

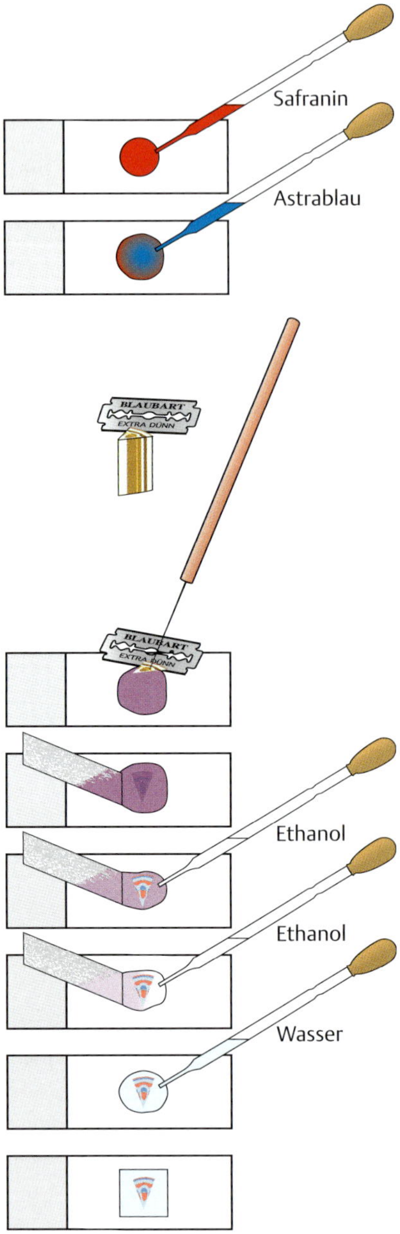

Abb. 14.1

Tracheiden und Xylemparenchym. Im Bast finden wir Siebröhren, Geleitzellen und Phloemparenchym (**Abb. 14.4**). Mit fortschreitender Verdickung des Sprosses werden zur Aufrechterhaltung des „Radialtransportes“ im Holz und Bast neue Holz- bzw. Baststrahlen angelegt (**Abb. 14.3 – 5**).

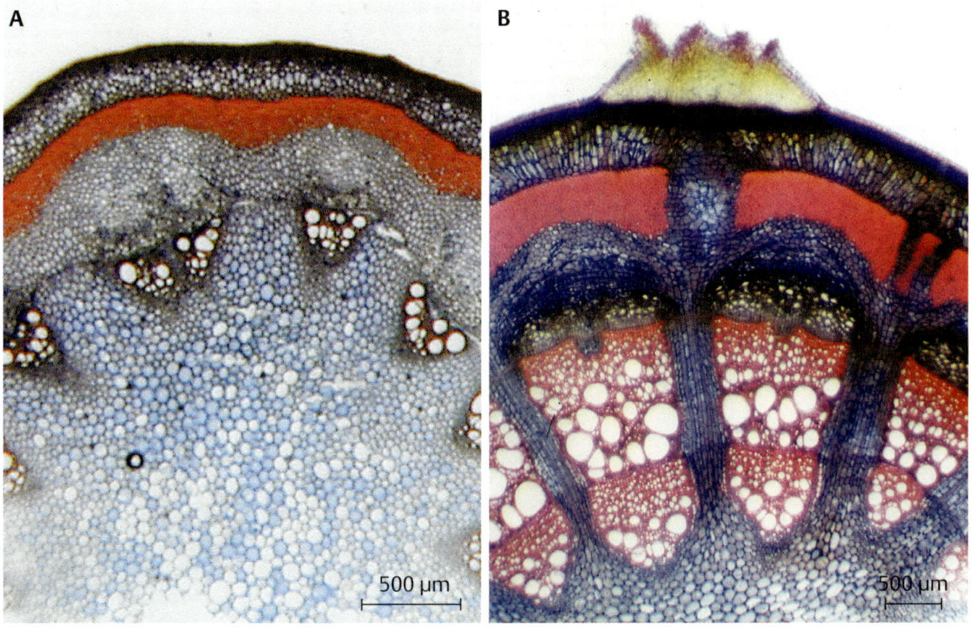

Abb. 14.2
Lichtmikroskopische Aufnahmen von Querschnitten eines einjährigen Sprosses (**A**) und eines zweijährigen Sprosses (**B**) von *Aristolochia durior* (HF; Färbung mit Astrablau + Safranin).

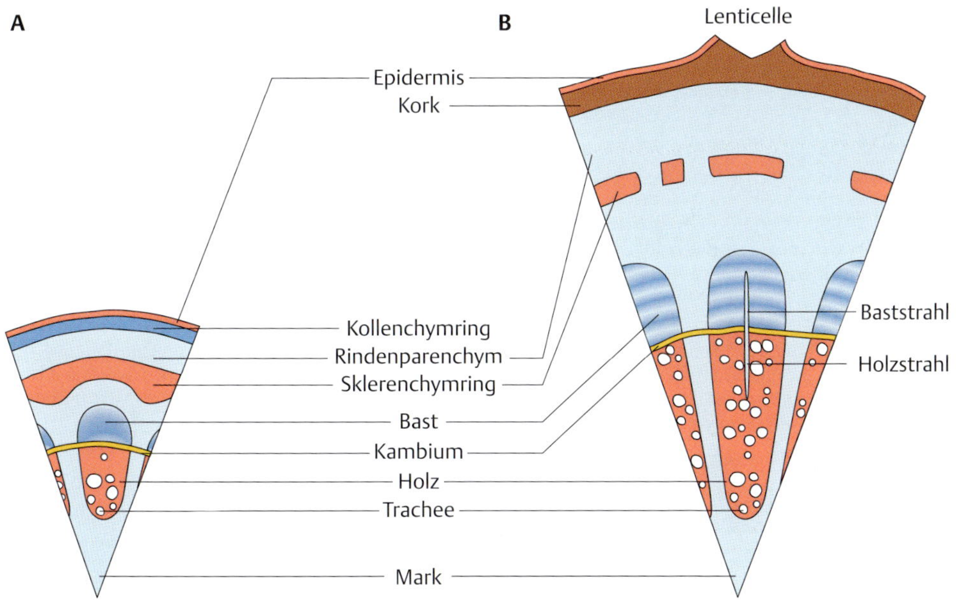

Abb. 14.3
Schematische Darstellung eines einjährigen Sprosses (**A**) und eines zweijährigen Sprosses (**B**) von *Aristolochia durior*.

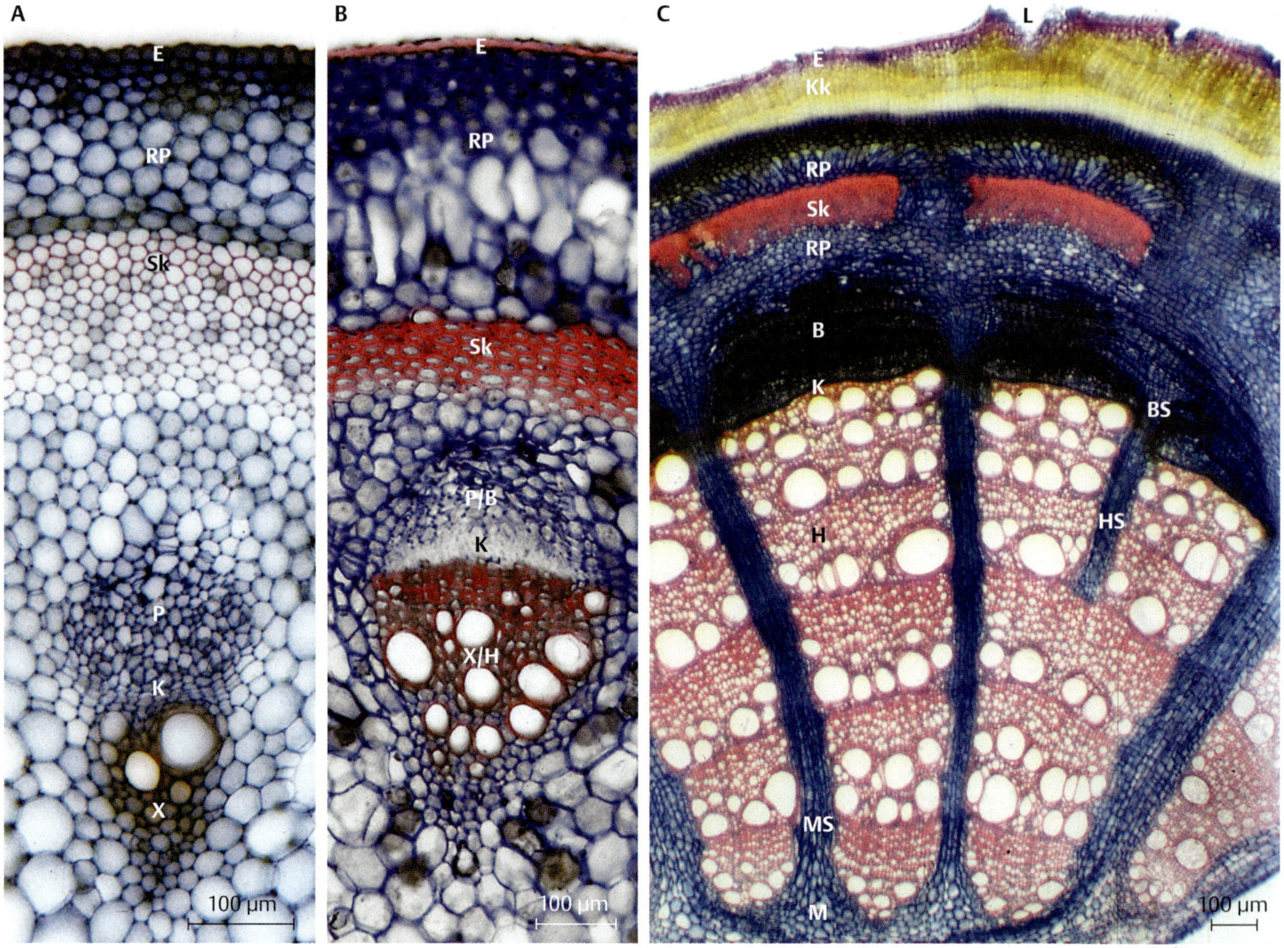

Abb. 14.4
Lichtmikroskopische Aufnahmen von Querschnitten verschieden alter Sprosse von *Aristolochia durior* (HF; Färbung mit Astrablau + Safranin).

A Im ganz jungen Trieb liegen einzelne, offen kollaterale Leitbündel. In der Rinde beginnt sich ein sklerenchymatischer Ring (Sk) auszubilden.

B Im einjährigen Spross ist die Epidermis verholzt; Zellen im Rindenparenchym strecken sich in radialer Richtung. Der Sklerenchymring ist ausgebildet. Die Leitbündel vergrößern sich stark unter Bildung von Bast und Holz.

C Beim dreijährigen Spross ist die Epidermis abgestorben; als sekundäres Abschlussgewebe wurde Kork gebildet. Holz- und Bastproduktion führen zu einer starken Verbreiterung der Leitbündel und zur Ausbildung von Markstrahlen. Der Bast ist durch periodische Bildung von Hart- und Weichbast geschichtet. Aufgrund der Zunahme des Umfanges wird der Sklerenchymring dort, wo Markstrahlen entstehen, „unterbrochen".

B = Bast;
BS = Baststrahl;
E = Epidermis;
H = Holz;
HS = Holzstrahl;
K = Kambium;
Kk = Kork;
L = Lenticelle;
M = Mark;
MS = Markstrahl;
P = Phloem;
RP = Rindenparenchym;
Sk = Sklerenchym;
X = Xylem.

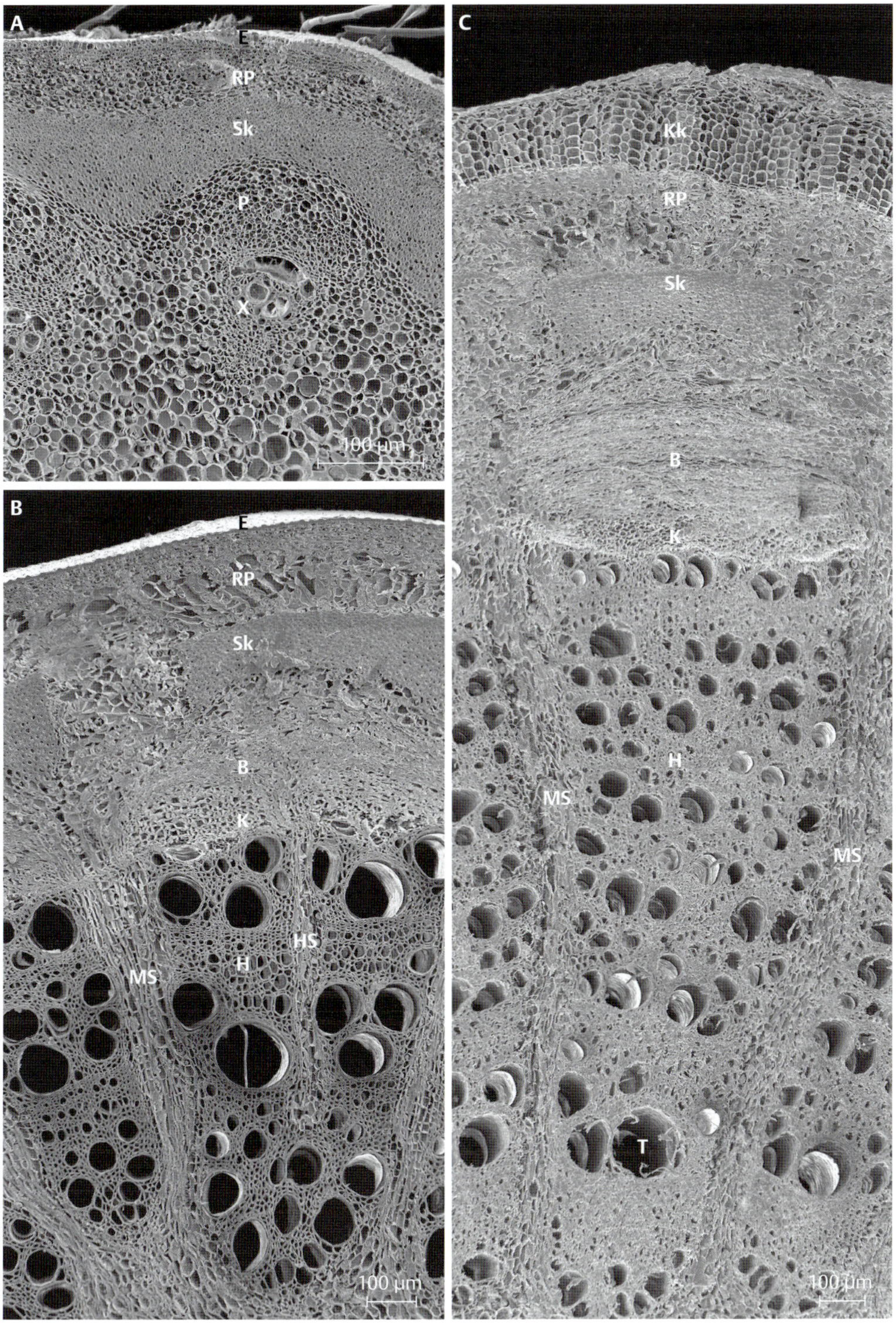

Abb. 14.5
Rasterelektronenmikroskopische Aufnahmen verschieden alter Sprosse (Querschnitte) von *Aristolochia durior*.

A Junger Trieb, unverholzt.
B Einjähriger Spross, schwach verholzt.
C Vierjähriger Spross, stark verholzt; die Epidermis ist abgestorben und durch eine vielzellige Korkschicht ersetzt.

B = Bast
E = Epidermis
H = Holz
HS = Holzstrahl
K = Kambium
Kk = Kork
MS = Markstrahl
P = Phloem
RP = Rindenparenchym
Sk = Sklerenchym
T = Trachee
X = Xylem

Zeichnung

Maßstabsgetreue Übersichtszeichnungen von Sprossquerschnitten verschiedener Altersstufen (junger Trieb, einjähriger und 3–4 jähriger Spross).

Pinus silvestris (Waldkiefer, Föhre)

Reagenzien

Astrablau
Safranin

Botanischer Steckbrief

Art
Pinus silvestris (Waldkiefer); Fam. Pinaceae (= Kieferngewächse).

Name
pinus abgeleitet von *picnus* lat. *pix, picis* = Harz; lat. *silva* = Wald. Kiefer – „Kien tragender Baum", früher waren Kienspäne oft das einzige Beleuchtungsmittel.

Herkunft
Europa bis Vorderasien, fossil seit der unteren Kreidezeit.

Inhaltsstoffe
ätherisches Öl, Gerbstoffe, im Holzteer Phenole, Naphthalin, Kresole und Xylol.

Stellenwert
Holz, Terpentingewinnung aus dem Harz. Kiefernnadelöl als Inhalationsmittel bei Bronchitis; als Badezusatz bei Rheuma.

14.2 Holz (Waldkiefer)

Kursziel

Darstellung der Holzanatomie von *Pinus silvestris* (Waldkiefer, Föhre) im Querschnitt, radialen und tangentialen Längsschnitt.

Präparation

Vom Holzkörper eines dünnen, ca. vierjährigen Sprosses wird ein Querschnitt angefertigt. Ein vollständiger Querschnitt ist nicht erforderlich. Zusätzlich sollen ein **Radialschnitt** und ein **Tangentialschnitt** angefertigt werden. Die Schnitte werden mit Astrablau und Safranin gefärbt (**Abb. 14.6**). Zur Orientierung der Schnittrichtungen siehe Schemazeichnung (**Abb. 14.17**).

Beobachtungen
Querschnitt

Die Kiefer hat – wie alle Gymnospermen – keine **Tracheen** sondern nur **Tracheiden**. Die quer geschnittenen Tracheiden zeigen eine sehr regelmäßige Anordnung. Die Tracheiden des **Spätholzes** sind kleinlumig mit sehr dicken Zellwänden. Die Tracheiden des **Frühholzes** sind dünnwandig mit einem deutlich größeren Lumen. Nur die Tracheiden des Frühholzes stehen durch **Hoftüpfel** in den radialen Wänden miteinander in Verbindung (**Abb. 14.10**). Die charakteristische Abfolge von Früh- und Spätholz (Jahresringe) ist Grundlage für die Altersbestimmung von historischen Hölzern (= **Dendrochronologie**).

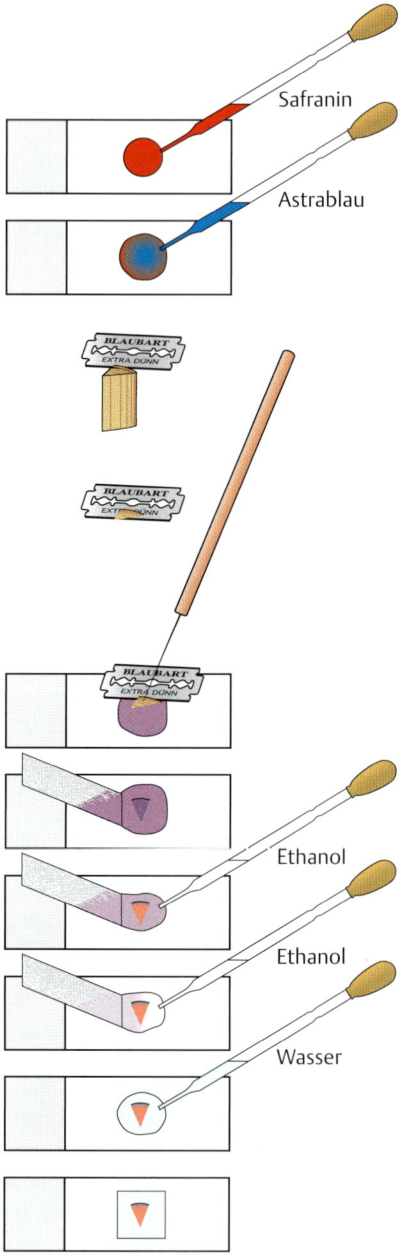

Abb. 14.6

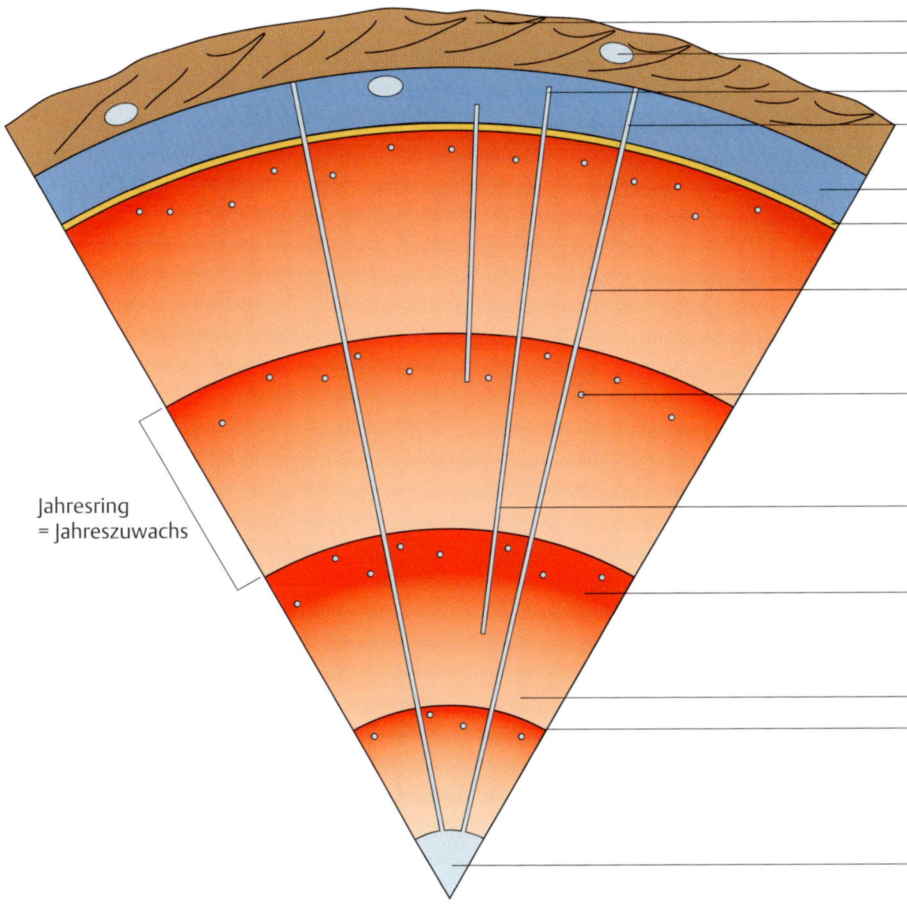

Abb. 14.7
Schematische Darstellung eines Sprossquerschnittes von *Pinus silvestris*.

In radialer Richtung verlaufen die **Holzstrahlen** (**Abb. 14.7 – 10**); wenn sie bis in das Mark reichen, werden sie als **Markstrahlen** bezeichnet. Diese erscheinen entweder dünnwandig, wenn sie auf der Höhe der Parenchymzellen angeschnitten sind, oder dickwandig, wenn eine **Quertracheide** in der Schnittebene liegt (**Abb. 14.12** und **Abb. 14.15**). Die Verbindung zwischen Holzstrahlparenchym und Längstracheiden bilden **Fenstertüpfel**. Die Quer- und Längstracheiden sind durch Hoftüpfel verbunden (**Abb. 14.11 – 12** und **Abb. 14.16 – 20**).

Über den Querschnitt gleichmäßig verteilt, fallen einzelne „Löcher" im Gewebe auf; es handelt sich hierbei um **Harzkanäle**. Die Harzkanäle entstehen **schizogen**; sie sind von parenchymatischen Zellen umgeben (**Abb. 14.9**). Die Tracheiden färben sich mit Safranin rot, Harzkanäle und **Holzstrahlparenchym** färben sich mit Astrablau blau (**Abb. 14.8** und **Abb. 14.11**).

Abb. 14.8
Lichtmikroskopische Aufnahme (HF) eines Sprossquerschnittes von *Pinus silvestris* aus dem Übergangsbereich Bast/Holz (Färbung mit Astrablau + Safranin).

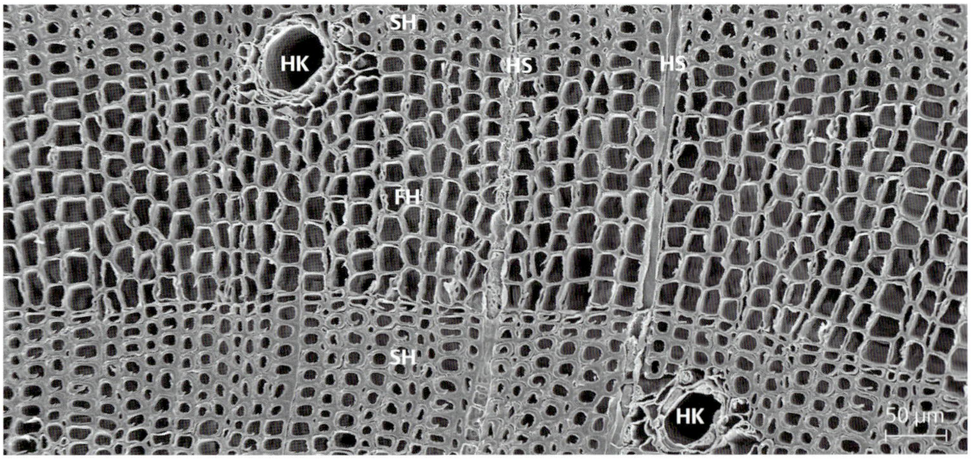

Abb. 14.9
Rasterelektronenmikroskopische Aufnahme eines Sprossquerschnittes von *Pinus silvestris* im Übergangsbereich von Früh- zu Spätholz.
FH = Frühholz;
HK = Harzkanal;
HS = Holzstrahl;
SH = Spätholz.

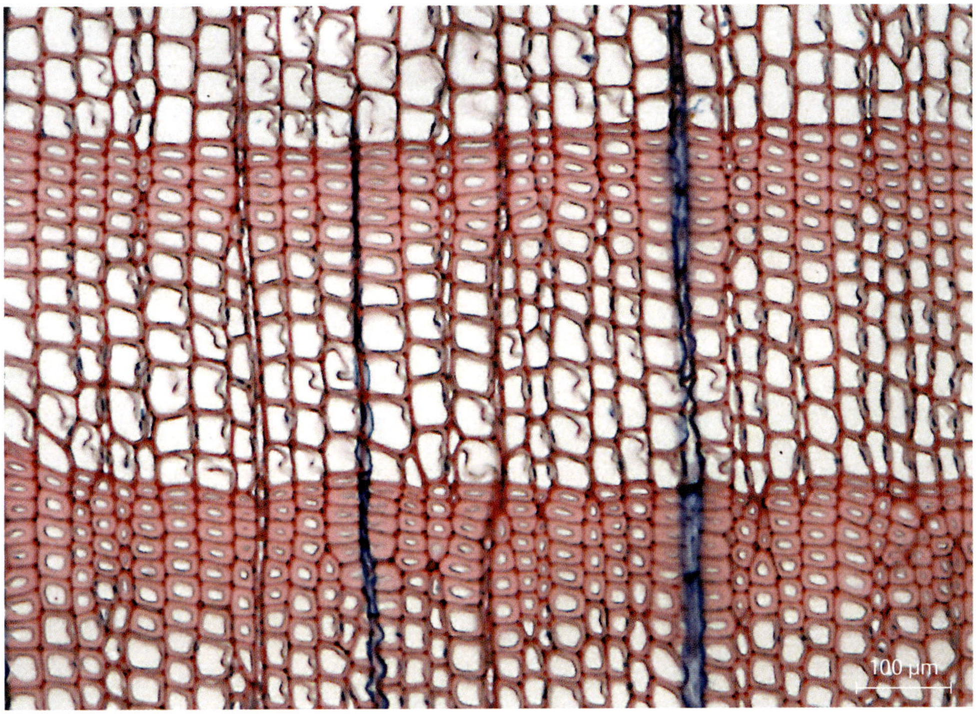

Abb. 14.10
Lichtmikroskopische Aufnahme (HF) eines Sprossquerschnittes von *Pinus silvestris* im Übergangsbereich von Früh- zu Spätholz (Färbung mit Astrablau + Safranin).

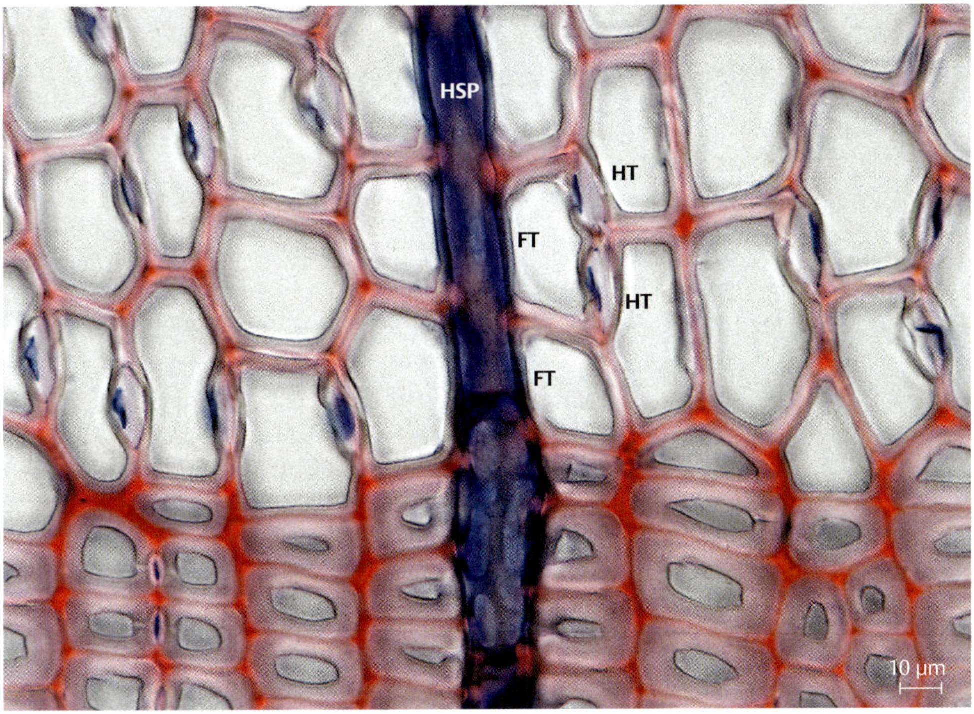

Abb. 14.11
Lichtmikroskopische Aufnahme (HF) eines Sprossquerschnittes von *Pinus silvestris* im Bereich des Überganges von Früh- zu Spätholz (Färbung mit Astrablau + Safranin).
FT = Fenstertüpfel;
HSP = Holzstrahlparenchym;
HT = Hoftüpfel.

Zeichnung

Übersichtszeichnung eines Querschnittes.

Detailzeichnung: Holzaufbau an der Jahresringgrenze mit benachbartem Holzstrahl zellulär.

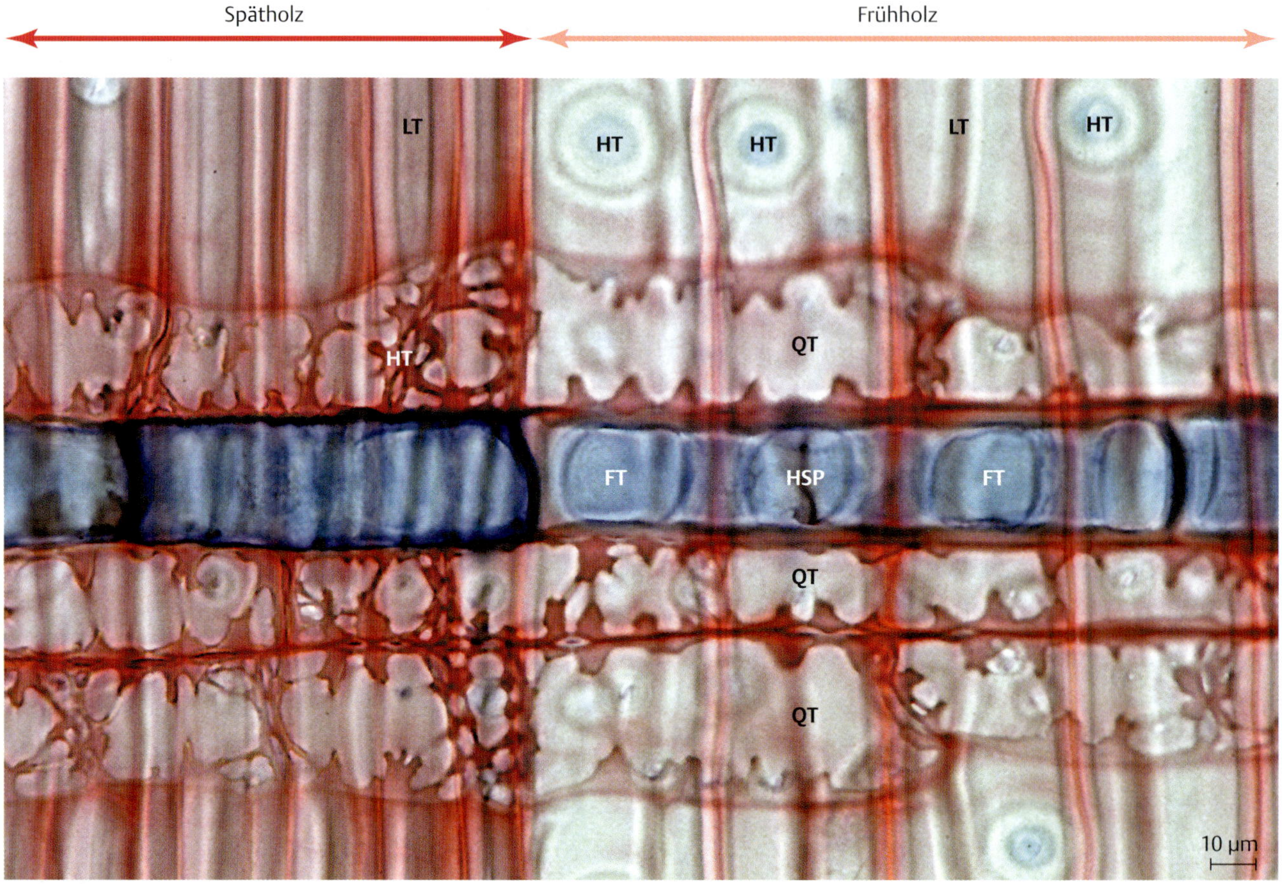

Abb. 14.12
Lichtmikroskopische Aufnahme (HF) eines Radialschnittes von *Pinus silvestris* aus dem Übergangsbereich von Früh- zu Spätholz mit einem Holzstrahl im Längsschnitt (Färbung mit Astrablau + Safranin).
FT = Fenstertüpfel;
HSP = Holzstrahlparenchymzelle;
HT = Hoftüpfel;
LT = Längstracheide;
QT = Quertracheide.

Radialschnitt

Im Radialschnitt sind die Längstracheiden längs getroffen (**Abb. 14.12 – 14**). Sie verlaufen parallel von oben nach unten. Die Holzstrahlen liegen quer dazu; sie bestehen aus Holzstrahlparenchym und **Quertracheiden**. Die Quertracheiden liegen am oberen und unteren Ende des Holzstrahls. Sie sind durch ihre unregelmäßigen Wandverdickungen deutlich zu erkennen. Die Quertracheiden sind über zweiseitig behöfte Tüpfel miteinander verbunden (**Abb. 14.12**).

Im Holzstrahlparenchym sind Interzellularen erkennbar. Zwischen den Quertracheiden (und auch Längstracheiden) gibt es keine Interzellularen (**Abb. 14.14**). Die Fenstertüpfel erscheinen – jetzt in Aufsicht – leicht eiförmig in den Parenchymzellen. Die Hoftüpfel zwischen den Längstracheiden sind ebenfalls in Aufsicht als zwei konzentrische Ringe zu sehen; ihre Tüpfelmembranen sind blau gefärbt. Zwischen den Holzstrahlparenchymzellen und den Quertracheiden finden sich einseitig behöfte Tüpfel.

Abb. 14.13
Rasterelektronenmikroskopische Aufnahme eines Radialschnittes von *Pinus silvestris* aus dem Übergangsbereich von Früh- zu Spätholz. Hoftüpfel zwischen den Längstracheiden finden sich nur im Frühholz. Die Tracheiden des Spätholzes haben stark verdickte Zellwände mit typischer Schraubentextur (Rechteck).
FH = Frühholz;
FT = Fenstertüpfel;
HSP = Holzstrahlparenchymzelle;
HT = Hoftüpfel;
QT = Quertracheide;
SH = Spätholz.

Zeichnung

Radialer Längsschnitt: Zelluläre Zeichnung eines Holzstrahls mit angrenzenden Längstracheiden.

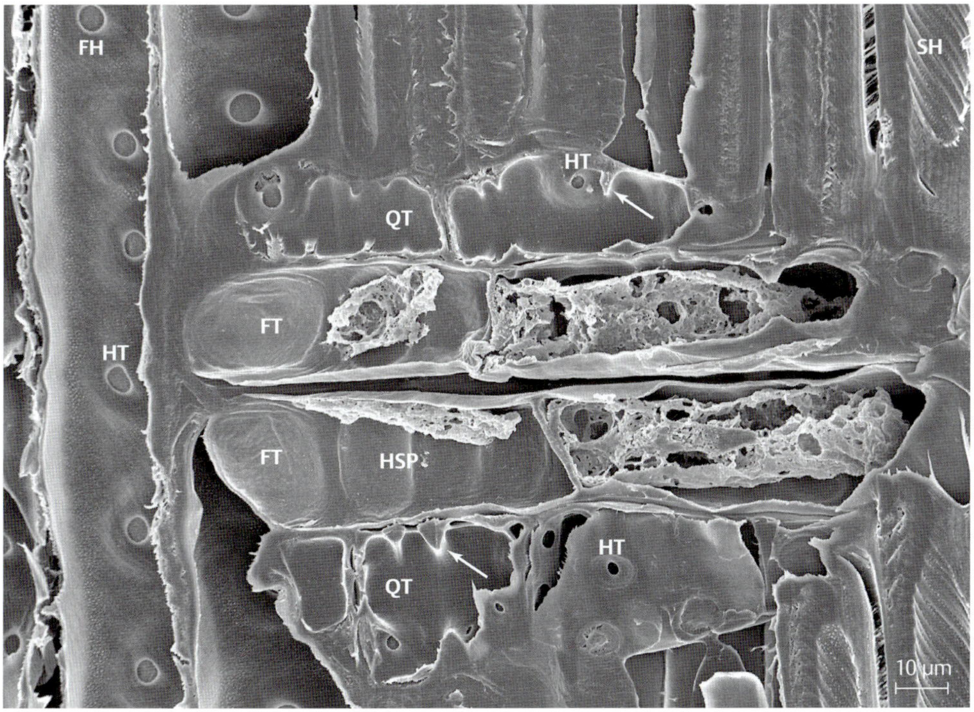

Abb. 14.14
Rasterelektronenmikroskopische Aufnahme eines Radialschnittes von *Pinus silvestris* aus dem Übergangsbereich von Früh- zu Spätholz mit einem Holzstrahl. Die Quertracheiden ober- und unterhalb der Holzstrahlparenchymzellen haben unregelmäßig verdickte Zellwände (Pfeile).
FH = Frühholz;
FT = Fenstertüpfel;
HSP = Holzstrahlparenchymzelle;
HT = Hoftüpfel;
QT = Quertracheide;
SH = Spätholz.

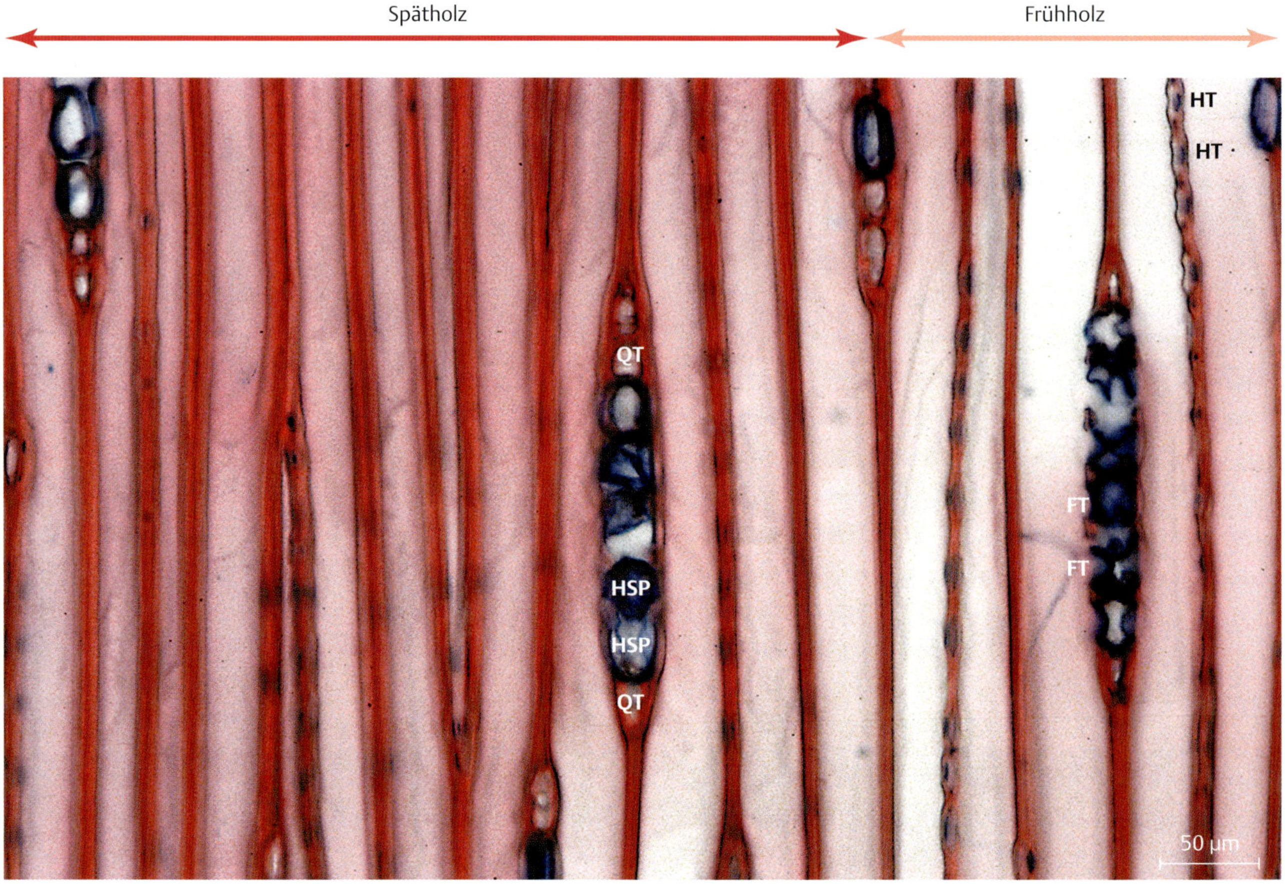

Abb. 14.15
Lichtmikroskopische Aufnahme (HF) eines Tangentialschnittes von *Pinus silvestris* aus dem Übergangsbereich von Früh- zu Spätholz mit mehreren Holzstrahlen im Querschnitt (Färbung mit Astrablau + Safranin).
FT = Fenstertüpfel;
HSP = Holzstrahlparenchymzelle;
HT = Hoftüpfel;
QT = Quertracheide.

Tangentialschnitt

Im Tangentialschnitt sieht man die spitz zulaufenden Längstracheiden und die darin „eingekeilten" Holzstrahlen; sie sind quer geschnitten (**Abb. 14.15 – 16**). Man erkennt deutlich, dass die Holzstrahlen nur eine Zellreihe breit sind.

Am oberen und unteren Ende werden die Holzstrahlen durch eine oder mehrere Quertracheiden begrenzt; dazwischen befinden sich die Holzstrahlparenchymzellen. Die Hoftüpfel zwischen den Tracheiden (nur im Frühholz!) sind quergeschnitten, ebenso die Fenstertüpfel, die die Längstracheiden mit dem Holzstrahlparenchym verbinden (**Abb. 14.15 – 16**). Zwischen den Quertracheiden und den Holzstrahlparenchymzellen liegen einseitig behöfte Tüpfel. Auch sie sind quer geschnitten. Nur zwischen den Holzstrahlparenchymzellen finden sich Interzellularen. Die Holzstrahlparenchymzellen färben sich blau, die Tracheiden rot.

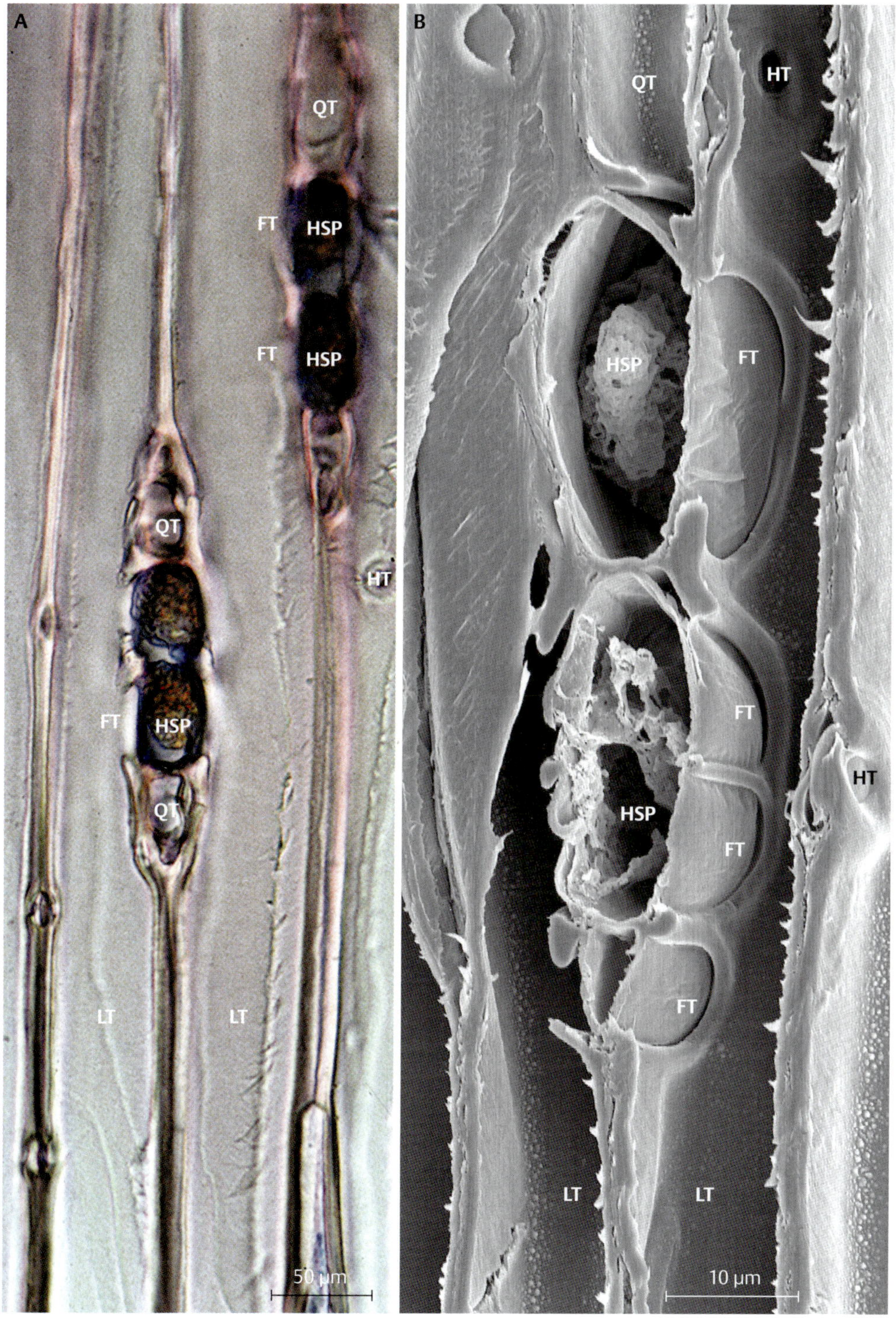

Abb. 14.16
Lichtmikroskopische Aufnahme (**A**; DIC; Färbung mit Astrablau + Safranin) und rasterelektronenmikroskopische Aufnahme (**B**) eines Holzstrahls von *Pinus silvestris* im Querschnitt.
FT = Fenstertüpfel;
HSP = Holzstrahlparenchymzelle;
HT = Hoftüpfel;
LT = Längstracheide;
QT = Quertracheide.

Zeichnung

Tangentialschnitt: Zelluläre Zeichnung eines Holzstrahls und der benachbarten Tracheiden.

Abb. 14.17
Schematische, räumliche Darstellung des Holzaufbaues von *Pinus silvestris*. (Verändert nach Mägdefrau; die Originalzeichnung von 1951 war die erste räumliche Zeichnung in der Geschichte der Botanik!).

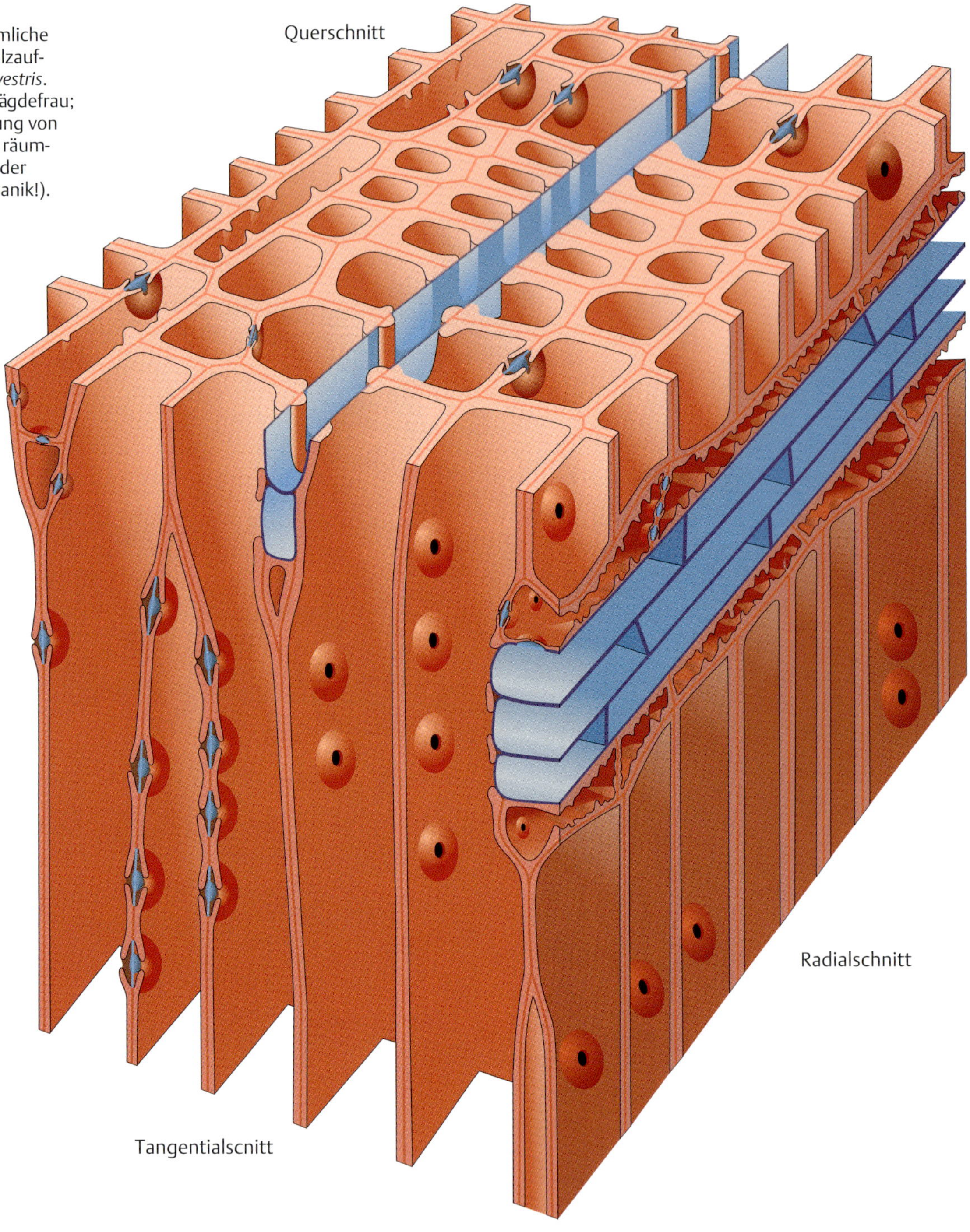

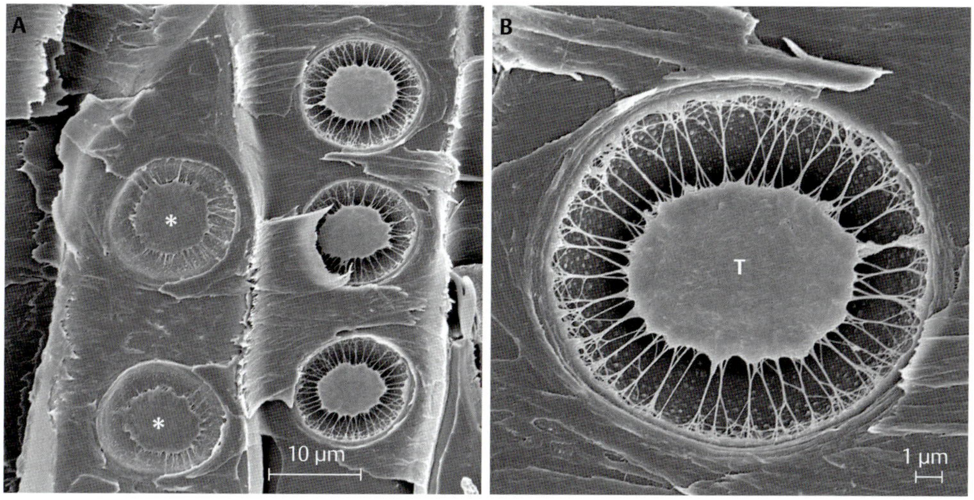

Abb. 14.18
Rasterelektronenmikroskopische Aufnahmen eines radialen Längsbruches von *Pinus silvestris* mit aufgebrochenen Hoftüpfeln (**A**). Der Torus (T) ist an dünnen Fäden aus Mittellamelle und Primärwand aufgehängt (**B**). Wenn der Torus auf dem Porus liegt, wird der Hoftüpfel abgedichtet (**A**; Sterne).

Abb. 14.19
Schematische Darstellung des Aufbaues der Hoftüpfel von *Pinus silvestris*.
M = Mittellamelle + Primärwand;
P = Porus;
T = Torus;
ZW = verholzte Zellwand.

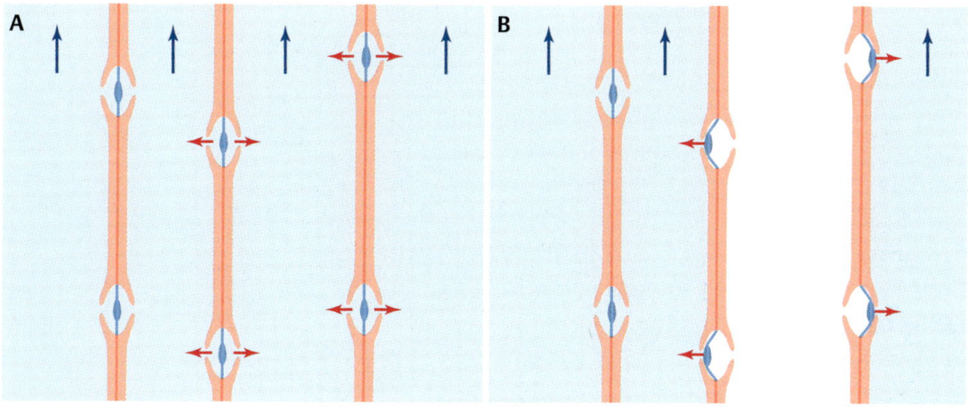

Abb. 14.20
Schematische Darstellung des Wasserflusses durch die Hoftüpfel von *Pinus silvestris* im Normalzustand (**A**) und nach Unterbrechung der Strömung in einer Tracheide z. B. nach Bildung einer Luftblase (**B**). Der Unterdruck (rote Pfeile) in den benachbarten Tracheiden wird einseitig und führt zum Verschluss der Hoftüpfel.

Betula pendula (Hängebirke)

Reagenzien

Astrablau
Safranin

Botanischer Steckbrief

Art
Betula pendula (Sandbirke); Fam. Betulaceae (Birkengewächse).

Name
betula = lat. Name der Birke; lat. *pendula* = hängend; herabhängende Äste.

Herkunft
heimisch, oft Pionierpflanzen auf freien Flächen.

Inhaltsstoffe
Flavonoide, Saponine, Gerbstoffe, ätherische Öle, Vitamin C, Phytosterine, Terpene, Betulinsäure und Invertzucker. Birkenpollen sind ein hochpotentes Allergen.

Nutzung
Birkenpech durch trockene Destillation der Birkenrinde, Birkensaft durch Anzapfen des Stammes gegen Haarausfall und Schuppen. Birkenblätter in der Heilkunde aufgrund ihrer harntreibenden Wirkung bei Rheuma, Gicht und Wassersucht.

14.3 Holz (Birke)

Kursziel

Darstellung der Holzanatomie von *Betula pendula* (Birke) im Querschnitt, radialen und tangentialen Längsschnitt.

Präparation

Vom Holzkörper eines dünnen, ca. drei- bis vierjährigen Sprosses wird ein Querschnitt angefertigt. Ein vollständiger Querschnitt ist nicht erforderlich. Zusätzlich sollen ein **Radialschnitt** und ein **Tangentialschnitt** angefertigt werden. Die Schnitte werden mit Astrablau und Safranin gefärbt (**Abb. 14.21**). Zur Orientierung der Schnittrichtung siehe Schemazeichnung (**Abb. 14.33**).

Beobachtungen

Querschnitt

Die Birke hat ein zerstreutporiges Holz: Die großen Gefäße (= Tracheen) sind gleichmäßig über das Früh- und Spätholz verteilt (**Abb. 14.22–24**); die Jahresringgrenze ist deshalb nicht so deutlich erkennbar wie bei den Nadelhölzern.

Die Birke hat – wie alle Angiospermen – Tracheiden als Leitungselemente und zusätzlich zur Festigung zahlreiche kleinlumige, dickwandige **Holzfasern** (= **Libriformfasern**) (**Abb. 14.25–26**). Holzparenchymzellen finden sich verstreut im Holz – sie sind (fast immer) verholzt (**Abb. 14.25–26**). Die Gefäße sind meist in kurzen (2–3 Zellen) radialen Reihen gruppiert (**Abb. 14.25**) und durch zahlreiche Hoftüpfel miteinander verbunden (**Abb. 14.26–27**). Die Hoftüpfel haben schmale schlitzförmige Poren, die auf einer Wandseite parallel verlaufen und auf

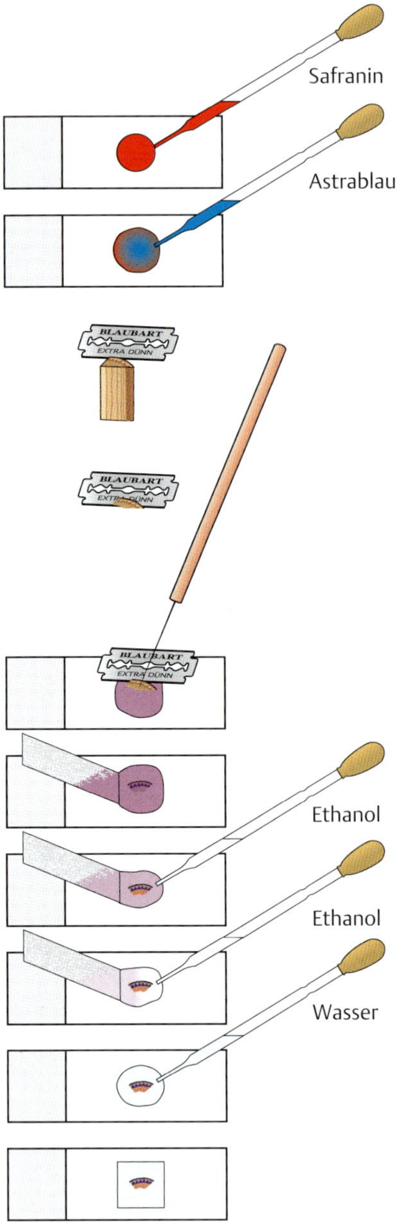

Abb. 14.21

der gegenüberliegenden Wand der Nachbarzelle senkrecht dazu stehen (= wechselständig) (**Abb. 14.40–41**). In vertikaler Richtung sind die Tracheen über gebogene, leiterförmige Gefäßdurchbrechungen (mit 10–20 Sprossen) charakteristisch verbunden (**Abb. 14.30**). Um die größeren Tracheen liegt ein **Axialparenchym**, das mit den Tracheen engen Tüpfelkontakt hat (**Abb. 14.32**). Die Tracheiden sind deutlich kleinlumiger als die Tracheen und ebenfalls durch Hoftüpfel verbunden. Die Tracheiden sind durch quer oder schräg stehende Zellwände septiert (**Abb. 14.31**). Die Holzfasern sind von mittlerer Wandstärke; ihre einfachen Tüpfel sind überwiegend auf die radialen Wände beschränkt (**Abb. 14.26**). In radialer Richtung liegen zahlreiche, unterschiedlich breite Holzstrahlen, die „homozellular" aus 1–4 Zellreihen von Stärke-gefüllten Holzparenchymzellen aufgebaut sind (**Abb. 14.22**. **Abb. 14.23**, **Abb. 14.25–27**). Die Holzparenchymzellen sind an allen Zellwänden über zahlreiche einfache Tüpfel miteinander verbunden (**Abb. 14.28**, **Abb. 14.31**, **Abb. 14.34**).

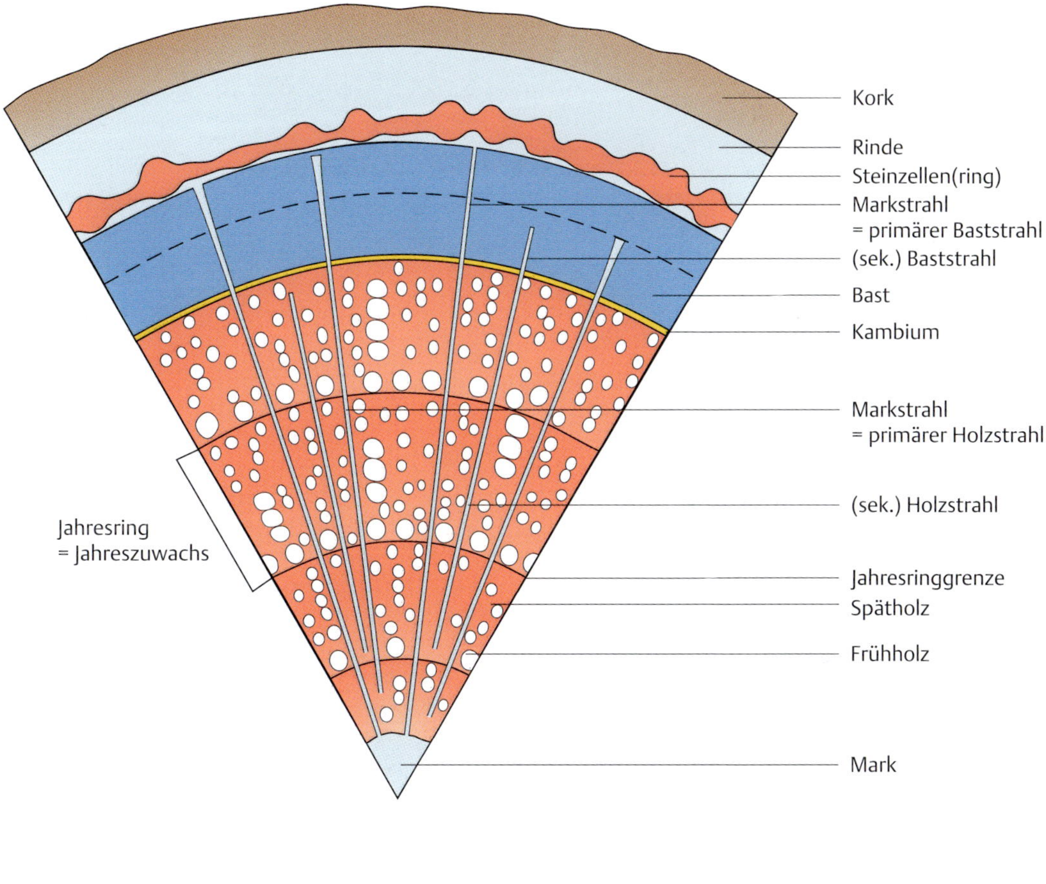

Abb. 14.22
Schematische Darstellung eines Sprossquerschnittes von *Betula pendula*.

Abb. 14.23
Lichtmikroskopische Aufnahme (HF) eines Sprossquerschnittes von *Betula pendula* (Färbung mit Astrablau + Safranin).

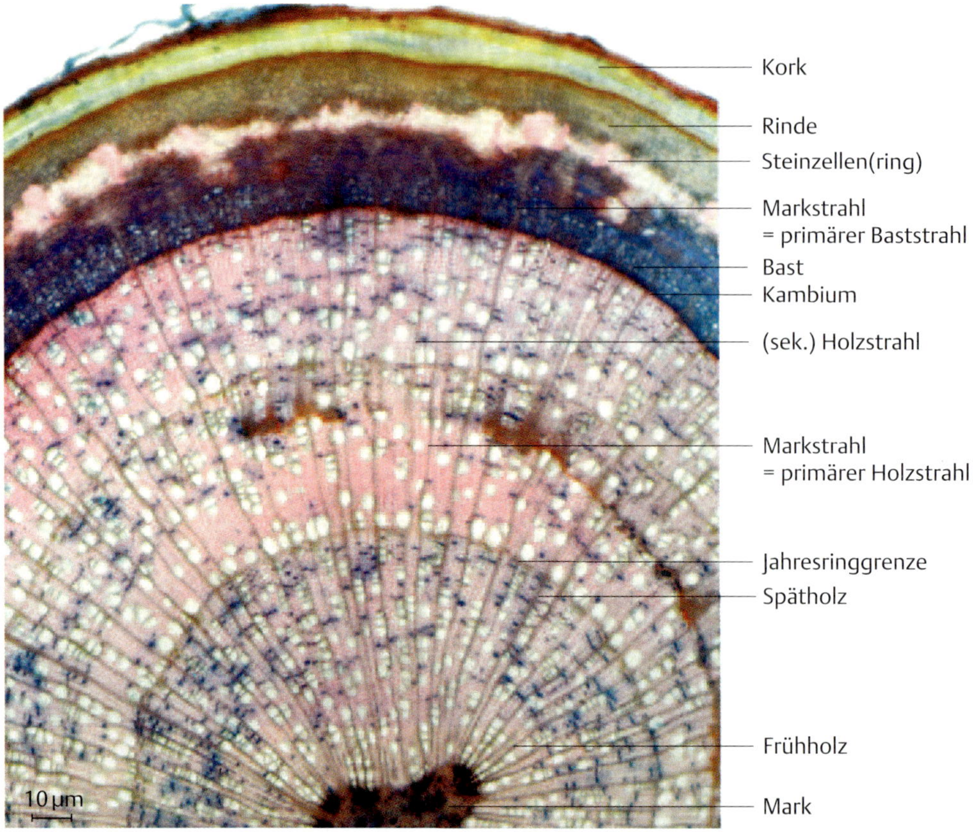

Abb. 14.24
Rasterelektronenmikroskopische Aufnahme eines Sprossquerschnittes von *Betula pendula* aus dem Übergangsbereich Bast/Holz.

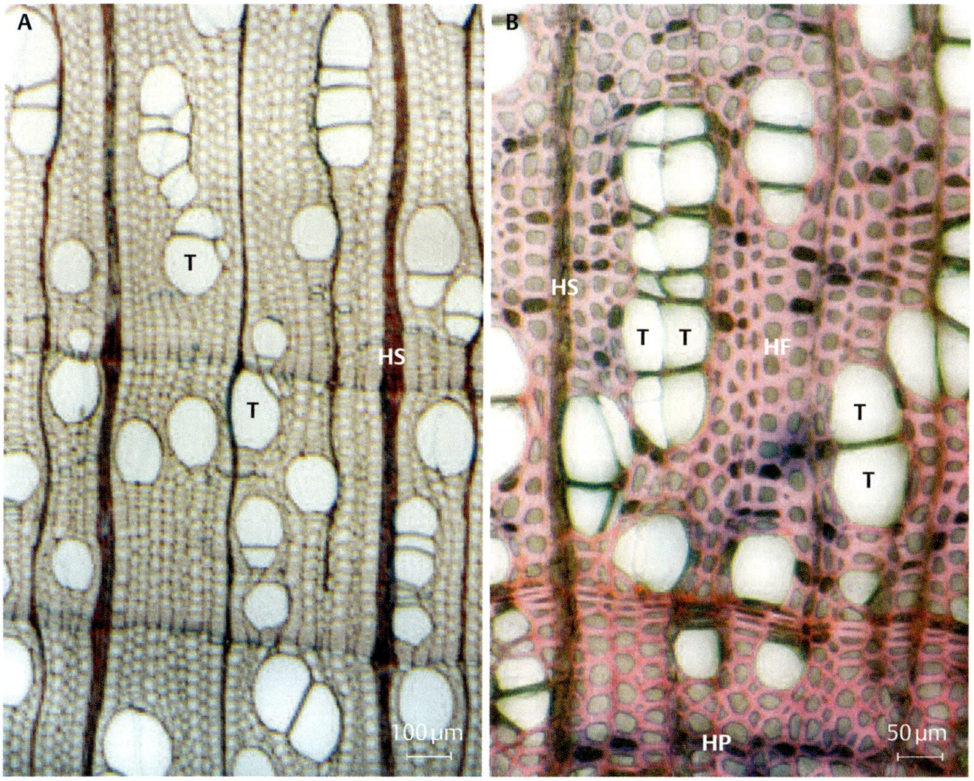

Abb. 14.25
Lichtmikroskopische Aufnahmen (**A**: Übersicht; **B**: Detail) eines Sprossquerschnittes von *Betula pendula* im Übergangsbereich von Früh- zu Spätholz (Färbung mit Astrablau + Safranin).
HF = Holzfaser
HP = Holzparenchym;
HS = Holzstrahl;
T = Trachee.

Um den Holzkörper herum läuft das Kambium (**Abb. 14.22 – 23**). Außerhalb des Kambiums liegt der Bast, der an den radial geschichteten, nicht verholzten Zellen erkennbar ist (**Abb. 14.22 – 23**). Er ist durch relativ schmale Baststrahlen durchbrochen. Hierauf folgt die primäre Rinde, deren Rindenparenchymzellen Stärkekörner enthalten. In der Rinde liegt ein festigender Ring aus Steinzellen (**Abb. 14.23**). Steinzellennester treten zusätzlich auch im Bast auf (= **Hartbast**). An die Rinde grenzt der Kork, ggf. sind auch noch Reste der Epidermis erkennbar. Das zentral gelegene Mark besteht aus dickwandigen, meist verholzten Zellen, die – typisch für Speichergewebe – mit Stärkekörnern gefüllt sind.

Radialschnitt

Die radialen Längsschnitte sind bei *Betula pendula* schwieriger zu interpretieren, da die langgestreckten Zellen (Tracheen, Tracheiden, Holzfasern) häufig nicht parallel liegen, sondern oft mehrfach gekrümmt sind und dabei auch unterschiedliche Durchmesser aufweisen können (**Abb.**

Zeichnung

Übersichtszeichnung eines Querschnittes.
Detailzeichnung: Holzaufbau an der Jahresringgrenze mit benachbartem Holzstrahl zellulär.

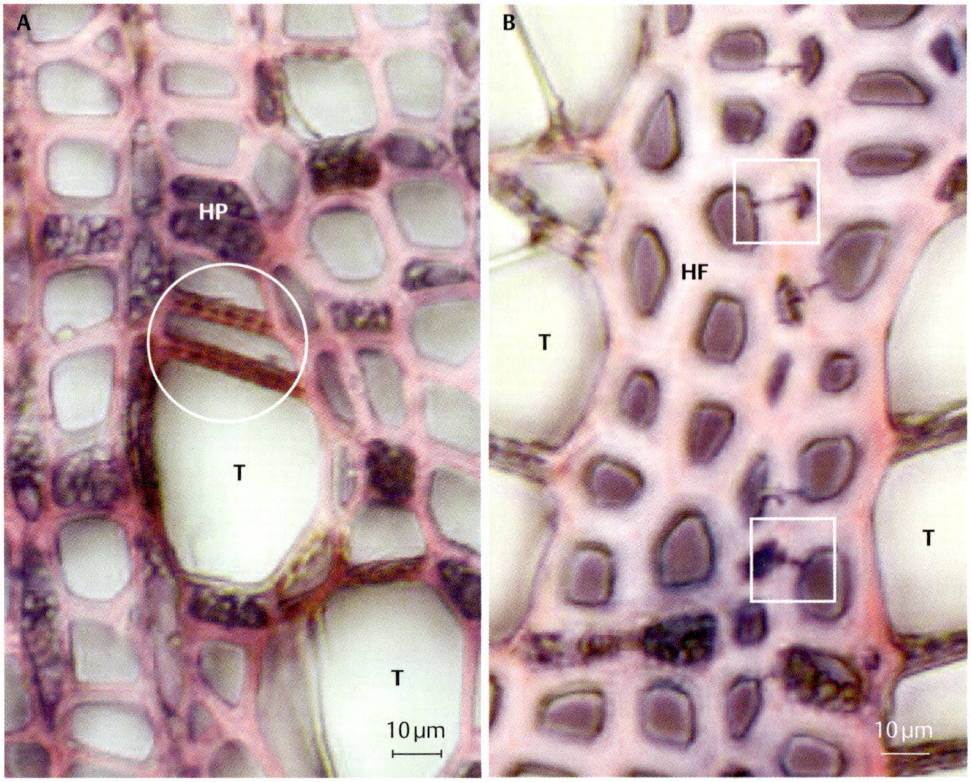

Abb. 14.26
Lichtmikroskopische Aufnahme (HF) eines Holzquerschnittes von *Betula pendula* (Färbung mit Astrablau + Safranin). **A**: Tracheen mit zahlreichen Hoftüpfeln (Kreis). **B**: Holzfasern mit einfachen, schrägen Tüpfeln an den Radialwänden (Quadrate);
HF = Holzfaser;
HP = Holzparenchymzelle;
T = Trachee.

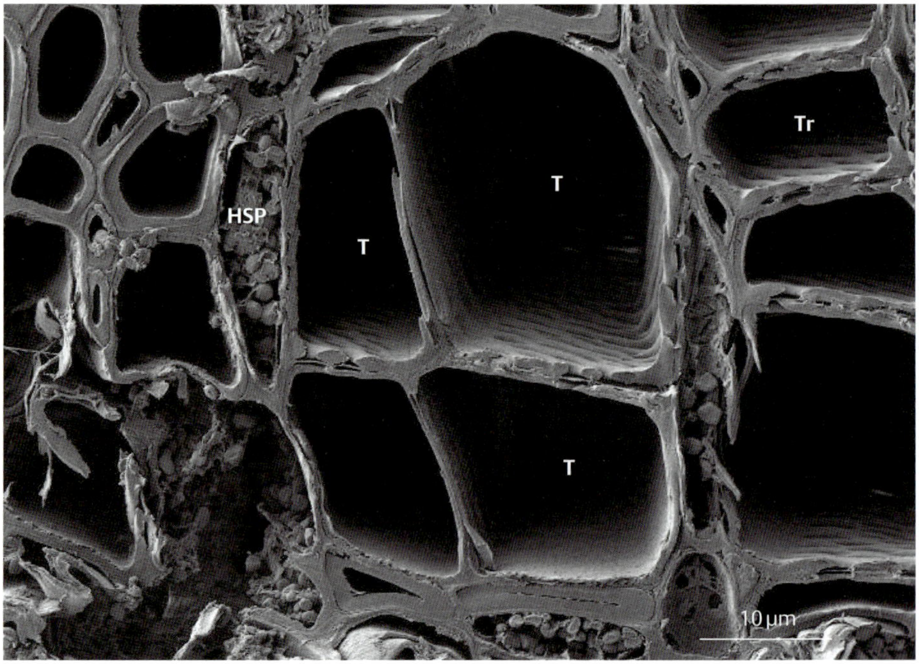

Abb. 14.27
Rasterelektronenmikroskopische Aufnahme eines Holzquerschnittes von *Betula pendula* aus dem Bereich des Frühholzes.
HSP = Holzstrahlparenchymzelle;
T = Tracheen;
Tr = Tracheiden.

14.28 – 29). Die längs getroffenen Gefäße zeigen deutlich die zahlreichen **Hoftüpfel** in Aufsicht. Beim Durchfokussieren erkennt man deutlich, dass die spaltenförmigen Poren auf einer Wandseite parallel liegen und auf der Rückwand dazu um ca. 90° gedreht angeordnet sind (**Abb. 14.30**). Die regelmäßige Anordnung und die geringe Spaltbreite führt zu verwirrenden Interferenzerscheinungen. Die leiterförmigen Gefäßdurchbrechungen sind in Aufsicht als ovale Felder gut zu erkennen (**Abb. 14.30**). Die Tracheiden sind jetzt an ihren stark getüpfelten Querwänden von den Holzfasern mit ihren spitz zulaufenden Zellen gut zu unterscheiden. Die **Holzstrahlen** liegen quer dazu; sie bestehen aus Holzstrahlparenchym, das relativ dickwandige, größtenteils verholzte Zellwände aufweist (**Abb. 14.28 – 29**); die Tüpfel sind sowohl im Querschnitt als auch in der Aufsicht gut erkennbar (**Abb. 14.28, Abb. 14.31, Abb. 14.34 – 35**).

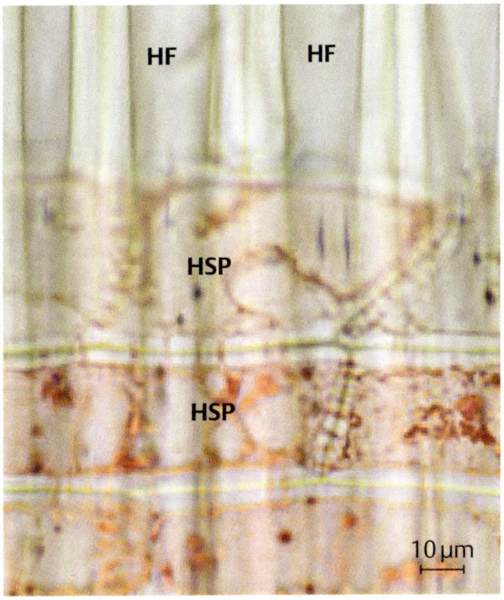

Abb. 14.28
Lichtmikroskopische Aufnahme eines Radialschnittes von *Betula pendula* mit einem Holzstrahl im Längsschnitt (Färbung mit Astrablau + Safranin).
HF = Holzfaser;
HSP = Holzstrahlparenchymzelle.

Tangentialschnitt

Der tangentiale Längsschnitt zeigt, dass die Holzstrahlen im Querschnitt spindelförmig sind (**Abb. 14.31 – 32**). Sie zeigen jedoch erhebliche quantitative Unterschie-

Zeichnung

Radialer Längsschnitt: Zelluläre Zeichnung eines Holzstrahls mit angrenzenden Holzfasern.

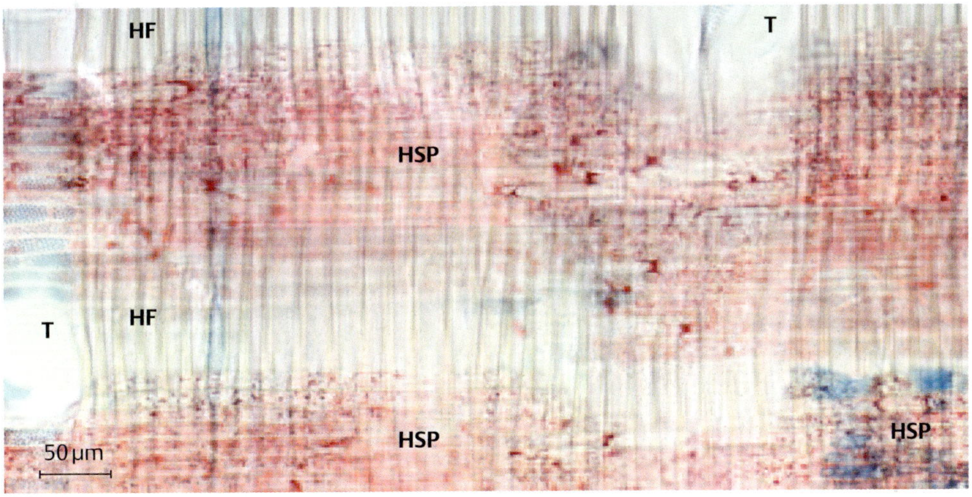

Abb. 14.29
Lichtmikroskopische Aufnahme eines Radialschnittes von *Betula pendula* mit einem Holzstrahl im Längsschnitt (Färbung mit Astrablau + Safranin).
HF = Holzfaser;
HSP = Holzstrahlparenchymzelle;
T = Trachee.

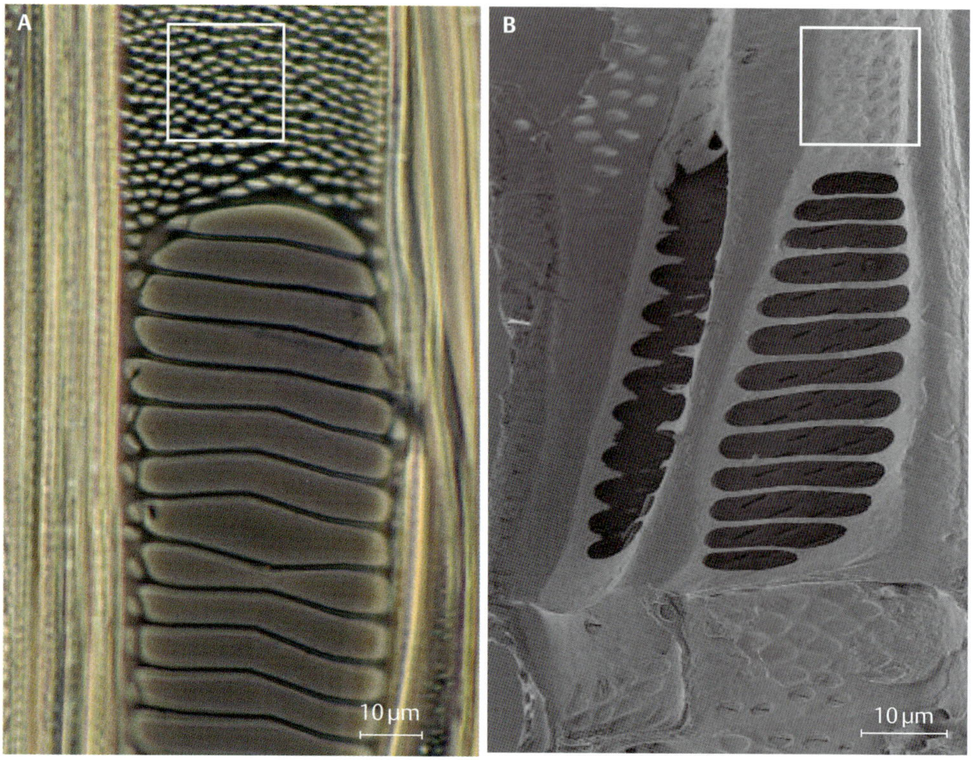

Abb. 14.30
Lichtmikroskopische (**A**) und rasterelektronenmikroskopische (**B**) Aufnahme von benachbarten Tracheen eines Radialschnittes von *Betula pendula*. Die Tracheen stehen durch zahlreiche Hoftüfel (Quadrate) miteinander in Verbindung. In vertikaler Richtung sind die Tracheen über gebogene, leiterförmige Gefäßdurchbrechungen verbunden.

de. Die Skala reicht von einreihigen, nur wenige Zellen hohen bis zu sechsreihigen Markstrahlen, die sich über das ganze Gesichtsfeld erstrecken. Die einfachen Tüpfel sind an allen Wänden gut erkennbar (**Abb. 14.31**). Wenn Markstrahlparenchymzellen an Tracheen angrenzen sind die Tüpfel einseitig behöft (**Abb. 14.38 – 39**). Das Axialparenchym liegt als einzellige, flache Zellschicht direkt an den Tracheen an. Die Zellwände sind sehr dünn, nicht verholzt und haben ebenfalls einseitig behöfte Tüpfel (**Abb. 14.32**). Ihre Speicherfunktion ist an den zahlreichen Stärkekörnern erkennbar (**Abb. 14.32**).

Tüpfel

Im Holz von *Betula pendula* kommen verschiedene Tüpfeltypen vor: einfache Tüpfel im Holzparenchym (**Abb. 14.34 – 35**), schräge Tüpfel in den Holzfasern (**Abb. 14.36 – 37**), **einseitig behöfte Tüpfel** zwischen Tracheen und Holzparenchymzellen (**Abb. 14.38 – 39**) und beidseitig behöfte Tüpfel zwischen Tracheen und Tracheiden (**Abb. 14.40 – 41**).

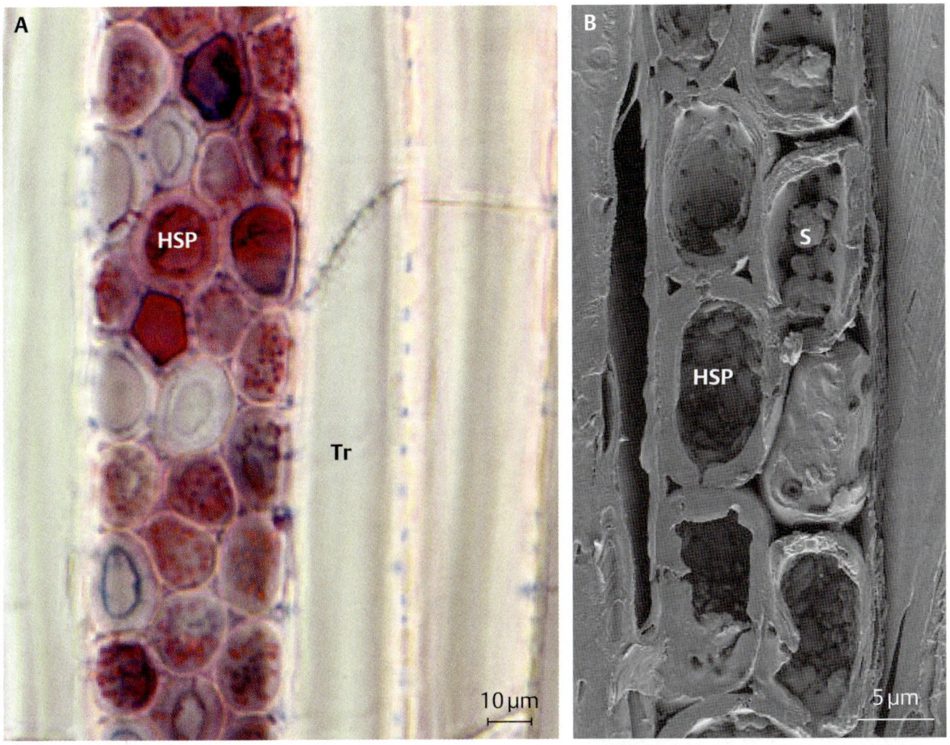

Abb. 14.31
Lichtmikroskopische Aufnahme (**A**: Färbung mit Astrablau + Safranin) und rasterelektronenmikroskopische Aufnahme (**B**) eines Holzstrahls von *Betula pendula* im Querschnitt.
HSP = Holzstrahlparenchymzelle;
S = Stärke;
Tr = Tracheide.

Zeichnung

Tangentialschnitt: Zelluläre Zeichnung eines Holzstrahls und der benachbarten Tracheen bzw. Tracheiden.

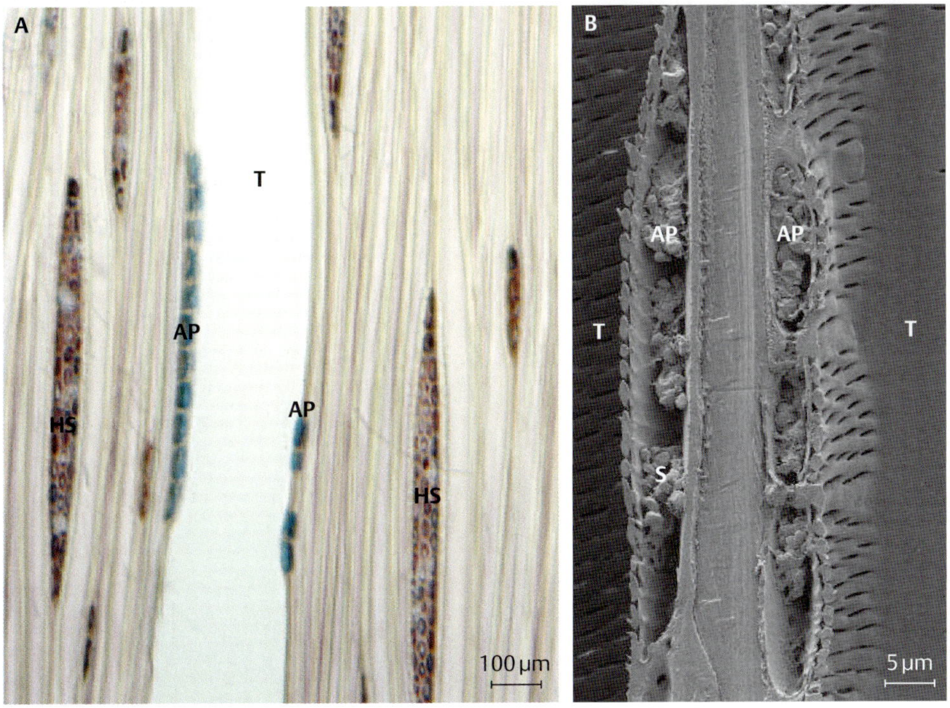

Abb. 14.32
Lichtmikroskopische Aufnahme (**A**: Färbung mit Astrablau + Safranin) und rasterelektronenmikroskopische Aufnahme (**B**) eines Axialparenchyms von *Betula pendula* im Querschnitt.
AP = Axialparenchym;
HS = Holzstrahl;
S = Stärke;
T = Trachee.

Abb. 14.33
Schematische, räumliche Darstellung des Holz - und Bastaufbaues von *Betula pendula*. (Verändert nach Mägdefrau).

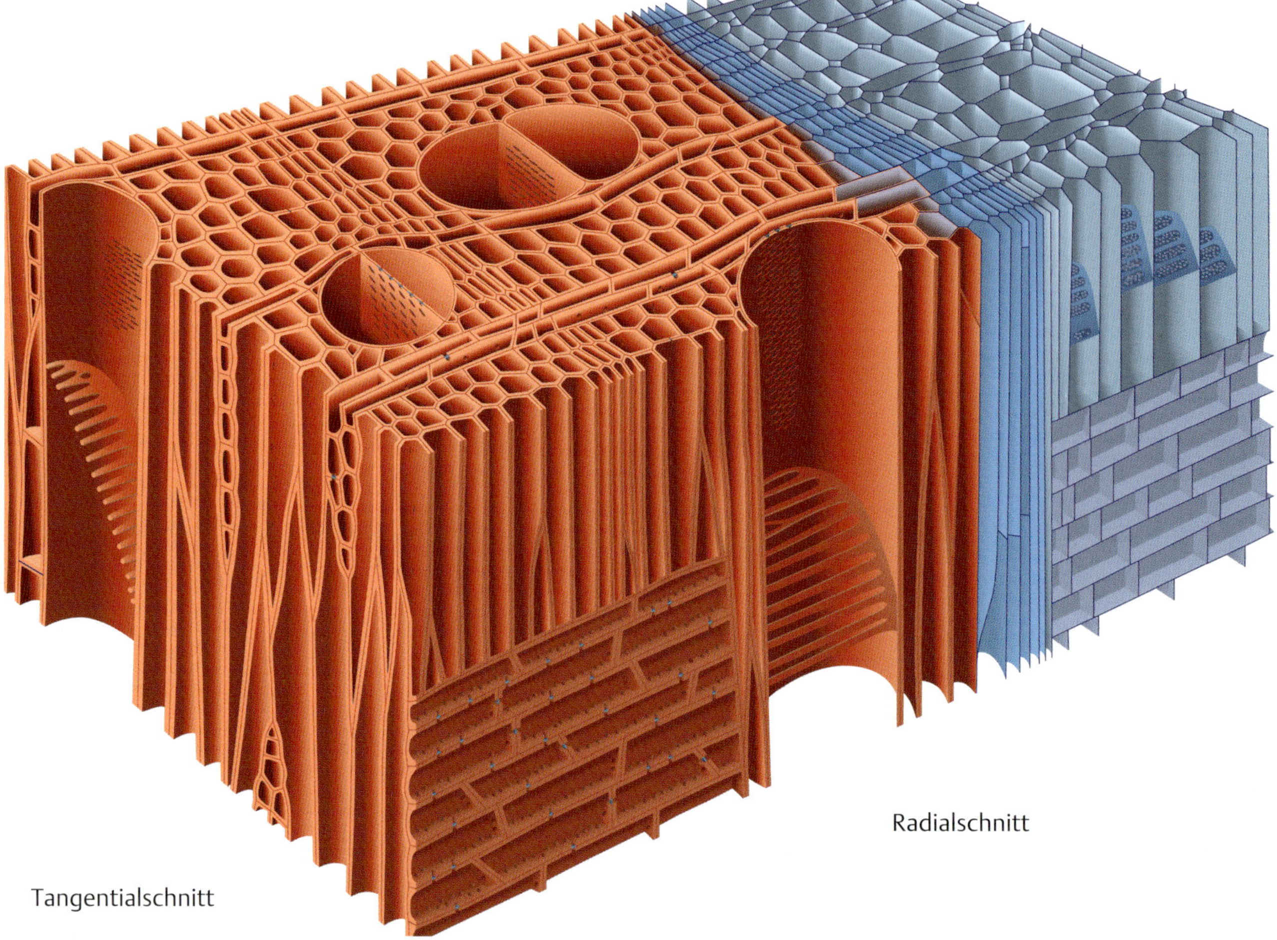

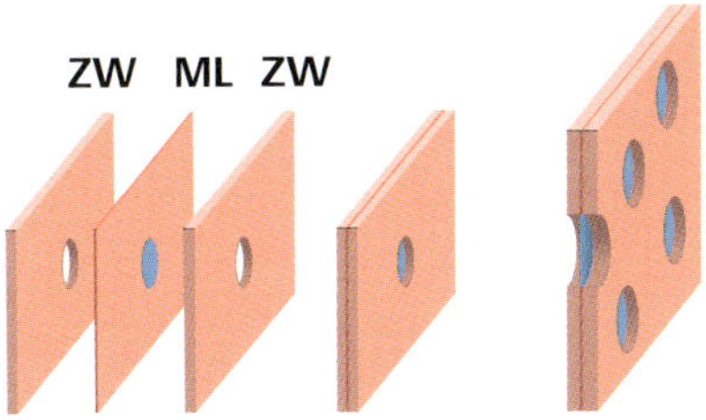

Abb. 14.34
Aufbau der einfachen Tüpfel von *Betula pendula*; die Tüpfelmembran (blau) ist nicht verholzt. ML = Mittellamelle; ZW = Zellwand.

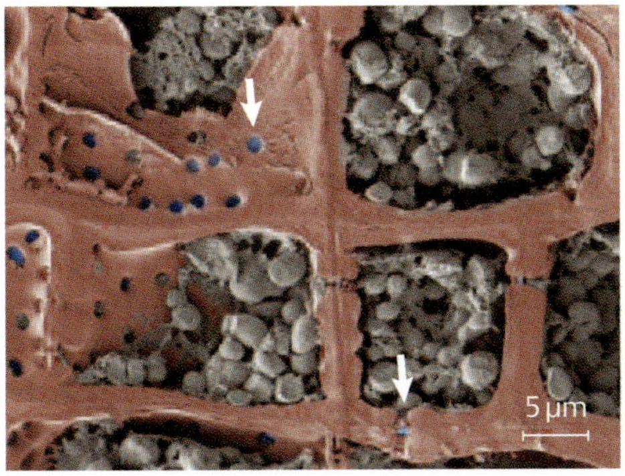

Abb. 14.35
Rasterelektronenmikroskopische Aufnahme (coloriert) eines Querschnittes durch das Markparenchym von *Betula pendula* mit einfachen Tüpfeln, quergeschnitten und in Aufsicht (Pfeile).

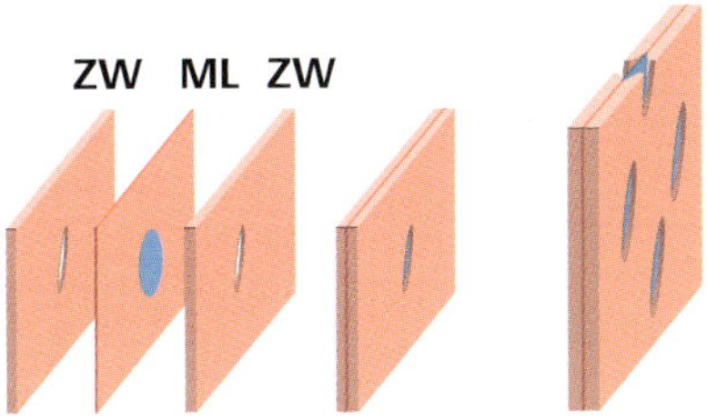

Abb. 14.36
Aufbau der schrägen Tüpfel von *Betula pendula*; der Torus (blau) ist nicht verholzt. ML = Mittellamelle; ZW = Zellwand.

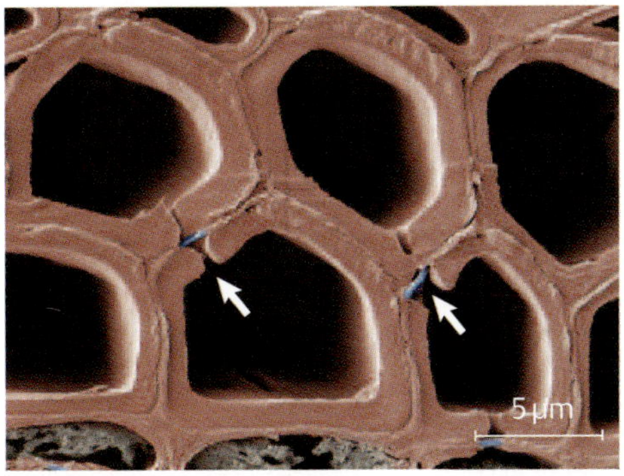

Abb. 14.37
Rasterelektronenmikroskopische Aufnahme (coloriert) eines Querschnittes durch Holzfasern von *Betula pendula* mit schrägen Tüpfeln (Pfeile).

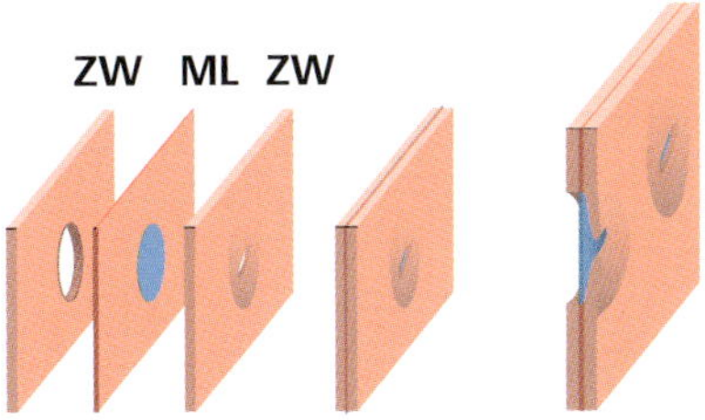

Abb. 14.38
Aufbau der einseitig behöften Tüpfel von *Betula pendula*; die Tüpfelmembran (blau) ist nicht verholzt. ML = Mittellamelle; ZW = Zellwand.

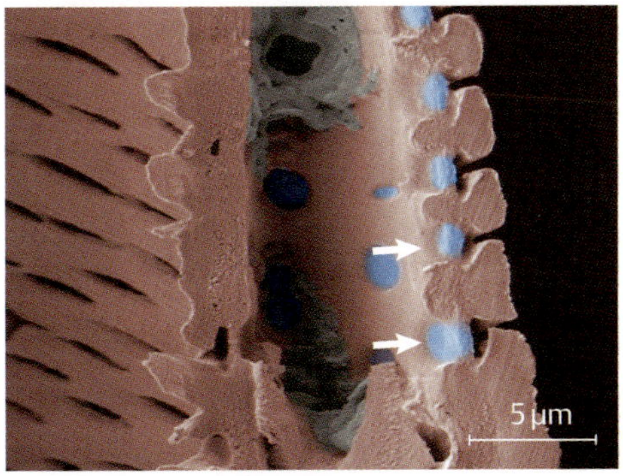

Abb. 14.39
Rasterelektronenmikroskopische Aufnahme (coloriert) eines Querschnittes durch das Markparenchym von *Betula pendula*. Die Tüpfel zu einer angrenzenden Trachee sind einseitig behöft (Pfeile).

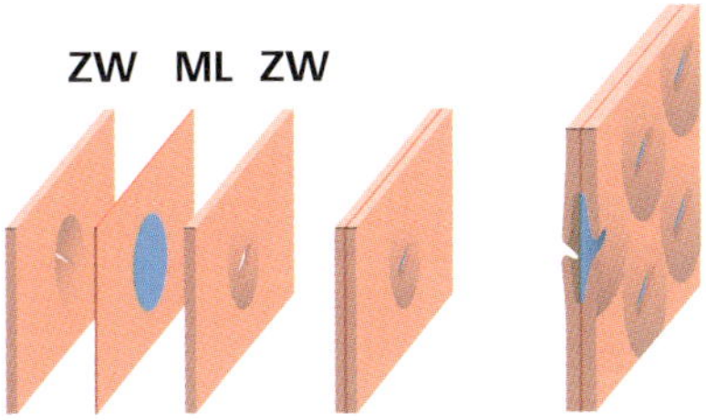

Abb. 14.40
Aufbau der beidseitig behöften Tüpfel von *Betula pendula*; der Torus (blau) ist nicht verholzt. ML = Mittellamelle; ZW = Zellwand.

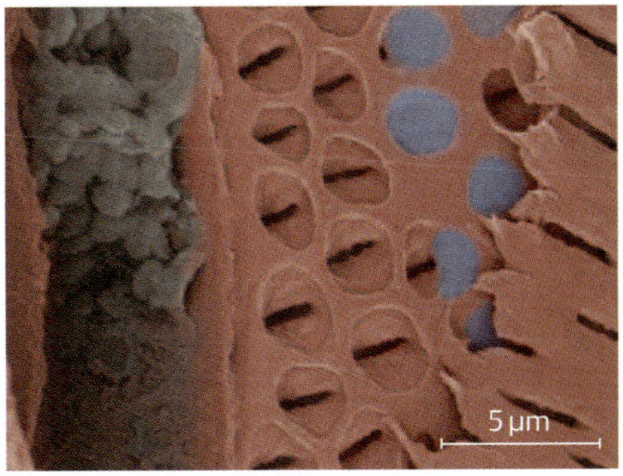

Abb. 14.41
Rasterelektronenmikroskopische Aufnahme (coloriert) eines Bruches durch eine Trachee von *Betula pendula*. Die beidseitig behöften Tüpfel sind aufgebrochen und zeigen deutlich den Aufbau (die Mittellamelle ist häufig herausgebrochen).

Tilia cordata (Winterlinde)

Reagenzien

Astrablau
Safranin

Botanischer Steckbrief

Art
Tilia spec. (*cordata*) (Linde) (Winterlinde); Fam. Tiliaceae (Lindengewächse).

Name
tilia = lat. Name der Linde; *cordata*: lat. *cor* = Herz; herzförmige Blätter.

Herkunft
heimisch, fossil seit der oberen Kreidezeit.

Inhaltsstoffe
ätherische Öle und Flavonoide.

Stellenwert
Lindenblütentee (schweißtreibendes Mittel bei Erkältungen); Lindenblütenhonig; ätherisches Öl als Parfümöl. Weiches, dichtes Schnitzholz. Früher Lindenbast (= Sklerenchymstränge des sekundären Phloems) für Matten und Schuhe oder zum „Basteln". Die Linde als Sinnbild für Gerechtigkeit (Gericht unter der Dorflinde).

14.4 Hart- und Weichbast

Kursziel

Darstellung von Hart- und Weichbast der Linde (*Tilia cordata* oder Hybride).

Präparation

Es wird ein sehr dünner Querschnitt durch die Sprossachse angefertigt; ein Teilbereich ist ausreichend. Die Schnitte werden mit Safranin und Astrablau gefärbt (**Abb. 14.42**).

Beobachtungen

Außerhalb des Kambiums liegen die dreieckig erscheinenden Baststränge, die durch nach außen hin keilförmig verbreiterte primäre Baststrahlen voneinander getrennt sind. Darauf folgen eine primäre Rinde mit chloroplastenreichen Zellen mit verdickten Zellwänden (Kollenchym) und ein Periderm (**Abb. 14.43**).

Im Bast fallen Gruppen von Bastfasern auf. Ihre Wände sind sehr stark verdickt und verholzt (**Abb. 14.44–48**); aufgrund ihrer Festigkeit werden sie als Hartbast bezeichnet. Sie stehen über schräg gestellte Tüpfel miteinander in Verbindung (**Abb. 14.46**).

Die Elemente des Weichbastes sind nicht verholzt und bestehen aus weitlumigen Siebröhren, englumigen, plasmareichen Geleitzellen und Bastparenchymzellen (**Abb. 14.45** und **Abb. 14.47–48**).

Die übrigen Bastelemente: weitlumige Siebröhren, englumige, plasmareiche Geleitzellen und Bastparenchymzellen werden als Weichbast bezeichnet (**Abb. 14.45** und **Abb. 14.47–48**).

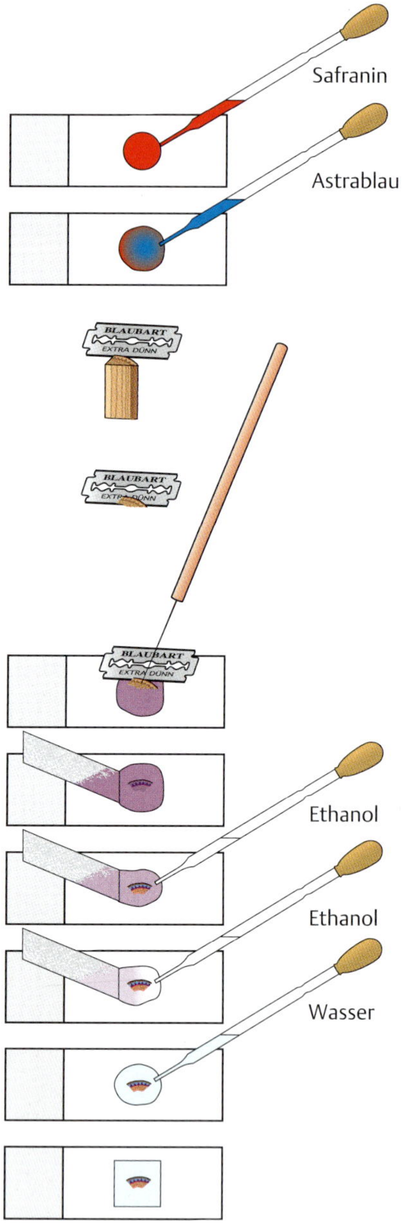

Abb. 14.42

Das vom Kambium nach innen gebildete Holz zeigt im Querschnitt deutliche Jahresringe. Die weitlumigen Gefäße werden über die ganze Vegetationsperiode gebildet; das Holz ist deshalb zerstreutporig. Die Elemente des Holzes sind: Tracheen, Tracheiden, Holzparenchym und Holzstrahlparenchym.

Die Längsschnitte sind bei *Tilia cordata* schwieriger zu interpretieren, da die langgestreckten Zellen nicht streng parallel liegen; dies gilt besonders für den radialen Längsschnitt. Im tangentialen Längsschnitt erkennt man gut die ein bis wenige Zellschichten breiten Holzstrahlen mit ihren verdickten Zellwänden und einfachen Tüpfeln. Sie sind verholzt und meist abgestorben. Sie dienen dem Wassertransport in radialer Richtung.

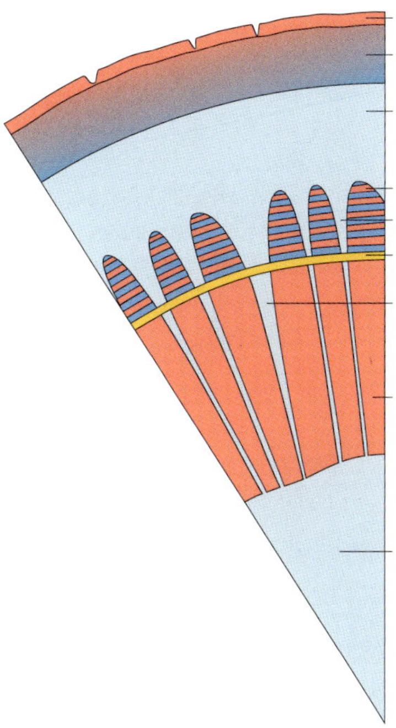

Abb. 14.43
Schematische Darstellung eines Sprossquerschnittes von *Tilia cordata*.

Abb. 14.44
Lichtmikroskopische Aufnahmen (HF; Färbung mit Astrablau + Safranin) eines Sprossquerschnittes von *Tilia cordata* (**A** = Übersichtsaufnahme; **B** = Detailaufnahme aus dem Bereich des Bastes).
B = Bast;
BS = Baststrahl;
H = Holz;
HB = Hartbast;
K = Kambium;
Kk = Kork;
M = Mark;
R = Rinde;
WB = Weichbast.

Abb. 14.45
Lichtmikroskopische Aufnahme (HF) eines Sprossquerschnittes von *Tilia cordata* aus dem Bereich des Bastes (Färbung mit Astrablau + Safranin). Die Siebplatten der Siebröhren (Kreis) laufen sehr schräg und sind deshalb nur schwer zu erkennen.
BF = Bastfaser;
BP = Bastparenchymzelle;
BSP = Baststrahlparenchymzelle;
BS = Baststrahl;
GZ = Geleitzelle;
S = Stärke;
SR = Siebröhre.

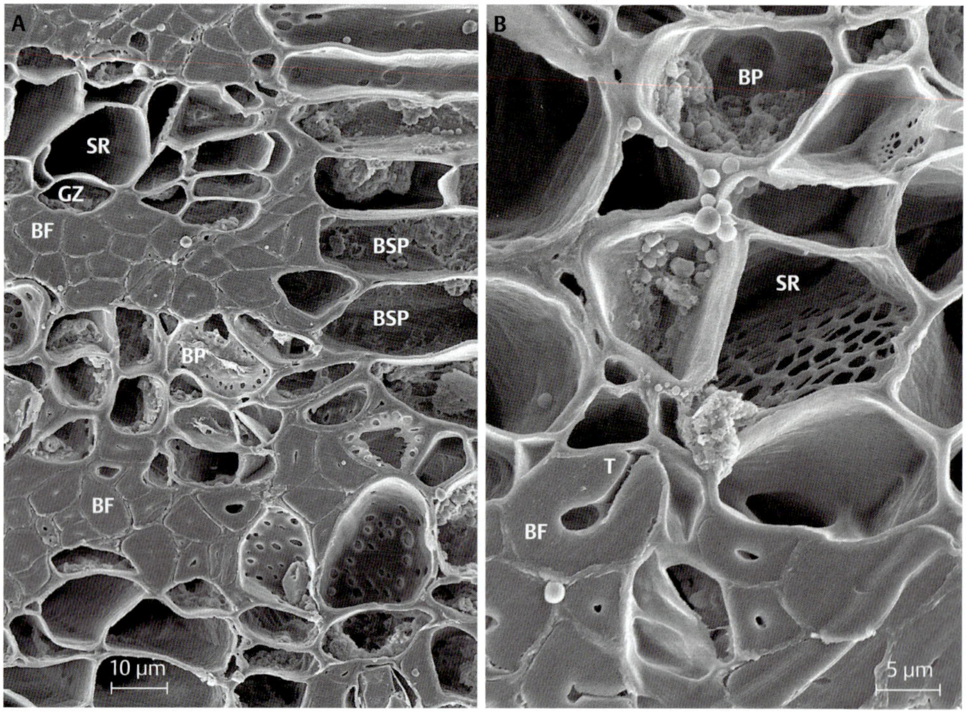

Abb. 14.46
Rasterelektronenmikroskopische Aufnahmen eines Sprossquerschnittes von *Tilia cordata* aus dem Bereich des Bastes. Die Hartbastfasern (= Sklerenchymzellen) sind extrem dickwandig (A). Im angrenzenden Weichbast ist eine Siebplatte einer Siebröhre in Aufsicht erkennbar (B).
BF = Bastfaser;
BP = Bastparenchymzelle;
BSP = Baststrahlparenchymzelle;
GZ = Geleitzelle;
SR = Siebröhre;
T = Tüpfel.

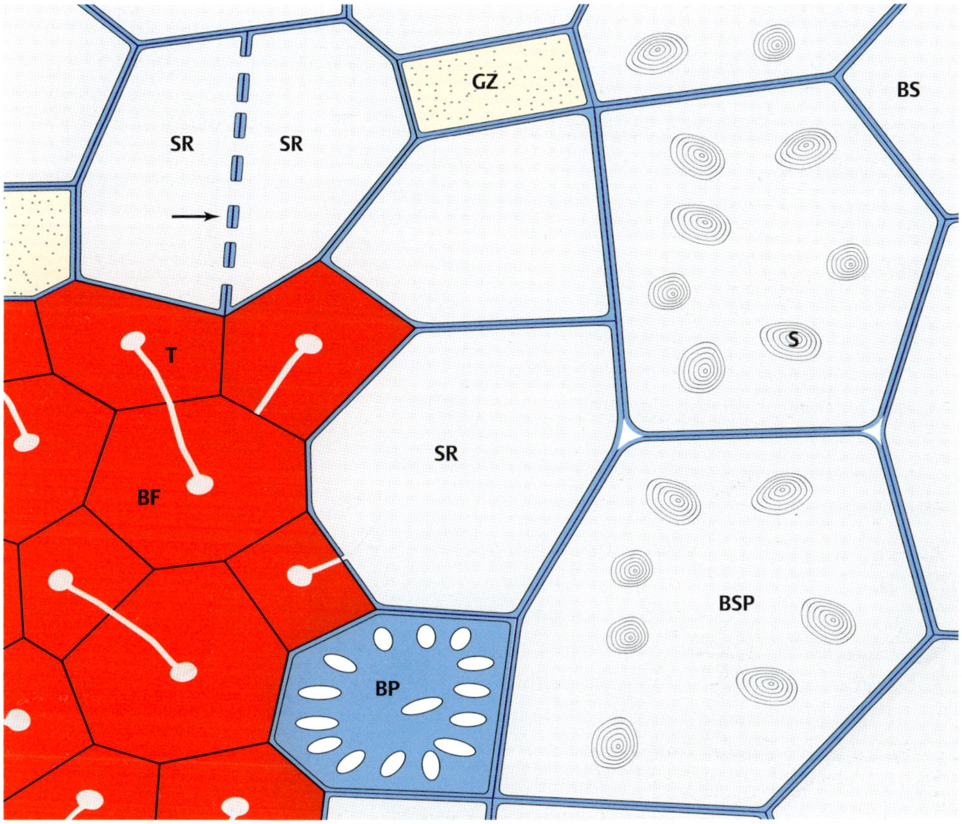

Abb. 14.47
Schematische Darstellung von Hart- und Weichbast von *Tilia cordata*. Tüpfelplatten der Bastparenchymzellen liegen gelegentlich in der Schnittebene. Die Siebplatten (Pfeil) der miteinander in Verbindung stehenden Siebröhren sind meist quergetroffen.
BF = Bastfaser;
BP = Bastparenchymzelle;
BS = Baststrahl;
GZ = Geleitzelle;
S = Stärke;
SR = Siebröhre;
T = Tüpfelkanal.

Zeichnung

Übersichtszeichnung eines Sprossquerschnittes.
Detailzeichnung aus dem Übergangsbereich vom Hartbast zum Weichbast.

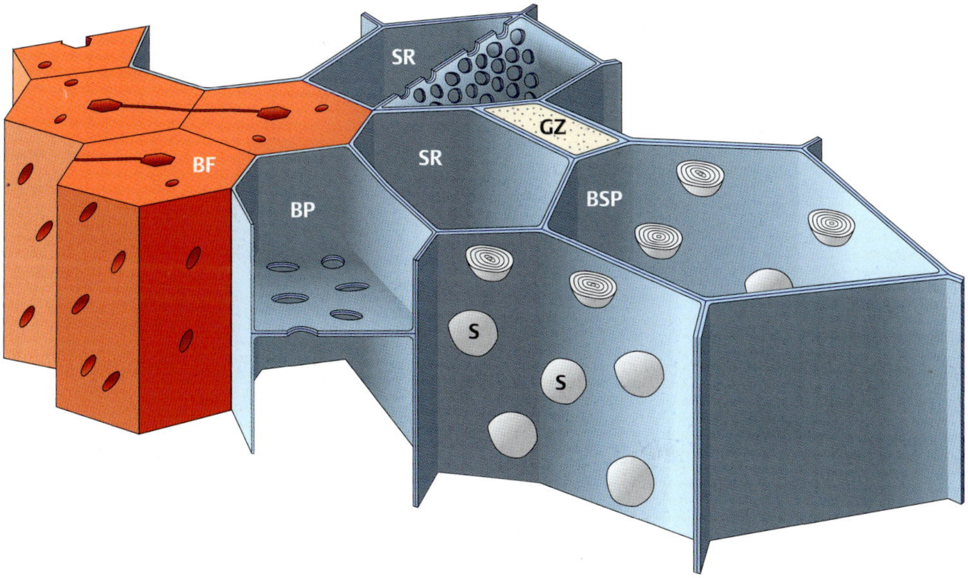

Abb. 14.48
Dreidimensionale, schematische Darstellung von Hart- und Weichbast von *Tilia cordata*.
BF = Bastfaser;
BP = Bastparenchymzelle;
BSP = Bastrahlparenchymzelle;
GZ = Geleitzelle;
S = Stärke;
SR = Siebröhre.

Robinia pseudoacacia (Robinie)

Reagenzien

Astrablau
Safranin

Botanischer Steckbrief

Art
Robinia pseudoacacia (Robinie); Fam. Fabaceae (Schmetterlingsblütler).

Name
franz. Hofgärtner J. Robin, der 1601 den Baum aus Nordamerika nach Paris brachte. lat. *pseudoacacia* = Scheinakazie.

Herkunft
atlantisches Nordamerika.

Inhaltsstoffe
alle Pflanzenteile durch Peptide giftig.

Stellenwert
Park- und Alleebaum, Bienenfutterpflanze, hartes, festes Holz früher als Grubenholz, heute für Gartenmöbel.

14.5 Thyllen

Kursziel

Darstellung der **Thyllen** der Robinie (*Robinia pseudoacacia*).

Präparation

Es werden dünne Querschnitte durch den Holzteil eines älteren Sprosses angefertigt. Die Schnitte werden mit Astrablau und Safranin gefärbt (**Abb. 14.49**).

Beobachtungen

Die Robinie gehört zu den ringporigen Hölzern: Im Frühjahr werden weitlumige Gefäße, im Sommer nur englumige angelegt (**Abb. 14.50**). Für die Wasserleitung bleiben nur die letzten Jahresringe funktionsfähig (= **Splintholz**); das ältere Holz verkernt nach und nach (= **Kernholz**).

Die Verkernung von Holz ist kein „einfaches Absterben", sondern ein aktiver Vorgang: Resevestoffe des Parenchyms werden mobilisiert und entweder abtransportiert oder zur Bildung von Gerbstoffen und/oder Thyllen verbraucht.

Die weitlumigen, älteren Gefäße werden bei *Robinia pseudoacacia* durch Thyllen verschlossen: Benachbarte Holzparenchymzellen wachsen durch die Tüpfel in die Gefäße ein und bilden dabei blasenförmige Strukturen, die die Zelle völlig verstopfen und damit den Wassertransport unterbinden (**Abb. 14.51 – 52**). Treffen von verschiedenen Seiten mehrere Thyllen in einer Trachee zusammen, bilden sich ebene Berührungsflächen aus den (ehemaligen) Tüpfelmembranen der Holzparenchymzellen (**Abb. 14.51**).

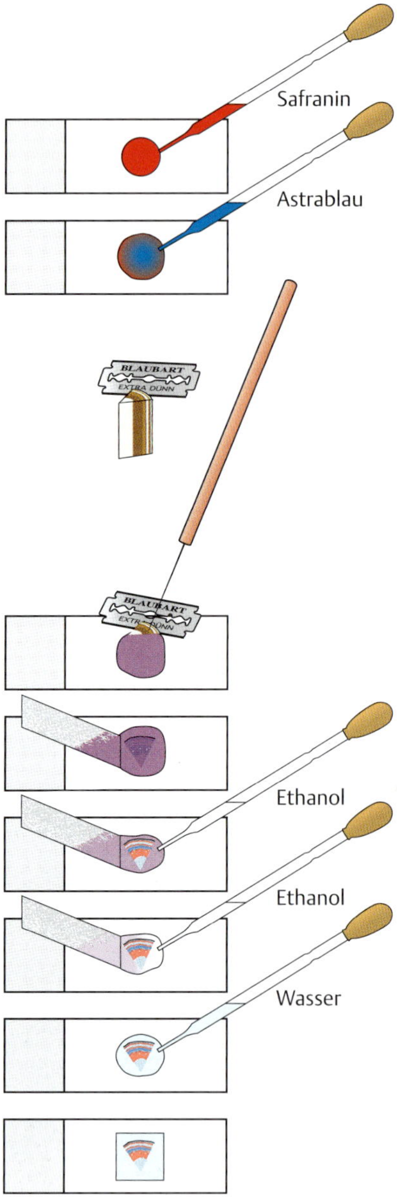

Abb. 14.49

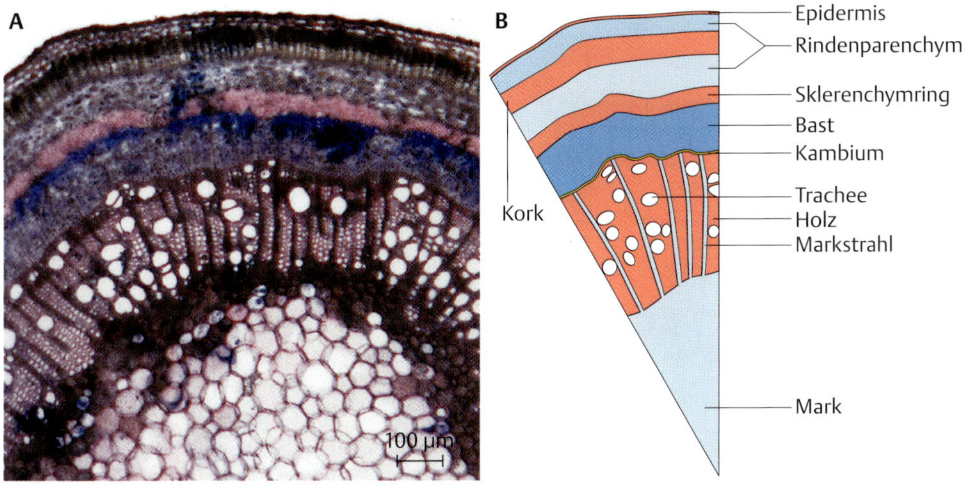

Abb. 14.50
Lichtmikroskopische Aufnahme eines Querschnittes durch die Sprossachse von *Robinia pseudoacacia* (**A**; HF; Färbung mit Astrablau + Safranin) und schematische Darstellung (**B**).

Zeichnung

Eine Trachee mit Thylle(n) im Zellverband.

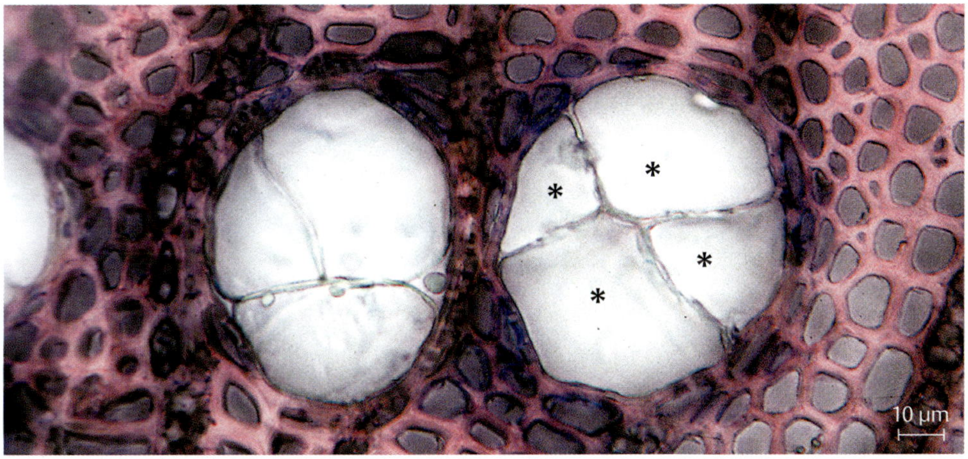

Abb. 14.51
Lichtmikroskopische Aufnahme eines Querschnittes durch das Holz von *Robinia pseudoacacia* (HF; Färbung mit Astrablau + Safranin). Zwei benachbarte Tracheen sind jeweils durch mehrere Thyllen (Sterne) verstopft.

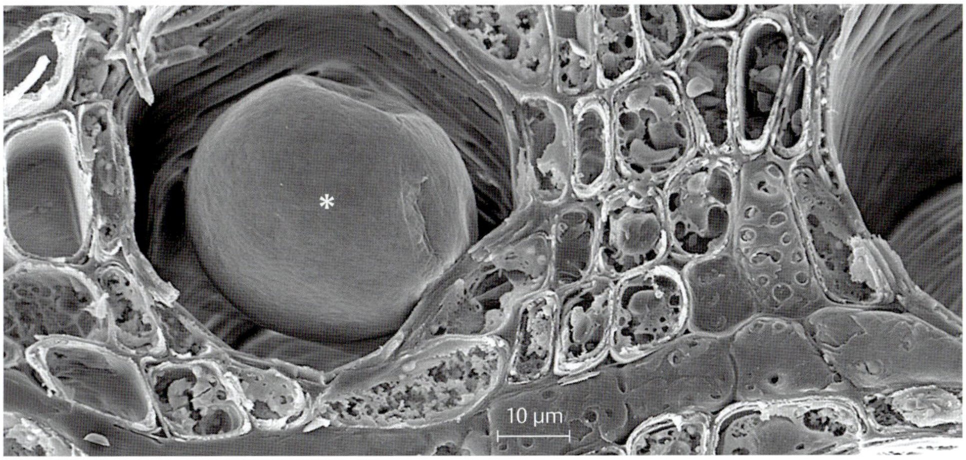

Abb. 14.52
Rasterelektronenmikroskopische Aufnahme eines Querbruches durch das Holz von *Robinia pseudoacacia*. In der linken Trachee füllt eine kugelförmige Thylle (Stern) fast den ganzen Gefäßquerschnitt aus.

AZ. AGR.
CARMIGNANO
SAINT-EMILION
GRAND CRU
1997
PESSAC-LEOGNAN

Das Periderm

Isolierung und Fraßschutz

Die Epidermis als einzelliges, primäres Abschlussgewebe bietet nur einen geringen Schutz gegen Verletzungen, Tierfraß oder Pilzbefall. Mit dem Einsetzen des Dickenwachstums wird vom Kambium nach außen sekundäres Phloem (= Bast) produziert, das die „alten" Phloemelemente nach außen schiebt. Die Epidermis gerät dadurch unter Spannung.

Bei einigen Pflanzen (Rosen, Kakteen) wird die Epidermis durch Dilatationswachstum vergrößert – die Äste erscheinen deshalb über einen längeren Zeitraum glatt und grün. Gewöhnlich reißt aber die Epidermis auf und wird durch Kork ersetzt. In der Rinde unter der Epidermis entsteht ein Kambium, das Korkkambium, das nach außen Korkzellen produziert. Die Sekundärwände der Korkzellen haben abwechselnde Schichten von Suberin und Wachsen. Die Korkzellen werden dadurch hydrophob, sterben nach ihrer Ausdifferenzierung ab und füllen sich mit Luft. Die Braunfärbung des Korkes kommt durch Einlagerung von „antimikrobiellen" Gerbstoffen zustande.

Kork ist ein sehr guter Transpirationsschutz, ein hervorragender Isolator gegen Hitze und Kälte und ein wirkungsvoller Fraßschutz. Eine vollständige Verkorkung der Sprossoberfläche würde den Gasaustausch unterbinden. Korkgewebe bildet daher stellenweise Korkporen (= Lenticellen); die Korkzellen kugeln sich hier nach Auflösung der Mittellamelle ab und bilden ein lockeres, hydrophobes aber luftdurchlässiges Füllmaterial.

Sambucus nigra (Schwarzer Holunder)

Reagenzien

Astrablau
Safranin
Sudan-III-Glycerin

Botanischer Steckbrief

Art
Sambucus nigra (Schwarzer Holunder); Fam. Caprifoliaceae (Geißblattgewächse).

Name
sambucus: lat. Name des Holunders; lat. *niger* = schwarz.

Herkunft
Kulturbegleiter; Stickstoff- und Müllanzeiger.

Inhaltsstoffe
alle Teile roh giftig. Blüten: ätherisches Öl, Gerbstoffe, Blausäureglycosid (Sambunigrin). Früchte: organische Säuren, Gerbstoffe, Anthocyane und Vitamin C.

Stellenwert
Hollerküchlein (= in Teig ausgebackene Blüten); Saft der Früchte als Wein, Sirup, Gelee. Blütentee wirkt schweißtreibend, vorbeugend gegen Erkältungskrankheiten. Holundermark für die Lichtmikroskopie.

15.1 Peridermbildung

Kursziel

Darstellung des Korkgewebes (= **Periderm**) des Schwarzen Holunders (*Sambucus nigra*).

Präparation

Es wird ein Querschnitt durch den peripheren Bereich der Sprossachse angefertigt; die Schnitte werden mit Astrablau + Safranin (**Abb. 15.1**), sowie Sudan-III-Glycerin gefärbt (siehe **Abb. 15.9**). Für die Sudan-III-Glycerin-Färbung werden die Schnitte direkt in die Färbelösung gelegt und in dieser mikroskopiert.

Beobachtungen

Das Periderm bildet das sekundäre Abschlussgewebe des Sprosses. Es entsteht direkt unter der Epidermis; diese ist deshalb nur bei „jungen" Sprossen intakt. Die in regelmäßigen Reihen angeordneten **Korkzellen** (**Phellem**) bilden die äußeren Schichten (meist drei bis sechs Zellreihen) des Periderms (**Abb. 15.2–3**).

Die Korkzellen haben nur wenig verdickte Wände, die meist stark deformiert sind. Darunter liegt das ein- bis zweischichtige **Korkkambium** (**Phellogen**), dessen Zellen dünnwandig und nahezu rechteckig sind. Nach innen schließt die einschichtige **Korkhaut** (**Phelloderm**) an (**Abb. 15.2–5**). Unter dem Periderm liegt ein Plattenkollenchym. Die Epidermis und der Kork (Phellem) färben sich mit Safranin rot, Korkkambium (Phellogen), Korkhaut (Phelloderm) und Plattenkollenchym färben sich mit Astrablau blau (**Abb. 15.4** A).

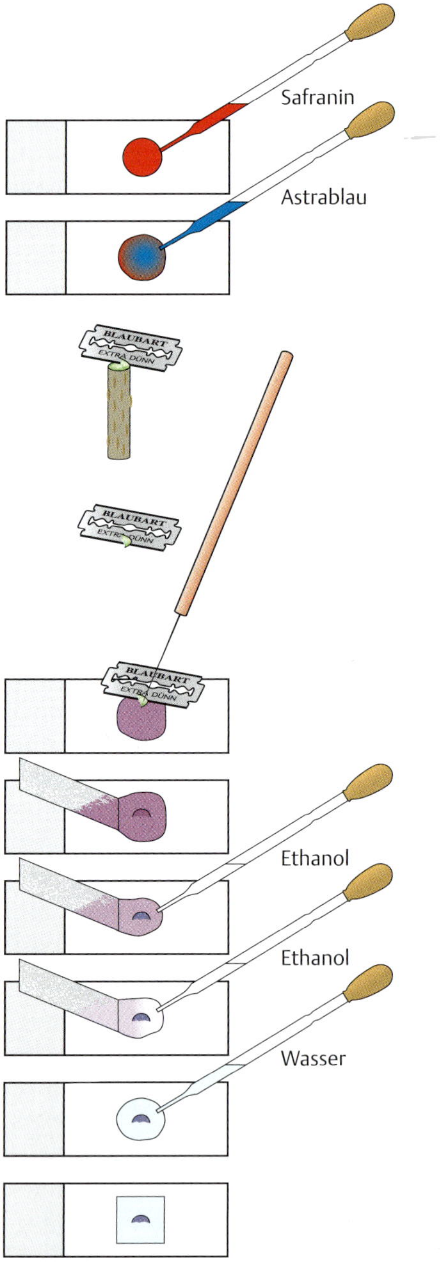

Abb. 15.1

Mit Sudan-III-Glycerin färben sich nur die Korkzellen rötlich (**Abb. 15.4** B).

Mit fortschreitender Verkorkung sterben die Zellen ab. Sie sind luftgefüllt und hydrophob und behindern deshalb den Gas- und Wasseraustausch. Durch den Druck der darunterliegenden, nachwachsenden Zellen werden die toten Korkzellen ziehharmonikaartig zusammengedrückt (**Abb. 15.4**).

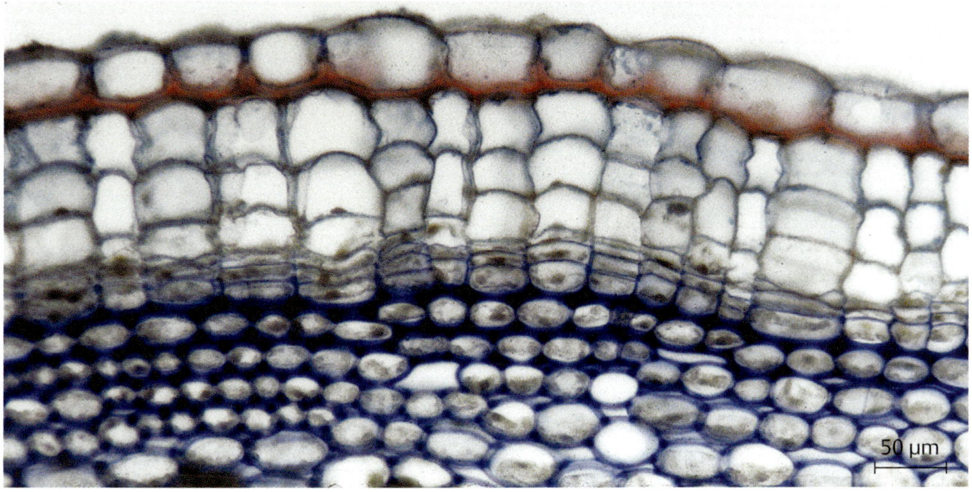

Abb. 15.2
Lichtmikroskopische Aufnahme (HF) eines Sprossquerschnittes von *Sambucus nigra* mit beginnender Korkbildung (Färbung mit Astrablau + Safranin).

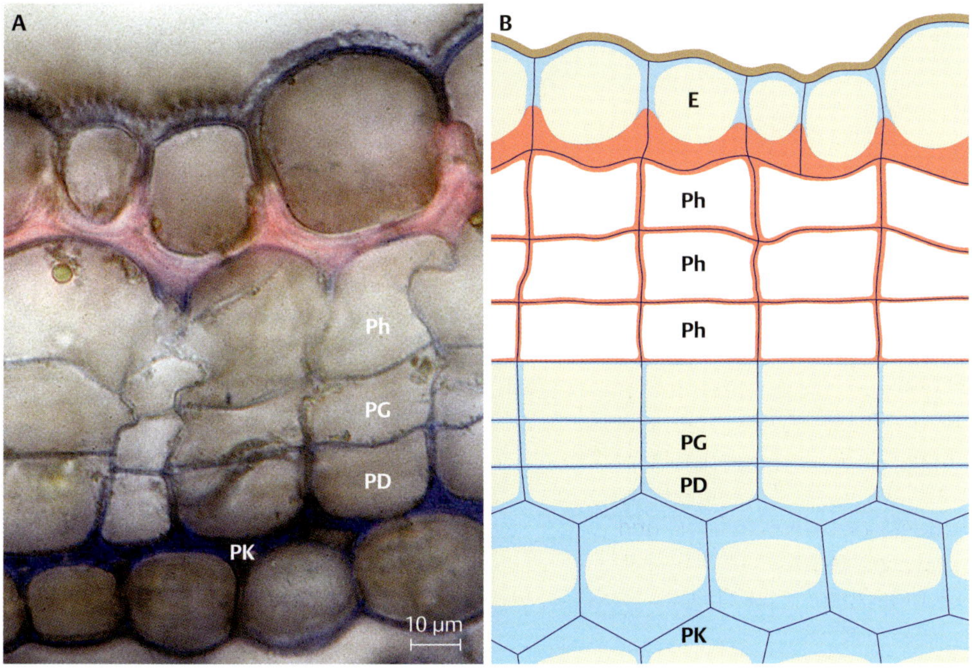

Abb. 15.3
Lichtmikroskopische Aufnahme (**A**; HF; Färbung mit Astrablau + Safranin) und schematische Darstellung (**B**) eines Sprossquerschnittes von *Sambucus nigra*. Der basale Teil der Epidermiszellen ist stark verdickt und verholzt. Die ausdifferenzierten Korkzellen sterben ab und sind dann luftgefüllt.
E = Epidermis;
PD = Phellodermzelle;
PG = Phellogenzelle;
Ph = Phellemzelle;
PK = Plattenkollenchym.

Abb. 15.4
Lichtmikroskopische Aufnahmen (HF) eines Sprossquerschnittes von *Sambucus nigra* mit stärkerer Korkbildung. Färbung mit Astrablau + Safranin (**A**) und Sudan-III-Glycerin (**B**).

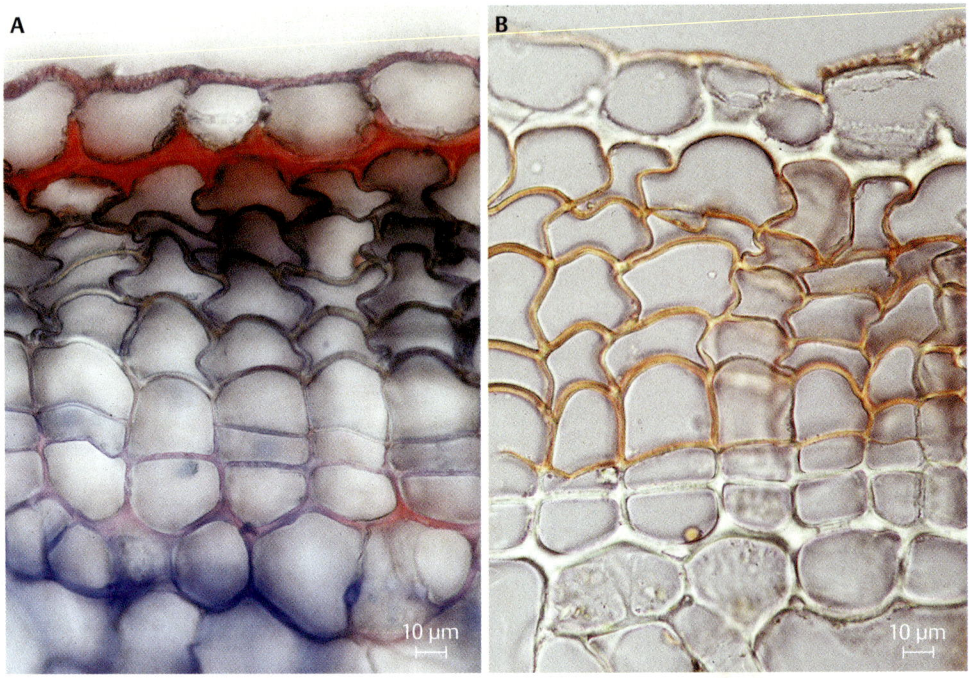

Abb. 15.5
Rasterelektronenmikroskopische Aufnahme eines Sprosquerbruches von *Sambucus nigra*.
E = Epidermis;
PD = Phelloderm;
PG = Phellogen;
Ph = Phellem;
PK = Plattenkollenchym.

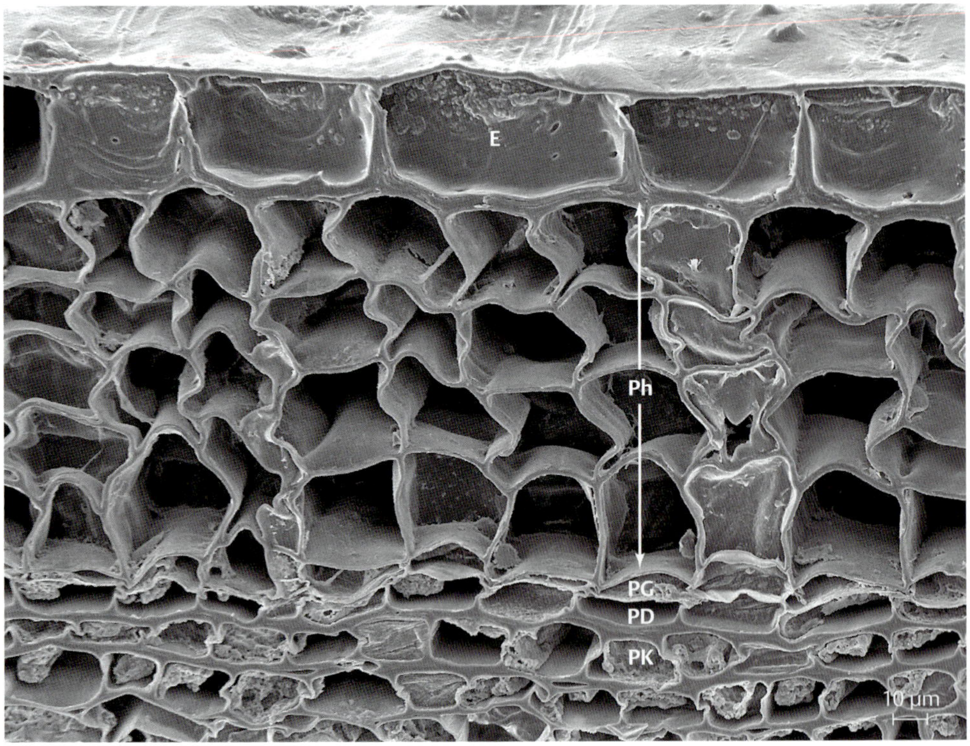

Zeichnung

Zellulärer Ausschnitt aus dem Periderm mit angrenzendem Plattenkollenchym.

Lenticellen

Mit der Entwicklung des Periderms entstehen am Spross von *Sambucus nigra* – schon mit dem bloßen Auge erkennbare – **Korkwarzen** (**Abb. 15.6**). Die Korkwarzen (= **Lenticellen**) dienen dem Gasaustausch. Kork ist wasser- und gasdicht (Korken in Weinflasche!); mit der Korkbildung wäre der Gasaustausch des Sprosses unterbrochen. Mit Beginn der Peridermbildung werden unter den Spaltöffnungen der Epidermis durch gesteigerte Aktivität des Phellogens zahlreiche Korkzellen gebildet, die nicht über die Mittellamelle miteinander verbunden sind. Sie kugeln sich etwas ab und bilden ein lockeres „Füllmaterial“, das über das Interzellularsystem der Rinde den Gasaustausch mit tieferliegenden Gewebsschichten gewährleistet (**Abb. 15.6–8**). An den Stellen, wo Lenticellen gebildet werden, fehlt das subepidermale Plattenkollenchym (**Abb. 15.7** B).

Abb. 15.6
Spross von *Sambucus nigra* mit Korkwarzen (= Lenticellen).

A

B

Abb. 15.7
Lichtmikroskopische Aufnahmen von Sprossquerschnitten von *Sambucus nigra* mit Lenticellen.
A Übersicht (HF; ungefärbt).
B Detail (HF; Färbung mit Astrablau + Safranin).

B

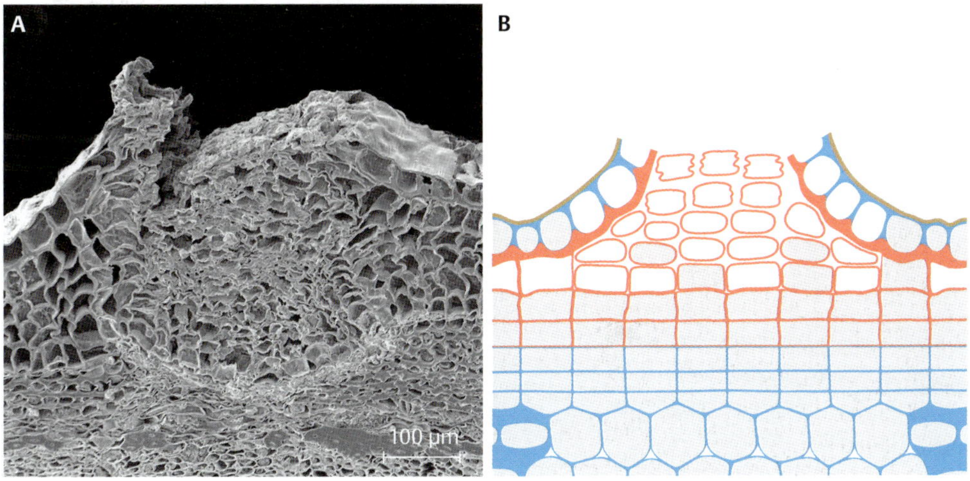

Abb. 15.8
Rasterelektronenmikroskopische Aufnahme (**A**) und schematische Darstellung (**B**) einer Lenticelle von *Sambucus nigra*. Die abgestorbenen Zellen sind mit Luft gefüllt.

Quercus suber (Korkeiche) Flaschenkork

Reagenzien

Sudan-III-Glycerin

Botanischer Steckbrief

Art
Quercus suber (Korkeiche); Fam. Fagaceae (Buchengewächse).

Name
quercus = lat. Pflanzenname; lat. *suber* = Kork.

Herkunft
mediterran, fossil seit der oberen Kreidezeit.

Stellenwert
Korkherstellung.

Geschichte
der Engländer Robert Hooke untersuchte 1665 Kork. Die beobachtete Struktur der einzelnen Einheit bezeichnete er als „Zelle" und führte damit einen umfassenden Begriff ein.

15.2 Flaschenkork

Kursziel

Darstellung der Korkzellen des Flaschenkorkes (*Quercus suber*).

Präparation

Von einem Flaschenkork wird ein dünner Querschnitt im Bereich einer **Jahresringgrenze** (dunkle Linie) angefertigt. Die Schnitte werden direkt in einen Tropfen Sudan-III-Glycerin übergeführt und nach einigen Minuten mikroskopiert (**Abb. 15.9**).

Abb. 15.9

Beobachtungen

Der Flaschenkork wird aus dem Phellem der Korkeiche (*Quercus suber*) gewonnen (**Abb. 15.10 – 12**). Er zeigt einen regelmäßigen Aufbau aus rechteckigen, übereinander gelagerten Zellen, die charakteristisch deformiert sind (**Abb. 15.13 – 14**). An der Jahresringgrenze befindet sich meist eine Schicht kleinerer Zellen. Die Zellwände färben sich mit Sudan-III-Glycerin orange. Die Korkporen verlaufen radial; sie entsprechen Baststrahlen und dienen dem Gasaustausch (**Abb. 15.11 – 12**). Flaschenkorken müssen deshalb senkrecht zu den Korkporen gestanzt werden, damit die Flaschen dicht bleiben.

Abb. 15.10
Frisch geschälte Korkeiche (*Quercus suber*) auf Sardinien.

Abb. 15.11
Herstellung von Flaschenkorken aus dem Phellem von *Quercus suber*. Phellemplatten werden in Streifen geschnitten; aus den Korkstreifen werden Flaschenkorken herausgestanzt.

Abb. 15.12
Makroskopische Aufnahme eines Querschnittes durch einen Flaschenkork. Die „Jahresringe" sind an der unterschiedlichen Färbung gut erkennbar. Die „Korkporen" (Sterne) treten dunkel hervor.

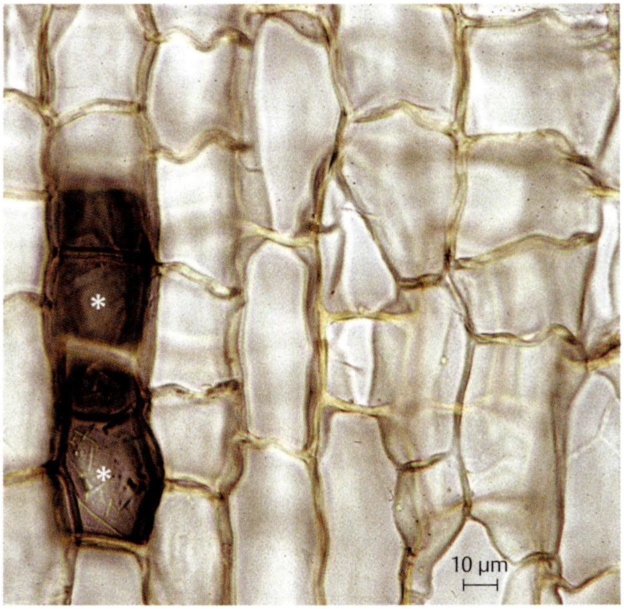

Abb. 15.13
Lichtmikroskopische Aufnahme eines Schnittes durch einen Flaschenkork von *Quercus suber*; (Färbung mit Sudan-III-Glyerin). Die (noch) eingeschlossene Luft in den Zellen führt zu Totalreflexion (Sterne).

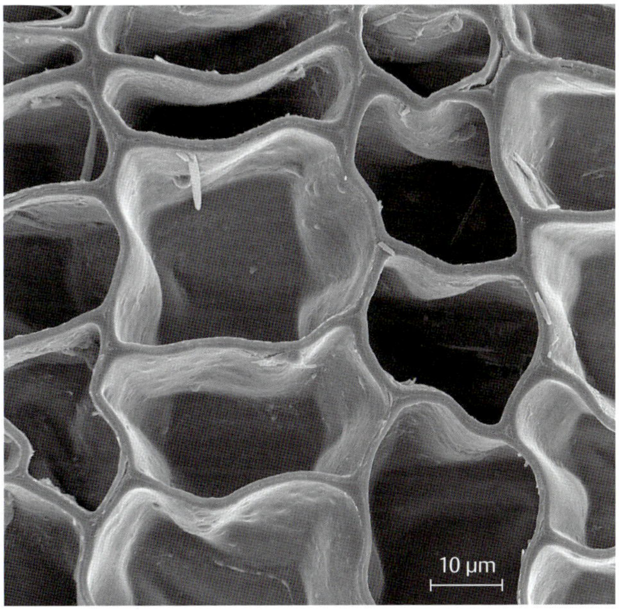

Abb. 15.14
Rasterelektronenmikroskopische Aufnahme eines Querschnittes durch einen Flaschenkork von *Quercus suber*.

Efeu
(Hedera helix)
Efeu
(Hedera helix)
Futterrübe
(Beta vulgaris ssp. vulgaris var. crassa)
Mondraute
(Botrychium lunaria)

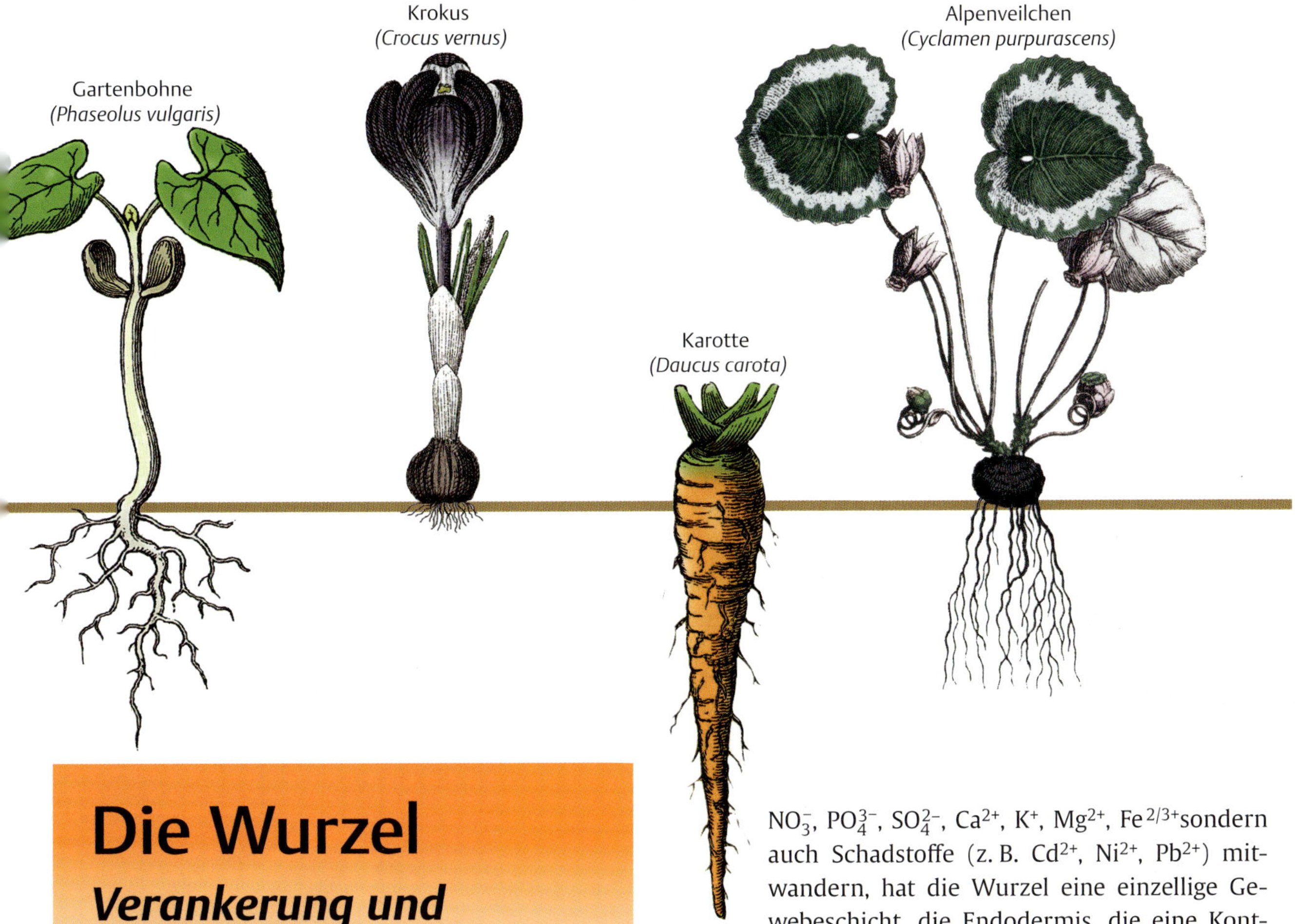

Die Wurzel

Verankerung und Stoffaufnahme

Die zwei wesentlichen Aufgaben der Wurzel sind die Verankerung der Pflanze im Boden und die Aufnahme von Wasser und Mineralstoffen. Das Kapillarwasser des Bodens wird nur von den Wurzelhaaren (passiv über die Zellwand) aufgenommen. Die Rhizodermis und die Wurzelhaare haben deshalb keine Cuticula. Das Wasser wandert weiter durch Diffusion in den Zellwänden (= apoplastisch) in Richtung Zentralzylinder.

Da durch den apoplastischen Transport nicht nur die zum Wachstum benötigten Ionen (Cl^-, NO_3^-, PO_4^{3-}, SO_4^{2-}, Ca^{2+}, K^+, Mg^{2+}, $Fe^{2/3+}$ sondern auch Schadstoffe (z. B. Cd^{2+}, Ni^{2+}, Pb^{2+}) mitwandern, hat die Wurzel eine einzellige Gewebeschicht, die Endodermis, die eine Kontrollfunktion ausübt. Durch Inkrustierung der Radialwände mit wachsartigen Substanzen (Endodermin) wird der apoplastische Transport unterbrochen. Jedes Wassermolekül und Ion muss durch das Plasmalemma transportiert werden; schädliche Ionen können so zurückgehalten werden.

Aus funktionellen Gründen ist der Zentralzylinder der Wurzel anders aufgebaut als der des Sprosses. Um das Wasser schnell in das Xylem zu transportieren, durchbricht das Xylem strahlenförmig das Phloem und reicht bis auf eine Zellschicht (= Perizykel) an die Endodermis.

Lepidium sativum (Gartenkresse)

Botanischer Steckbrief

Art
Lepidium sativum (Gartenkresse); Fam. Brassicaceae (Kreuzblütler).

Name
gr. *lepidion* = Schüssel, Schüppchen, wegen der Gestalt der Früchte mancher Arten; lat. *sativus* = angebaut, ausgesät.

Herkunft
Vorderasien, Kulturpflanze seit dem frühen Mittelalter.

Inhaltsstoffe
Senfölglykoside und hoher Vitamin-C-Gehalt.

Stellenwert
ganzjährige Bereicherung des Kräuterspektrums.

16.1 Wurzelhaare

Kursziel

Darstellung der **Wurzelhaare** von *Lepidium sativum* (Gartenkresse).

Präparation

Von einem wenige Tage alten Keimling wird die Wurzel bis zum **Hypokotyl** abgeschnitten und in einem Tropfen Wasser – zuerst bei niedriger Vergrößerung ohne Deckglas, dann bei höherer Vergrößerung mit Deckglas – mikroskopiert (**Abb. 16.1**).

Beobachtungen

Bei der weißen Keimwurzel ist die Spitze an ihrer leicht gelblichen Färbung (Zellen haben keine Vakuolen!) gut zu erkennen.

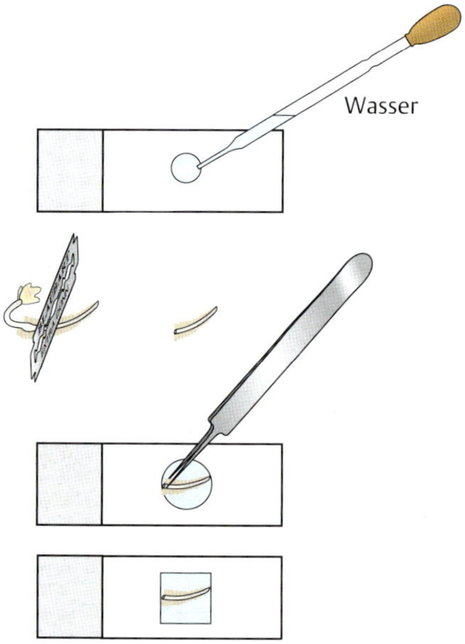

Abb. 16.1

Wenige Millimeter dahinter beginnt die Wurzelhaarzone (**Abb. 16.2–4**). Die Wurzelhaare werden aus einzelnen **Rhizodermis**zellen gebildet. Sie dienen der Vergrößerung der resorbierenden Oberfläche der Wurzel (und haben deshalb keine Cuticula!). Ihre Lebensdauer ist sehr kurz. Am proximalen Ende der Wurzel sterben sie ab und werden durch neue, nahe der weiterwachsenden Wurzelspitze ersetzt.

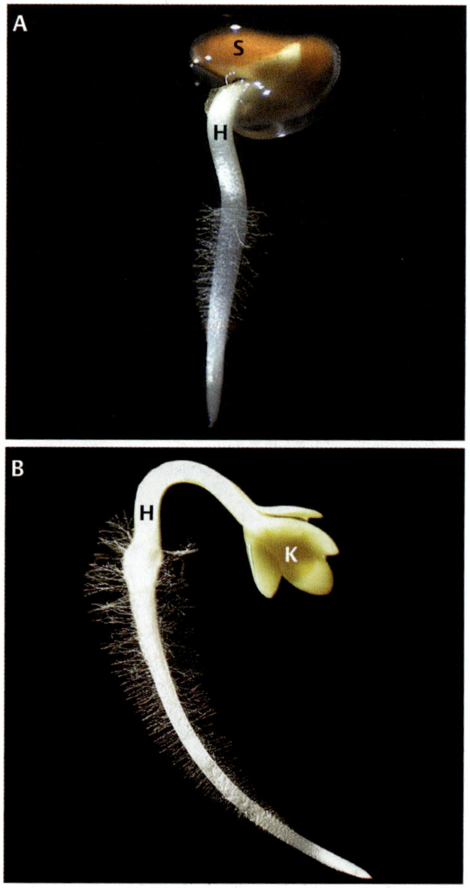

Abb. 16.2
Keimender Same (**A**) und Keimling (**B**) von *Lepidium sativum* mit Wurzelhaaren.
H = Hypokotyl; K = Kotyledo; S = Samenschale.

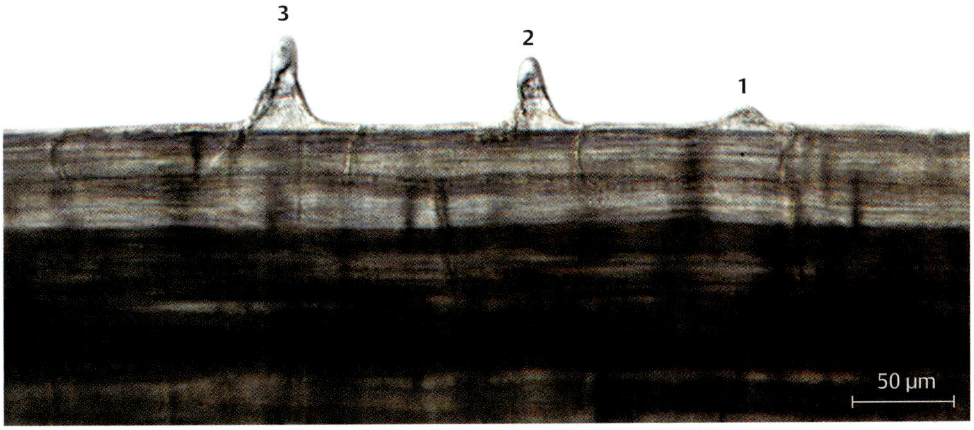

Abb. 16.3
Lichtmikroskopische Aufnahme der Wurzelhaarbildungszone einer Keimwurzel von *Lepidium sativum* (HF). Aus einer Rhizodermiszelle entwickelt sich ein Wurzelhaar. Die ersten sichtbaren Stadien sind kleine Erhebungen (1), die sich zu Wurzelhaaren entwickeln (2 und 3).

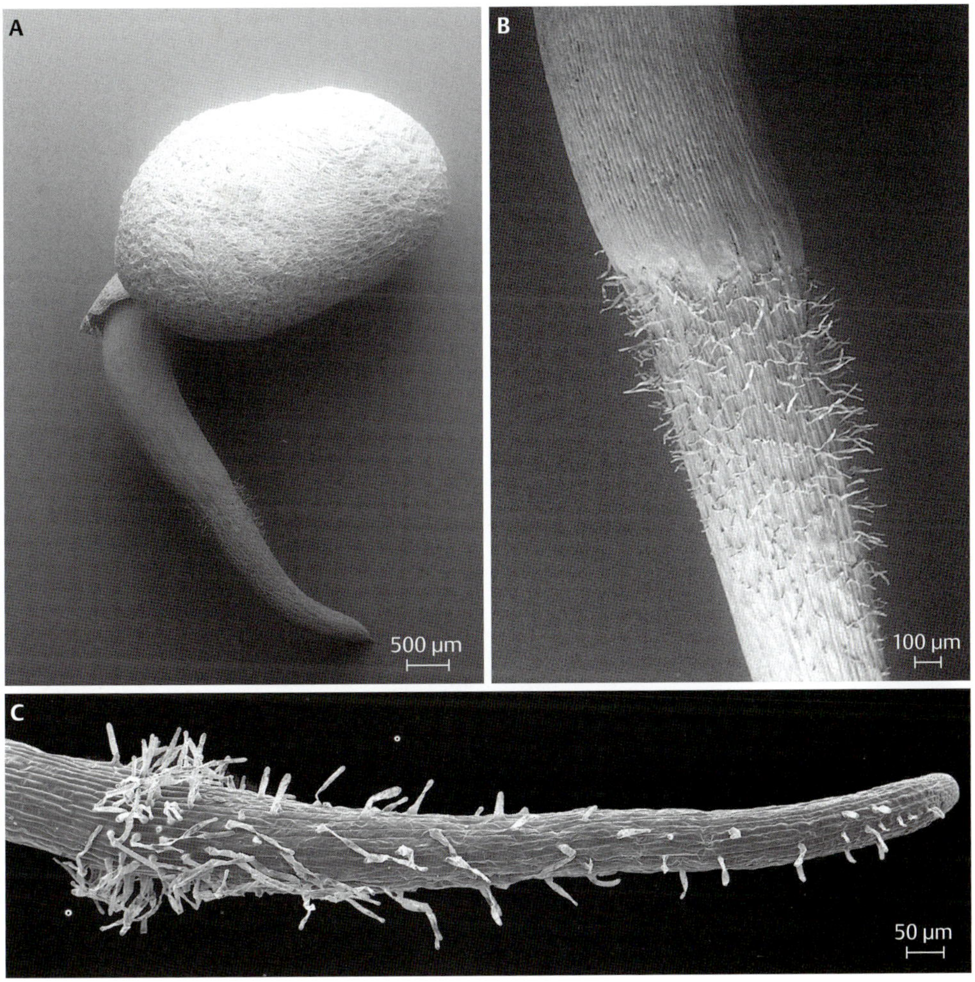

Abb. 16.4
Rasterelektronenmikroskopische Aufnahmen der Keimwurzeln von *Lepidium sativum* (**A** und **B** = Lebendpräparate im „*variable pressure*" Modus) und *Arabidopsis thaliana* (**C**). Die Wurzelhaare werden nahe der Wurzelspitze gebildet und sterben proximal nach wenigen Millimetern bis Zentimetern wieder ab.

Zeichnung

Rhizodermiszellen mit Wurzelhaaren in verschiedenen Entwicklungsstadien.

Clivia nobilis (Clivie)

Reagenzien

Astrablau
Safranin

Botanischer Steckbrief

Art
Clivia nobilis (Clivie); Fam. Amaryllidaceae (Amaryllisgewächse).

Name
Clivia: Herzogin von Northumberland, geb. Lady Clive; lat. *nobilis* = vornehm, edel.

Herkunft
Südafrika, Transvaal, Natal.

Stellenwert
Zierpflanze.

16.2 Primäre Endodermis

Kursziel

Darstellung der **primären Endodermis** von *Clivia nobilis*.

Präparation

Von einem Wurzelstück ist ein dünner Querschnitt anzufertigen. Dieser braucht nicht vollständig zu sein, muss aber den Zentralzylinder umfassen. Die Schnitte werden mit Astrablau und Safranin gefärbt (**Abb. 16.5**).

Beobachtungen

Der **Zentralzylinder** der *Clivia*-Wurzel ist von einem vielschichtigen Rindenparenchym umgeben. Nach außen ist die Wurzel von einer mehrschichtigen **Exodermis** und einem ebenfalls mehrschichtigen „**Velamen radicum**" abgegrenzt (**Abb. 16.6**). Die **Rhizodermis** ist meist schon abgestorben.

Der Zentralzylinder enthält ein vielstrahliges, radiales Leitbündel (**Abb. 16.7**). Das sternförmige Xylem besteht aus großlumigen Tracheen, die vor allem im Inneren des Leitbündels liegen. Zwischen den „Xylemstrahlen" liegt das Phloem. Die äußerste Schicht des Zentralzylinders bildet der **Perizykel**. An ihn schließt nach außen die primäre Endodermis an (**Abb. 16.8–9**); ihre radialen Zellwände sind rippenartig verdickt (**Abb. 16.10–11**). Durch Einlagerung von Endodermin und auch Lignin werden die Zellwände wasserundurchlässig (= **Casparyscher Streifen**) und erzwingen somit den Wassertransport (kontrollierbar) durch den Protoplasten.

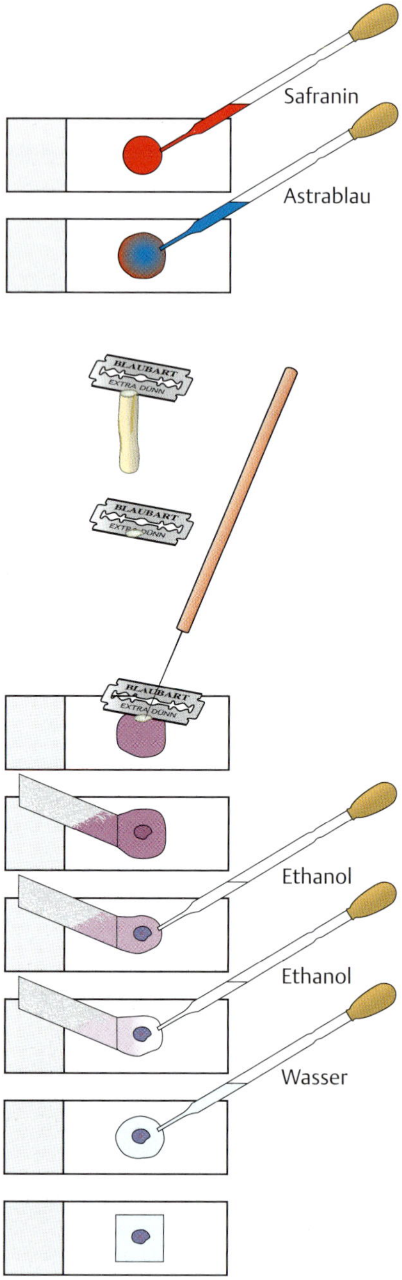

Abb. 16.5

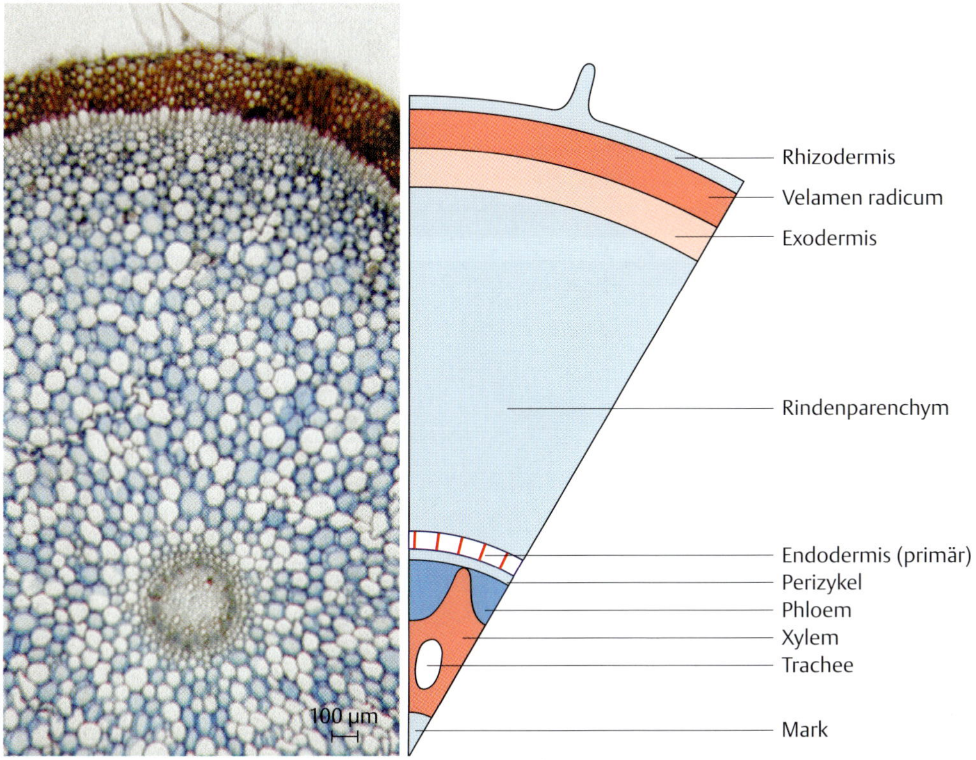

Abb. 16.6
Lichtmikroskopische Aufnahme (HF; Färbung mit Astrablau + Safranin) und schematische Darstellung eines Wurzelquerschnittes von *Clivia nobilis*.

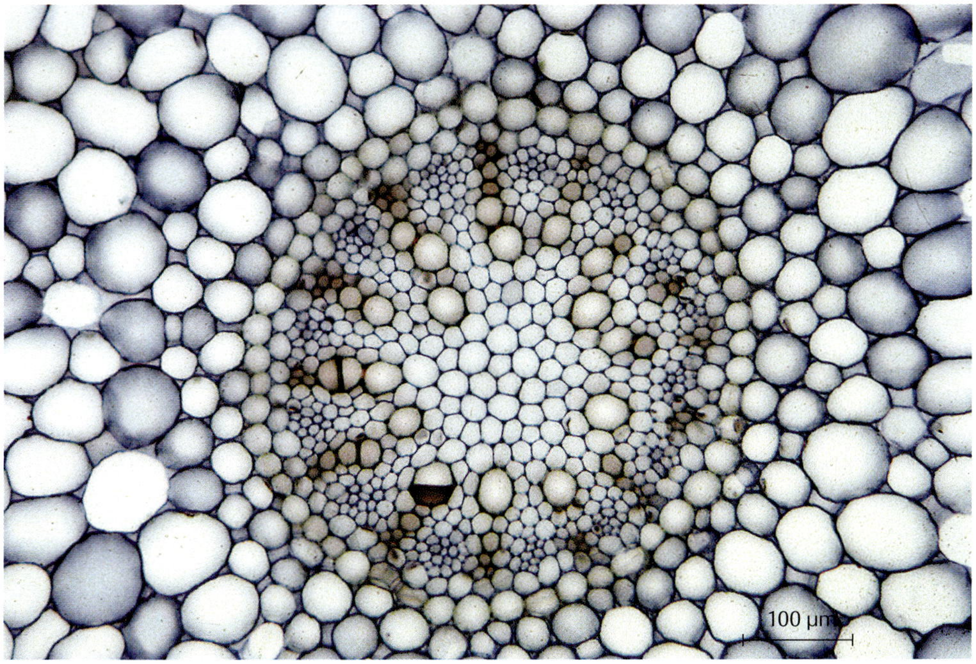

Abb. 16.7
Lichtmikroskopische Aufnahme (HF) eines Wurzelquerschnittes von *Clivia nobilis* aus dem Übergangsbereich Rinde/Zentralzylinder (Färbung mit Astrablau + Safranin).

Zeichnung

Ca. drei Zellen der Endodermis im Zellverband.

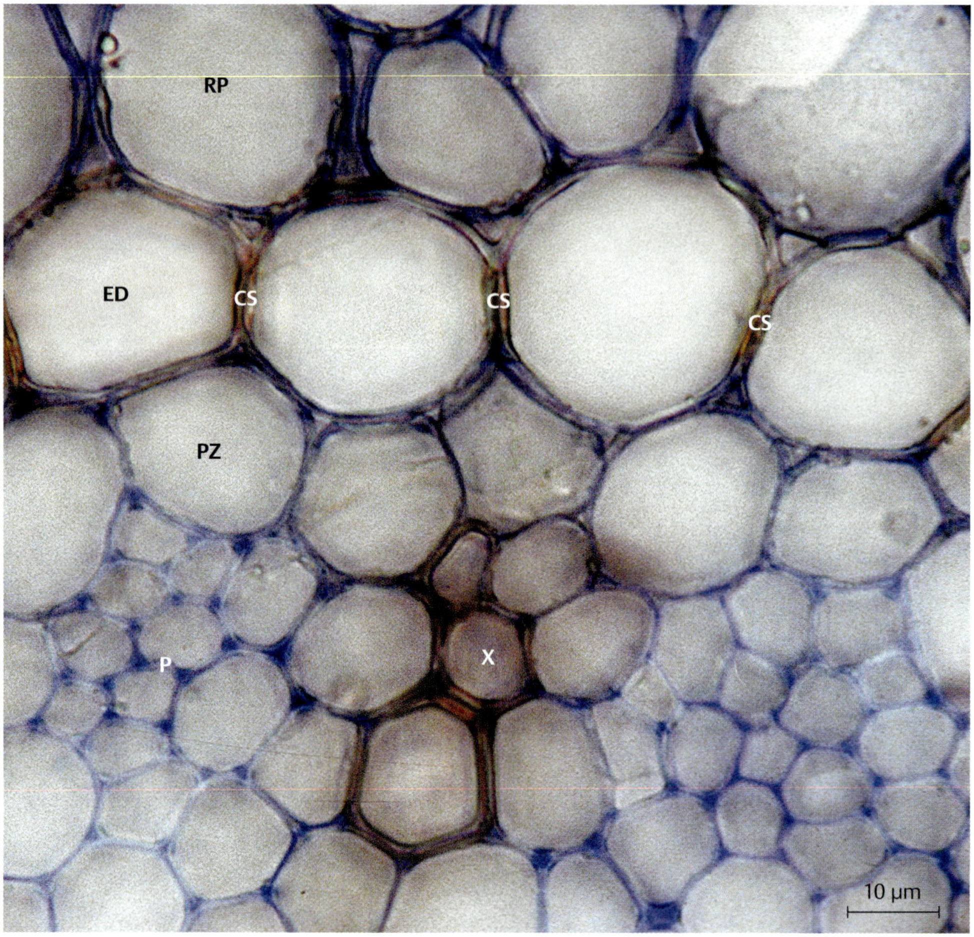

Abb. 16.8
Lichtmikroskopische Aufnahme (HF) eines Wurzelquerschnittes von *Clivia nobilis* aus dem Bereich des Zentralzylinders (Färbung mit Astrablau + Safranin).
CS = Casparyscher Streifen;
ED = Endodermis;
P = Phloem;
PZ = Perizykel;
RP = Rindenparenchym;
X = Xylem.

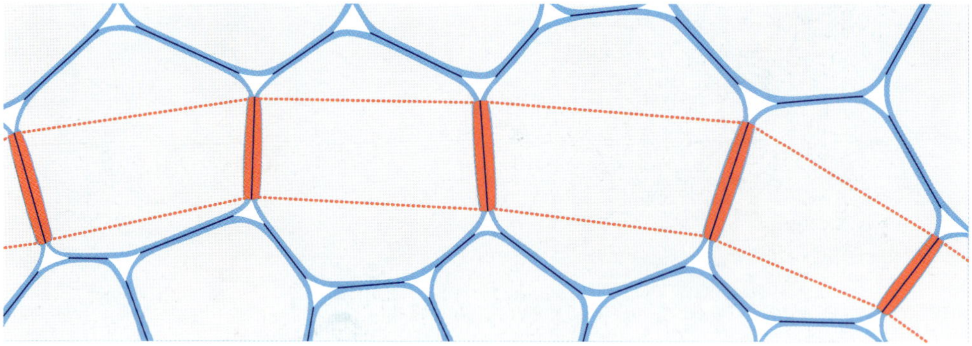

Abb. 16.9
Schematische Darstellung der Endodermis mit Casparyschem Streifen (punktiert) von *Clivia nobilis*.

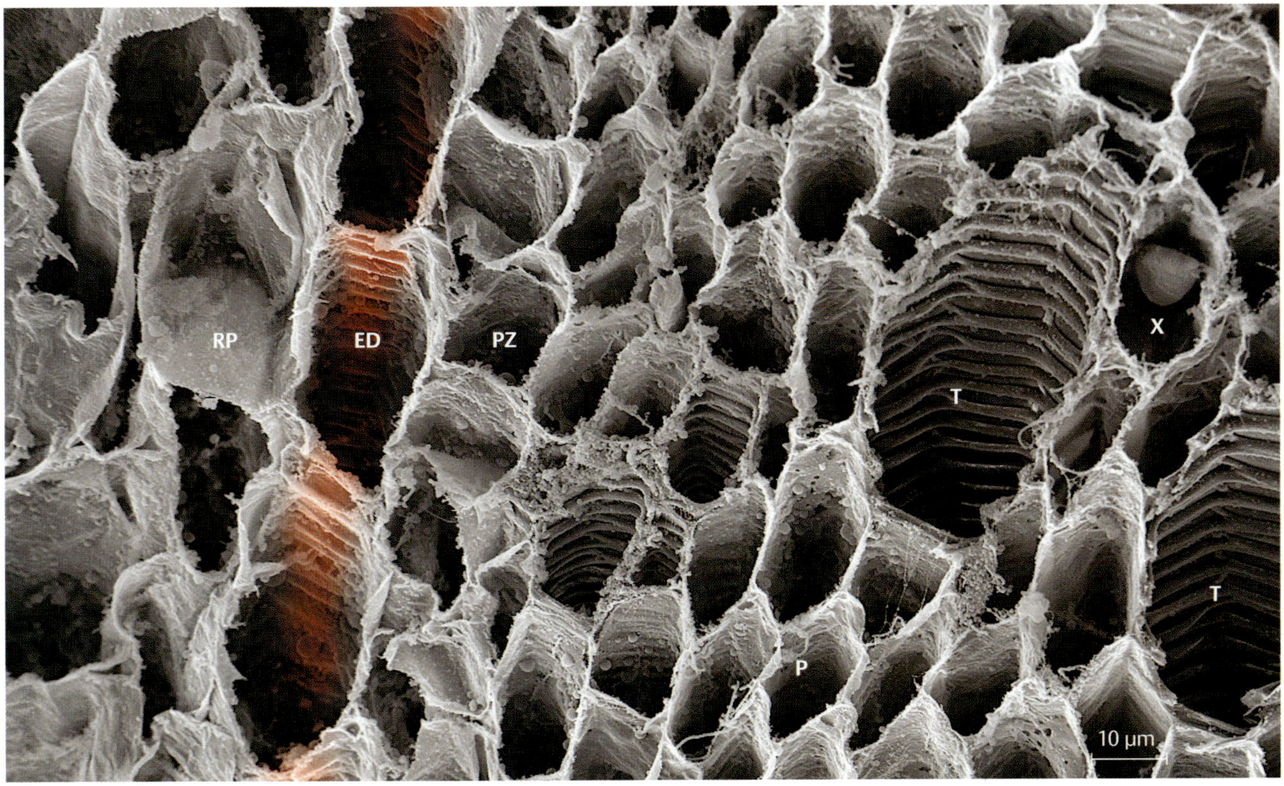

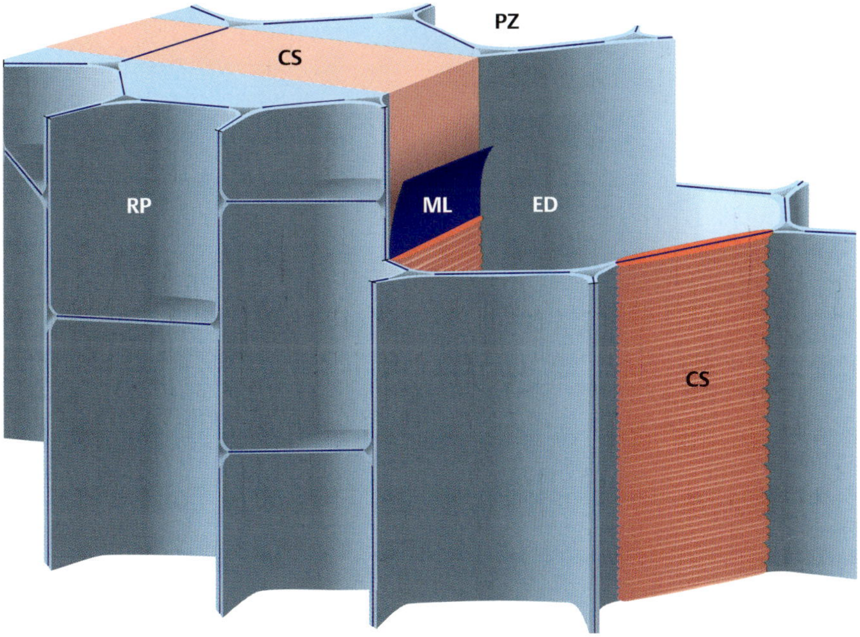

Abb. 16.10
Rasterelektronenmikroskopische Aufnahme eines Kryobruches einer Wurzel von *Clivia nobilis*.
ED = Endodermis, Casparyscher Streifen, rot coloriert;
P = Phloem;
PZ = Perizykel;
RP = Rindenparenchym;
T = Trachee;
X = Xylem.

Abb. 16.11
Räumliche, schematische Darstellung der Endodermis mit Casparyschem Streifen von *Clivia nobilis*.
CS = Casparyscher Streifen;
ED = Endodermis;
ML = Mittellamelle;
PZ = Perizykel;
RP = Rindenparenchym.

Iris germanica (Schwertlilie)

Reagenzien

Astrablau
Safranin

Botanischer Steckbrief

Art
Iris germanica (Deutsche Schwertlilie); Fam. Iridaceae (Schwertliliengewächse).

Name
gr. *iris* = Regenbogen (Blüten vielfarbig wie der Regenbogen).

Herkunft
östliches Mittelmeergebiet.

Inhaltsstoffe
Flavonoide, ätherisches Öl, Schleimstoffe, Gerbstoffe und Stärke.

Stellenwert
das veilchenartig riechende Rhizom (Veilchenwurzel) war früher ein Mittel gegen Erkältungskrankheiten. „Zahnpulver" (gedrechselte Rhizomstücke) wurde „zahnenden" Kindern zum Kauen gegeben. Heute noch Verwendung in der Parfümherstellung.

16.3 Tertiäre Endodermis

Kursziel

Darstellung der **tertiären Endodermis** der Schwertlilie (*Iris germanica*) mit Durchlasszellen.

Präparation

Es wird ein dünner Querschnitt durch die Wurzel hergestellt. Die Schnitte werden mit Astrablau und Safranin gefärbt (**Abb. 16.12**).

Beobachtungen

Der Zentralzylinder der Iriswurzel ist von einem vielschichtigen Rindenparenchym umgeben. Nach außen ist die Wurzel zuerst von einer Rhizodermis, später durch eine mehrschichtige **Exodermis** abgegrenzt. Die Rhizodermis ist bereits abgestorben.

Der Zentralzylinder enthält ein vielstrahliges, radiales Leitbündel (**Abb. 16.13 – 14**). Das sternförmige Xylem erkennt man an den großlumigen Tracheen und den peripher liegenden kleinen Tracheen und Tracheiden. Im Inneren des Leitbündels liegt das Markparenchym, das verholzt sein kann (= Sklerenchym).

Zwischen den Xylemstrahlen liegt das Phloem. Es besteht aus Siebröhren und Geleitzellen, die aber nicht deutlich zu unterscheiden sind. Die äußerste Schicht des Zentralzylinders bildet der **Perizykel**. An ihn schließt nach außen die tertiäre Endodermis an. Die Zellwände sind stark u-förmig verdickt. Sie sind verholzt und

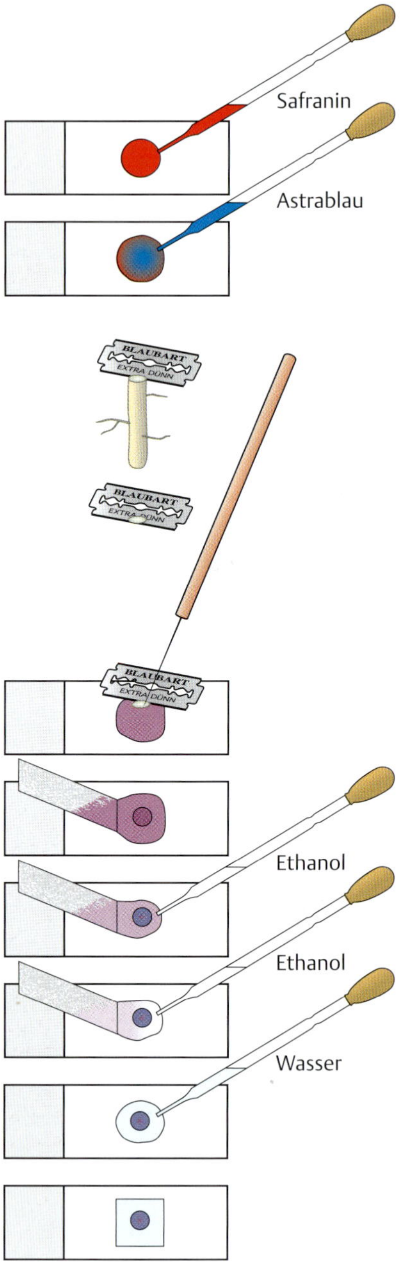

Abb. 16.12

mit Endodermin inkrustiert. Die Zellwand zeigt eine deutliche Schichtung (**Abb. 16.15–18**). Die **Durchlasszellen** (mit nicht verdickten Zellwänden) liegen direkt über den Xylemstrahlen. Sie stellen Endodermiszellen im primären Zustand dar. Sie sind für die kontrollierte Aufnahme von Wasser und Ionen verantwortlich.

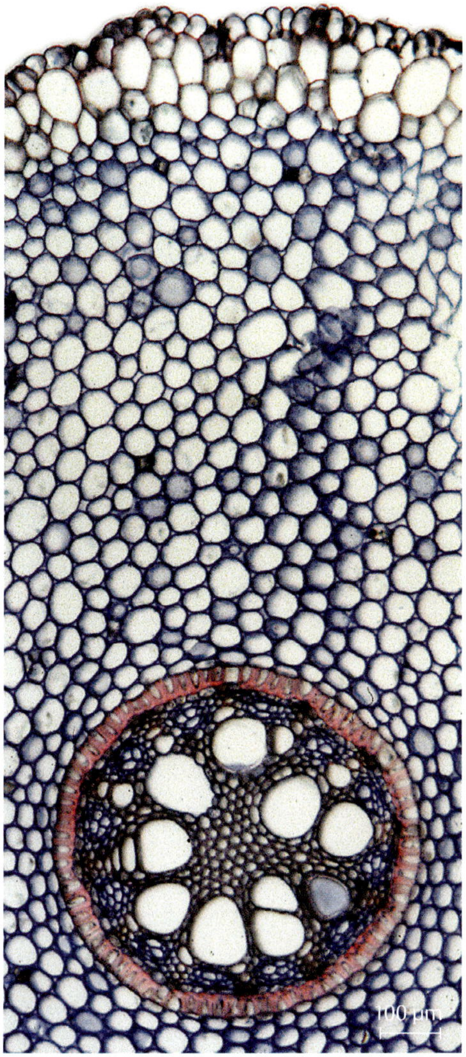

Abb. 16.13
Lichtmikroskopische Aufnahme (HF) eines Wurzelquerschnittes von *Iris germanica* (Färbung mit Astrablau + Safranin).

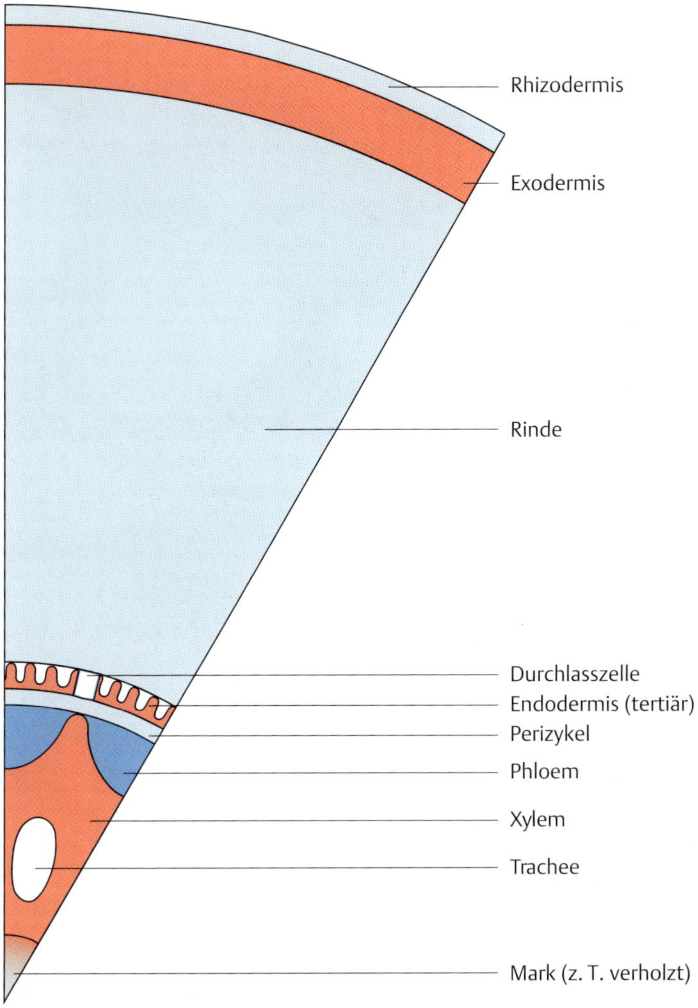

Abb. 16.14
Schematische Darstellung eines Wurzelquerschnittes von *Iris germanica*.

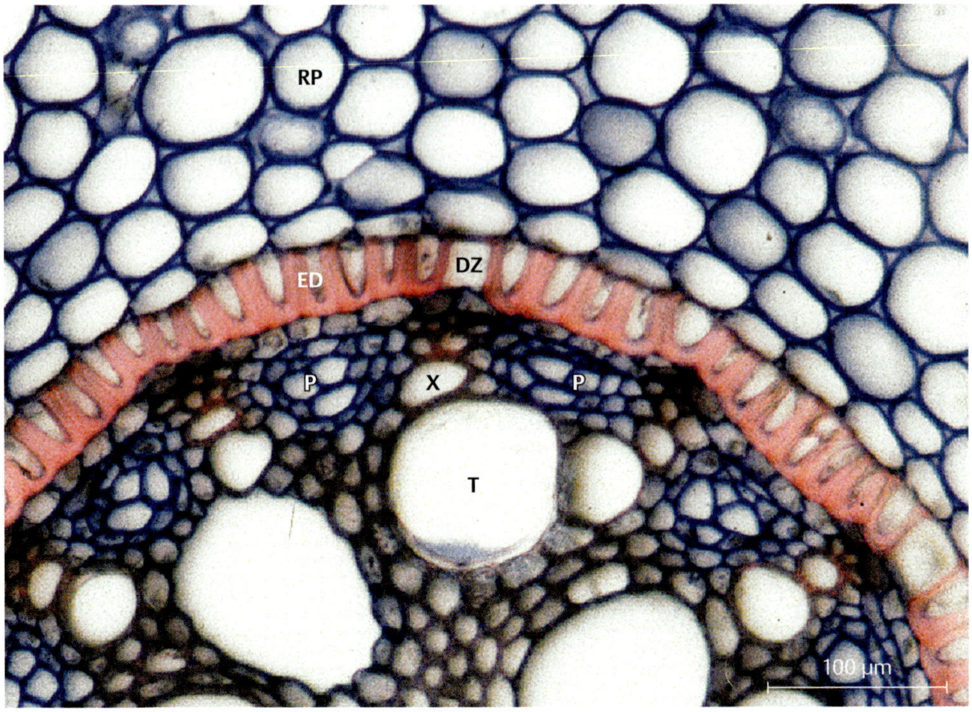

Abb. 16.15
Lichtmikroskopische Aufnahme (HF) eines Wurzelquerschnittes von *Iris germanica* (Färbung mit Astrablau + Safranin).
DZ = Durchlasszelle;
ED = Endodermis;
P = Phloem;
RP = Rindenparenchym;
T = Trachee;
X = Xylem).

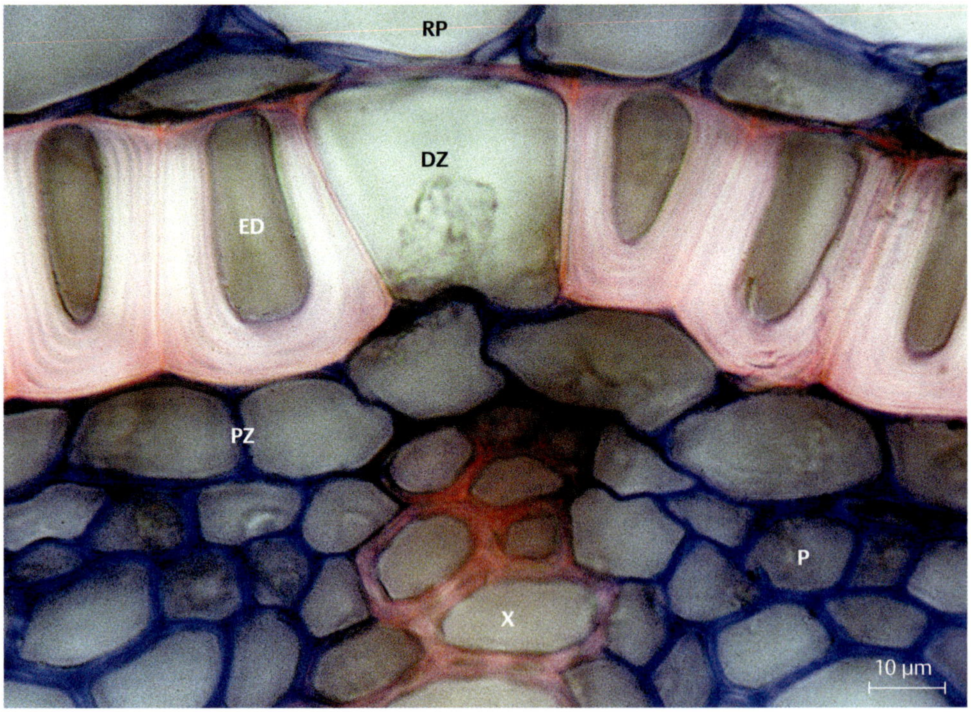

Abb. 16.16
Lichtmikroskopische Aufnahme (HF) eines Wurzelquerschnittes von *Iris germanica* (Färbung mit Astrablau + Safranin).
DZ = Durchlasszelle;
ED = Endodermis;
P = Phloem;
PZ = Perizykel;
RP = Rindenparenchym;
X = Xylem.

Zeichnung

Übersichtszeichnung eines Wurzelquerschnittes.

Detailzeichnung aus der Endodermis mit einer Durchlasszelle und angrenzendem Gewebe.

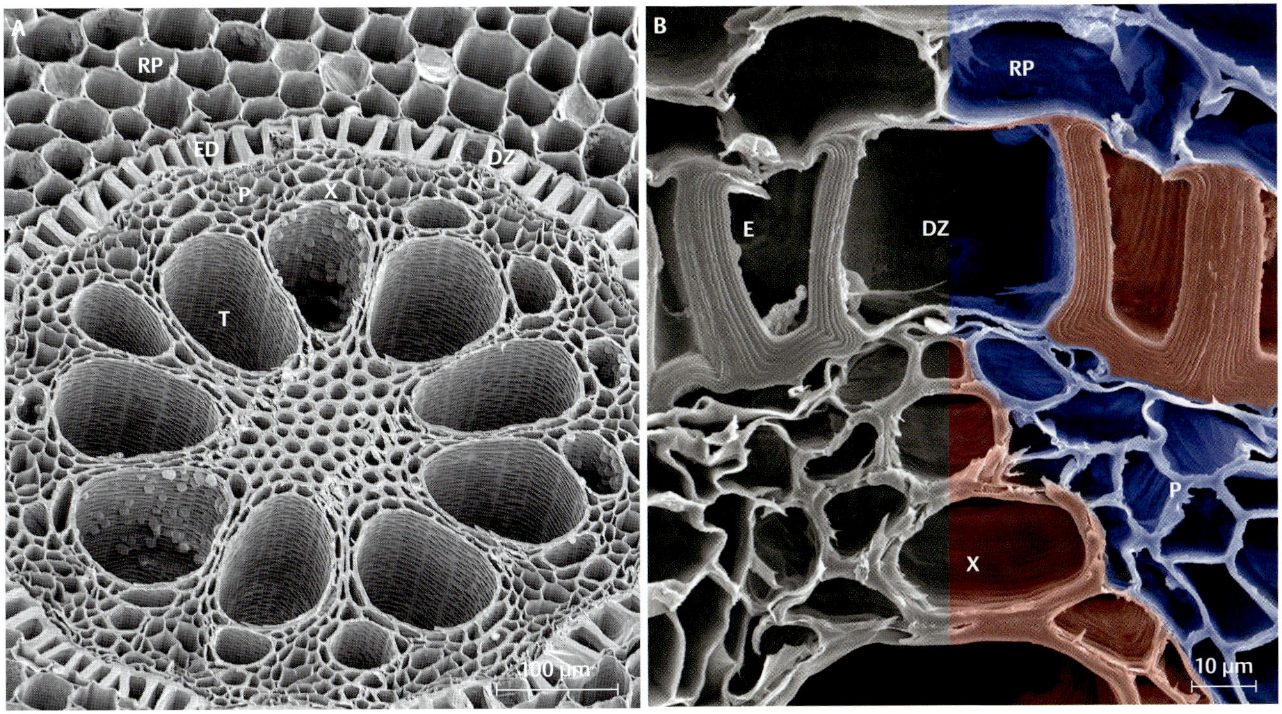

Abb. 16.17
Rasterelektronenmikroskopische Aufnahmen eines Kryobruches von *Iris germanica* mit Blick auf den Zentralzylinder (**A**). Die stark verdickten Zellwände der tertiären Endodermis lassen den geschichteten Aufbau gut erkennen (**B**; rechte Bildhälfte coloriert).
DZ = Durchlasszelle; ED = Endodermis; P = Phloem; RP = Rindenparenchym; T = Trachee; X = Xylem.

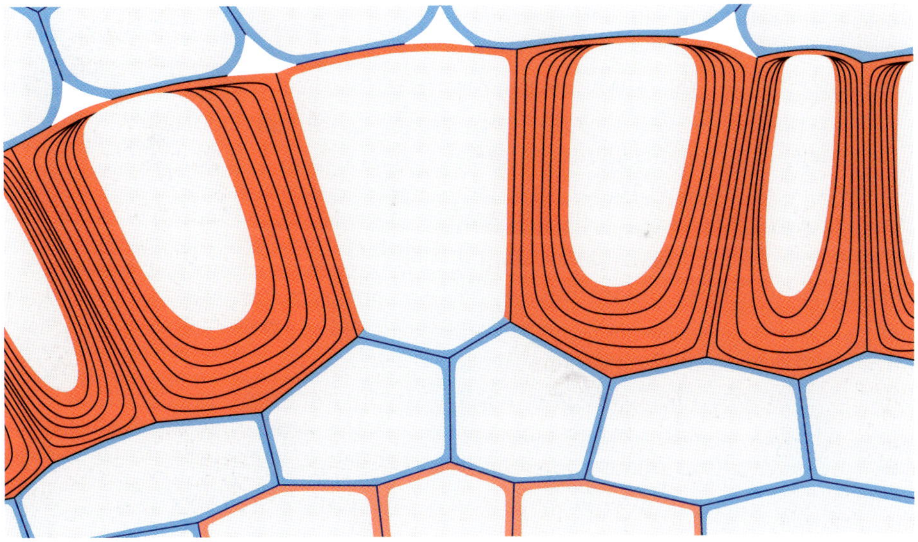

Abb. 16.18
Schematische Darstellung der tertiären Endodermis von *Iris germanica*.

16.4 Sekundäres Dickenwachstum der Wurzel

Kursziel

Darstellung verschiedener Stadien des **sekundären Dickenwachstums** der Wurzel von *Vicia faba* (Ackerbohne).

Präparation

Von einer gekeimten Bohne wird die Keimwurzel abgeschnitten, von einer älteren Bohnenpflanze werden verschieden dicke Wurzelabschnitte gewaschen und abpräpariert. Dünne Querschnitte der Wurzeln werden mit Astrablau und Safranin gefärbt (**Abb. 16.19**).

Beobachtungen

Die Querschnitte der Keimwurzel zeigen ein „**pentarches**" Leitbündel, d.h. das Xylem bildet einen fünfzackigen Stern. In dessen Einbuchtungen liegt das Phloem. Zwischen Xylem und Phloem befinden sich parenchymatische Zellen, die später zum Kambium werden (**Abb. 16.20**). Als Charakteristikum für die Wurzeln der Fabaceae liegen im Phloem Sklerenchymzellen (**Abb. 16.20** und **Abb. 16.23**). An Xylem bzw. Phloem schließen sich nach außen wenige Zellschichten **Perizykel** an, darauf folgt die einschichtige **Endodermis**.

Mit Beginn des sekundären Dickenwachstums beginnt eine rege Teilungsaktivität des Kambiums, verstärkt in den Einbuchtungen des Xylems. Durch die fortschreitende Holzbildung werden die Einbuchtungen zwischen den Xylemstrahlen egalisiert, und der Holzkörper rundet sich (**Abb. 16.20**).

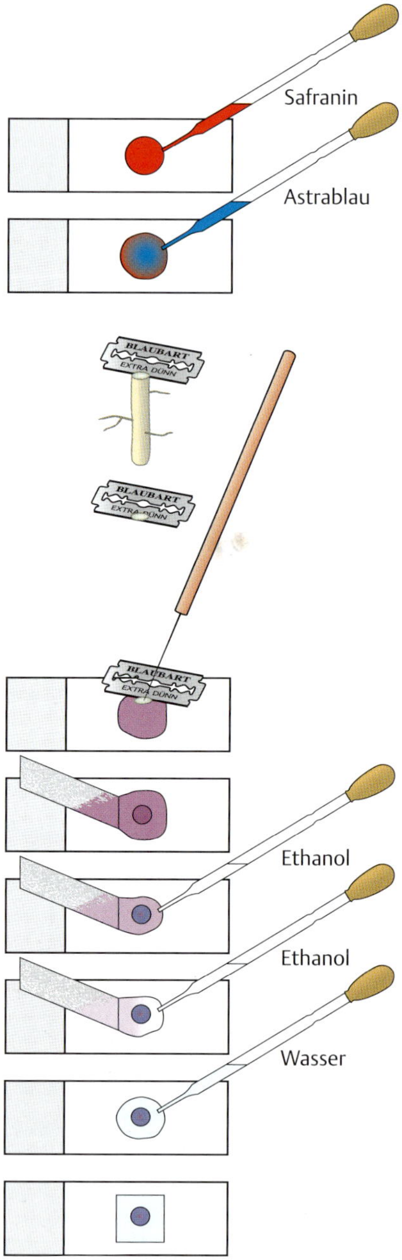

Abb. 16.19

Vicia faba (Ackerbohne)

Reagenzien
Astrablau Safranin

Botanischer Steckbrief

Art
Vicia faba (Ackerbohne); Fam. Fabaceae (Schmetterlingsblütler).

Name
lat. *vincire* = umwinden; lat. *faba* = Bohne.

Herkunft
Kulturbegleiter seit der jüngeren Steinzeit.

Inhaltsstoffe
Samen: 20–30 % Eiweiß und ca. 55 % Kohlenhydrate.

Stellenwert
Futter- und Gemüsepflanze; halbreife Samen im Rheinland als Gemüse, vollreife Samen als traditionelle Suppe/Eintopf.

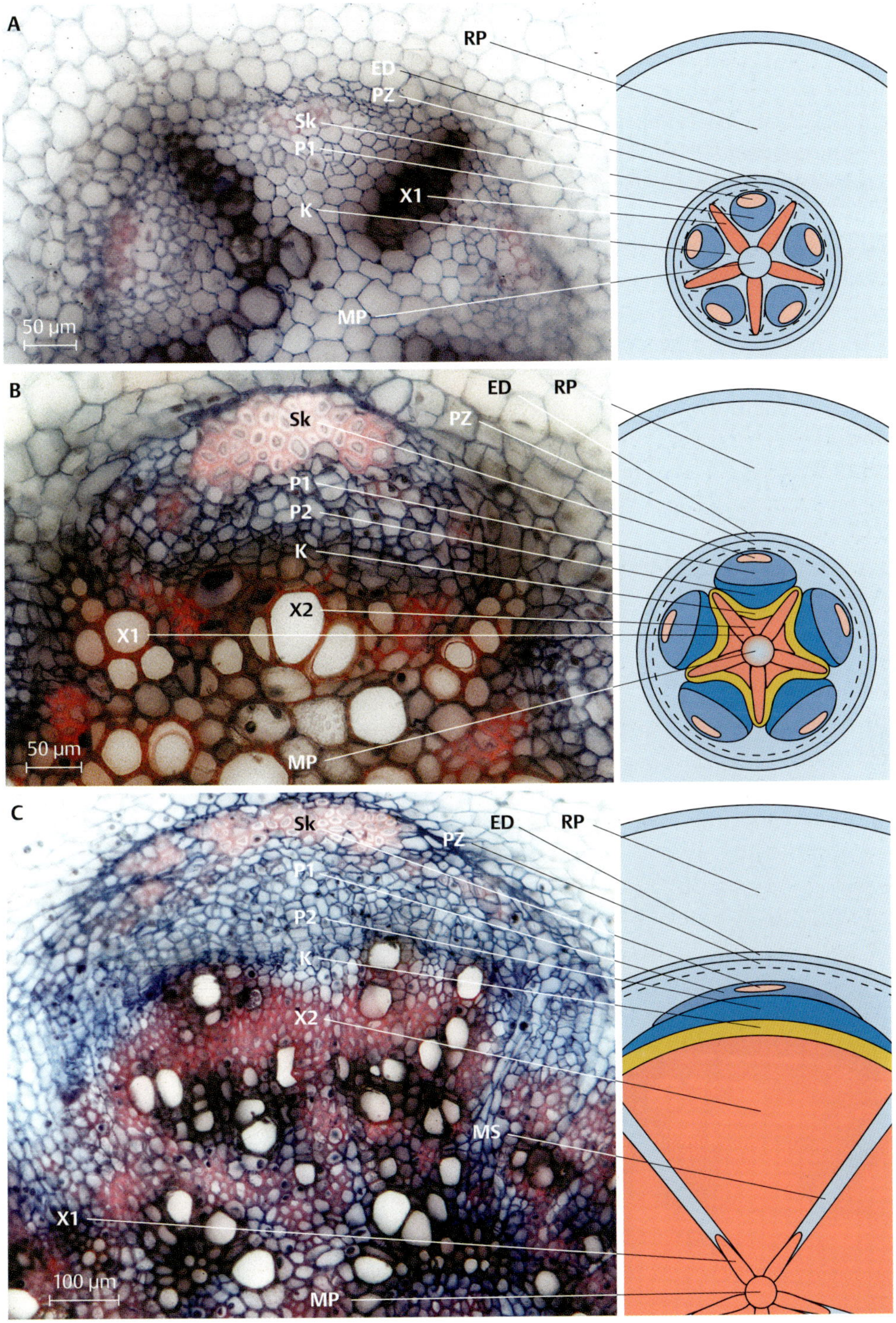

Abb. 16.20
Lichtmikroskopische Aufnahmen und schematische Darstellungen von Wurzelquerschnitten von *Vicia faba* in verschiedenen Wachstumszuständen (HF; Färbung mit Astrablau + Safranin).

A Primärer Zustand. Die für die Wurzel charakteristischen Xylemstrahlen treten im Zentralzylinder deutlich hervor. Im Phloem wird (typisch für Fabaceae) ein Sklerenchym angelegt.

B Beginn des sekundären Dickenwachstums. Das Kambium zwischen dem Phloem und den Xylemstrahlen hat seine Teilungsaktivität aufgenommen. Durch Produktion von sekundärem Xylem werden die Einbuchtungen der primären Xylemstrahlen „aufgefüllt".

C Ende des sekundären Dickenwachstums. Der Holzkörper ist nahezu rund und von einem ringförmigen Kambium umgeben.

ED = Endodermis;
K = Kambium;
MP = Markparenchym;
MS = Markstrahl;
P1 = primäres Phloem;
P2 = sekundäres Phloem;
PZ = Perizykel;
RP = Rindenparenchym;
Sk = Sklerenchym;
X1 = primäres Xylem;
X2 = sekundäres Xylem.

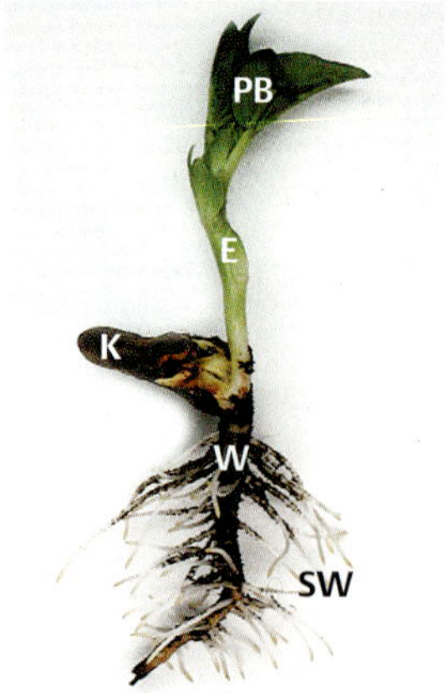

Abb. 16.21
Keimling von *Vicia faba* mit Keimwurzel (W), Seitenwurzeln (SW), Kotyledonen (K), Epikotyl (E) und Primärblättern (PB).

Abb. 16.22
Lichtmikroskopische Aufnahme und schematische Darstellung eines Wurzelquerschnittes von *Vicia faba* mit beginnender Seitenwurzelbildung (HF; Färbung mit Astrablau + Safranin).
ED = Endodermis;
K = Kambium;
M = Mark;
MP = Markparenchym;
P = Phloem;
PZ = Perizykel;
R = Rinde;
X = Xylem;
X1 = primäres Xylem.

Seitenwurzeln

Die Seitenwurzeln entstehen immer erst hinter der Wurzelhaarzone (**Abb. 16.21**). Im Gegensatz zu Seitensprossen entstehen sie endogen. Dabei werden Zellen des Perizykels reembryonalisiert und bilden einen neuen Wurzelvegetationspunkt. Das Perikambium teilt sich dabei sowohl **periklin** als auch **antiklin**.

Die Seitenwurzeln werden direkt über den primären Xylemstrahlen angelegt; sie haben deshalb von vornherein Anschluss an die Leitgewebe der Primärwurzel (**Abb. 16.22** und **Abb. 16.24**).

Da die Seitenwurzeln endogen entstehen, müssen sie durch die Endodermis, die Rinde und die Rhizodermis „hindurchwachsen" bzw. durchbrechen diese mechanisch. An ihrer Austrittsstelle ist deshalb meist ein wulstförmiger Rand sichtbar (**Abb. 16.22**). Während des Wachstums differenzieren sich die Zellen der Seitenwurzeln in Mark, Xylem, Phloem, Perizykel, Endodermis, Rinde und Rhizodermis (**Abb. 16.22**).

Die jungen Seitenwurzeln sind noch nicht **positiv geotrop**, sondern wachsen zunächst fast im rechten Winkel zur Hauptwurzel (**Abb. 16.21**).

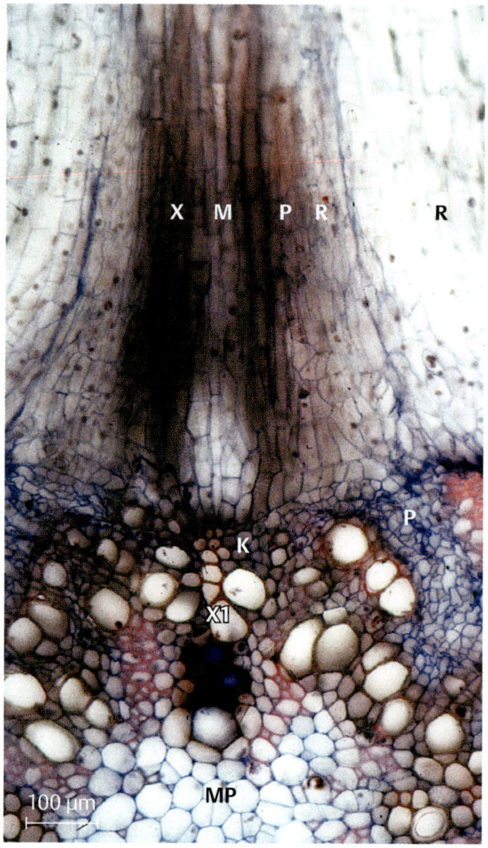

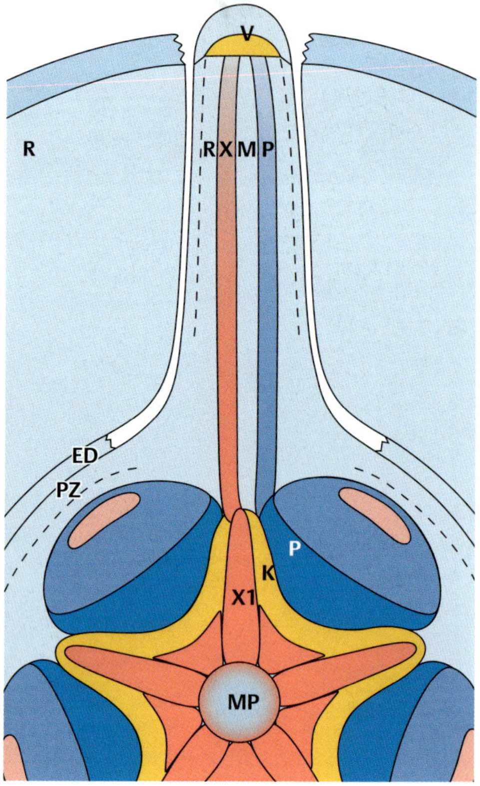

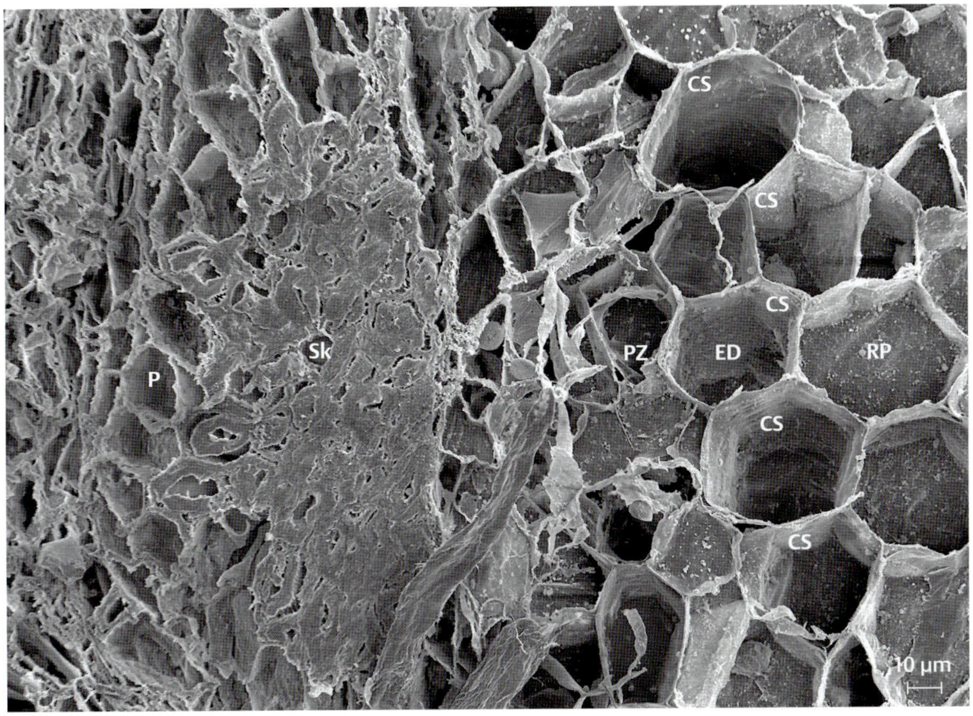

Abb. 16.23
Rasterelektronenmikroskopische Aufnahme eines Querschnittes durch eine Primärwurzel von *Vicia faba* (Übergang vom Phloem zur Rinde). Im Phloem ist ein Sklerenchym eingelagert.
CS = Casparyscher Streifen;
ED = Endodermis mit Casparyschem Streifen;
P = Phloem;
PZ = Perizykel;
RP = Rindenparenchym;
Sk = Sklerenchym.

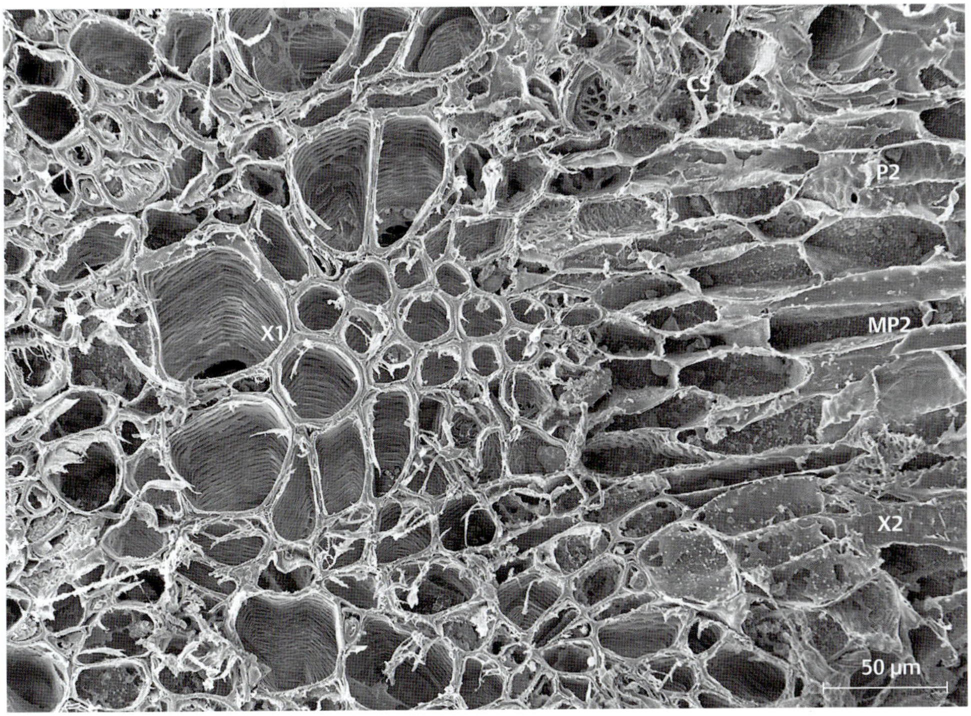

Abb. 16.24
Rasterelektronenmikroskopische Aufnahme eines Querschnittes durch eine Wurzel von *Vicia faba* mit Bildung einer Seitenwurzel.
MP2 = Markparenchym der Seitenwurzel;
X1 = Xylem der Primärwurzel;
P2 = Phloem der Seitenwurzel;
X2 = Xylem der Seitenwurzel.

Zeichnung

Übersichtszeichnungen von zwei verschiedenen Stadien des Dickenwachstums der Wurzel.

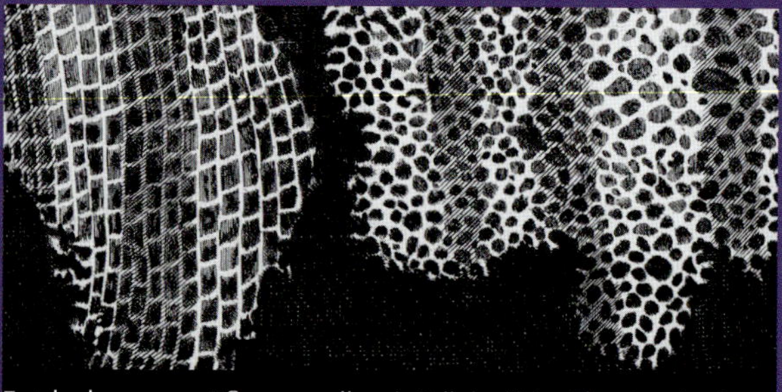

Entdeckung von Pflanzenzellen („*Cellulae*") im Flaschenkork durch ROBERT HOOKE (1635–1703).

CARL W. V. NÄGELI
(1817–1891)
Theorie der Zellbildung und Zellteilung.
Foto: G. Wanner, München

EDUARD STRASBURGER
(1844–1912)
Polnisch-deutscher Botaniker. Strasburger entdeckte die Teilung des pflanzlichen Zellkerns. Seine erste Beschreibung der Mitose in embryonalen Pflanzengeweben ist ein historisch-botanischer Leckerbissen. Kaum ein Biologe weiß, woher der Begriff „Chromatiden" stammt – rechts finden Sie die überraschende Erklärung!
Foto: W. Barthlott, Bonn

HUGO V. MOHL
(1805–1872)
Entdeckte als erster die Zellteilung im Lichtmikroskop.
Foto: Commons.wikimedia.org

— 24 —

ginnt sein Wabenwerk an einzelnen Stellen sich zu verdichten (Fig. 22, *2*). Dazwischenliegende Räume erscheinen bald inhaltsärmer, weisen weiterhin nur noch ein lockeres Netzwerk auf und werden schließlich fast leer, wenn alle Fäden und Lamellen auf die

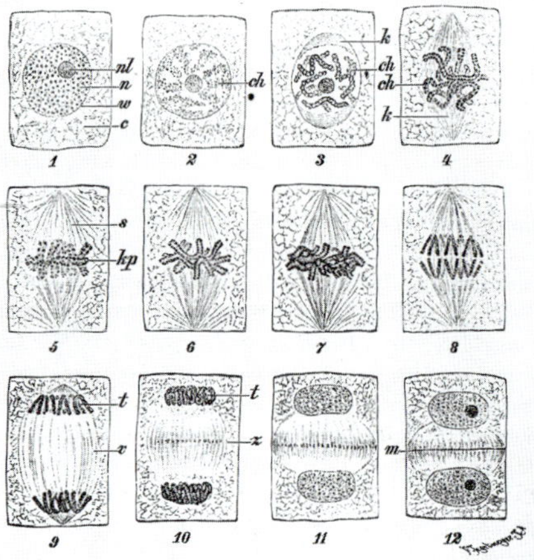

Fig. 22. Aufeinanderfolgende Stadien der Kern- und Zellteilung in einer embryonalen Gewebezelle. *n* Kern, *nl* Nucleolus, *w* Kernwandung, *c* Cytoplasma, *ch* Chromosomen, *k* Polkappen, *s* Spindel, *kp* Kernplatte, *t* Tochterkernanlage, *v* Verbindungsfäden, *z* Zellplatte, *m* neue Scheidewand. In *1* der Kern in Ruhe. In *2* und *3* Sonderung der Chromosomen. In *4* die Chromosomen zu Iden gesondert. In *5* Anordnung der Chromosomen zur Kernplatte, ihre Längsspaltung. In *3–5* Ausbildung der Spindel aus den Polkappen. In *6* die Längsspaltung der Chromosomen. In *7* ihre beginnende Trennung in Richtung der Pole. In *8* vollendete Trennung der Tochterchromosomen. In *9* ihre Beförderung nach den Polen. In *10*, *11* und *12* Bildung der Tochterkerne. In *9–11* Anlage der Verbindungsfäden und der Zellplatte. In *12* Ausbildung der neuen Scheidewand.

sich sondernden Chromosomen eingezogen sind. Letztere zeigen sich dann in Gestalt annähernd gleich dicker, scharf umgrenzter, mehr oder weniger stark gewundener Fäden (Fig. 22, *3*). Ihre Zahl, die sich nunmehr bestimmen läßt, entspricht entweder genau der gehegten Erwartung, oder sie fällt auch wohl etwas zu gering aus. Im letzteren Falle fehlt es aber nicht etwa an einzelnen Chromosomen, es ist dann vielmehr ihre Trennung hier und dort unterblieben.

Mit beginnender Sonderung der Chromosomen aus dem Wabenwerk ballen sich die Pangene, bezw. die von ihnen gebildeten Körperchen, die Pangenosomen heißen könnten, zu größeren Körpern zusammen, so daß es nun viel leichter wird, letztere gegen die Substanz des Gerüstwerkes abzugrenzen. Solche Körner vereinigen sich weiter zu scheibenförmigen Gebilden von annähernd übereinstimmender Gestalt und Größe, die zu einfacher Reihe angeordnet in jedem Chromosom aufeinanderfolgen (Fig. 22, *3*). Sie werden durch Linin, das sie umhüllt und durch schmale Brücken verbindet, zusammengehalten. Diese scheibenförmigen Gebilde, die in den Präparaten weit begieriger als das Linin Farbstoffe aufspeichern, möchte ich mit August Weismann Iden nennen. In jedem solchen Id muß eine große Zahl von Pangenen vertreten sein. Welche Pangene in demselben Id zu einer höheren Einheit sich vereinigen, läßt sich nicht entscheiden, doch darf man annehmen, daß es Iden von näherer Verwandtschaft sind. Folgerichtiger wäre es, die aus Iden aufgebauten Chromosomen nunmehr auch mit August Weismann Idanten zu nennen. Nur weil die Bezeichnung „Chromosom" allgemein eingebürgert ist, will ich sie hier weiterführen.

Aus: Eduard Strasburger (1905): Die stofflichen Grundlagen der Vererbung im organischen Reich. Versuch einer gemeinverständlichen Darstellung. Verlag: Gustav von Fischer, Jena.

Die Zellteilung

Voraussetzung für Wachstum und Vermehrung

Zellteilungen in großer Zahl finden nur im Vegetationspunkt des Sprosses und der Wurzel statt. Vor jeder Zellteilung findet natürlich zuerst eine Kernteilung statt. Da eine Pflanze meist zahlreiche Wurzeln hat, die auch ständig nachgebildet werden, ist dieses Organ sehr gut geeignet, um die verschiedenen Stadien der Mitose zu untersuchen. Teilungsaktive Zellen haben keine oder nur wenige, sehr kleine Vakuolen. Ihr Zellkern nimmt den Großteil des Zellvolumens ein. Die Kerndoppelmembran wird am Ende der Prophase aufgelöst. Nach Trennung der Chromatiden in der Metaphase wird sofort in der darauf folgenden Anaphase/ Telophase eine sehr dünne neue Zellwand aus fusionierenden Vesikeln der Dictysomen (= Phragmoplast) gebildet

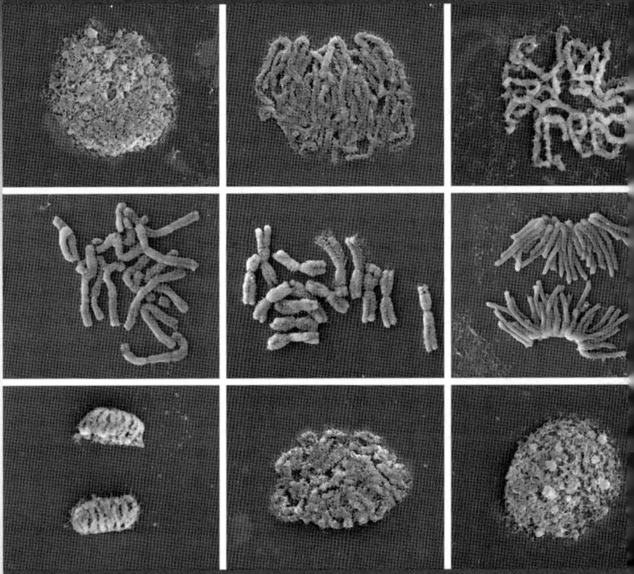

Rasterelektronenmikroskopische Aufnahme der Mitose aus der Wurzelspitze des Roggens (*Secale cereale*).

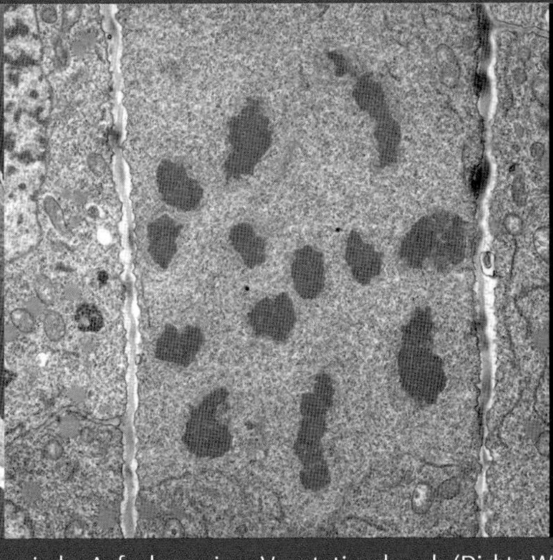

unten links: Rasterelektronenmikroskopische Aufnahme eines Vegetationskegels (Dichte Wasserpest; *Egeria densa*), unten Mitte: Transmissionselektronenmikroskopische Aufnahme einer Wurzelzelle der Gerste (*Hordeum vulgare*) in der Metaphase der Mitose. unten rechts: Rasterelektronenmikroskopische Aufnahme einer Wurzelspitze mit Wurzelhaube der Gerste (*Hordeum vulgare*).

Allium cepa (Küchenzwiebel)

Reagenzien

Orcein
Acetocarmin
1 N Salzsäure

Botanischer Steckbrief

Art
Allium cepa (Küchenzwiebel); Fam. Liliaceae (Liliengewächse).

Name
röm. Pflanzenname;
lat. *allium* = Knoblauch;
lat. *cepa* = kleine Zwiebel.

siehe 4.1

17.1 Mitose

Kursziel

Darstellung verschiedener Stadien der Kernteilung der Zwiebel (*Allium cepa*).

Präparation

Zwiebeln werden auf ein Hyazinthenglas/Becherglas mit Wasser gesetzt. Nach zwei Wochen bei Raumtemperatur können die Wurzelspitzen geerntet werden.

Mit einer feinen Pinzette werden ca. 1 cm lange Wurzelspitzen abgezupft und in *aqua dest.* überführt. Dann werden sie in 1 N Salzsäure gegeben und für ca. 10 min bei 60°C inkubiert. Anschließend wird die Salzsäure mit *aqua dest.* 3 x 5 min ausgewaschen. Die Wurzelspitzen können im Kühlschrank ca. 1 Woche aufbewahrt werden (**Abb. 17.1**). In der Wurzelspitze der Zwiebel finden sich alle Stadien der Zellteilung (**Abb. 17.2**). Auf einem fettfreien Objektträger 12 vorbehandelte Wurzelspitzen plazieren und mit einem Skalpell ca. 2 mm der weißen Spitze scheibchenweise abschneiden. Überschüssiges Wasser mit einem Filterpapier absaugen. Einen Tropfen Orcein oder Acetocarmin zugeben und ein Deckglas (24x24 mm) auflegen. Zum Quetschen ein dickes Filterpapier oder Papiertaschentuch auf das Deckglas legen und mit leichtem Druck das überschüssige Orcein/Acetocarmin entfernen (**Abb. 17.1**).

Beobachtungen

In der Regel findet man in einem Präparat alle Stadien der Mitose. Die in großer Zahl vorhandenen Interphasekerne lassen das rot angefärbte Chromatin erkennen (**Abb. 17.3**). In der Prophase treten die Chromosomen als Individuen deutlicher hervor. Sie verkürzen sich zunehmend bis zur

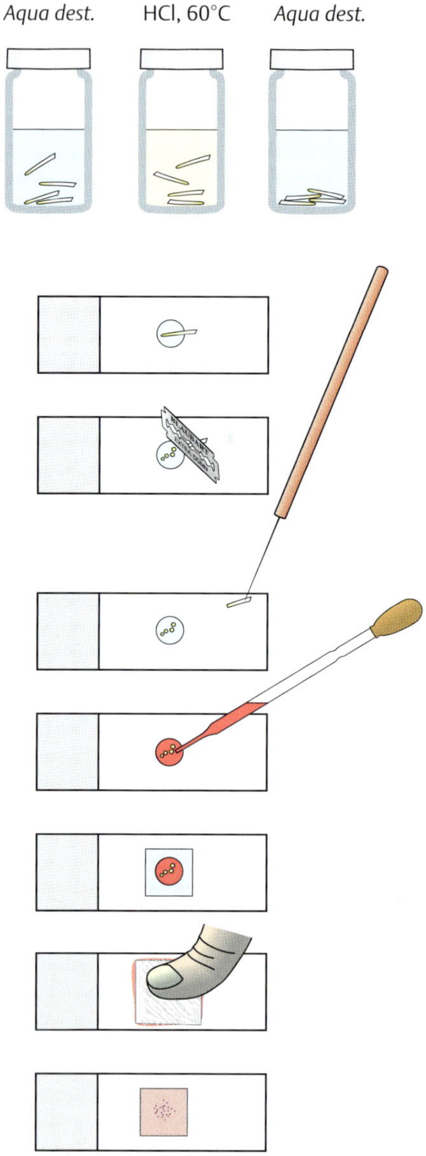

Abb. 17.1

Metaphase (**Abb. 17.3**E–F). Sie sind hier in der **„Äquatorialplatte"** angeordnet, und der Spindelapparat (nicht sichtbar) ist voll ausgebildet. In der Anaphase weichen die Chromatiden auseinander und wandern zu den Spindelpolen (**Abb. 17.3**G), so dass jede Tochterzelle wieder die gleiche Anzahl von Chromosomen enthält wie die Mutterzelle.

Unmittelbar nach der Kernteilung wird die neue Zellwand (= Phragmoplast) gebildet. Die Chromosomen dekondensieren in der Telophase und gehen wieder in Interphasekerne über.

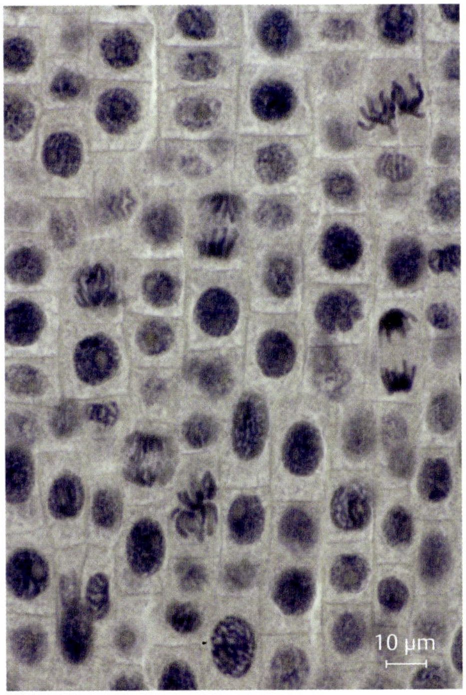

Abb. 17.2
Lichtmikroskopische Aufnahme (HF; Färbung mit Toluidinblau) eines Längsschnittes durch die Wurzelspitze von *Allium cepa* mit verschiedenen Phasen der Kernteilung.

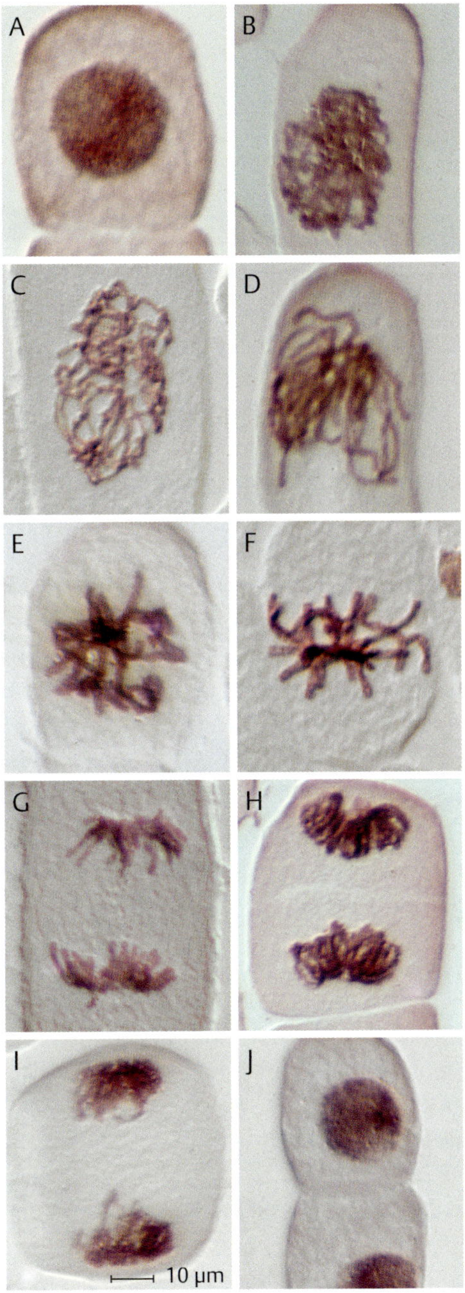

Abb. 17.3
Lichtmikroskopische Aufnahme (DIC; Färbung mit Orcein) verschiedener Stadien der Kernteilung von *Allium cepa*:
A Interphase
B–C Prophase
D Prometaphase
E–F Metaphase
G Anaphase
H–I Telophase
J Interphase.

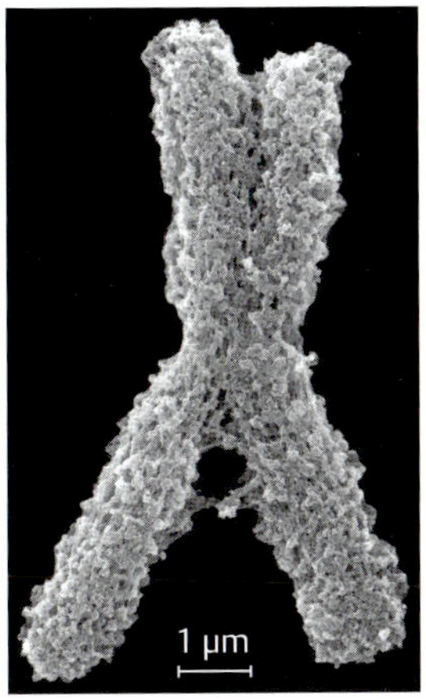

Abb. 17.4
Rasterelektronenmikroskopische Aufnahme eines Metaphasechromosoms der Gerste (*Hordeum vulgare*).

Zeichnung

Bei starker Vergrößerung sind einige charakteristische Kernteilungsstadien zu zeichnen.

Glossar

Achäne (*achene*) Einsamige Schließfrucht.

Aerenchym (*aerenchyma*) Durchlüftungsgewebe.

Äquifaziales Blatt (*isolateral leaf*) Blatt mit anatomisch gleichartiger Ober- und Unterseite.

Ätherisches Öl (essential oil) Flüchtige, nicht fette Öle.

Aleuronkörner (*grains of aleurone*) Proteinspeicher.

Amphistomatisches Blatt (*amphistomatic leaf*) Blatt mit Spaltöffnungen auf der Ober- und Unterseite.

Amylopectin (amylopectin) Polymer aus 1/4-α- und 1/6-α-glycosidisch verknüpften Glucoseeinheiten.

Amylose (amylose) Polymer aus 1/4-α-glycosidisch verknüpften Glucoseeinheiten.

Anthocyane (*anthocyan*) Wasserlösliche Farbstoffe der Vakuole (blau – violett – rot).

Antiklin (*anticlinal*) Zellteilung senkrecht zur Organoberfläche.

Aperturblende (*aperture diaphragm*) Blende im Kondensor des Lichtmikroskopes (Kontrastoptimierung, Schärfentiefe).

Assimilationsparenchym (*chlorenchyma*) Photosynthetisch aktives, chloroplastenreiches Gewebe.

Assimilationsstärke (*assimilation starch*) Stärke, die in den Chloroplasten gebildet wird.

Atemhöhle (*respiratory cavity*) Großer Interzellularraum hinter den Schließzellen (frühere Bezeichnung).

Auflösungsvermögen (*resolving capacity*) Vermögen, zwei nahe beieinanderliegende Punkte getrennt darzustellen (Vergrößerung ist nicht gleich Auflösung!).

Axialparenchym (*axial parenchyma*) Parenchym, das im Holz in Längsrichtung angeordnet ist.

Bast (*bast*) Gesamtheit der vom Kambium nach außen abgegebenen Gewebe.

Bastfasern (*bast fibers*) Sklerenchymfasern im Bast (verholzt!).

Baststrahlen (*bast rays*) Sekundäre Markstrahlen, die im Bast verlaufen.

Bifaziales Blatt (*bifacial leaf*) Blatt mit morphologischer Ober- und Unterseite.

Brechungsindex (*refractivity*) Brechkraft des Lichtes in transparenter Materie im Verhältnis zu Luft (n = 1).

Brennhaar (*stinging hair*) Wehrhafter Epidermisauswuchs. Zellsaft mit Natriumformiat, Acetylcholin und Histamin (Hautreizung).

Brennweite (*focal distance*) Abstand des Brennpunktes einer Linse von der Linsenachse.

Bulbus (*bulb*) Blasenförmiges, elastisches basales Ende eines Brennhaares.

Carotinoide (*carotenoids*) Fettlösliche Farbstoffe in Plastiden (gelb – orange – rot).

Casparyscher Streifen (*Casparian strip*) Bandförmige Einlagerung von Endodermin und Lignin in die radialen Zellwände der primären Endodermis.

Cellulosane (*cellulosans*) Celluloseähnliche Zellwandkomponenten z. B. aus Polymeren der Mannose (Polymannane).

Cellulose (*cellulose*) Polysaccharid aus 1/4-β-glycosidisch verknüpften Glucoseeinheiten.

Chloroplasten (*chloroplasts*) Photosynthetisch aktiver Plastidentyp.

Chromoplasten (*chromoplasts*) Plastiden mit Carotinoid-Einlagerungen in Membranen oder Fetttröpfchen (gelb – orange – rot).

Cuticula (*cuticle*) Mit Wachsen durchsetzter Cutinfilm auf den Epidermiszellen.

Cuticularleisten (*cuticular ridges*) Leistenförmige Verdickungen der Cuticularschicht/Cuticula (bei Schließzellen).

Cuticularschicht (*cuticular layers*) Der Teil der Zellwand der Epidermis, der mit Cutin inkrustiert ist.

Cutin (*cutin*) Gemisch aus gesättigten und ungesättigten Fettsäuren/Hydroxyfettsäuren, die untereinander zu hochpolymeren Makromolekülen vernetzt sind.

Cutininkrustierung (*cutin incrustation*) Einlagerung von Cutin in die Sekundärwand.

Cytoplasma (*cytoplasm*) Grundsubstanz der Zelle; beinhaltet alle Zellorganellen außer der Vakuole.

Dendrochronologie (*dendrochronology*) Altersbestimmung von historischen Hölzern anhand des charakteristischen Musters von Früh- und Spätholz (Jahresringe).

Deplasmolyse (*deplasmolysis*) Rückgängigmachung der Plasmolyse, wenn ein (noch lebendes!) Gewebe wieder in ein hypotonisches Medium gebracht wird.

Differenzierung (*differentiation*)(bei Färbungen) Gewebe färben sich oft mit einem Farbstoff einheitlich. Nach Auswaschung des Farbstoffes z. B. mit Ethanol bleibt er nur in bestimmten Zellstrukturen gebunden.

Dorsiventral (zygomorphous) Symmetrie von Organen oder Geweben mit z. B. charakteristisch unterschiedlicher Ober- und Unterseite (nur eine Symmetrieebene).

Drüsenhaar/Drüsenköpfchen (*glandular hair, glandular trichome*) Haarförmige Differenzierungen der Epidermis/Zelle oder Zellen eines Drüsenhaares, die ätherische Öle produzieren.

Durchlasszelle (*passage cell*) Zelle der sekundären oder tertiären Endodermis, deren Zellwände nicht verdickt und nicht verholzt sind.

Eckenkollenchym (*angular collenchyma*) Festigungsgewebe, nicht verholzt, Zellwandverdickungen in den Zell-„Ecken", auch Leisten- oder Kantenkollenchym genannt.

Einseitig behöfte Tüpfel (*bordered pits*) Hoftüpfel, bei denen nur auf einer Seite die Öffnung durch eine Zellwandaufwölbung abgedeckt ist.

Elektromagnetische Linse (*electromagnetic lens*) Spule aus Kupferdraht mit Weicheisenkern. Bei Stromfluss entsteht ein elektromagnetisches Feld, das Elektronenstrahlen bündelt.

Emergenzen (*emergences*) Auswachsende Strukturen pflanzlicher Organe, die aus epidermalen und subepidermalen Geweben gebildet werden.

Endodermis (*endodermis*) Innerste Rindenschicht; sie trennt die Rinde vom Zentralzylinder. In der Wurzel Barriere für selektiven Stofftransport.

Endosperm (*endosperm*) Nährgewebe im Samen für den Embryo (stärke- oder fettreich).

Epidermis (*epidermis*) Primäres, meist einzellschichtiges Abschlussgewebe von Sprossachse und Blättern.

Epistomatisch (*epistomatic*) (Blatt mit) Spaltöffnungen nur auf der Blattoberseite.

Exodermis (*exodermis*) Sekundäres Abschlussgewebe der Wurzel; sie entsteht unter der Rhizodermis.

Fasciculäres Kambium (*fascicular cambium*) Kambium im Leitbündel.

Fenstertüpfel (*fenestriform pit*) Tüpfel zwischen Längstracheiden des Frühholzes und den Markstrahlparenchymzellen (bei *Pinus*) mit sehr großen, elliptischen Tüpfelmembranflächen (auch „Eipore").

Frühholz (*early wood/spring wood)* Holz mit ausgeprägter Leitungsfunktion, das bei Bäumen im Frühjahr gebildet wird. Großlumige, dünnwandige Tracheiden und Tracheen.

Geleitzellen (*companion cells*) Langgestreckte, dünnwandige, kleinlumige, plasmareiche Zellen (nicht verholzt!), die zur Versorgung/Ernährung der Siebröhren dienen.

Geotrop, positiv/negativ (*geotropic*) Wachstum in Richtung oder entgegen der Schwerkraft.

Geschlossen kollaterales Leitbündel (*collateral closed bundle*) Leitbündel ohne Kambium mit nebeneinander liegendem Xylem und Phloem (in Achsen der Monokotyledonae und in Blättern).

Großkörner (Stärke) (*large starch grains*) Population von großen Stärkekörnern z. B. beim Weizen.

Hartbast (*hard bast*) Verholzter Teil des Bastes (z. B. *Tilia*); besteht aus Sklerenchymfasern (= Bastfasern).

Harzkanäle (*resin canals/resin ducts*) Röhrenförmige Anordnung von Sekretzellen, die Harze in das Lumen des Harzkanalsystems abgeben.

Hechtsche Fäden (*Hecht's filaments*) Fadenförmige Verbindungen des Protoplasten durch die Tüpfel zu den Nachbarzellen; Bildung bei Schrumpfung des Protoplasten während der Plasmolyse.

Hochvakuum (*full vacuum*) Vakuum in Elektronenmikroskopen von 10^{-3} bis 10^{-7} mbar.

Hoftüpfel (*bordered pits*) Tüpfel, bei denen auf beiden Seiten die Öffnung durch eine Zellwandaufwölbung abgedeckt ist.

Holz (*wood*) Gesamtheit der vom Kambium nach innen abgegebenen Gewebe.

Holzfaser (*libriform fiber*) Langgestreckte, faserförmige, verholzte Zelle im Holz der Laubbäume.

Holzstrahlen (*wood rays*) Sekundäre Markstrahlen, die im Holz verlaufen.

Holzstrahlparenchym (*wood ray parenchyma*) Parenchymatisches Gewebe in Sprossen mit sekundärem Dickenwachstum, das in Strängen in radialer Richtung vom Mark zum Kambium verläuft.

Hypertonisches Medium (*hypertonic medium*) Medium mit einem höheren osmotischen Wert als das Gewebe.

Hypodermis (*hypodermis*) Eine oder mehrere Zellschichten unterhalb der Epidermis, die sich deutlich vom darunter liegenden Gewebe unterscheiden.

Hypokotyl (*hypocotyl*) Abschnitt zwischen den Keimblättern (Kotyledonen) und der Primärwurzel des Keimlings.

Hypostomatisch (*hypostomatic*) Spaltöffnungen nur auf der (anatomischen) Blattunterseite.

Hypotonisches Medium (*hypotonic medium*) Medium mit einem geringeren osmotischen Wert als das Gewebe.

Idioblast (*idioblast*) Zelle in einem Gewebe mit abweichender Morphologie und Funktion.

Immersion (*immersion*) „Eintauchen" des Ojektives in ein Medium mit höherem Brechungsindex als Luft (meist Öl mit n = 1,51).

Interzellularen (*intercellular space*) Zellzwischenräume, meist mit Luft gefüllt; sie entstehen meist schizogen (auch rhexigen oder lysigen).

Interfasciculäres Kambium (*interfascicular cambium*) Kambium im Bereich zwischen den Leitbündeln.

Isodiametrisch (*isodiametric*) Zellen im Längs- und Querschnitt mit ± einheitlichem Durchmesser.

Jahresringgrenze (*annual ring/growth ring*) Übergang vom Spätholz zum Frühholz.

Kambium (*cambium*) Teilungsaktives Gewebe beim sekundären Dickenwachstum zwischen Holz und Bast (auch bei Korkbildung).

Karyopse (caryopse) Nussähnliche Schließfrucht der Gräser, bei der Fruchtwand und Samenschale miteinander verwachsen sind.

Kathode (*cathode*) Elektronenquelle; meist haarnadelförmig gekrümmter Wolframdraht, der im Vakuum auf 2400°C aufgeheizt wird.

Kationen (*cations*) Positiv geladene Ionen (wandern zur negativen Kathode!).

Kernholz (*heartwood*) Älterer Holzteil, der durch Thyllen, Gerbstoffe und andere Stoffe „verstopft" wird und abstirbt.

Kleinkörner (Stärke) (*small starch grains*) Population von kleinen Stärkekörnern, z. B. beim Weizen.

Köhlersche Beleuchtung/„Köhlern" (*Köhler illumination*) Zentrieren von Leuchtfeldblende und Aperturblende des Kondensors. Leuchtfeldblendenöffnung so groß, dass Sehfeld gerade ausgeleuchtet. Aperturblende auf ca. 2/3 zuziehen (= guter Kontrast + gute Auflösung).

Kollenchym (*collenchyma*) Festigungsgewebe, nicht verholzt.

Kondensor (*condesing lens*) Linsensystem, das zur optimalen Ausleuchtung den Strahl der Lichtquelle in die Präparatebene bündelt.

Konkavplasmolyse (*concave plamolysis*) Plasmolyseform mit Einbuchtungen des Protoplasten.

Konvexplasmolyse (*convex plasmolysis*) Plasmolyseform unter „Abkugelung" des Protoplasten.

Konzentrische Leitbündel (*concentric bundle*) Leitbündel mit einem Zentralbereich aus Xylem oder Phloem und einem umgebenden Ring aus Phloem bzw. Xylem.

Kork (cork/*phellem*) (= Phellem) In radialen Reihen angeordnete Zellen, die vom Korkkambium gebildet werden. Im ausdifferenzierten Zustand verholzt, luftgefüllt und mit Cutin/Suberin inkrustiert.

Korkhaut (*phelloderm*) (= Phelloderm) Einzelllagiges Gewebe unterhalb des Korkkambiums; nicht verholzt.

Korkkambium (*phellogen*) (= Phellogen) Ein- bis zweischichtiges teilungsaktives Gewebe zur Korkbildung; nicht verholzt.

Korkwarzen (*lenticel*) (= Lenticellen) Warzen- oder linsenförmige Erhebungen des Korkgewebes zum Gasaustausch, locker mit Korkzellen gefüllt.

Korkzellen (*phellem cells*) Reihenförmig angeordnete Zellen, die vom Korkkambium gebildet werden (= Phellem). Im ausdifferenzierten Zustand verholzt, luftgefüllt und mit Cutin/Suberin inkrustiert!

Korrodierte Stärke (*corroded starch*) Stärkekörner, die (z. B. während der Keimung) durch Einwirkung stärkespaltender Enzyme (Amylasen) Hohlräume aufweisen.

Kotyledonen (*cotyledons*) Keimblätter.

Kryobruch (*cryo fracture*) Bruchverfahren eingefrorener Gewebe.

Leitbündel (*vascular bundle*) Leitungsbahnen in allen pflanzlichen Organen zur Leitung des Wassers (Xylem) und Transport der Assimilate (Phloem).

Leitbündelscheide (*vascular bundle sheath*) Meist interzellularenfreies Gewebe, das die Leitbündel umgibt. Entweder parenchymatisch als Speichergewebe (= Stärkescheide) oder als Festigungsgewebe (= Sklerenchym) ausgebildet.

Lenticellen (*lenticel*) Warzen- oder linsenförmige Erhebungen des Korkgewebes zum Gasaustausch, locker mit Korkzellen gefüllt.

Leuchtfeldblende (*luminous-field diaphragm*) Blende an der Beleuchtungseinrichtung des Mikroskopes zur Optimierung der Präparatausleuchtung.

Libriformfaser (= Holzfaser) (*libriform fiber*) Langgestreckte, faserförmige, verholzte Zelle im Holz der Laubbäume.

Lignin (*lignin*) Gerüstsubstanz aus Phenylpropanen zur Verholzung der Zellwand.

Lipidbody (*lipidbody*) Fettspeicher (= Tröpfchen aus Triglyceriden, umgeben von einer „halben“ Biomembran).

Lysigen (*lysigenic*) Durch Auflösung entstanden.

Markhöhle (*pith cavity*) Hohlraum, der beim Dickenwachstum durch Zerreißen des Markparenchyms entsteht.

Markparenchym (*pith parenchyma*) Parenchymatisches Gewebe im Innern von Sprossachse und Wurzel.

Markstrahl (*medullary ray, pith ray*) Gewebe in Sprossen mit sekundärem Dikkenwachstum, das in Strängen in radialer Richtung vom Mark bis zum Abschlussgewebe verläuft.

Markstrahlparenchym (*xylem parenchyma*) Parenchymatisches Gewebe in den Markstrahlen.

Mesophyll (*mesophyll*) Alle Gewebe eines Blattes zwischen oberer und unterer Epidermis.

Micelle (*micelle*) Anordnung der Cellulosemoleküle (ca. 50–100) in Elementarfibrillen.

Miktoplasma (*mictoplasm*) Inhalt der Siebröhren (= Cytoplasma) ohne Zellkern(e) und Vakuole(n).

Milchröhren (*laticifers*) Exkretbehälter, die ein verzweigtes Röhrensystem bilden.

Mittelrippe (*mid rib*) Zentraler Leitbündelstrang eines Blattes.

Nadelblatt (*needle*) Nadelförmige Laubblätter durch Reduktion der Blattoberfläche als Anpassung an Trockenheit.

Nebenzellen (*subsidiary cells*) Spezialisierte Epidermiszellen, die direkt an die Schließzellen angrenzen.

Negativkontrastierung (*negative staining*) Elektronenmikroskopisches Darstellungsverfahren: Es wird nicht das Objekt selbst, sondern die Umgebung kontrastiert.

Nucleolus (*nucleolus*) Kernkörperchen.

Numerische Apertur (*numerical aperture*) Ein Maß für den Raumwinkel eines Objektives; je höher die numerische Apertur umso besser die Auflösung.

Objektiv (*objective*) Linsensystem direkt über dem Präparat.

Offen bikollaterales Leitbündel (*open bicollateral bundle*) Leitbündel, typisch für Solanaceae und Cucurbitaceae: (von außen) Phloem – Kambium – Xylem – Kambium – Phloem.

Offen kollaterales Leitbündel (*open collateral bundle*) Leitbündel, typisch für Sprosse dicotyler Pflanzen: (von außen) Phloem – Kambium – Xylem.

Okular (*ocular*) Linsensystem (vor dem Auge) zur Nachvergrößerung des vom Objektiv entworfenen Bildes.

Osmose (*osmosis*) Eindringen von Wasser durch eine semipermeable Membran in eine Zelle/Kompartiment höherer Konzentration.

Osmotischer Wasseraustritt (*osmotic wateroutlet*) Wasseraustritt aus einem Gewebe in eine umgebende Lösung höherer Konzentration.

Palisadenparenchym (*palisade parenchyma*) Langgestreckte, parallel angeordnete Zellen. Typisches photosynthetisch aktives Gewebe bei Laubblättern.

Papillen (*papillas*) Epidermiszellen mit kegelförmigen Spitzen („Zipfelmützen"); bei allen matt oder samtig erscheinenden Blütenblättern.

Parenchym (*parenchyma*) Grund-/Füllgewebe; in der Regel nicht verholzt.

Pektin (*pectin*) Polysaccharide (Polygalacturonsäuren) der Mittellamelle/Primärwand (häufig in „gelierenden" Früchten).

Pentarch (*pentarch*) Fünfstrahlig (bei Leitbündel in der Wurzel, Anzahl der Xylemstränge).

Periderm (*periderm*) Sekundäres Abschlussgewebe der Sprossachse bestehend aus Phelloderm, Phellogen und Phellem.

Periklin (*periclinal*) Zellteilung parallel zur Organoberfläche.

Perizykel (*pericycle*) (= Perikambium) Äußerste Schicht des Zentralzylinders in der Wurzel.

Phellem (*phellem*) (= Kork).

Phelloderm (*phelloderm*) (= Korkhaut).

Phellogen (*phellogen*) (= Korkkambium).

Phloem (*phloem*) Gewebe des Leitbündels für den Assimilattransport.

Phloemparenchym (*phloem parenchyma*) Dünnwandige, parenchymatische Zellen im Phloem.

Planapochromat (*Plan Apochromat*) Objektiv mit besonders guter Korrektur der chromatischen und sphärischen Aberration.

Plasmaströmung (*plasmic movement*) Aktive Bewegung des Cytoplasmas, sichtbar durch passive Mitbewegung der Zellorganellen.

Plasmazirkulation/Rotation (*plasmic circulation*) Bewegung des Cytoplasmas der Zelle in einer Richtung.

Plasmodesmen (*plasmodesm*) Direkte cytoplasmatische Verbindungen benachbarter Zellen.

Plasmolyse (*plasmolysis*) Ablösung des Protoplasten von der Zellwand aufgrund von Wasserverlust in hypertonischer Umgebung.

Plasmolytikum (*plasmoticum*) Medium mit höherer Osmolarität als das Cytoplasma (= hypertonisch).

Plastoglobuli (*plastoglobules*) Kleine Lipidtröpfchen/Lipidbodies in Plastiden (nur im EM sichtbar).

Plattenkollenchym (*tangential collenchyma, lamellar collenchyma*) Festigungsgewebe, nicht verholzt, mit Verdickungen der tangentialen Zellwände.

Polymannane (*polymannans*) Polymere des Zuckers Mannose.

Polysaccharid (*polysaccharide*) Polymerketten aus Zuckermolekülen.

Primäre Endodermis (*endodermis*) Innerste Rindenschicht der Wurzel; Radialwände mit Casparyschem Streifen.

Primärer Markstrahl (*medullary ray*) Gewebe in Sprossachsen mit sekundärem Dickenwachstum, das in Strängen in radialer Richtung vom Mark bis zum Abschlussgewebe verläuft.

Projektiv (*projective*) Elektronmagnetische Linse im Transmissionselektronenmikroskop, die das „Endbild" auf den Leuchtschirm projiziert.

Proteinbody (*protein body*) Speicherkompartiment für Proteine in Samen; begrenzt durch eine Biomembran.

Protophloem (*protophloem*) Erste funktionsfähige Phloemzellen bei Anlage neuer Leitbüdel.

Protoplast (*protoplast*) Zelle ohne Zellwand.

Protoxylem (*protoxylem*) Erste funktionsfähige Xylemzellen bei Anlage neuer Leitbüdel, enthält stets Tracheiden.

Q_{10} (Q_{10}) Faktor der Geschwindigkeitserhöhung einer chemischen oder biologischen Reaktion bei Erhöhung der Temperatur um 10°C.

Quertracheiden (ray *tracheides*)Tracheiden in radialer Richtung in den Holz- und Baststrahlen.

Radialschnitt (*radial section*)Längsschnitt in einer Radialebene eines langgestreckten, radiärsymmetrischen Objektes.

Raphiden (*raphids*) Nadelförmige Calciumoxalatkristalle (meist in Bündeln).

Raphidenzelle (*raphid cell*) Idioblast mit Kristallnadeln aus Calciumoxalat.

Reservestärke (reserve *starch*) Stärke, die in Amyloplasten aus Glucose gebildet wird (in Speichergeweben).

Rhexigen (*rhexigenetic*) Hohlraumentstehung durch Zerreißen von Zellen.

Rhizodermis (*rhizodermis, epiblema*) Primäres Abschlussgewebe der Wurzel; entspricht der Epidermis, jedoch ohne Cuticula.

Rhizom (*rhizome, rootstock*) Unterirdisch wachsender Sprossabschnitt.

Rinde (*cortex*) Primäres Parenchym zwischen Epidermis und Zentralzylinder.

Rindenparenchym (*cortex parenchyma*) Primäres Parenchym der Sprossachse und der Wurzel zwischen Epidermis/Rhizodermis und Zentralzylinder.

Schizogen (*schizogenous*) Durch „Spaltung" bzw. Auseinanderweichen entstanden. Hohlraumentstehung z.B. durch enzymatische Auflösung der Mittellamelle und Auseinanderweichen der Zellen.

Schließzellen (*guard cells*) Die beiden aktiv beweglichen Zellen des Spaltöffnungsapparates in der Epidermis.

Schwammparenchym (*sponge mesophyll*) Schwammartiges Durchlüftungsgewebe des Blattes mit großen Interzellularen.

Sehwinkel (angle of sight, visual angle) Maximaler Einfallswinkel des Lichtes (in das Auge) unter dem ein Objekt betrachtet wird.

Sekundärelektronen (*secondary electrons*) Elektronen, die bei Bestrahlung von Materie mit (Primär-)Elektronen herausgeschlagen werden.

Sekundäres Dickenwachstum (*secundary thickening*) Vom Kambium ausgehende Dickenzunahme durch Bildung von zusätzlichen Holz- und Bastelementen.

Sekundärwand (*secundary wall*) Zellwand sich ausdifferenzierender Pflanzenzellen.

Siebplatten (*sieve plates*) Querwände der Siebröhren mit zahlreichen Poren.

Siebröhren (*sieve tubes*) Langestreckte, röhrenförmige Zellen des Phloems, die die Assimilate transportieren.

Sklerenchym (*sklerenchyma*) Verholztes Festigungsgewebe mit gleichmäßig verdickten Zellwänden. Zellen entweder isodiametrisch (= Steinzellen) oder langgestreckt (= Sklerenchymfasern).

Spätholz (*late wood, summer wood*) Kleinlumiges Holzgewebe mit dickwandigen Zellen, das im Herbst gebildet wird (s. Jahresringgrenze).

Spaltöffnung (*stomata*) Differenzierung der Epidermis: zwei inäquale Zellteilungen führen zu einem Schließzellenpaar mit Zentralspalt.

Splintholz (*sapwood*) Jüngerer Holzteil, der noch der Wasserleitung dient.

Stärke (*starch*) Polysaccharid aus schraubenförmiger Amylose (= 1/4-α-glycosidisch verknüpfte Glucose) und Amylopectin (= Amylose und zusätzlich 1/6-α-glycosidisch verknüpfte Glucose).

Stärkebildungszentrum (*centre of starch formation*) Ausgangspunkt der Stärkebildung im Amyloplast, nur bei geschichteten Stärkekörnern sichtbar.

Steinzellen (*stone cell*) Verholztes Festigungsgewebe; isodiametrische Zellen mit gleichmäßig verdickten Zellwänden.

Styloid (*styloid*) Kristallidioblast mit griffelförmigem Kristall und eng anliegender Zellwand.

Subepidermal (*subepidermal*) Unterhalb der Epidermis liegend.

Suberin (*suberin*) Korkstoff (= Polyester aus Phenolen und ungesättigten oder gesättigten Fettsäuren).

Substomatär (*substomatical*) Unterhalb der Spaltöffnung liegend.

Sukkulent (*succulent*) (= Saftreich, saftig) Pflanzen mit fleischig verdickten Blättern oder Sprossachsen, die der Wasserspeicherung dienen.

Tangentialschnitt (*tangential section*) Schnittführung parallel zur Oberfläche (z. B. Schälen einer Gurke).

Teleskopobjektive (*telescope objective*) Objektive, die zur Schonung (bei Nichtbenutzung) teleskopartig zusammengeschoben und arretiert werden können.

Tertiäre Endodermis (*tertiary endodermis*) Endodermis mit u-förmig verdickten, verholzten Zellwänden.

Thyllen (*tylosis*) Ballonartige, nicht verholzte Einstülpungen der Xylemparenchymzellen in die Tracheen. Sie führen zum Verschluss der Gefäße.

Tracheen (*trachea, vessel*) Langgestreckte, großlumige, wasserleitende Röhren mit aufgelösten Querwänden. Ihre Wände sind verholzt und verschiedenartig verdickt.

Tracheiden (*tracheids*) Langgestreckte, wasserleitende, röhrenförmige Einzelzellen. Ihre Wände sind verholzt und verschiedenartig verdickt.

Transfusionsgewebe (*transfusion tissue*) Gewebe bei Nadelblättern (begrenzt durch die Endodermis), das zwischen dem Assimilationsparenchym und dem Leitbündel liegt.

Tüpfel/Tüpfelkanal (*pit*) Nichtverdickte Bereiche der Zellwand, die bereits lichtmikroskopisch erkennbar sind.

Turgor (*turgor*) Zellinnendruck.

Ultradünnschnitt (*ultra thin section*) Mikrotomschnitte, die dünner als ca. 250 nm sind (typischerweise 50–100 nm).

Unifaziales Blatt (*unifacial leaf*) Blatt dessen Oberfläche nur von der morphologischen Unterseite gebildet wird (anatomisch ist es stets äquifazial).

Vakuole (*vacuole*) Größtes Kompartiment der ausdifferenzierten Pflanzenzelle (ca. 80–90 % des Volumens), begrenzt durch eine Biomembran (= Tonoplast). Der Turgor der Vakuole bewirkt zusammen mit der Zellwand die Stabilität von Pflanzengeweben.

Velamen radicum (*velamen radicum*) Äußere, abgestorbene Gewebeschicht der Luftwurzeln von Epiphyten; sie dient zur Wasseraufnahme bzw. Speicherung.

Weichbast (*bast, inner bark*) Nicht verholztes Bastgewebe aus Siebröhren, Geleitzellen und Bastparenchym.

Wurzelhaar (*root hair*) Differenzierung der Rhizodermis. Einzellig, nicht verholzt und ohne Cuticula.

Xeromorphes Blatt (*xeromorphic leaf*) Blatt mit anatomischen Veränderungen zur Anpassung an trockene Standorte (z. B. eingesenkte Spaltöffnungen, Zellwandverdickungen).

Xylem (*xylem*) Festigungsgewebe des Leitbündels für gerichteten Wassertransport von unten nach oben.

Xylemparenchym (*xylem parenchyma*) Dünnwandige, unverholzte Parenchymzellen des Xylems.

Zellkern (*nucleus*) „Genetisches Steuerzentrum" der Zelle. Zellorganell begrenzt durch zwei Biomembranen, die von Kernporen durchbrochen sind.

Zellkompartiment (*cellular compartment*) Reaktionsraum in der Zelle mit spezifischen Funktionen; begrenzt durch eine Biomembran.

Zellorganell (*cell organelle*) In strenger Auslegung: Semiautonomer Reaktionsraum in der Zelle mit eigener DNA und RNA begrenzt durch zwei Biomembranen. In der Literatur werden zu den Zellorganellen auch die, nur durch eine Biomembran begrenzten Kompartimente (endoplasmatisches Retikulum,

Glyoxysomen, Dictyosomen etc.) dazugerechnet. Ribosomen und Mikrotubuli z. B. zählen nicht zu den Zellorganellen (keine Biomembran); sie sind „Zellstrukturen“.

Zellsaft (*cell sap*) Ungenaue Bezeichnung für den Inhalt der Vakuole.

Zellwand (*cell wall*) Ausscheidungsprodukt des Protoplasten aus Kohlenhydraten (Protopektin, Cellulosane und Cellulose). Die Zellwand als Widerlager für den Turgor trägt wesentlich zur Festigkeit pflanzlicher Gewebe bei.

Zentralzylinder (*central cylinder, stele*) Alle zentralen Gewebe der Sprossachse und der Wurzel innerhalb der Rinde.

Zusammengesetztes Stärkekorn (*compound starch grain*) Stärkekorn mit zwei oder mehreren Bildungszentren.

Sachverzeichnis

Die **blauen Ziffern** verweisen auf Glossareinträge

G

H

I

J

K

O

P

Q

R